计算机数学

JISUANJI SHUXUE

主　编 / 何玉华　石丽君　汪　洋
副主编 / 陈　婷　王晓萍　郭文婷　朱媛媛
主　审 / 易同贸

重庆大学出版社

内 容 提 要

本书按照教育部颁布的《高职高专高等数学课程教学基本要求》和《关于加强高职高专教育教材建设的若干意见》的精神，从当前高职高专信息专业教育实际出发，贯彻“必需、够用”的原则，结合编者多年的教学实践和探索编写而成。内容包括：函数极限与连续，导数与微分，不定积分，定积分及其应用，线性代数，概率初步，图论，二元关系与数理逻辑等项目；每一项目都有数学软件 MATLAB 实践及其应用。（书中＊部分为选学内容），本书每项目各任务都配有一定的习题检测。

本书可作为高职高专、成人高校的计算机及相关专业的数学教材或自学用书，其他工科专业也可参考使用。

图书在版编目(CIP)数据

计算机数学/何玉华，石丽君，汪洋主编.--重庆：重庆大学出版社，2017.7(2022.1 重印)

ISBN 978-7-5689-0508-4

Ⅰ.①计…　Ⅱ.①何…②石…③汪…　Ⅲ.①电子计算机—数学基础—高等职业教育—教材　Ⅳ.①TP301.6

中国版本图书馆 CIP 数据核字(2017)第 090416 号

计算机数学

主　编　何玉华　石丽君　汪　洋

副主编　陈　婷　王晓萍　郭文婷　朱媛媛

主　审　易同贸

策划编辑：杨　漫

责任编辑：文　鹏　　版式设计：杨　漫

责任校对：刘志刚　　责任印制：赵　晟

＊

重庆大学出版社出版发行

出版人：饶帮华

社址：重庆市沙坪坝区大学城西路 21 号

邮编：401331

电话：(023) 88617190　88617185(中小学)

传真：(023) 88617186　88617166

网址：http://www.cqup.com.cn

邮箱：fxk@cqup.com.cn（营销中心）

全国新华书店经销

POD：重庆新生代彩印技术有限公司

＊

开本：787mm×1092mm　1/16　印张：19　字数：430千

2017 年 7 月第 1 版　　2022 年 1 月第 4 次印刷

ISBN 978-7-5689-0508-4　定价：49.00 元

前言

根据高职高专的培养目标,计算机数学教学的任务一是满足计算机类各专业后续课程教学的需要,培养学生应用数学的意识、兴趣和能力;二是满足学生自主学习能力的培养和形成的需求;三是培养学生把社会生活问题转化为数学问题,借助于计算机与数学软件解决问题的能力。

本书是编者在多年教学基础上,本着“应用为主,够用为度,学有所用”的定位原则,以“拓宽基础、培养能力、重在应用”为宗旨,结合高职高专学生学习的实际情况编写的。

本书在编写上力求体现以下几个特色:

1.分项目,用任务驱动,明确每个项目学习的知识目标和能力目标。

2.注重数学建模思想、方法的渗透。每一项目有数学文化索引,每个任务有案例引入,注重培养学生用数学知识解决实际问题的意识和能力。

3.简化了语言叙述,删除了定理证明,加大了例题和习题比例,注重计算机和互联网的使用,以适应高职学生知识层次要求。

4.强调重要数学思想方法的突出作用。例如,在极值问题、图论的最短路径、最优支撑树等内容中强调最优思想方法;在定积分中强调极限思想方法等。

5.弱化复杂的计算,强化计算机的应用。每一项目后引入了交互性好、功能强大、易于掌握的 MATLAB 数学软件,提高学生用计算机及数学软件求解数学模型的能力。

本书由何玉华、石丽君、汪洋任主编,由何玉华、汪洋负责拟订全书的框架、定稿、统稿等工作;易同贸仔细审阅了全部书稿;由陈婷、王晓萍、郭文婷和朱媛媛任副主编。本书项目 1、项目 7、项目 8 由何玉华编写;项目 5、项目 6 由陈婷编写;项目 3 由王晓萍编写;项目 2 由朱媛媛编写;项目 4 由郭文婷编写。本书由石丽君负责修改工作。参加编写的还有花威、李华和吴章文等。

本书参阅、引用了有关著作、教材的成果与资料，在此谨对有关作者致以衷心感谢！

由于编者水平有限，书中难免有疏漏和不妥之处，恳请读者批评指正，以便不断改进与完善。

感谢吴琦教授对本书的指导与审阅，感谢对本书提出宝贵意见的所有人。

编　者

2017 年 5 月

目　录

项目1
函数、极限与连续

【知识目标】

1.理解函数概念;了解分段函数、反函数和复合函数的概念,掌握基本初等函数的性质.

2.理解函数极限概念;知道左右极限的概念,了解无穷小与无穷大的概念,知道无穷小的性质;能用等价无穷小求极限,掌握极限的四则运算法则;知道两个重要极限.

3.理解函数在一点连续的概念;了解间断点;知道闭区间连续函数的性质.

【技能目标】

1.会求函数的定义域并能用区间表示;会求函数值及函数表达式;能作简单的函数图像;能列出简单的实际问题中的函数关系.

2.会判定无穷大、无穷小;会进行极限的运算,会用两个重要极限求函数的极限,会用极限求解简单的应用题.

3.会判定函数在一点的连续性,求函数的间断点并判定其类型.

4.会应用“有限到无限”的思想方法.

函数是反映变量之间相互依存关系的数学模型,是高等数学研究的基本对象.由于高等数学与初等数学的研究对象有所不同,研究方法也发生了变化,极限就是为了适应这种变化而产生的新方法.极限是贯穿高等数学始终的推理工具,连续则是函数的一个重要性质,连续函数是高等数学研究的主要对象.

本项目介绍函数、极限与连续的基本知识,为今后学习微积分奠定必要的基础.

任务 1.1　认知函数

1.1.1　函数的概念

在同一自然现象或实验过程中,会产生两个或几个不断变化的量,这些变量并不是孤立的,而是相互联系、相互依赖的,并遵循着一定的变化规律. 函数就是描述这种联系的一个法则.比如,某地一天的气温随时间的变化而变化,它们之间的关系就是一种函数关系.

下面考虑两个变量之间的简单情形.

【引例 1】[圆的面积]　圆的面积 A 与半径 r 的关系可表示为

$$A = \pi r^2$$

【引例 2】[自由落体运动方程]　在自由落体运动中,物体下落的距离 s 随下落时间 t 的变化而变化,它们之间的关系可表示为

$$s=\frac{1}{2}gt^2$$

虽然上面两个例子所涉及变量的实际意义不同，如果不考虑变量的具体意义，可以看到，它们都反映了两个变量之间的依赖关系，这种对应关系就是函数关系.

1）函数的定义

定义 1 设 x 和 y 是两个变量，D 是一个非空数集. 如果对任何 $x\in D$，变量 y 按照一定的对应法则 f 有确定的实数值与之对应，则称 y 为 x 的**函数**，记作

$$y=f(x),x\in D$$

式中 x 称为**自变量**，y 称为**因变量**，f 为**对应法则**，数集 D 称为函数的**定义域**.

对于自变量的每一个取值，函数 y 有唯一确定的一个值与之对应，这样的函数称为单值函数，否则称为多值函数. 例如，函数 $y=x^3$ 是单值函数，而 $x^2+y^2=r^2$ 是多值函数.

2）函数的两个要素

定义域和**对应法则**是函数的两大要素. 两个函数相同的充分必要条件是两个函数的定义域和对应法则分别对应相同.

（1）定义域

在函数 $y=f(x)$ 中，自变量 x 的变化范围称为函数的**定义域**，通常用区间或集合表示，记为 D. **在求解过程中通常要注意以下几点：**

①在分式中 $\frac{f(x)}{g(x)}$ 中，分母 $g(x)\neq 0$；

②在根式中 $\sqrt[n]{f(x)}$，当 n 为偶数时，$f(x)\geqslant 0$；当 n 为奇数时，$f(x)\in\mathbf{R}$；

③在对数 $\log_a f(x)$ 中，真数 $f(x)>0$，底数 $a>0$ 且 $a\neq 1$；

④反三角函数中，应满足反三角函数的定义要求；

⑤如果函数的解析中含有分式、根式、对数式和反三角函数式中的两者或两者以上的，求定义域时应取各部分定义域的交集.

例 1 求下列函数的定义域：

①$y=\frac{1}{1-x^2}$；　　②$y=\sqrt{4-x^2}$；

③$y=\ln(x^2-2x-3)$；　　④$y=\frac{1}{\sqrt{x^2-x-6}}+\lg(3x-10)$.

解 ①因为分母不能为零，所以 $1-x^2\neq 0$，解得 $x\neq\pm 1$，即定义域为 $(-\infty,-1)\cup(-1,1)\cup(1,+\infty)$ 或 $\{x\mid x\neq\pm 1,x\in\mathbf{R}\}$.

②在偶次根式中，被开方式必须大于等于零，所以 $4-x^2\geqslant 0$，解得 $-2\leqslant x\leqslant 2$，即定义域为 $[-2,2]$.

③在对数式中，真数必须大于零，所以 $x^2-2x-3>0$，解得 $x<-1$ 或 $x>3$，即定义域为 $(-\infty,-1)\cup(3,+\infty)$.

④两函数和(差)的定义域应是两函数定义域的公共部分,所以要使函数有意义,则

$$\begin{cases}x^2-x-6>0\\3x-10>0\end{cases},\text{解得}\begin{cases}x<-2\text{ 或 }x>3\\x>\dfrac{10}{3}\end{cases}.$$

即定义域为$\left(\dfrac{10}{3},+\infty\right)$.

(2)对应法则

函数 $y=f(x)$ 中的 f 反映了自变量与因变量之间的对应法则.对应法则也常常用英文字母或其他希腊字母如"g""F""φ"等表示. 相应的,函数可记作 $y=g(x)$, $y=F(x)$, $y=\varphi(x)$ 等. 在同一个问题中,对不同的函数需用不同的记号以表示区别.

因变量 y 的变化范围 W 称为函数的**值域**,记为 W.

$$W=\{y\mid y=f(x),\ x\in D\}$$

$y=f(x)$ 在 $x=x_0$ 处的取值 $y_0=f(x_0)$ 称为函数 y 在 $x=x_0$ 处的**函数值**,记作 $y_0=f(x_0)$ 或 $y\big|_{x=x_0}=f(x_0)$.

显然,一个函数的值域由定义域及对应法则完全确定.

例 2　设 $f(x)=\dfrac{1}{1-x}$,求 $f\left(\dfrac{1}{2}\right)$, $f(x^2)$, $f[f(x)]$.

解　$$f\left(\frac{1}{2}\right)=\frac{1}{1-\frac{1}{2}}=2$$

$$f(x^2)=\frac{1}{1-x^2},\{x\mid x\neq\pm1,x\in\mathbf{R}\}.$$

$$f[f(x)]=f\left(\frac{1}{1-x}\right)=\frac{1}{1-\frac{1}{1-x}}=1-\frac{1}{x},\{x\mid x\neq0,1,x\in\mathbf{R}\}$$

例 3　判断函数 $f(x)=x-1$ 和 $g(x)=\dfrac{x^2-1}{x+1}$ 是否为同一函数?

解　当 $x\neq-1$ 时,函数值 $f(x)=g(x)$,但是 $f(x)$ 的定义域为 $(-\infty,+\infty)$,而 $g(x)$ 的定义域为 $(-\infty,-1)\cup(-1,+\infty)$.由于 $f(x)$ 与 $g(x)$ 的定义域不同,所以它们不是同一个函数.

3)函数表示法

表示函数的主要方法有三种:解析法(公式法)、列表法、图像法.

(1)解析法

用解析表达式表示函数的方法称为解析法,也称为公式法.例如 $s=vt$, $y=\dfrac{1}{1-x^2}$ 都是解析法表示的函数. 这种方法的优点是便于理论推导和数值计算,缺点是较抽象,不易理解.常见的用公式表示函数有以下三种:

①显函数:因变量 y 是用自变量 x 的表达式直接表示出来的,形如 $y=f(x)$.

②隐函数:因变量 y 与自变量 x 的关系是由方程 $F(x,y)=0$ 表示的,例如 $x^2+y^2-e^{xy}=0$

③分段函数：因变量 y 在定义域的不同区间上用不同的解析式来表示.

下面列举几个常见的分段函数.

a.绝对值函数：

$$y=|x|=\begin{cases}x, & x\geqslant 0,\\ -x, & x<0,\end{cases}\quad \text{如图 1.1 所示.}$$

b.符号函数：

$$y=\operatorname{sgn}x=\begin{cases}-1, & x<0,\\ 0, & x=0,\\ 1, & x>0,\end{cases}\quad \text{如图 1.2 所示.}$$

c.取整函数：

$y=[x]$，它表示不超过 x 的最大整数，如图 1.3 所示.

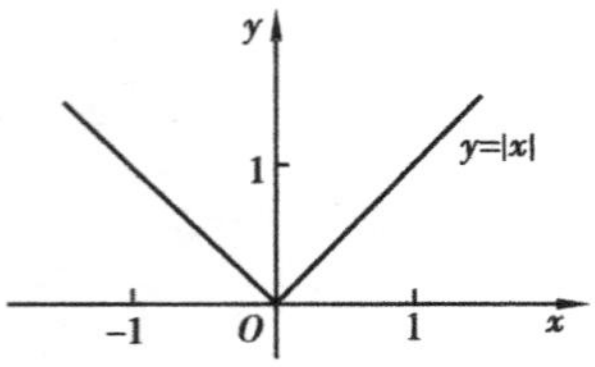

图 1.1

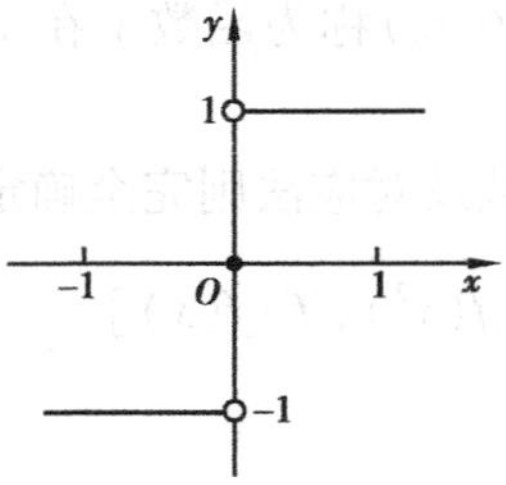

图 1.2

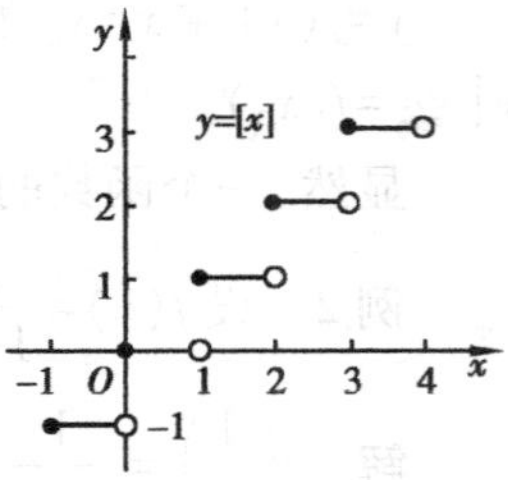

图 1.3

d.狄利克雷函数：

$$D(x)=\begin{cases}1, & x\text{ 为有理数},\\ 0, & x\text{ 为无理数}.\end{cases}$$

注意 ①分段函数是定义域上的一个函数，不是多个函数.

②分段函数需要分段求值、分段作图.

(2)列表法

列表法就是以表格形式表示函数关系的方法. 这种方法在设计工作中常用，如三角函数表、对数表、火车站列车时刻表、某厂一月份每天生产某种产品的产量表等. 它的优点是简明、直观，缺点是数据有限、不便于分析研究，一些科技手册也采用了这种方法.

例 4 某一时期中国银行人民币整存整取定期储蓄的存期与年利率见表 1.1.

表 1.1

存期	三个月	半年	一年	两年	三年	五年
年利率/%	2.85	3.05	3.25	3.75	4.25	4.75

这是用列表法表示函数，简明、直观.

(3)图像法

以图形表示函数的方法称为函数的图像法. 这种方法在工程技术上应用较普遍，例如心电图、生产的进度表、仪器的记录等. 它的优点是直观性强并可观察函数的变化趋势,缺点是不便于作精细的理论研究.

例5　将一盆 80 ℃的热水放在一间室温为 20 ℃的房间里,水温与时间关系可用图 1.4 表示.

例6　某市出租汽车的收费标准为:3 km 内收费 10 元,3 km 后每千米收费 2 元. 这里租费与路程的函数关系如图 1.5 所示.

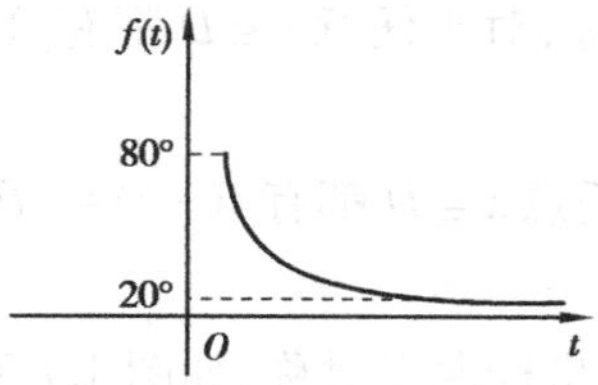

图 1.4

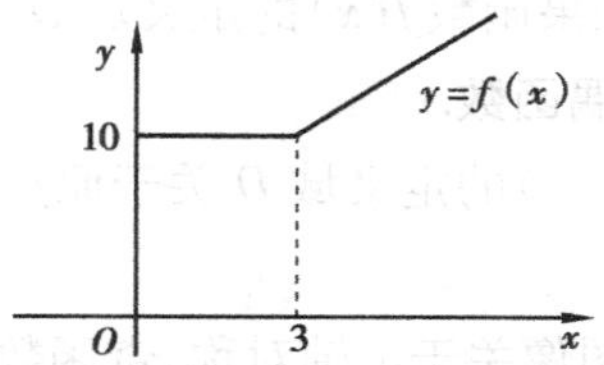

图 1.5

1.1.2　函数的特性

1) 单调性

定义 2　设函数 $y=f(x)$ 的定义域为 D,区间 $I\subseteq D$,如果对于区间 I 上任意两点 x_1、x_2,当 $x_1<x_2$ 时,恒有

$$f(x_1) < f(x_2)$$

则称函数 $f(x)$ 在区间 I 上是单调增加的,区间 I 为函数 $f(x)$ 的**单调增区间**;

如果对于区间 I 上任意两点 x_1、x_2,当 $x_1<x_2$ 时,恒有

$$f(x_1) > f(x_2)$$

则称函数 $y=f(x)$ 在区间 I 上是**单调减少的**,区间 I 为函数 $f(x)$ 的**单调减区间**.

若当 $x_1<x_2$ 时,有 $f(x_1)\leqslant f(x_2)$,则称函数 $f(x)$ 在区间 I 内单调不减;

若当 $x_1<x_2$ 时,有 $f(x_1)\geqslant f(x_2)$,则称函数 $f(x)$ 在区间 I 内单调不增.

单调增加和单调减少的函数统称为**单调函数**.函数的这种特性称为单调性.

单调增加函数的图形当自变量从左向右变化时,函数的图像是逐渐上升的,如图 1.6(a) 所示.

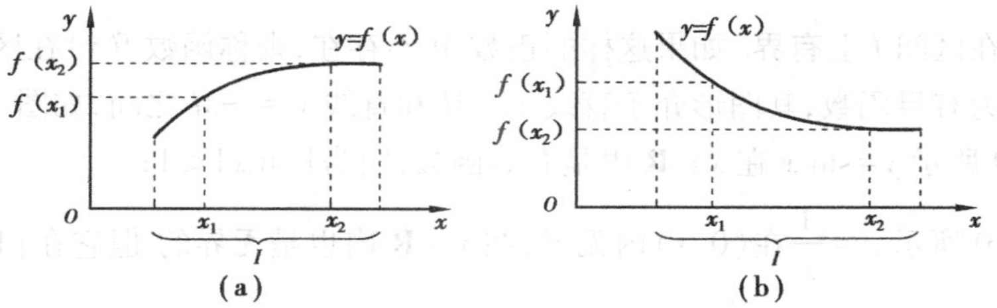

图 1.6

单调减少函数的图形当自变量从左向右变化时，函数的图像是逐渐下降的，如图 1.6(b)所示.单调不增见图 1.4，单调不减见图 1.5.

例如函数 $y=x^3$ 在区间$(-\infty,+\infty)$内是单调增加的；函数 $y=x^2$ 在$(-\infty,0]$上单调减少，在$[0,+\infty)$内单调增加，但在$(-\infty,+\infty)$内不是单调的.

2) 奇偶性

定义 3 如果函数$f(x)$的定义域 D 关于原点对称，对于任意 $x\in D$ 都有$f(-x)=f(x)$，则称函数$f(x)$为**偶函数**.

如果函数$f(x)$的定义域 D 关于原点对称，对于任意 $x\in D$ 都有$f(-x)=-f(x)$，则称函数$f(x)$为**奇函数**.

偶函数的图像关于 y 轴对称，奇函数的图像关于坐标原点对称，如图 1.7 所示.

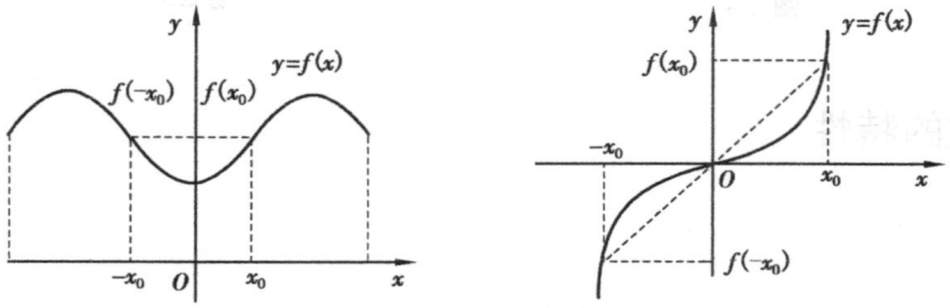

图 1.7

例如，$f(x)=\sin x$ 是奇函数；$f(x)=\cos x$ 是偶函数；$f(x)=\sin x+\cos x$ 既不是奇函数也不是偶函数，称为**非奇非偶函数**.

例 7 判断函数$f(x)=x\cdot\sin x$ 的奇偶性.

解 函数的定义域为$(-\infty,+\infty)$.

因为 $f(-x)=(-x)\cdot\sin(-x)=x\cdot\sin x=f(x)$，

所以 函数$f(x)=x\cdot\sin x$ 为偶函数.

重要结论：奇(偶)+奇(偶)=奇(偶)；奇(偶)×奇(偶)=偶；奇×偶=奇.

3) 有界性

定义 4 设函数 $y=f(x)$在区间 I 上有定义，如果存在正数 M，使得对任意 $x\in I$，有

$$|f(x)|\leqslant M$$

则称函数$f(x)$在区间 I 上**有界**. 如果这样的正数 M 不存在，则称函数$f(x)$在区间 I 上**无界**.

如果$f(x)$为有界函数，其图形介于直线 $y=M$ 和直线 $y=-M$ 之间，如图 1.8 所示.

①如图 1.9 所示 $y=\sin x$ 在 $x\in\mathbf{R}$ 内是有界函数，因为$|\sin x|\leqslant 1$；

②如图 1.10 所示，$y=\dfrac{1}{x}$在$(0,1)$内无界，在 $x\in\mathbf{R}$ 内也是无界的.但它在$[1,2]$上却是有界的，所以函数是否有界与函数的定义域有关.

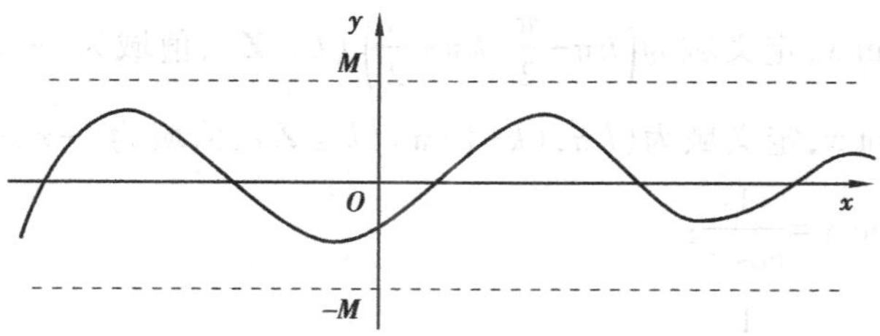

图 1.8

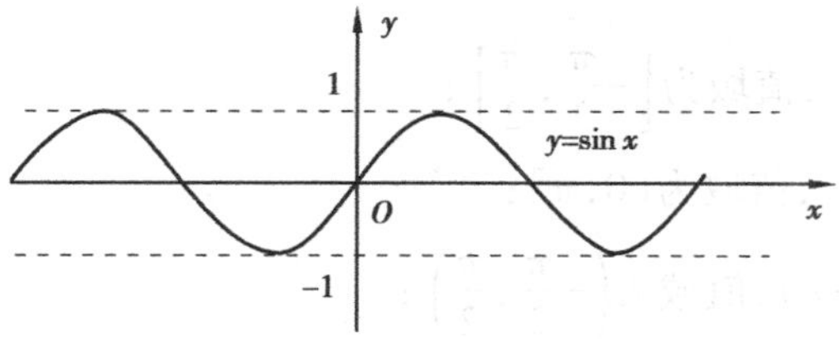

图 1.9

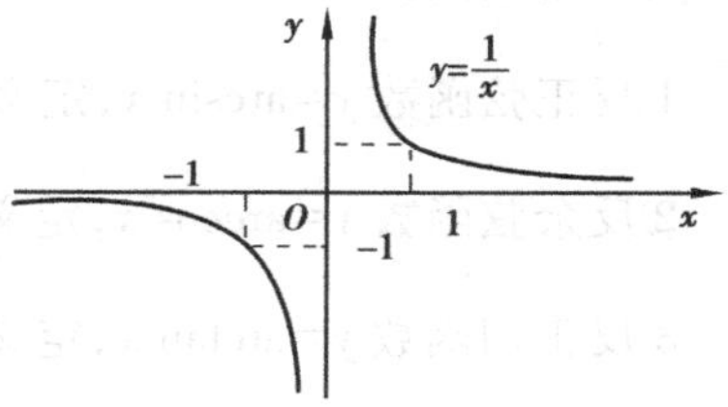

图 1.10

4）周期性

设函数$f(x)$的定义域为D，如果存在一个常数$T\neq 0$，使得对于任意的$x\in D$，有$x+T\in D$且

$$f(x+T)=f(x)$$

恒成立，则称函数$f(x)$为**周期函数**，T为函数$f(x)$的**周期**.

如果$T>0$，并且它是$f(x)$的所有正周期中最小的，则称T为$f(x)$的**最小正周期**. 通常所说的周期函数的周期都是指其最小正周期.

例如，函数$y=\sin x$，$y=\cos x$都是以2π为周期的周期函数，如图1.9所示；$y=\tan x$，$y=\cot x$都是以π为周期的周期函数.

1.1.3 初等函数

1）基本初等函数

在中学里已学过的常数函数、幂函数、指数函数、对数函数、三角函数和反三角函数，它们统称为**基本初等函数**.

常数函数$y=C$（C为常数），定义域为$(-\infty,+\infty)$.

幂函数$y=x^{\alpha}$（α为实数），定义域因α取值不同而不同.

指数函数$y=a^{x}$（$a>0$且$a\neq 1$），定义域为$(-\infty,+\infty)$，值域为$(0,+\infty)$.

对数函数$y=\log_{a}x$（$a>0$且$a\neq 1$），定义域为$(0,+\infty)$，值域为$(-\infty,+\infty)$.

三角函数：

①正弦函数$y=\sin x$，定义域为$(-\infty,+\infty)$，值域为$[-1,1]$，周期为2π；

②余弦函数$y=\cos x$，定义域为$(-\infty,+\infty)$，值域为$[-1,1]$，周期为2π；

③正切函数 $y=\tan x$，定义域为$\left(k\pi-\dfrac{\pi}{2},k\pi+\dfrac{\pi}{2}\right)(k\in\mathbf{Z})$，值域为$(-\infty,+\infty)$，周期为 π；

④余切函数 $y=\cot x$，定义域为$(k\pi,(k+1)\pi)(k\in\mathbf{Z})$，值域为$(-\infty,+\infty)$，周期为 π.

⑤正割函数 $y=\sec x=\dfrac{1}{\cos x}$；

⑥余割函数 $y=\csc x=\dfrac{1}{\sin x}$.

反三角函数：

①反正弦函数 $y=\arcsin x$，定义域为$[-1,1]$，值域为$\left[-\dfrac{\pi}{2},\dfrac{\pi}{2}\right]$；

②反余弦函数 $y=\arccos x$，定义域为$[-1,1]$，值域为$[0,\pi]$；

③反正切函数 $y=\arctan x$，定义域为$(-\infty,+\infty)$，值域为$\left(-\dfrac{\pi}{2},\dfrac{\pi}{2}\right)$；

④反余切函数 $y=\operatorname{arccot} x$，定义域为$(-\infty,+\infty)$，值域为$(0,\pi)$.

中学数学里已经详细介绍了上述函数的主要特性和图形，见表 1.2，今后要经常用到.

表 1.2

函　数	图　像	性　质
常函数 $y=C$（C 为常数）	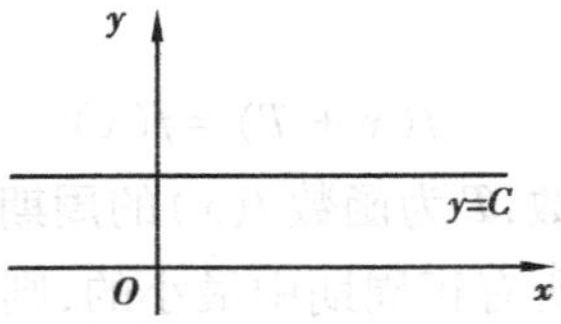	定义域为$(-\infty,+\infty)$，值域为$\{C\}$
幂函数 $y=x^{\mu}$（μ 为实数），定义域因 μ 取值不同而不同	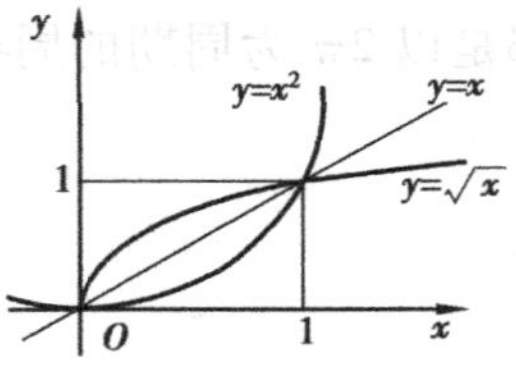 （$\mu>0$的情形）	图像过点$(0,0)(1,1)$；在$[0,+\infty)$上单调增加
	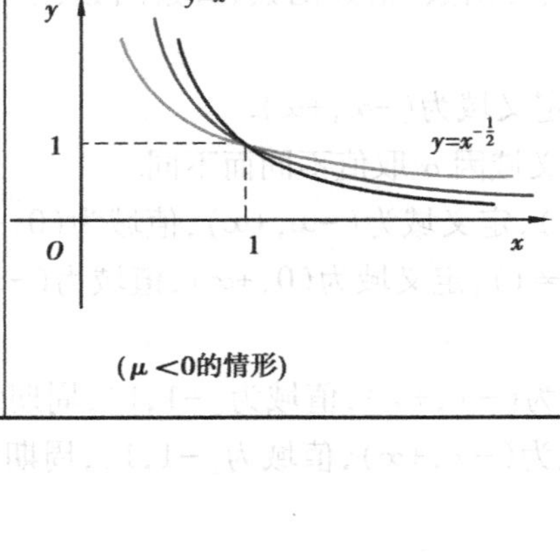 （$\mu<0$的情形）	图像过点$(1,1)$；在$(0,+\infty)$内单调减少

续表

函数	图像	性质
指数函数 $y=a^x$ ($a>0$ 且 $a\neq1$)	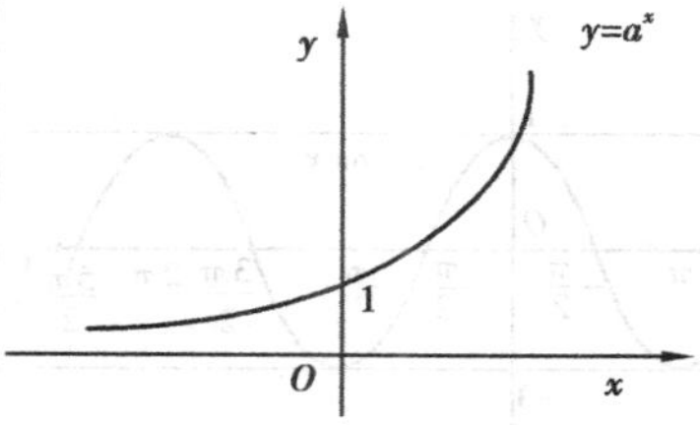($a>1$的情形) 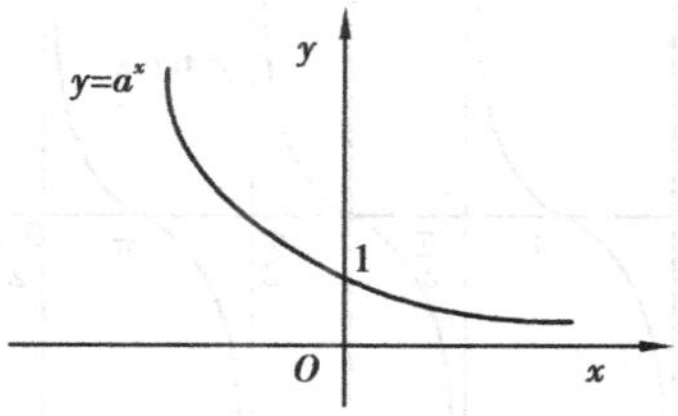($0<a<1$的情形)	图像在 x 轴上方,过(0,1)点; $a>1$ 时,$y=a^x$ 单调增加; $0<a<1$ 时,$y=a^x$ 单调减少
对数函数 $y=\log_a x$ ($a>0$ 且 $a\neq1$)	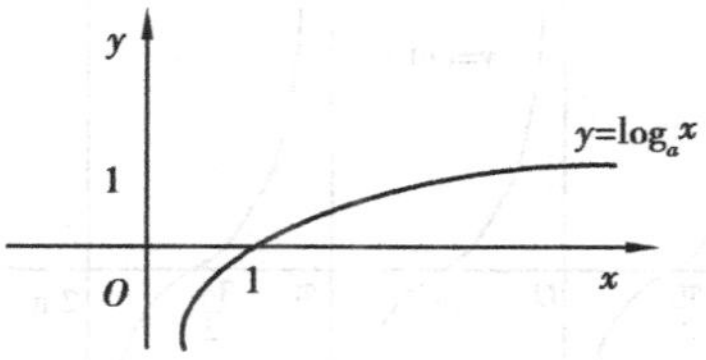($a>1$的情形) 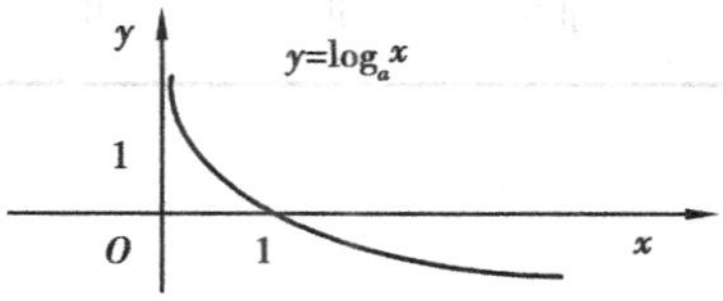($0<a<1$的情形)	图像在 x 轴右侧,都过(0,1)点;$a>1$ 时,$y=\log_a x$ 单调增加;$0<a<1$ 时,$y=\log_a x$ 单调减少
正弦函数 $y=\sin x$	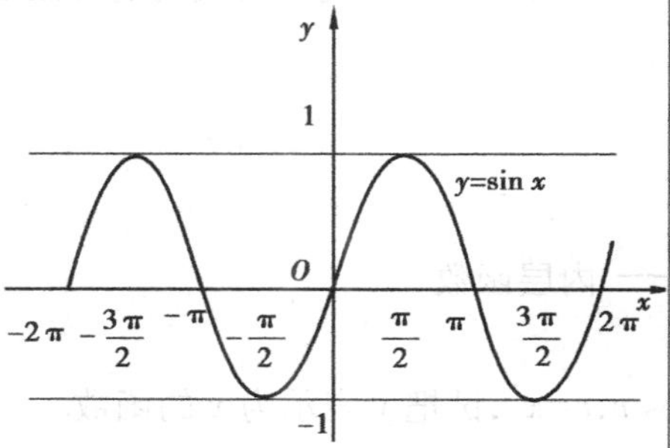	奇函数,周期 2π,有界; 在 $\left[2k\pi-\frac{\pi}{2},2k\pi+\frac{\pi}{2}\right]$ ($k\in\mathbf{Z}$) 内单调增加; 在 $\left[2k\pi+\frac{\pi}{2},2k\pi+\frac{3\pi}{2}\right]$ ($k\in\mathbf{Z}$) 内单调减少

续表

函 数	图 像	性 质
余弦函数 $y=\cos x$	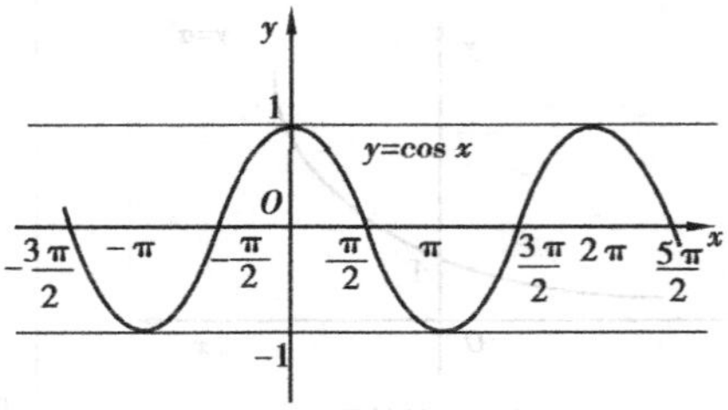	偶函数,周期为 2π,有界; 在$[2k\pi,2k\pi+\pi]$($k\in\mathbf{Z}$)内单调减少; 在$[2k\pi-\pi,2k\pi]$($k\in\mathbf{Z}$)内单调增加
正切函数 $y=\tan x$	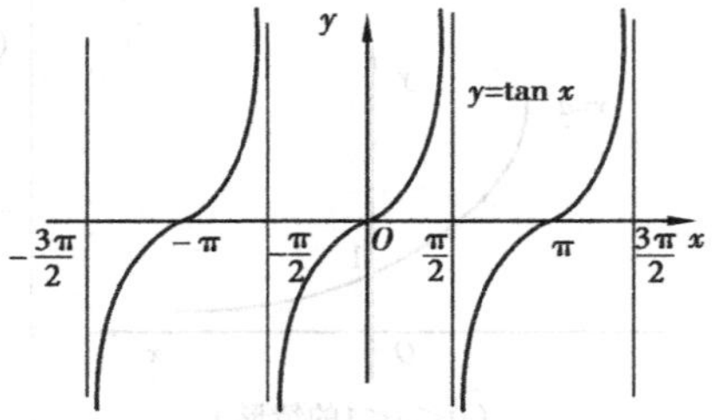	奇函数,周期为 π. 在$\left(k\pi-\frac{\pi}{2},k\pi+\frac{\pi}{2}\right)$ ($k\in\mathbf{Z}$)内单调增加
余切函数 $y=\cot x$	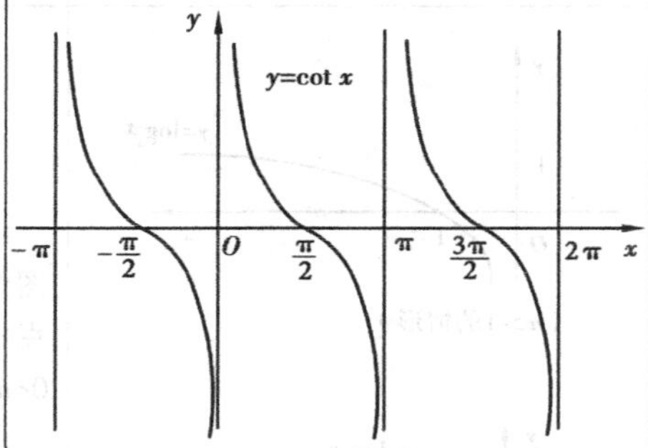	奇函数,周期为 π. 在$(k\pi,k\pi+\pi)$($k\in\mathbf{Z}$)单调减少

2)复合函数

定义 5 如果函数 $y=f(u)$ 的定义域与 $u=\varphi(x)$ 值域的交集非空,则 $y=f[\varphi(x)]$ 是 x 的函数,这个函数称为由函数 $y=f(u)$ 和 $u=\varphi(x)$ 复合而成的复合函数,u 为中间变量,记作 $y=f[\varphi(x)]$.

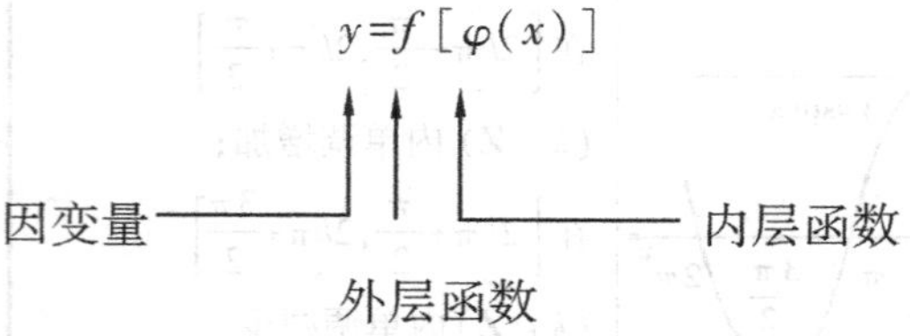

例 8 已知 $y=\ln u,u=\cos v,v=x^2$,试把 y 表示为 x 的函数.

解 $y=\ln u=\ln(\cos v)=\ln(\cos x^2)$.

例 9 指出函数 $y=e^{\sqrt{3x+2}}$ 是由哪些简单函数复合而成.

解 函数 $y=\mathrm{e}^{\sqrt{3x+2}}$ 是由函数 $y=\mathrm{e}^u, u=\sqrt{v}, v=3x+2$ 复合而成.

3）初等函数

由基本初等函数经过有限次四则运算和有限次的函数复合所构成的，且能用一个式子表示的函数，称为**初等函数**. 不是初等函数的函数，称为**非初等函数**.

例如，$y=2x+\sin^2 x+\frac{1}{x}, y=\ln(x+\sqrt{x^2+1}), y=\frac{a^x+a^{-x}}{2}$ 等都是初等函数. 高等数学中讨论的函数绝大多数都是初等函数.

训练习题1.1

1.下列函数是否相同？为什么？

（1）$f(x)=x, g(x)=\sqrt{x^2}$；

（2）$f(x)=x, g(x)=(\sqrt{x})^2$；

（3）$f(x)=\frac{|x|}{x}, g(x)=1$；

（4）$f(x)=\lg x^2, g(x)=2\lg x$.

2.求下列函数的定义域.

（1）$y=\frac{x}{x^2-3x+2}$；　　（2）$y=\lg(x^2-4x+3)$；

（3）$y=\frac{1}{1-x}+\sqrt{x+3}$；　　（4）$y=\arccos(2x-1)$.

3.设 $f(x)=\begin{cases} x^2, & 0\leqslant x<1, \\ 1, & 1\leqslant x<2, \\ 4-x, & 2\leqslant x\leqslant 4. \end{cases}$

（1）画出函数 $f(x)$ 的图形，并求其定义域；

（2）求 $f(0), f\left(\frac{3}{2}\right), f(2), f(3)$.

4.判断下列函数的奇偶性.

（1）$y=x^3(1-x^2)$；　　（2）$y=x^3\sin x$；

（3）$y=a^x+a^{-x}$；　　（4）$y=\frac{1+x}{1-x}$；

（5）$y=\sin x+\cos x$；　　（6）$y=\lg(x+\sqrt{1+x^2})$.

5.写出下列函数的复合过程.

（1）$y=(1+x)^{\frac{2}{3}}$；　　（2）$y=\sin 2x$；

（3）$y=\cos^2(2x+3)$；　　（4）$y=\mathrm{e}^{\sin^2 x}$；

（5）$y=\ln\cos \mathrm{e}^x$；　　（6）$y=2\arctan[\ln(1+4x^2)]$.

6. 一汽车租赁公司出租某种汽车的收费标准为：每天的基本租金 200 元（不足一天按一天计算），另外每千米收费为 15 元/km.

（1）试建立每天的租车费与行车路程 x km 之间的函数关系；

（2）若某人某天付了 400 元租车费，问他开了多少千米？

7. 某淘宝商店出售某件衣服，零售价为 98 元/件，若买 10 件及以上可打 95 折；若买 50 件及以上可打 8 折. 试建立售价 Q 与衣服件数 x 之间的函数关系.

任务 1.2 探究函数的极限

19 世纪以前，人们用朴素的极限思想计算了圆的面积、球的体积等. 19 世纪以后，柯西（Cauchy，1789—1851）以物体运动为背景，结合几何直观，引入了极限概念. 维尔斯特拉斯（Weierstrass，1815—1897）给出了形式化的数学语言描述. 有了极限概念后，可以计算许多具体的量，如圆周长、圆面积、瞬时速度、加速度等.

极限思想方法是高等数学中的一个基本方法，本任务首先引入一个特殊函数的极限——数列的极限.

1.2.1 数列的极限

【引例 1】[庄子的极限思想] 《庄子 · 天下篇》中有："一尺之棰，日取其半，万世不竭". 意思是：一尺长的杆子每天截取一半，剩余部分的长度可用数列 $\frac{1}{2},\frac{1}{4},\frac{1}{8},\cdots,\frac{1}{2^n},\cdots$ 表示. 当天数无限增大时，对应的截取量 $\frac{1}{2^n}$ 就无限接近于 0，但又永远不等于 0.

庄子认识到这是一个走向极限"0"的过程. 虽然"一尺之棰"被越切越短，但"万世不竭"——被剩下的棰的长度永远不为 0，而又无限逼近 0，即极限为 0.

图 1.11

【引例 2】[刘徽的割圆术] 公元 263 年，我国古代数学家刘徽（图 1.11）在《九章算术注》中利用割圆术证明了圆面积的精确公式，并给出了计算圆周率的方法.

刘徽以"割之弥细，所失弥少，割之又割，以至于不可割，则与圆合体而无所失矣"来总结这种方法. 他首先从圆内接正六边形开始割，每次边数倍增，当得正 3072 边形的面积时，求到 $\pi\approx 3.1416$，称为"徽率".

为了便于计算下面利用圆内接正多边形来推算圆面积.

设有一圆，首先作内接正六边形，记面积为 A_1；再作内接正十二边形，记面积为 A_2；再作内接正二十四边形，记面积为 A_3；用同样的方法，继续作内接正四十八边形、内接正九十六边形，等等（图 1.12）. 一般把内接正 $6\times 2^{n-1}$ 边形的面积记为 $A_n(n\in\mathbf{N})$. 这样就得到一系列内接正多边形的面积：

$$A_1, A_2, A_3, \cdots, A_n, \cdots$$

当 n 越大，内接正多边形与圆的差别就越小.

可以设想 n 无限增大（记为 $n\to\infty$），即内接正多边形的边数无限增加，内接正多边形就无限接近于圆，同时 A_n 也无限接近于某一确定的数值，这个确定的数值就理解为圆的面积. 在数学上称为数列 $A_1, A_2, A_3, \cdots, A_n, \cdots$，当 $n\to\infty$时的极限，它精确地表达了圆的面积. 由此可见，**数列极限的概念是从求某些实际问题的精确值而产生的.**

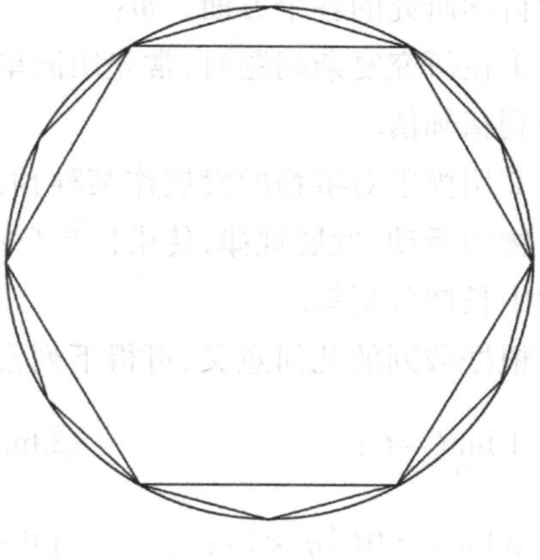

图 1.12

数列是定义在正整数集合上的函数

$$f(n) = x_n \qquad (n \in \mathbf{N}^+)$$

记作$\{x_n\}$或$\{f(n)\}$. 数列中的每一个数称为数列的**项**，x_n 称为数列$\{x_n\}$的**通项或一般项.**

例如数列：

①$\left\{\frac{1}{n}\right\}$：　$1, \frac{1}{2}, \frac{1}{3}, \frac{1}{4}, \cdots, \frac{1}{n}, \cdots$

②$\left\{\frac{1}{2^{n-1}}\right\}$：　$1, \frac{1}{2}, \frac{1}{4}, \frac{1}{8}, \cdots, \frac{1}{2^{n-1}}, \cdots$

③$\left\{\frac{n}{n+1}\right\}$：　$\frac{1}{2}, \frac{2}{3}, \frac{3}{4}, \frac{4}{5}, \cdots, \frac{n}{n+1}, \cdots$

④$\{2^n\}$：　$2, 4, 8, 16, \cdots, 2^n, \cdots$

⑤$\{(-1)^n\}$：　$-1, 1, -1, 1, \cdots, (-1)^n, \cdots$

①②③三个数列的共同特点是：当 n 无限增大时，x_n 的无限趋近于某个确定的常数 A；但数列④和⑤，当 n 无限增大时，x_n 不趋近于任何一个常数.

把当 n 无限增大时，x_n 的无限趋近于某个确定的常数，则这样的数列具有极限，否则数列不具有极限.

为了刻画数列极限的这种变化趋势，下面引入数列极限的概念.

定义 1　对于数列$\{x_n\}$，如果当 n 无限增大时（记作 $n\to\infty$），x_n 的取值无限趋近于一个确定的常数 A，则称常数 A 为数列$\{x_n\}$当 $n\to\infty$时的**极限**，或称数列$\{x_n\}$**收敛于** A，记作

$$\lim_{n\to\infty} x_n = A \text{ 或 } x_n \to A(n \to \infty)$$

这时称$\lim\limits_{n\to\infty} x_n$ **存在.**

如果当 $n\to\infty$时，x_n 不趋近于一个确定的常数，就说数列$\{x_n\}$没有极限或数列$\{x_n\}$是**发散的.**

例如，上面数列①、②、③是收敛的，可分别记作$\lim\limits_{n\to\infty}\frac{1}{n}=0$，$\lim\limits_{n\to\infty}\frac{1}{2^{n-1}}=0$，$\lim\limits_{n\to\infty}\frac{n}{n+1}=1$，而数列④和⑤是发散的，即$\lim\limits_{n\to\infty}2^n$ 和$\lim\limits_{n\to\infty}(-1)^n$ 不存在.

极限概念产生于求某些实际问题的精确值. 极限思想和分析方法广泛地应用于社会生活和科学研究的各个方面，如：

①在研究复杂问题时，常先用简单算法（如以常代变、以直代曲等）求出近似值，再取极限得到精确值.

②用极限对事物的发展作某种预测（包括中长期分析和远期预测）. 如极限可应用于研究事物的运动、发展规律，传染性疾病的传播规律，产品销售量的中长期分析，以及投入与产出的中长期分析等.

根据数列的几何意义，可得下列常用数列的极限：

①$\lim\limits_{n\to\infty}C=C$；　　②$\lim\limits_{n\to\infty}\frac{1}{n}=0$；

③$\lim\limits_{n\to\infty}q^n=0(|q|<1)$；　　④$\lim\limits_{n\to\infty}a^{\frac{1}{n}}=1(a>0)$.

1.2.2 函数的极限

数列的极限是函数极限的一种特殊类型. 函数极限是数列极限的推广.

现在讨论定义在实数集合上的函数 $y=f(x)$ 的极限，根据自变量的变化趋势，主要研究以下两种情形：

①当自变量 x 的绝对值 $|x|$ 无限增大（记作 $x\to\infty$）时，对应的函数值 $f(x)$ 的变化情形.

②当自变量 x 无限趋近于 x_0（记作 $x\to x_0$）时，对应的函数值 $f(x)$ 的变化情形.

1）当 $x\to\infty$ 时，函数 $y=f(x)$ 的极限

先看下面的例子：

考察当函数 $x\to\infty$ 时，函数 $f(x)=\frac{1}{x}$ 的变化情况，如图 1.13 所示.

由图 1.13 可见，当 $|x|$ 无限增大时（即 $x\to+\infty$ 或 $x\to-\infty$），$f(x)=\frac{1}{x}$ 的取值无限接近于零，即当 $x\to\infty$ 时，$\frac{1}{x}\to 0$. 所以 $\lim\limits_{x\to\infty}\frac{1}{x}=0$.

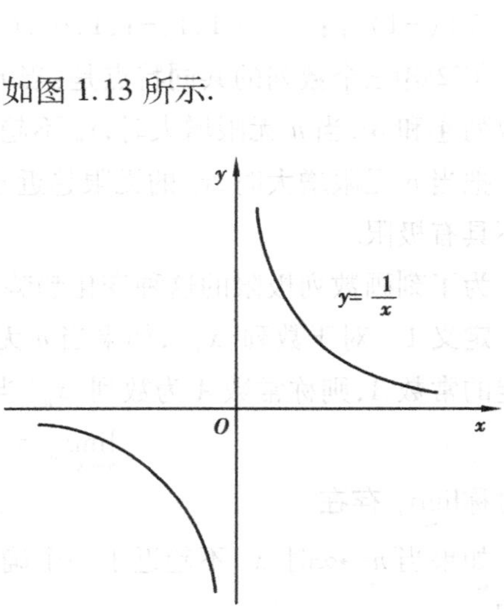

图 1.13

对于这种当 $x\to\infty$ 时，函数 $y=f(x)$ 的变化趋势给出下面的定义：

定义 2 设函数 $y=f(x)$ 在 $|x|>M$（M 为某一正数）时有定义，如果当 x 的绝对值无限增大（即 $x\to\infty$）时，函数 $f(x)$ 的取值无限趋近于一个确定的常数 A，就称 A 是函数 $f(x)$ 当 $x\to\infty$ 的**极限**，记作

$$\lim_{x\to\infty} f(x) = A \text{ 或 } f(x) \to A(x \to \infty)$$

这时称**极限** $\lim\limits_{x\to\infty} f(x)$ **存在**；否则称 $\lim\limits_{x\to\infty} f(x)$ 不存在.

上述定义的几何意义是：曲线 $y=f(x)$ 沿 x 轴的正方向或负方向无限延伸时，与 $y=A$ 直线越来越接近，即以直线 $y=A$ 为水平渐近线，如图 1.14 所示.

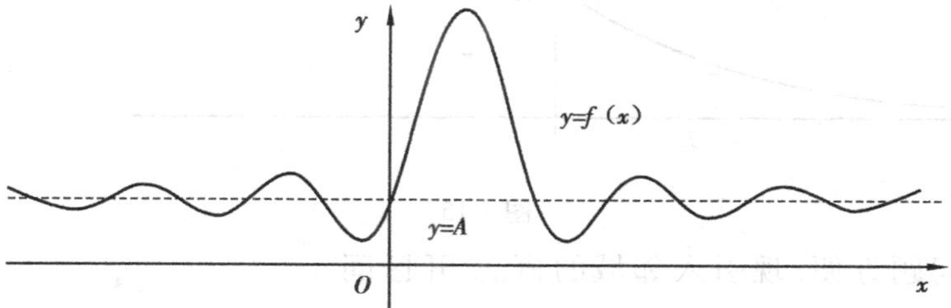

图 1.14

定义 3　设函数 $y=f(x)$ 在 (a,∞)（a 为常数）时有定义，如果 x 取正值无限增大（记作 $x\to+\infty$）时，函数 $f(x)$ 的取值无限趋近于一个确定的常数 A，就称 A 是函数 $f(x)$ 当 $x\to+\infty$ 的极限，记作

$$\lim_{x\to+\infty} f(x) = A \text{ 或 } f(x) \to A(x \to +\infty)$$

定义 4　设函数 $y=f(x)$ 在 $(-\infty,a)$（a 为常数）时有定义，如果 x 取负值且 $|x|$ 无限增大（记作 $x\to-\infty$）时，函数 $f(x)$ 的取值无限趋近于一个确定的常数 A，就称 A 是函数 $f(x)$ 当 $x\to-\infty$ 的极限，记作

$$\lim_{x\to-\infty} f(x) = A \text{ 或 } f(x) \to A(x \to -\infty)$$

定理 1　极限 $\lim\limits_{x\to\infty} f(x)$ 存在的**充分必要条件是**

$$\lim_{x\to\infty} f(x) = A \Leftrightarrow \lim_{x\to+\infty} f(x) = \lim_{x\to-\infty} f(x) = A$$

由上述极限的定义，容易得到：

$$\lim_{x\to x_0} x = x_0, \lim_{x\to x_0} C = C, \lim_{x\to\infty} C = C$$

例 1　求 $\lim\limits_{x\to\infty} \arctan x$, $\lim\limits_{x\to+\infty} \arctan x$ 及 $\lim\limits_{x\to-\infty} \arctan x$.

解　$\lim\limits_{x\to+\infty} \arctan x = \dfrac{\pi}{2}$, $\lim\limits_{x\to-\infty} \arctan x = -\dfrac{\pi}{2}$. 由于当 $x\to+\infty$ 和 $x\to-\infty$ 时，函数 $y=\arctan x$ 不是无限趋近于同一个确定的常数，所以 $\lim\limits_{x\to\infty} \arctan x$ 不存在，如图 1.15 所示.

2）当 $x\to x_0$ 时，函数 $y=f(x)$ 的极限

考察当函数 $x\to1$ 时，函数 $f(x)=\dfrac{x^2-1}{x-1}$ 的变化情况，如图 1.16 所示.

当 $x=1$ 时，函数没意义，而当 $x\neq1$ 时，$f(x)=\dfrac{x^2-1}{x-1}=x+1$. 由图 1.16 可见，当 x 从 1 的左右两侧同时趋近于 1 时，$f(x)=\dfrac{x^2-1}{x-1}$ 的值无限趋近于 2，我们称当 $x\to1$ 时，$f(x)$ 以 2 为极限.

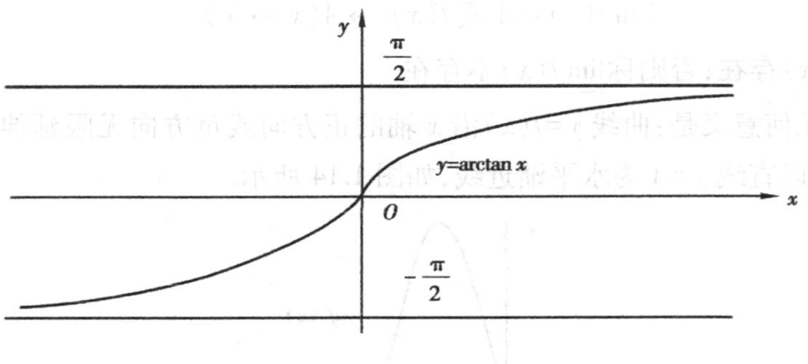

图 1.15

为了研究问题方便，现引入邻域的概念.开区间$(x_0-\delta,x_0+\delta)$称为以x_0为中心，以δ为半径的**邻域**，简称点x_0的邻域.$(x_0-\delta,x_0)\cup(x_0,x_0+\delta)$称为点$x_0$的去心邻域.

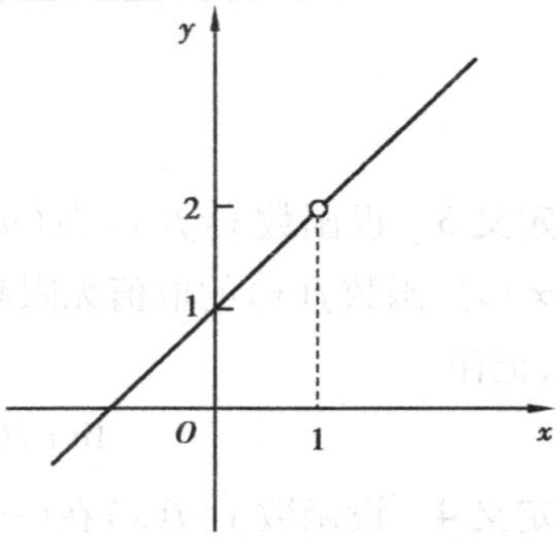

图 1.16

一般地，有如下关于函数极限的定义：

定义 5 设函数$f(x)$在点x_0的某个**邻域**(x_0点本身可以除外)内有定义，如果x无限趋近于x_0(但不等于x_0)时，对应的函数值$f(x)$无限趋近于一个确定的常数A，就称A是函数$f(x)$当x趋近于x_0的**极限**，记作

$$\lim_{x\to x_0}f(x)=A\text{ 或 }f(x)\to A(x\to x_0).$$

这时称**极限**$\lim\limits_{x\to x_0}f(x)$**存在**；否则称$\lim\limits_{x\to x_0}f(x)$不存在.

注意 ①x趋近于x_0时函数$f(x)$的极限，是指x充分接近于x_0时，函数$f(x)$的变化趋势，而不是求x_0时的函数值.因此，研究x趋近于x_0时函数$f(x)$的极限问题，与函数$f(x)$在x_0处是否有定义无关；

②x无限趋近于x_0，是指x以任意方式趋近于x_0的，即x可以从x_0的左侧逐渐增大而趋近于x_0(记作$x\to x_0^-$)，也可以从x_0的右侧逐渐减小而趋近于x_0(记作$x\to x_0^+$)，甚至按任一方式沿x轴趋近于x_0.

但有时只能或只需考虑x从其一侧趋近于x_0.下面给出**单侧极限**的定义.

定义 6 设函数$f(x)$在x_0的左侧附近有定义(x_0点本身可以除外)，从x_0的左侧逐渐增大而趋近于x_0，即当$x\to x_0^-$时，函数$f(x)$无限趋近于一个确定的常数A，就称A是函数$f(x)$当$x\to x_0^-$时的**左极限**，记作

$$\lim_{x\to x_0^-}f(x)=A\text{ 或 }f(x_0-0)=A.$$

定义 7 设函数$f(x)$在x_0的右侧附近有定义(x_0点本身可以除外)，从x_0的右侧逐渐减少而趋近于x_0，即当$x\to x_0^+$时，函数$f(x)$无限趋近于一个确定的常数A，就称A是函数$f(x)$当$x\to x_0^+$时的**右极限**，记作

$$\lim_{x\to x_0^+}f(x)=A\text{ 或 }f(x_0+0)=A$$

例如，函数$f(x)=\dfrac{x^2-1}{x-1}$当$x\to1$时左极限为

$$f(1-0)=\lim_{x\to1^-}f(x)=\lim_{x\to1^-}\frac{x^2-1}{x-1}=\lim_{x\to1^-}(x+1)=2$$

右极限为
$$f(1+0)=\lim_{x\to1^+}f(x)=\lim_{x\to1^+}\frac{x^2-1}{x-1}=\lim_{x\to1^+}(x+1)=2$$

即
$$f(1-0)=f(1+0)=2$$

它们都等于函数$f(x)=\dfrac{x^2-1}{x-1}$当$x\to1$时极限：$\lim\limits_{x\to1}\dfrac{x^2-1}{x-1}=2$.

根据$x\to x_0$时，函数$f(x)$的极限定义和左、右极限的定义，容易证明：

定理2　极限$\lim\limits_{x\to x_0}f(x)$存在的充分必要条件是

$$\lim_{x\to x_0}f(x)=A\Leftrightarrow\lim_{x\to x_0^-}f(x)=\lim_{x\to x_0^+}f(x)=A$$

左右极限的概念通常用于讨论分段函数在分段点处的极限.

例2　设函数$f(x)=\begin{cases}x-1, & x<0,\\ 0, & x=0,\\ x+1, & x>0.\end{cases}$

求当$x\to0$时，$f(x)$的左、右极限，并讨论当$x\to0$时，$f(x)$是否存在极限.

解　由图1.17可知，当$x\to0$时，$f(x)$的左极限

$$f(0-0)=\lim_{x\to0^-}f(x)=\lim_{x\to0^-}(x-1)=-1$$

而右极限

$$f(0+0)=\lim_{x\to0^+}f(x)=\lim_{x\to0^+}(x+1)=1$$

因为$f(0-0)\neq f(0+0)$，所以$\lim\limits_{x\to0}f(x)$不存在.

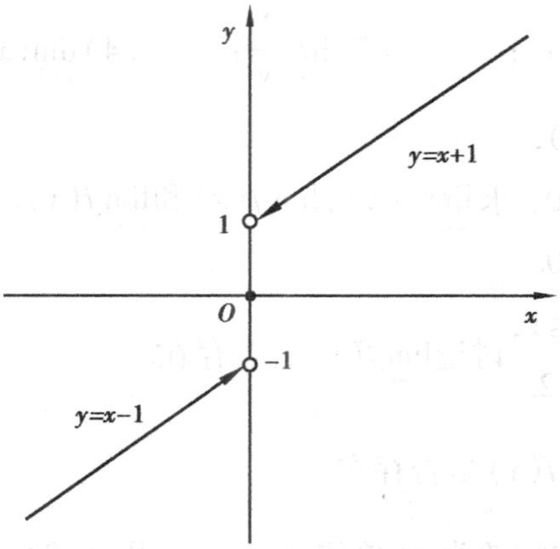

图1.17

例 3 设函数 $f(x)=\begin{cases} x^2+1, & x<1, \\ 3, & x=1, \\ x+1, & x>1. \end{cases}$

讨论当 $x\to 1$ 时，$f(x)$ 是否存在极限，如图 1.18 所示.

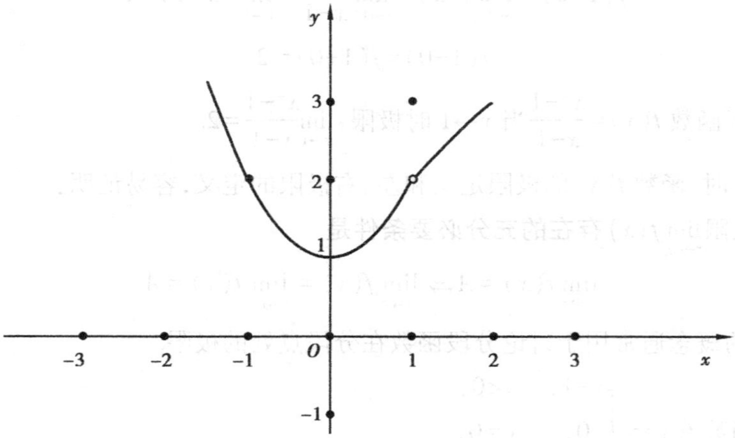

图 1.18

解 因为 $f(1-0)=\lim\limits_{x\to 1^-}f(x)=\lim\limits_{x\to 1^-}(x^2+1)=2$

$f(1+0)=\lim\limits_{x\to 1^+}f(x)=\lim\limits_{x\to 1^+}(x+1)=2$

即 $f(1-0)=f(1+0)$，所以 $\lim\limits_{x\to 1}f(x)=2$.

训练习题 1.2

1.利用函数图像求极限.

(1) $\lim\limits_{x\to+\infty}e^x$；(2) $\lim\limits_{x\to-\infty}e^x$；(3) $\lim\limits_{x\to\infty}\dfrac{1}{x}$；(4) $\lim\limits_{x\to 2}(x+2)$.

2. 设 $f(x)=\begin{cases} x^2+1, & x>0, \\ 0, & x=0, \\ x-2, & x<0. \end{cases}$ 求 $\lim\limits_{x\to 0^-}f(x)$，$\lim\limits_{x\to 0^+}f(x)$ 和 $\lim\limits_{x\to 0}f(x)$.

3. 设 $f(x)=\begin{cases} x^3, & 0\leqslant x\leqslant 1, \\ 1, & 1<x<2. \end{cases}$ 讨论 $\lim\limits_{x\to 1}f(x)$ 是否存在.

4. 设 $f(x)=\dfrac{|x|}{x}$，讨论 $\lim\limits_{x\to 0}f(x)$ 是否存在.

5.设某城市白天出租车的收费为 y（单位：元）与路程 x（单位：km）之间的关系式为

$$f(x)=\begin{cases} 8+1.4x, & 0<x\leqslant 8 \\ 19.2+2.1\cdot(x-8), & x>8 \end{cases}$$

求：$\lim\limits_{x\to 8}f(x)$，$\lim\limits_{x\to 18}f(x)$.

6.假定某种疾病流行 t 天后,感染的人数 N 由下式给出

$$N=\frac{1\ 000\ 000}{1+5\ 000e^{-0.1t}},$$

问:从长远考虑,将有多少人感染这种病?

任务 1.3 求极限的方法——四则运算法则和两个重要极限

用极限的定义只能计算一些简单的函数极限,而实际问题中的函数极限却要复杂得多.本任务讨论极限的求法,建立极限的四则运算法则,介绍两个重要极限.

1.3.1 极限的运算法则

法则中符号"lim"下面没有标明自变量的变化过程,特指自变量的6种变化过程 $x\to x_0$, $x\to x_0^-$, $x\to x_0^+$, $x\to\infty$, $x\to+\infty$, $x\to-\infty$ 都是成立的(对于 $n\to\infty$ 时的数列极限同样适用),需要注意的是,在每一个定理中自变量的变化过程是指同一个变化过程.

设 $\lim f(x)$ 与 $\lim g(x)$ 都存在,则有下列极限的运算法则:

法则1 $\lim[f(x)\pm g(x)]=\lim f(x)\pm\lim g(x)$;

法则2 $\lim[f(x)\cdot g(x)]=\lim f(x)\cdot\lim g(x)$;

推论1 $\lim[Cf(x)]=C\lim f(x)$,其中 C 为常数.

推论2 $\lim[f(x)]^n=[\lim f(x)]^n$,其中 n 为正整数.

法则3 $\lim\frac{f(x)}{g(x)}=\frac{\lim f(x)}{\lim g(x)}$, $(\lim g(x)\neq0)$.

其中法则1和法则2可以推广到有限个函数的情形.

例1 求 $\lim\limits_{x\to1}(x^2-3x+2)$.

解 $\lim\limits_{x\to1}(x^2-3x+2)=\lim\limits_{x\to1}x^2-\lim\limits_{x\to1}3x+\lim\limits_{x\to1}2=(\lim\limits_{x\to1}x)^2-3\lim\limits_{x\to1}x+2$

$=1^2-3\times1+2=0$

例2 求 $\lim\limits_{x\to2}\frac{x^2-2x+5}{x^2-3}$.

解 当 $x\to2$ 时,分母的极限不为0,故可直接用极限法则,即

$$\lim_{x\to2}\frac{x^2-2x+5}{x^2-3}=\frac{\lim\limits_{x\to2}(x^2-2x+5)}{\lim\limits_{x\to2}(x^2-3)}=\frac{\lim\limits_{x\to2}x^2-2\lim\limits_{x\to2}x+\lim\limits_{x\to2}5}{\lim\limits_{x\to2}(x^2)-\lim\limits_{x\to2}3}=\frac{2^2-2\times2+5}{2^2-3}=5$$

例3 求 $\lim\limits_{x\to3}\frac{x-3}{x^2-9}$.

解 当 $x\to3$ 时,分子及分母的极限都是0,故分子、分母不能分别取极限.因分子及分母有公因子 $x-3$,而 $x\to3$ 时, $x\neq3$, $x-3\neq0$,可约去这个不为零的公因子.故

$$\lim_{x\to3}\frac{x-3}{x^2-9}=\lim_{x\to3}\frac{1}{x+3}=\frac{\lim\limits_{x\to3}1}{\lim\limits_{x\to3}(x+3)}=\frac{1}{3+3}=\frac{1}{6}$$

例 4 求$\lim\limits_{x\to1}\left(\frac{1}{x-1}-\frac{2}{x^2-1}\right)$.

解 当 $x\to1$ 时，$\frac{1}{x-1}$和$\frac{2}{x^2-1}$的极限都不存在，故不能直接用法则 1.先将函数恒等变形，得$\frac{1}{x-1}-\frac{2}{x^2-1}=\frac{x+1-2}{x^2-1}=\frac{1}{x+1}$.所以

$$\lim_{x\to1}\left(\frac{1}{x-1}-\frac{2}{x^2-1}\right)=\lim_{x\to1}\frac{1}{x+1}=\frac{1}{1+1}=\frac{1}{2}$$

例 5 求$\lim\limits_{x\to\infty}\frac{2x^3-3x-5}{3x^3+x-4}$.

解 当 $x\to\infty$时，分子及分母的极限都不存在，故不能直接用法则 3.先用 x^3 除分子和分母，然后再求极限，得

$$\lim_{x\to\infty}\frac{2x^3-3x-5}{3x^3+x-4}=\lim_{x\to\infty}\frac{2-\frac{3}{x^2}-\frac{5}{x^3}}{3+\frac{1}{x^2}-\frac{4}{x^3}}=\frac{2}{3}$$

例 6 求$\lim\limits_{x\to\infty}\frac{2x^2-3x-5}{3x^3+x-4}$.

解 先用 x^3 除分子和分母，然后再求极限，得

$$\lim_{x\to\infty}\frac{2x^2-3x-5}{3x^3+x-4}=\lim_{x\to\infty}\frac{\frac{2}{x}-\frac{3}{x^2}-\frac{5}{x^3}}{3+\frac{1}{x^2}-\frac{4}{x^3}}=\frac{0}{3}=0$$

例 7 求$\lim\limits_{x\to\infty}\frac{3x^3+x-4}{2x^2-3x-5}$.

解 由于$\frac{3x^3+x-4}{2x^2-3x-5}$是$\frac{2x^2-3x-5}{3x^3+x-4}$的倒数，应用例 6 的结果及极限的定义，即

得$\lim\limits_{x\to\infty}\frac{3x^3+x-4}{2x^2-3x-5}=\infty$.

例 5、例 6、例 7 是下列一般情形的特例，即当 $a_0\neq0,b_0\neq0,m$ 和 n 为非负整数时，有

$$\lim_{x\to\infty}\frac{a_0x^m+a_1x^{m-1}+\cdots+a_m}{b_0x^n+b_1x^{n-1}+\cdots+b_n}=\begin{cases}\frac{a_0}{b_0}, & \text{当 } n=m,\\ 0, & \text{当 } n>m,\\ \infty, & \text{当 } n<m.\end{cases}$$

例 8 求$\lim\limits_{x\to\infty}\left(\frac{1}{n^2}+\frac{2}{n^2}+\cdots+\frac{n}{n^2}\right)$.

解 当$n\to\infty$时,上式是无限项之和,不能直接用法则 1,但可以由等差数列的前 n 项和公式,先将函数变形后,再求极限,即

$$\lim_{n\to\infty}\left(\frac{1}{n^2}+\frac{2}{n^2}+\cdots+\frac{n}{n^2}\right)=\lim_{n\to\infty}\frac{1+2+\cdots+n}{n^2}=\lim_{n\to\infty}\frac{\frac{1}{2}n(n+1)}{n^2}=\frac{1}{2}$$

1.3.2 两个重要极限

1)极限$\lim\limits_{x\to 0}\frac{\sin x}{x}=1$

列表观察函数$f(x)=\frac{\sin x}{x}$变化趋势,见表 1.3.

表 1.3

x	±0.5	±0.1	±0.05	±0.01	…
$\frac{\sin x}{x}$	0.958 85	0.998 33	0.999 58	0.999 98	…

从表 1.3 可见,当$|x|$无限接近于 0,函数$\frac{\sin x}{x}$的变化趋势.可以证明,当 $x\to 0$ 时,

即$\lim\limits_{x\to 0}\frac{\sin x}{x}=1$,**称为第Ⅰ重要极限.**

第Ⅰ重要极限在形式上有以下特点:

①公式左边的极限是“$\frac{0}{0}$”型;

②公式可以推广为$\lim\limits_{\square\to 0}\frac{\sin\square}{\square}=1$(其中“□”代表同样的变量或者同样的表达式,并且□→0).

利用这一重要极限,可以求得一些三角函数的极限.

例 9 求$\lim\limits_{x\to 0}\frac{\sin ax}{x}(a\neq 0)$.

解 $\lim\limits_{x\to 0}\frac{\sin ax}{x}=\lim\limits_{x\to 0}\left(\frac{\sin ax}{ax}\cdot a\right)=a\cdot\lim\limits_{x\to 0}\frac{\sin ax}{ax}$

设 $t=ax$,则当 $x\to 0$ 时,$t\to 0$.所以

$$\lim_{x\to 0}\frac{\sin ax}{x}=a\cdot\lim_{x\to 0}\frac{\sin ax}{ax}=a\cdot\lim_{t\to 0}\frac{\sin t}{t}=a$$

例 10 求$\lim\limits_{x\to0}\dfrac{\sin ax}{\sin bx}(a\neq0,b\neq0)$.

解 $\lim\limits_{x\to0}\dfrac{\sin ax}{\sin bx}=\lim\limits_{x\to0}\dfrac{\dfrac{\sin ax}{ax}}{\dfrac{\sin bx}{bx}}\cdot\dfrac{a}{b}=\dfrac{a}{b}$

例 11 求$\lim\limits_{x\to0}\dfrac{\tan x}{x}$.

解 $\lim\limits_{x\to0}\dfrac{\tan x}{x}=\lim\limits_{x\to0}\left(\dfrac{\sin x}{x}\cdot\dfrac{1}{\cos x}\right)=\lim\limits_{x\to0}\dfrac{\sin x}{x}\cdot\lim\limits_{x\to0}\dfrac{1}{\cos x}=1\cdot1=1$

例 12 求$\lim\limits_{x\to0}\dfrac{1-\cos x}{x^2}$.

解 $\lim\limits_{x\to0}\dfrac{1-\cos x}{x^2}=\lim\limits_{x\to0}\dfrac{2\sin^2\dfrac{x}{2}}{x^2}=\lim\limits_{x\to0}\left(\dfrac{\sin\dfrac{x}{2}}{\dfrac{x}{2}}\right)^2\cdot\dfrac{1}{2}=\dfrac{1}{2}$

2)极限$\lim\limits_{x\to\infty}\left(1+\dfrac{1}{x}\right)^x=\mathrm{e}$($\mathrm{e}=2.718\ 281\ 828\ 459\ 045\cdots$是无理数)

列表观察$\left(1+\dfrac{1}{x}\right)^x$的变化趋势,见表 1.4.

表 1.4

x	900	2 900	5 000	10 000	100 000	1 000 000	…
$\left(1+\frac{1}{x}\right)^x$	2.716 77	2.717 81	2.718 01	2.718 15	2.718 27	2.718 28	…
x	−1 000	−3 000	−5 000	−10 000	−100 000	−1 000 000	…
$\left(1+\frac{1}{x}\right)^x$	2.719 64	2.718 74	2.718 55	2.718 42	2.718 43	2.718 28	…

从表 1.4 可见 $x\to\infty$时,函数 $y=\left(1+\dfrac{1}{x}\right)^x$ 变化的大致趋势,可以证明 $x\to\infty$时,$\left(1+\dfrac{1}{x}\right)^x$ 的极限确实存在,并且是一个无理数,其值为 $\mathrm{e}=2.718\ 281\ 828\ 459\ 045\cdots$,即

$$\lim_{x\to\infty}\left(1+\frac{1}{x}\right)^x=\mathrm{e}$$

称为**第Ⅱ重要极限**.

第Ⅱ重要极限在形式上有以下特点:

①公式左边的极限是“1^∞”型,它的极限不是 1;

②公式的形式可以表示为：$\lim\limits_{\square\to\infty}\left(1+\dfrac{1}{\square}\right)^{\square}=\mathrm{e}$ 或 $\lim\limits_{\square\to 0}(1+\square)^{\frac{1}{\square}}=\mathrm{e}$（其中“□”代表相同的变量或者相同的表达式）.

例 13　求 $\lim\limits_{x\to\infty}\left(1-\dfrac{2}{x}\right)^{x}$.

解　$\lim\limits_{x\to\infty}\left(1-\dfrac{2}{x}\right)^{x}=\lim\limits_{x\to\infty}\left[\left(1+\dfrac{1}{-\dfrac{x}{2}}\right)^{-\frac{x}{2}}\right]^{-2}$

令 $t=-\dfrac{x}{2}$，由于当 $x\to\infty$ 时，$t\to\infty$，于是

$$\lim_{x\to\infty}\left(1-\frac{2}{x}\right)^{x}=\lim_{t\to\infty}\left[\left(1+\frac{1}{t}\right)^{t}\right]^{-2}=\left[\lim_{t\to\infty}\left(1+\frac{1}{t}\right)^{t}\right]^{-2}=\mathrm{e}^{-2}$$

例 14　求 $\lim\limits_{x\to\infty}\left(1-\dfrac{2}{x}\right)^{x+2}$.

解　$\lim\limits_{x\to\infty}\left(1-\dfrac{2}{x}\right)^{x+2}=\lim\limits_{x\to\infty}\left(1-\dfrac{2}{x}\right)^{x}\cdot\lim\limits_{x\to\infty}\left(1-\dfrac{2}{x}\right)^{2}=\mathrm{e}^{-2}\cdot(1-0)^{2}=\mathrm{e}^{-2}$

例 15　求 $\lim\limits_{x\to\infty}\left(\dfrac{x+1}{x-2}\right)^{x}$.

解　$\lim\limits_{x\to\infty}\left(\dfrac{x+1}{x-2}\right)^{x}=\lim\limits_{x\to\infty}\left(\dfrac{x-2+3}{x-2}\right)^{x}=\lim\limits_{x\to\infty}\left(1+\dfrac{3}{x-2}\right)^{x}$

令 $t=\dfrac{3}{x-2}$，则 $x=\dfrac{3}{t}+2$，当 $x\to\infty$ 时，$t\to 0$，于是

$$\begin{aligned}\lim_{x\to\infty}\left(\frac{x+1}{x-2}\right)^{x}&=\lim_{t\to 0}(1+t)^{\frac{3}{t}+2}=\lim_{t\to 0}(1+t)^{\frac{3}{t}}\cdot\lim_{t\to 0}(1+t)^{2}\\&=\left[\lim_{t\to 0}(1+t)^{\frac{1}{t}}\right]^{3}\cdot(1+0)^{2}=\mathrm{e}^{3}\end{aligned}$$

训练习题 1.3

1. 用极限运算法则求下列函数的极限.

(1) $\lim\limits_{x\to 2}(x^{2}-5x+3)$；　　(2) $\lim\limits_{x\to -1}\dfrac{3x^{2}-2x+5}{x^{2}+3x-8}$；

(3) $\lim\limits_{x\to -2}\dfrac{x+2}{x^{2}-4}$；　　(4) $\lim\limits_{x\to 0}\dfrac{3x^{3}-2x^{2}+x}{-2x^{2}+3x}$；

(5) $\lim\limits_{x\to 3}\dfrac{x-3}{x^{2}-5x+6}$；　　(6) $\lim\limits_{x\to 1}\dfrac{x-1}{\sqrt{x+3}-2}$；

(7) $\lim\limits_{x\to\infty}\dfrac{x^{2}+2x}{x^{3}-3x^{2}+1}$；　　(8) $\lim\limits_{x\to\infty}\dfrac{x^{2}-2x-1}{2x^{2}-3}$；

(9) $\lim\limits_{x\to1}\left(\dfrac{1}{1-x}-\dfrac{3}{1-x^3}\right)$；　(10) $\lim\limits_{x\to\infty}\left(1+\dfrac{1}{x}\right)\left(2-\dfrac{1}{x^2}\right)$；

(11) $\lim\limits_{n\to\infty}\dfrac{(n+1)(n+2)(n+3)}{n^3}$；　(12) $\lim\limits_{n\to\infty}\left(1+\dfrac{1}{2}+\dfrac{1}{4}+\cdots+\dfrac{1}{2^n}\right)$.

2.用两个重要极限求下列函数的极限.

(1) $\lim\limits_{x\to0}\dfrac{\sin 5x}{2x}$；　(2) $\lim\limits_{x\to0}\dfrac{\sin x}{\tan x}$；

(3) $\lim\limits_{x\to0}\dfrac{\sin 2x}{\sin 5x}$；　(4) $\lim\limits_{x\to0}x\cot x$；

(5) $\lim\limits_{x\to0}\dfrac{1-\cos 2x}{x\sin x}$；　(6) $\lim\limits_{x\to1}\dfrac{\sin(x^2-1)}{x^2-1}$；

(7) $\lim\limits_{x\to0}(1-x)^{\frac{2}{x}}$；　(8) $\lim\limits_{x\to0}(1+2x)^{\frac{1}{x}}$；

(9) $\lim\limits_{x\to\infty}\left(\dfrac{x}{x+1}\right)^x$；　(10) $\lim\limits_{x\to\infty}\left(\dfrac{2x+3}{2x+1}\right)^{x+1}$.

任务 1.4　认知无穷大量与无穷小量

无穷小量与无穷大量是两个具有重要地位的特殊变量.本任务先认知无穷小量与无穷大量,然后用等价无穷小求极限.

1.4.1　无穷小量

1)无穷小量的概念

在实践中,我们会碰到一类变量,它们会变得越来越小,并且想多小就会有多小.

【引例 1】[残留在餐具上的洗涤剂]　洗刷餐具时要使用洗涤剂,漂洗次数越多,餐具上残留的洗涤剂就越少,当清洗次数无限增多时,餐具上的残留洗涤剂趋于零.为了保护人们的身体健康,健康专家建议少用或者最好不使用洗涤剂.

【引例 2】[弹球模型]　一只球从 100 m 的高空掉下,每次弹回的高度为上次高度的$\dfrac{2}{3}$,这样一直运动下去,用球第 $1,2,3,\cdots,n,\cdots$次的高度来表示球的运动规律,得到数列

$$100,100\times\frac{2}{3},100\times\left(\frac{2}{3}\right)^2,\cdots,100\times\left(\frac{2}{3}\right)^{n-1},\cdots\text{ 或}\left\{100\times\left(\frac{2}{3}\right)^{n-1}\right\}.$$

此数列为公比 $q=\dfrac{2}{3}<1$ 的等比数列,其极限为

$$\lim_{n\to\infty}100\times\left(\frac{2}{3}\right)^{n-1}=0$$

即当弹回的次数 n 无限增大时，球弹回的高度无限接近于0.

在对事物进行研究时，常遇到事物数量的变化趋势为零的情形.

定义1　如果当 $x\to x_0$（或 $x\to\infty$）时，函数 $f(x)$ 的极限为零，那么称函数 $f(x)$ 为当 $x\to x_0$（或 $x\to\infty$）时的**无穷小量**，简称**无穷小**. 通常用希腊字母 α、β、γ 等来表示无穷小量.

例如，由于 $\lim\limits_{n\to\infty}\dfrac{1}{n}=0$，$\lim\limits_{x\to1}(x^2-1)=0$，$\lim\limits_{x\to\infty}\dfrac{1}{x^2+1}=0$，所以数列 $\left\{\dfrac{1}{n}\right\}$ 为 $n\to\infty$ 时的无穷小；函数 $f(x)=x^2-1$ 为 $x\to1$ 时的无穷小；$f(x)=\dfrac{1}{x^2+1}$ 为 $x\to\infty$ 时的无穷小.

对于无穷小的定义，应**注意**以下几点：

①称一个函数是无穷小，必须指明自变量 x 的变化趋势. 例如函数 $f(x)=x^2-1$ 为 $x\to1$ 时的无穷小，而 $\lim\limits_{x\to0}(x^2-1)=-1$；当 $x\to0$ 时，$f(x)=x^2-1$ 就不是无穷小.

②不要把一个绝对值很小的数（如 10^{-10}）当作无穷小，因为非零数的极限不是0.

③数"0"可以看成无穷小量，但反之不然.

④无穷小的定义对数列也适用，例如数列 $\left\{\dfrac{1}{n}\right\}$，当 $n\to\infty$ 时，就是无穷小.

在实际生活和研究中，还有很多无穷小量. 如：

例1　一款新手机销售，其销售量与时间的函数关系式为：$Q(t)=\dfrac{300t}{t^3+150}$，请预测长期的销售量.

解　长期的销售量应理解为时间 $t\to+\infty$ 时的销售量，即

$$\lim_{t\to+\infty}\frac{300t}{t^3+150}=\lim_{t\to+\infty}\frac{300}{t^2+\dfrac{150}{t}}=0$$

由此可见，随着时间的推移，人们买这款手机的可能性将趋于零，故长期的销售量为无穷小.

2）无穷小量的性质

无穷小在运算时，除了可以应用极限的运算法则外，在自变量的同一变化趋势下，还具有以下性质：

性质1　有限个无穷小的代数和仍为无穷小.

性质2　有限个无穷小的乘积仍为无穷小.

性质3　有界函数与无穷小的乘积为无穷小.

推论1　常数与无穷小的乘积为无穷小.

注意　性质中的条件"有限"若换成是"无穷"，结论不一定成立. 例如 $n\to\infty$ 时 $\dfrac{1}{n^2}$、

$\frac{2}{n^2}$、…、$\frac{n}{n^2}$都是无穷小，但它们的和却不是无穷小.因为

$$\lim_{n\to\infty}\left(\frac{1}{n^2}+\frac{2}{n^2}+\cdots+\frac{n}{n^2}\right)=\lim_{n\to\infty}\frac{1+2+\cdots+n}{n^2}=\lim_{n\to\infty}\frac{\frac{1}{2}n(n+1)}{n^2}=\frac{1}{2}$$

例 2 求下列极限：

①$\lim\limits_{x\to\infty}\frac{1}{x^2}\arctan x$；　　　②$\lim\limits_{x\to 0}x\sin x$.

解 ①因为当 $x\to\infty$时，$\frac{1}{x^2}$为无穷小，而 $\arctan x$ 是有界函数，根据无穷小的性质 3，可知

$$\lim_{x\to\infty}\frac{1}{x^2}\arctan x=0$$

②当 $x\to 0$ 时，x 为无穷小，而 $\sin x$ 也为无穷小，根据无穷小的性质 2，可知

$$\lim_{x\to 0}x\sin x=0$$

1.4.2 无穷大量

1）无穷大量的概念

定义 2 如果当 $x\to x_0$（或 $x\to\infty$）时，函数 $f(x)$ 的绝对值 $|f(x)|$ 无限增大，那么称函数 $f(x)$ 为当 $x\to x_0$（或 $x\to\infty$）时的**无穷大量**，简称**无穷大**.

如果函数 $f(x)$ 当 $x\to x_0$（或 $x\to\infty$）时为无穷大，那么它的极限是不存在的.为了便于描述函数的这种变化趋势，也说“函数的极限是无穷大”，并记为

$$\lim_{\substack{x\to x_0\\(x\to\infty)}}f(x)=\infty$$

例如，函数 $f(x)=\frac{1}{x}$，当 $x\to 0$ 时，$|f(x)|=\frac{1}{|x|}$无限增大，所以 $f(x)=\frac{1}{x}$是当 $x\to 0$ 时的无穷大，即$\lim\limits_{x\to 0}\frac{1}{x}=\infty$；由于$\lim\limits_{x\to\frac{\pi}{2}}\tan x=\infty$，所以 $\tan x$ 是 $x\to\frac{\pi}{2}$时的无穷大.

如果当 $x\to x_0$（或 $x\to\infty$）时，函数 $f(x)$ 只取正值而无限增大，或只取负值而绝对值无限增大，那么称函数 $f(x)$ 为**正无穷大量或负无穷大量**，记作

$$\lim_{\substack{x\to x_0\\(x\to\infty)}}f(x)=+\infty \quad 或 \lim_{\substack{x\to x_0\\(x\to\infty)}}f(x)=-\infty$$

例如，当 $x\to+\infty$时，e^x 总取正值而无限增大，所以 e^x 是当 $x\to+\infty$时的无穷大，可记为 $\lim\limits_{x\to+\infty}e^x=+\infty$；当 $x\to 1^-$时，$\frac{1}{x-1}$总取负值而绝对值无限增大，所以$\frac{1}{x-1}$是当 $x\to 1^-$时的无穷大，可记为$\lim\limits_{x\to 1^-}\frac{1}{x-1}=-\infty$.

这里使用极限的符号 $\lim f(x)=\infty$，它只表示 $f(x)$ 的绝对值无限变大的一种变化趋势.

注意 ①称一个函数是否是无穷大，必须指明自变量 x 的变化趋势. 例如，当 $x\to0$ 时，$\frac{1}{x}$ 是无穷大；而当 $x\to1$ 时是一个常数，不是无穷大.

②不要把一个绝对值很大的数（如 10^{100}）说成是无穷大，因为数的极限是常数.

③无穷大必无界，但反之不真. 例如，函数 $f(x)=x\sin x$，当 $x\to\infty$ 时，是无界的，但不是无穷大.

④当 $f(x)$ 趋向于负无穷大时，不能将其视为无穷小，因为前者表示 $f(x)$ 的绝对值无限变大且都是负值，而后者表示 $f(x)$ 的绝对值无限变小且趋于0.

2）无穷小量与无穷大量的关系

由无穷小量与无穷大量的定义，可以得到以下定理：

定理1 在自变量的同一变化过程 $x\to0$（或 $x\to\infty$）中，如果 $f(x)$ 为无穷大，则 $\frac{1}{f(x)}$ 为无穷小；反之，如果 $f(x)$ 为无穷小，且 $f(x)\neq0$，则 $\frac{1}{f(x)}$ 为无穷大.

例如，当 $x\to0$ 时，函数 $f(x)=\frac{1}{x}$ 是无穷大，则 $\frac{1}{f(x)}=x$ 是无穷小；当 $x\to1$ 时，函数 $f(x)=x^2-1$ 为无穷小，则 $\frac{1}{f(x)}=\frac{1}{x^2-1}$ 为无穷大.

例3 求 $\lim\limits_{x\to\infty}(x^3-2x+5)$.

解 因为

$$\lim_{x\to\infty}\frac{1}{x^3-2x+5}=\lim_{x\to\infty}\frac{\frac{1}{x^3}}{1-\frac{2}{x^2}+\frac{5}{x^3}}=0$$

所以由定理2可得 $\lim\limits_{x\to\infty}(x^3-2x+5)=\infty$.

例4 求 $\lim\limits_{x\to0}\frac{1}{x\sin\frac{1}{x}}$.

解 由无穷小量的性质2得到：$\lim\limits_{x\to0}x\sin\frac{1}{x}=0$，再由定理2，有 $\lim\limits_{x\to0}\frac{1}{x\sin\frac{1}{x}}=\infty$.

1.4.3 无穷小量的比较

由无穷小量的性质知道，两个无穷小量的和、差及乘积仍是无穷小. 但是两个无穷小量的商却不一定是无穷小量. 看下面例题：

例 5 求$\lim\limits_{x\to0}\frac{x^2}{3x}$，$\lim\limits_{x\to0}\frac{3x}{x^2}$，$\lim\limits_{x\to0}\frac{2x}{3x}$.

解 当$x\to0$时，x^2，$3x$，$2x$都是无穷小量，但是

$$\lim_{x\to0}\frac{x^2}{3x}=\frac{1}{3}\lim_{x\to0}x=0,\lim_{x\to0}\frac{3x}{x^2}=3\lim_{x\to0}\frac{1}{x}=\infty,\lim_{x\to0}\frac{2x}{3x}=\frac{2}{3}.$$

由此可见，两个无穷小量的商(或比)，反映不同的无穷小量趋于零的"速度"的差异.为了比较无穷小量趋近于零的"快慢"程度，引入**无穷小量阶**的概念.

定义 3 设α、β是自变量x在同一变化过程中的两个无穷小，且$\beta\neq0$.

①如果$\lim\frac{\alpha}{\beta}=0$，则称$\alpha$是比$\beta$**高阶**的无穷小，记作$\alpha=o(\beta)$；

②如果$\lim\frac{\alpha}{\beta}=\infty$，则称$\alpha$是比$\beta$**低阶**的无穷小，记作$\beta=o(\alpha)$；

③如果$\lim\frac{\alpha}{\beta}=c(c\neq0)$，则称$\alpha$是$\beta$的**同阶**无穷小；

④如果$\lim\frac{\alpha}{\beta}=1$，则称$\alpha$与$\beta$是**等价**无穷小，记作$\alpha\sim\beta$.

显然，等价无穷小是同阶无穷小的特殊情形，即$c=1$的情形.

如例 5 中，$x\to0$时，x^2是比$3x$高阶的无穷小，可记为$x^2=o(3x)$；$3x$是比x^2低阶的无穷小；$2x$与$3x$是同阶无穷小.又如$\lim\limits_{x\to0}\frac{\sin x}{x}=1$，故当$x\to0$时，$\sin x$与$x$是等价无穷小，可记为$\sin x\sim x$.

并非任何两个无穷小量都可以比较，例如，$\lim\limits_{x\to0}\frac{x\sin\frac{1}{x}}{x}=\lim\limits_{x\to0}\sin\frac{1}{x}$不存在，就不能比较.

常用的等价无穷小：当$x\to0$时，

$\sin x\sim x$；$\tan x\sim x$；$1-\cos x\sim\frac{1}{2}x^2$；$\arcsin x\sim x$；$\arctan x\sim x$；$\ln(1+x)\sim x$；$e^x-1\sim x$；

$a^x-1\sim x\ln a$；$\sqrt{1+x}-1\sim\frac{1}{2}x$；$(1+x)^{\alpha}-1\sim\alpha x(\alpha\in\mathbf{R})$.

定理 2(无穷小代换定理) 在自变量的同一变化过程中，α、α_1、β、β_1都是无穷小，且$\alpha\sim\alpha_1$，$\beta\sim\beta_1$.若$\lim\frac{\alpha_1}{\beta_1}=A$(或$\infty$)，则

$$\lim\frac{\alpha}{\beta}=\lim\frac{\alpha_1}{\beta_1}=A\ (\text{或}\ \infty)$$

定理说明：①在求两个无穷小的比的极限时，函数的分子及分母中的无穷小因子都可用它们相应的等价无穷小来代换.这种方法称为**等价无穷小代换法**.

②**代换定理只适用于**"因式代换"，而不适用于"和、差形式的代换".

例6　求下列极限：

①$\lim\limits_{x\to 0}\frac{\sin 5x}{\tan 3x}$；②$\lim\limits_{x\to 0}\frac{\sqrt{1+x}-1}{-x}$；③$\lim\limits_{x\to 0}\frac{\ln(1+2x^2)}{\sin 3x}$.

解　①当 $x\to 0$ 时，$\sin 5x\sim 5x$，$\tan 3x\sim 3x$，所以

$$\lim_{x\to 0}\frac{\sin 5x}{\tan 3x}=\lim_{x\to 0}\frac{5x}{3x}=\frac{5}{3}$$

②当 $x\to 0$ 时，$\sqrt{1+x}-1\sim\frac{1}{2}x$，所以$\lim\limits_{x\to 0}\frac{\sqrt{1+x}-1}{-x}=\lim\limits_{x\to 0}\frac{\frac{1}{2}x}{-x}=-\frac{1}{2}$.

③当 $x\to 0$ 时，$\ln(1+2x^2)\sim 2x^2$，$\sin 3x\sim 3x$，所以

$$\lim_{x\to 0}\frac{\ln(1+2x^2)}{\sin 3x}=\lim_{x\to 0}\frac{2x^2}{3x}=\frac{2}{3}\lim_{x\to 0}x=0$$

训练习题 1.4

1.下列各题中，哪些函数是无穷小？哪些函数是无穷大？

(1)$\frac{1+2x}{x^2}(x\to\infty)$；　　(2)$\frac{x+1}{x^2-4}(x\to 2)$；

(3)$\frac{1+\sin x}{x^2}(x\to\infty)$；　　(4)$\ln x(x\to 0^+)$；

(5)$2^x-1(x\to 0)$；　　(6)$2^x-1(x\to\infty)$.

2.下列函数在什么条件下是无穷大？在什么条件下是无穷小？

(1)$f(x)=\frac{x+2}{x-1}$；　　(2)$f(x)=\mathrm{e}^{-x}$.

3.利用等价无穷小代换法求下列函数的极限：

(1)$\lim\limits_{x\to 0}\frac{1-\cos 3x}{x^2}$；　　(2)$\lim\limits_{x\to 0}\frac{\sin(\sin x)}{x}$；

(3)$\lim\limits_{x\to 0}\frac{\sqrt{1+x^2}-1}{\tan x^2}$；　　(4)$\lim\limits_{x\to 0}\frac{\mathrm{e}^{2x}-1}{x}$；

(5)$\lim\limits_{x\to 0}\frac{\arctan 5x}{3x}$；　　(6)$\lim\limits_{x\to 0}\frac{\ln(1+3x)}{\arcsin 4x}$.

任务 1.5　探究函数的连续性

函数的连续性是函数的重要性质之一.几何上，连续函数的图形是一条连续不间断的曲线.在现实世界中，有许多现象在量上的变化是连续的.如气温的变化、河水的流动、动植物的生长高度、物体运动的路程等.这些现象反映到数学上就形成了连续的概念，连续函数是高

等数学研究的主要对象.

1.5.1 函数的连续性的概念

首先引入变量的增量.

设函数 $y=f(x)$ 在点 x_0 的某个邻域内有定义,当自变量从 x_0 变动到 x_1 时,称 $\Delta x=x_1-x_0$ 为自变量的增量(或改变量),记终值 $x_1=x_0+\Delta x$.

相应的函数 $f(x)$ 从 $f(x_0)$ 变动到 $f(x_0+\Delta x)$,则 $\Delta y=f(x_0+\Delta x)-f(x_0)$,称 Δy 为函数的增量(或改变量),如图 1.19 所示.

说明 自变量的增量可 Δx 能为正,也可能为负.如果是 Δx 是正的,说明终值 $x_1=x_0+\Delta x$ 在初值 x_0 的右边,否则在左边.同理,Δy 也可正可负.

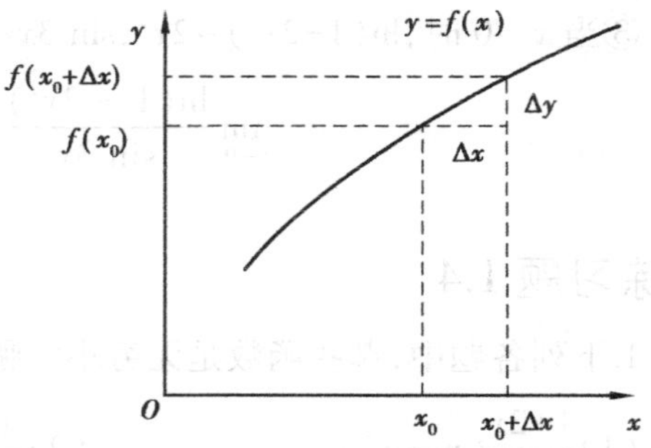

图 1.19

1) 函数在点 x_0 连续的概念

【引例】 观察下面几个例子:

①$f(x)=\dfrac{x^2-1}{x-1}$ 在 $x=1$ 处(如图 1.20 所示);

②$f(x)=\begin{cases}x^2, & x\leqslant 1,\\ 2+x, & x>1.\end{cases}$ 在 $x=1$ 处(如图 1.21 所示);

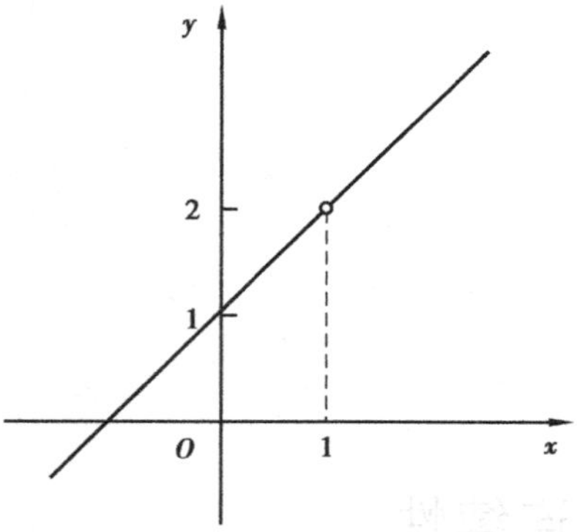

图 1.20

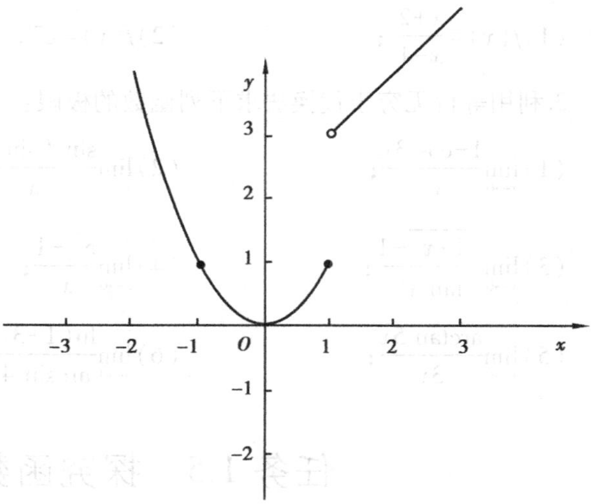

图 1.21

③$f(x)=\begin{cases}x^2, & x\leqslant 1,\\ 2-x, & x>1.\end{cases}$ 在 $x=1$ 处(如图 1.22 所示).

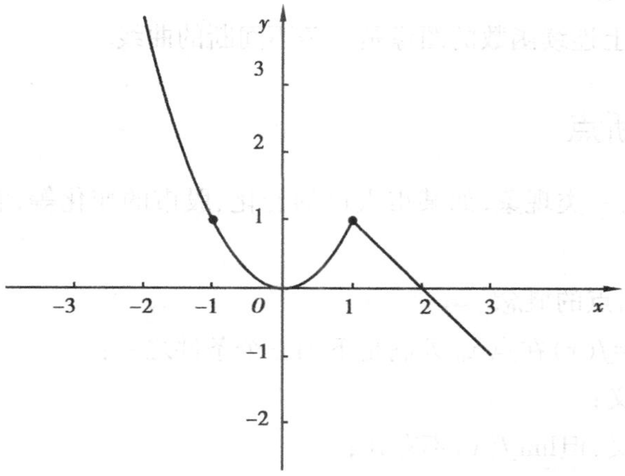

图 1.22

从以上几个图可见，引例①、②中，在 $x=1$ 处函数值发生了跳跃，因此函数的图像在 $x=1$ 处断开；而引例③中，在 $x=1$ 处，当自变量的改变量很小时，函数相应的改变量也很小，表示为：当 $\Delta x\to 0$ 时，有 $\Delta y\to 0$，即 $\lim\limits_{\Delta x\to 0}\Delta y\to 0$，函数的图像是连续的.

从直观上看，可以认为图像是连续曲线的函数就是连续函数.

由此可得到函数连续的定义.

定义 1　设函数 $y=f(x)$ 在 x_0 的某个邻域内有定义，如果当 $\Delta x\to 0$ 时，有 $\Delta y\to 0$，即 $\lim\limits_{\Delta x\to 0}\Delta y=\lim\limits_{\Delta x\to 0}[f(x_0+\Delta x)-f(x_0)]=0$，就称函数 $y=f(x)$ 在点 x_0 **连续**，点 x_0 称为函数的**连续点**.

函数 $y=f(x)$ 在点 x_0 连续的定义还可以等价定义为：

定义 2　设函数 $y=f(x)$ 在点 x_0 的某个邻域内有定义，如果

$$\lim_{x\to x_0}f(x)=f(x_0)$$

就称函数 $y=f(x)$ 在点 x_0 **连续**.

这个定义揭示了函数 $f(x)$ 在点 x_0 **连续必须同时满足 3 个条件**：

①$f(x)$ 在点 x_0 处有定义；②$\lim\limits_{x\to x_0}f(x)$ 极限存在；③$\lim\limits_{x\to x_0}f(x)=f(x_0)$.

2）左连续、右连续的概念

定义 3　设函数 $y=f(x)$ 在 x_0 的某个邻域内有定义，如果 $\lim\limits_{x\to x_0^-}f(x)=f(x_0)$，则称 $f(x)$ 在点 x_0 **左连续**；如果 $\lim\limits_{x\to x_0^+}f(x)=f(x_0)$，则称 $f(x)$ 在点 x_0 处**右连续**.

函数 $f(x)$ 在点 x_0 连续的充分必要条件是 $f(x)$ 在点 x_0 处左连续同时右连续.

在区间上每一点都连续的函数，称为在开区间 (a,b) 内的**连续函数**，或者说函数在该区间上连续，区间称为函数的**连续区间**.

如果该区间为开区间 (a,b)，则称函数在开区间 (a,b) 内连续；如果该区间为闭区间 $[a,b]$，那么函数在开区间 (a,b) 内连续，且在右端点 b 处左连续，在左端点 a 处右连续，则称函

数在闭区间$[a,b]$上连续.

从直观上看,区间上连续函数的图像是一条不间断的曲线.

1.5.2 函数的间断点

在实际生活中还有一类现象,如某市人口的变化、股市的变化等,它们在某些点上也会出现不连续的情形.

下面给出函数间断点的概念.

定义 4 若函数 $y=f(x)$ 在点 x_0 处满足下列三个条件之一:

①在点 x_0 处无定义;

②在点 x_0 处有定义,但$\lim\limits_{x\to x_0}f(x)$不存在;

③函数值$f(x_0)$和极限值$\lim\limits_{x\to x_0}f(x)$都存在,但$\lim\limits_{x\to x_0}f(x)\neq f(x_0)$.

则称函数$f(x)$在点 x_0 **不连续或间断**. 点 x_0 称为函数$f(x)$的**不连续点或间断点**.

根据函数$f(x)$在点 x_0 处间断的不同性质,可把间断点分成两类.

设 x_0 是函数$f(x)$的间断点,如果$f(x)$在点 x_0 处的左、右极限都存在,则称 x_0 是函数$f(x)$的**第一类间断点**;否则,称 x_0 是函数$f(x)$的**第二类间断点**.

在第一类间断点中,如果$f(x)$在点 x_0 处的左、右极限相等,则称 x_0 是函数$f(x)$的**可去间断点**;如果$f(x)$在点 x_0 处的左、右极限不相等,则称 x_0 是函数$f(x)$的**跳跃间断点**.

在第二类间断点中,如果$f(x)$在点 x_0 处的左、右极限至少有一个为无穷大的间断点,称为**无穷间断点**.如果$f(x)$在点 x_0 处的左、右极限至少有一个为振荡而不存在,则称 x_0 是函数$f(x)$的**振荡间断点**.

引例①中,$x=1$ 是$f(x)=\dfrac{x^2-1}{x-1}$ 的第一类间断点,并且是可去间断点;

引例②中,$x=1$ 是$f(x)=\begin{cases}x^2, & x\leqslant 1\\ 2+x, & x>1\end{cases}$的第一类间断点,并且是跳跃间断点.

例 1 讨论函数$f(x)=\dfrac{1}{x}$在 $x=0$ 处的连续性.

解 因为$f(x)$在 $x=0$ 处无定义,所以$f(x)$在 $x=0$ 处间断.又因为$\lim\limits_{x\to 0^-}f(x)=\lim\limits_{x\to 0^-}\dfrac{1}{x}=-\infty$, $\lim\limits_{x\to 0^+}f(x)=\lim\limits_{x\to 0^+}\dfrac{1}{x}=+\infty$,所以 $x=0$ 是 $f(x)$ 的第二类间断点,并且是无穷间断点,如图 1.23 所示.

例 2 设函数$f(x)=\begin{cases}x-1, & x<0\\ 0, & x=0\\ x+1, & x>0\end{cases}$.讨论$f(x)$在 $x=0$ 处的连续性.

解 由于$\lim\limits_{x\to 0^-}f(x)=\lim\limits_{x\to 0^-}(x-1)=-1$, $\lim\limits_{x\to 0^+}f(x)=\lim\limits_{x\to 0^+}(x+1)=1$,即左右极限都存在,但不相

等，$\lim\limits_{x\to 0}f(x)$不存在，所以 $x=0$ 是函数 $f(x)$ 的第一类间断点，并且是跳跃间断点，如图 1.24 所示.

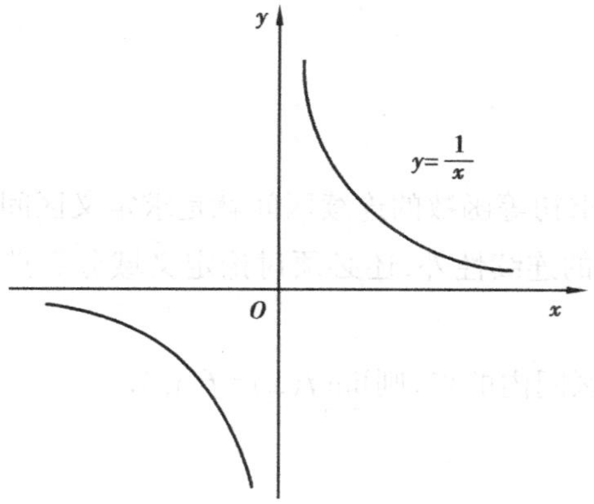

图 1.23

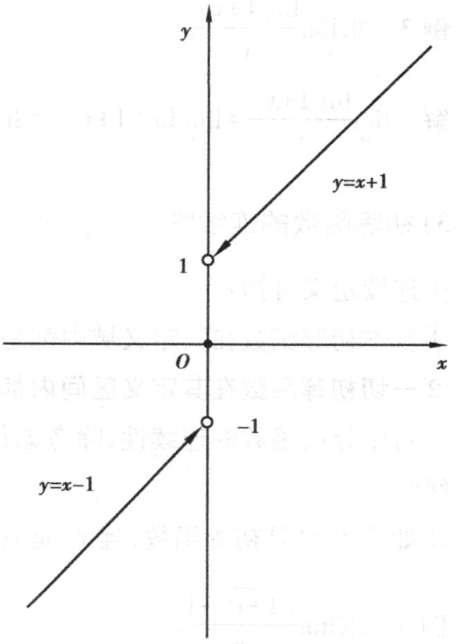

图 1.24

1.5.3　初等函数的连续性

1）连续函数的和、差、积、商的连续性

由函数在某一点连续的定义和极限的四则运算法则，可得下面的定理：

定理 1　设函数 $f(x)$ 和 $g(x)$ 在点 x_0 连续，则它们的和（差）$f(x)\pm g(x)$、积 $f(x)\cdot g(x)$ 及商$\dfrac{f(x)}{g(x)}$（当 $g(x_0)\neq 0$ 时）都在点 x_0 连续.

2）复合函数的连续性

定理 2　设函数 $y=f(x)$ 在 u_0 处连续，函数 $u=\varphi(x)$ 在 x_0 处连续，且 $u_0=\varphi(x_0)$，则复合函数 $y=f[\varphi(x)]$ 在 x_0 处连续.

定理 3　设函数 $y=f[\varphi(x)]$ 是由函数 $y=f(u)$ 与 $u=\varphi(x)$ 复合而成，若$\lim\limits_{x\to x_0}\varphi(x)=u_0$，函数 $y=f(u)$ 在点 u_0 连续，则有

$$\lim_{x\to x_0}f[\varphi(x)]=\lim_{u\to u_0}f(u)=f(u_0)$$

$$\text{或}\lim_{x\to x_0}f[\varphi(x)]=f[\lim_{x\to x_0}\varphi(x)]$$

上式表明，在定理 3 的条件下，求复合函数 $y=f[\varphi(x)]$ 的极限时，函数符号 f 与极限符

号$\lim\limits_{x\to x_0}$可以交换次序.

注意 定理3中的$x\to x_0$换成$x\to\infty$等其他情形,结论也成立.

例3 求$\lim\limits_{x\to 0}\dfrac{\ln(1+x)}{x}$.

解 $\lim\limits_{x\to 0}\dfrac{\ln(1+x)}{x}=\lim\limits_{x\to 0}\ln(1+x)^{\frac{1}{x}}=\ln\lim\limits_{x\to 0}(1+x)^{\frac{1}{x}}=\ln \mathrm{e}=1$

3)初等函数的连续性

由连续定义可知:

①基本初等函数在其定义域内都是连续的.

②**一切初等函数在其定义区间内都是连续的**.求初等函数的连续区间就是求定义区间.

③对于分段函数的连续性,除考虑每一段函数的连续性外,还必须讨论定义域分界点处的连续性.

④如果$f(x)$是初等函数,且x_0是$f(x)$的定义区间内的点,则$\lim\limits_{x\to x_0}f(x)=f(x_0)$.

例4 求$\lim\limits_{x\to 0}\dfrac{\sqrt{1+x^2}-1}{x}$.

解 $\lim\limits_{x\to 0}\dfrac{\sqrt{1+x^2}-1}{x}=\lim\limits_{x\to 0}\dfrac{\frac{1}{2}x^2}{x}=\lim\limits_{x\to 0}\dfrac{1}{2}x=0$

例5 求$\lim\limits_{x\to\frac{\pi}{2}}\ln\sin x$.

解 $\lim\limits_{x\to\frac{\pi}{2}}\ln\sin x=\ln\sin\dfrac{\pi}{2}=\ln 1=0$

例6 求$\lim\limits_{x\to 0}(1+2x)^{\frac{1}{\sin x}}$.

解 因为 $(1+2x)^{\frac{1}{\sin x}}=(1+2x)^{\frac{1}{2x}\cdot\frac{x}{\sin x}\cdot 2}$

所以 $\lim\limits_{x\to 0}(1+2x)^{\frac{1}{\sin x}}=\lim\limits_{x\to 0}(1+2x)^{\frac{1}{2x}\cdot\frac{2x}{\sin x}}=\left[\lim\limits_{x\to 0}(1+2x)^{\frac{1}{2x}}\right]^{\lim\limits_{x\to 0}\frac{2x}{\sin x}}=\mathrm{e}^2$

4)闭区间上连续函数的性质

下面介绍闭区间上的连续函数有一些重要的性质,下面将不加证明予以介绍.

定理4(最大值和最小值定理) 如果函数$f(x)$在闭区间$[a,b]$上连续,则$f(x)$在$[a,b]$上必有最大值和最小值.

推论(有界性定理) 如果函数$f(x)$在闭区间$[a,b]$上连续,则$f(x)$在$[a,b]$上有界.

定理5(介值定理) 如果函数$f(x)$在闭区间$[a,b]$上连续,且$f(a)\neq f(b)$,则对于$f(a)$与$f(b)$之间的任何实数C,至少存在一点$\xi\in(a,b)$,使得$f(\xi)=C$.

推论1 函数$f(x)$在闭区间$[a,b]$上连续,$f(x)$在$[a,b]$上的最大值与最小值分别为M和m,对介于M和m之间的任一数C,则在(a,b)内至少存在一点ξ,使得$f(\xi)=C$.

推论2(零点定理或根的存在定理) 如果函数$f(x)$在闭区间$[a,b]$上连续,且$f(a)\cdot f(b)<0$,则至少存在一点$\xi\in(a,b)$,使得$f(\xi)=0$.

例7 证明方程$x^3+2x=6$在$(1,3)$内至少有一个根.

解 设函数$f(x)=x^3+2x-6$,则$f(x)$在闭区间$[1,3]$上连续,又$f(1)=-3$,$f(3)=27$,即$f(1)\cdot f(3)<0$.

根据根的存在定理,在$(1,3)$内至少存在一点ξ,使得$f(\xi)=0$,即方程$x^3+2x-6=0$在$(1,3)$内至少有一个实根.

训练习题1.5

1.求函数$f(x)=\begin{cases}-x^2, & x\leqslant -1\\ 2x+1, & -1<x\leqslant 1\\ 4-x, & x>1\end{cases}$的连续区间,并作出函数的图形.

2.设函数$f(x)=\begin{cases}\dfrac{\sin 2x}{x}, & x\neq 0\\ k, & x=0\end{cases}$为连续函数,求$k$值.

3.求下列函数的间断点,并指出间断点的类型.

(1)$y=\dfrac{x}{(1+x)^2}$;　　(2)$y=\dfrac{x^2-1}{x^2+2x-3}$;

(3)$y=x\sin\dfrac{1}{x}$;　　(4)$f(x)=\begin{cases}e^x, & x<0,\\ 2+x, & x\geqslant 0.\end{cases}$

4.求下列函数的极限.

(1)$\lim\limits_{x\to 2}\sqrt{x^2-x+2}$;　　(2)$\lim\limits_{x\to\infty}e^{\frac{1}{x}}$;

(3)$\lim\limits_{x\to 0}\dfrac{\sqrt{x+4}-2}{\sin 3x}$;　　(4)$\lim\limits_{x\to 1}\arccos\dfrac{\sqrt{3x+\ln x}}{2}$.

5.证明方程$x^4-3x-1=0$至少有一个根介于1和2之间.

6.[**停车收费问题**] 一个停车场第一小时(或不到一小时)收费3元,以后每小时(或不到整时)收费2元,每天最多收费10元.讨论此函数的间断点以及它们的意义.

任务1.6 数学实验:用MATLAB绘图、求极限

MATLAB(MATrix LABoratory,即矩阵实验室)是由美国The MathWorks公司开发,于1984年推出的一套数值计算软件,分为总包和若干个工具箱,可以实现数值分析、优化、统计、偏微分方程数值解、自动控制、信号处理、图像处理等若干个领域的计算和图形显示功

能,而且利用符号工具箱可得出各种数学问题的解析解. 它将不同数学分支的算法以函数的形式分类成库,使用时直接调用这些函数并赋予实际参数就可以解决问题,快速而且准确. MATLAB 具有简单易学、代码短小高效、计算功能强大、绘图方便、可扩展性强等特点,受到了广大高校教师、学生、科研人员和工程技术人员的一致好评.

从本任务开始,将逐步介绍 MATLAB 的一些简单用法.

1.6.1 MATLAB 窗口环境

MATLAB 安装成功后,在 Windows 桌面:开始/程序/ MATLAB 菜单项(或双击桌面的 MATLAB 快击键)即可打开 MATLAB 界面(如图 1.25 所示). 在图中,第一栏为 MATLAB 标题栏,第二栏为菜单栏,第三栏为工具栏. 在工具栏中,除了一般的 Windows 程序通用按钮之外,还有 1 个仿真程序启动按钮,另外,在最右端还有一个当前目录窗口. 下面有多个窗口,右边最大的窗口为命令窗口(Command Window),左边一列窗口分别为历史命令(Command History)窗口、工作空间(Work space)窗口和路径编辑器窗口,这些窗口可通过 View 菜单打开或关闭. 历史命令窗口保留了每次运行过的所有命令以及操作时间,双击历史命令窗中的某一命令,则可在命令窗口再次运行该命令. 工作空间窗口显示出当前 MATLAB 工作空间所有的变量名和占用内存的情况,并可对变量及其赋值进行修改.

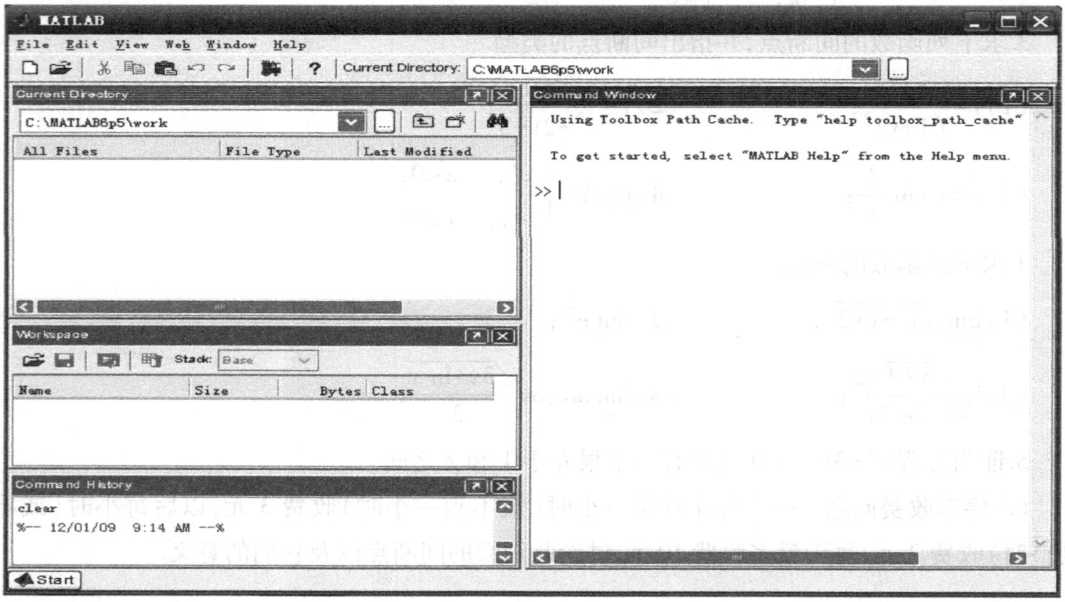

图 1.25

若要退出,单击右上角关闭按钮便可.

1.6.2 MATLAB 的命令形式

MATLAB 命令窗口中的“> >”代表命令提示符,表示 MATLAB 正在处于准备状态. 在命令提示符后输入 MATLAB 认可的任何命令，按回车键都可执行其操作. 如“1+8”“6−9”“7×9”“sqrt(5)”等按回车键后可显示其结果，犹如在一张纸上排列公式和求解问题一样高效率，因此，MATLAB 也被称为“科学演算纸”式的科学工程计算语言.

1)MATLAB 常用的预定义变量(表 1.5)

表 1.5

ans	用于结果的省变量名	NaN	不定值
pi	圆周率 π	i 或 j	-1 的平方根 $=\sqrt{-1}$
eps	计算机的最小数 $=2.220\ 4\times10^{-16}$	realmin	最小可用正实数 $=2.225\ 1\times10^{-308}$
Inf	无穷大 ∞	realmax	最大可用正实数 $=1.797\ 7\times10^{308}$

2)MATLAB 常用的关系运算符(表 1.6)

表 1.6

数学关系	MATLAB 运算符	数学关系	MATLAB 运算符
小于	<	大于	>
小于或等于	< =	大于或等于	> =
等于	= =	不等于	~ =

3)MATLAB 常用的算术运算符(表 1.7)

表 1.7

	数学表达式	MATLAB 运算符	MATLAB 表达式
加	$a+b$	+	a+b
减	$a-b$	−	a−b
乘	$a\times b$	*	a * b
除	$a\div b$	/ 或 \	a/b 或 a\b
幂	a^b	^	a^b

4) MATLAB 常用的函数(表 1.8)

表 1.8

函数名	解释	MATLAB 命令	函数名	解释	MATLAB 命令
三角函数	$\sin x$	sin(x)	反三角函数	$\arcsin x$	asin(x)
	$\cos x$	cos(x)		$\arccos x$	acos(x)
	$\tan x$	tan(x)		$\arctan x$	atan(x)
	$\cot x$	cot(x)		$\operatorname{arccot} x$	acot(x)
	$\sec x$	sec(x)		$\operatorname{arcsec} x$	asec(x)
	$\csc x$	csc(x)		$\operatorname{arccsc} x$	acsc(x)
幂函数	x^a	x^a	对数函数	$\ln x$	log(x)
	$\sqrt{x}$	sqrt(x)		$\log_2 x$	log2(x)
指数函数	a^x	a^x		$\log_{10} x$	log10(x)
	e^x	exp(x)	绝对值函数	$\lvert x\rvert$	abs(x)

下面通过一些具体的实例来体验 MATLAB 语言简洁和高效的特点.

实验 1　计算 $S=1-\frac{1}{2}-\frac{1}{3}-\frac{1}{4}-\frac{1}{5}-\frac{1}{6}-\frac{1}{7}-\frac{1}{8}$.

输入:S=1-1/2-1/3-1/4-1/5-1/6-1/7-1/8 ↙

显示:S=-0.717 9.

说明　符号“↙”表示“回车”.每输入一条指令或语句必须按回车键后,指令才被执行.换言之,MATLAB 命令窗口是一个命令行编辑器. 为了简便,以后回车符“↙”不再标出.

实验 2　计算 $S=1-\frac{1}{2}-\frac{1}{3}-\frac{1}{4}-\frac{1}{5}$.

此时不必逐个字符输入,利用“↑”或“↓”键调回上条指令,适当修改之,再回车执行,得

$$S=-0.283\ 3.$$

说明　①利用“↑”或“↓”键可寻找已执行过的各条指令. 若单纯使用光标移动定位到某行指令再执行它,则动作无效.

②屏幕内容太杂乱时,用 clc 命令可清屏.

实验 3　求方程 $x^4+5x^3+11x^2-20=0$ 的根.

输入如下命令:

p=[1,5,11,0,-20];　　　　(建立多项式系数向量)

x=roots(p)　　　　(求根)

运行结果如下:

x=

　-2.034 7+2.282 9i

　-2.034 7-2.282 9i

　-2.000 0

　1.069 3

1.6.3　用 MATLAB 绘图

绘制二维图形的命令用“plot”或“fplot”,基本用法见表 1.9.

表 1.9

命令	功　能	用　法
plot 或 fplot	在指定的范围内画出一元函数 $y=f(x)$ 的图形	fplot('function', limits)在指定的范围 limits 内画出函数名为 function 的图形,其中 limits 是一个制订 x 轴和 y 轴的范围向量[xmin,xmax]或者是 x 轴和 y 轴的范围向量[xmin,xmax,ymin,ymax]

实验 4　作函数 $y=x^3+x^2-3x+1$ 的图形.

输入如下命令:

fplot('x^3+x^2-3*x+1',[-3,3])

运行结果如图 1.26 所示.

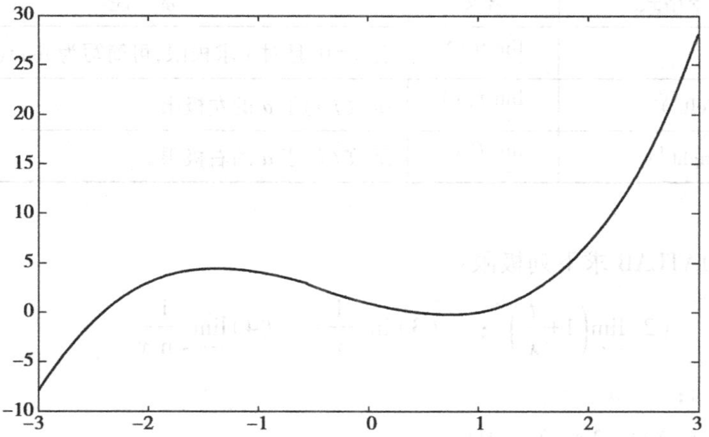

图 1.26

实验 5　作正弦函数 $y=\sin x$ 在区间[0,2π]上的图形.

输入如下命令:

x=0:pi/1 800:2*pi;　　　　(pi 是 MATLAB 预先定义的变量,代表圆周率 π,

pi/1 800为步长)

y=sin(x);

plot(x,y)　　　　　　　　　　　(plot( )是 MATLAB 中绘制二维图形函数)

运行结果如图 1.27 所示.

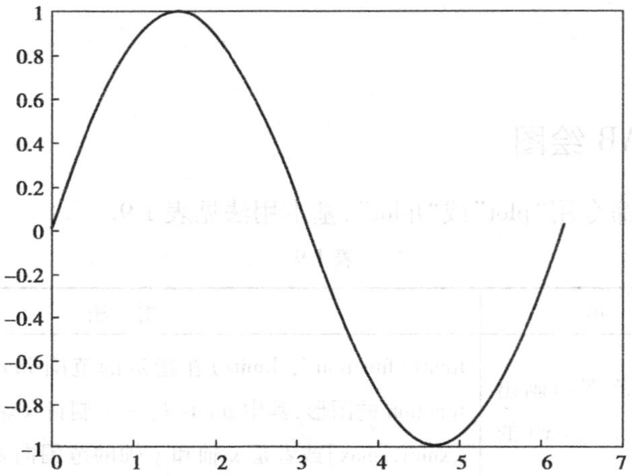

图 1.27

1.6.4 数学实验:用 MATLAB 求极限

求表达式极限的命令用“limit”,基本用法见表 1.10.

表 1.10

输入命令格式	含义	备　注
limit(f,x,a)	$\lim\limits_{x\to a} f(x)$	若 $a=0$,且对 x 求极限,可简写为 limit(f)
limit(f,x,a,'left')	$\lim\limits_{x\to a^-} f(x)$	函数 f 趋于 a 的左极限
limit(f,x,a,'right')	$\lim\limits_{x\to a^+} f(x)$	函数 f 趋于 a 的右极限

实验 6　用 MATLAB 求下列极限:

(1) $\lim\limits_{x\to 0}\dfrac{\sin x}{-2x}$;　(2) $\lim\limits_{x\to\infty}\left(1+\dfrac{t}{x}\right)^{3x}$;　(3) $\lim\limits_{x\to 0^+}\dfrac{1}{x}$;　(4) $\lim\limits_{x\to 0}\dfrac{1}{\sin x}$.

```
>> syms   x   t;
>> limit ( sin(x)/(-2 * x),x,0)
ans =
      -1/2
>> y='(1+t/x)^(3 * x)';
>> limit (y,x,inf)
```

```
ans =
        exp( 3 * t )
>> limit (1/x,x,0,'right')
ans =
        inf
>> limit (1/sin(x))
ans =
        NaN
```

说明　①syms 是符号变量的说明函数."syms　x　t"意为 x 和 t 是符号变量. 进行符号运算时,须先对符号变量进行说明.

②limit(f,x,a)表示求函数 f 当 x→a 时的极限,当变量是 x 时可缺省,当 a 的值为 0 时也可缺省.

③将符号表达式赋给另一变量时,要用单引号,如

y = '(1 + t/x)^(3 * x) ';

意为将符号表达式赋给变量 y.不显示结果时后缀分号,否则将显示运算结果.

④ans 意为"答案",它是系统设定的变量名,存放最近一次无赋值语句的运算结果.

⑤inf 意为"+∞ ",NaN 意为"不存在",它们也是系统设定的几个变量名. 此外,还有 -inf(-∞),pi(π),i 或 j(虚数单位)等.

训练习题 1.6

1.用 plot 画出下列函数在指定的区间内的图形:

(1)$y=2\sin 4x, x\in[0,2\pi]$;

(2)$y=x\ln(1+x), x\in[0,10]$.

2.用 limit 命令求下列极限:

(1)$\lim\limits_{x\to 0}\dfrac{1-\cos x}{x^2}$;　(2)$\lim\limits_{x\to\infty}\left(1+\dfrac{2}{x}\right)^{x+2}$;　(3)$\lim\limits_{x\to 0}\dfrac{e^x-1}{x}$.

项目检测 1

1.选择题

(1)设函数 $f(x)=3\ln(1+x)-2\sin\dfrac{x^2-1}{2}$,则 $f(0)=$(　　).

A.3　　B.-2　　C.2　　D.$2\sin\dfrac{1}{2}$

(2)下列函数为复合函数的是(　　).

A.$y=x^2+x+1$　　B.$y=\sin 2x$

C.$y=\arccos(2+e^x)$　　D.$y=\ln x\tan x$

(3)函数 $y=x+\tan x$ 是(　　).

A.奇函数　　B.偶函数

C.非奇非偶函数　　D.既是奇函数又是偶函数

(4)当 $x\to0$ 时，$\cos\frac{1}{x}$ 是(　　).

A.无穷小量　　B.无穷大量　　C.有界函数　　D.无界函数

(5)当 $x\to0$ 时，与 $\sqrt{3+x}-\sqrt{3-x}$ 等价的无穷小量是(　　).

A.x　　B.$2x$　　C.$\sqrt{2}x$　　D.$\frac{x}{\sqrt{3}}$

(6)若 $\lim\limits_{x\to x_0^-}f(x)=A$，$\lim\limits_{x\to x_0^+}f(x)=A$，则下列说法正确的是(　　).

A.$f(x_0)=A$　　B.$\lim\limits_{x\to x_0}f(x)=A$

C.$f(x)$ 在点 x_0 有定义　　D.$f(x)$ 在点 x_0 连续

(7)设函数 $f(x)=\begin{cases}x^2+2, & x\leqslant0\\ 2^x, & x>0\end{cases}$ 在 $x=0$ 处(　　).

A.连续　　B.左连续　　C.右连续　　D.左右都不连续

(8)函数 $f(x)=\begin{cases}e^{ax}, & x\leqslant0\\ x+b, & x>0\end{cases}$ 在 $x=0$ 处连续，则有(　　).

A.$b=1$　　B.$b=0$　　C.$a=1,b=0$　　D.$a=0,b=0$

2.填空题

(1)函数 $y=\sin^3(3x+5)$ 是由＿＿＿＿＿＿＿＿＿＿＿＿复合而成.

(2)函数 $y=\sqrt{4-x^2}+\ln(x^2-1)$ 的定义域是＿＿＿＿＿＿＿＿＿＿＿＿.

(3)设函数 $y=\frac{1}{x-1}$，当 $x\to$＿＿＿时，y 是无穷大量；当 $x\to$＿＿＿时，y 是无穷小量.

(4)$\lim\limits_{x\to\infty}\frac{\sin x}{x}=$＿＿＿＿，　$\lim\limits_{x\to0}\frac{\sin x}{x}=$＿＿＿＿

$\lim\limits_{x\to\infty}x\sin\frac{1}{x}=$＿＿＿＿，　$\lim\limits_{x\to0}x\sin\frac{1}{x}=$＿＿＿＿.

(5)$\lim\limits_{x\to\infty}\left(1-\frac{1}{x}\right)^x=$＿＿＿＿，　$\lim\limits_{x\to0}(1-x)^{-\frac{2}{x}}=$＿＿＿＿.

(6)当 $x\to0$ 时，e^x-1 是 x 的＿＿＿＿无穷小量.

3.计算题

(1)$\lim\limits_{h\to0}\frac{(x+h)^2-x^2}{h}$；　　(2)$\lim\limits_{x\to-1}\left(\frac{1}{x+1}+\frac{2}{x^2-1}\right)$；

(3) $\lim\limits_{x\to\infty}\dfrac{3x^3+1}{2x^2-x+1}$； (4) $\lim\limits_{x\to0}\dfrac{e^{-x}-1}{x}$；

(5) $\lim\limits_{x\to\infty}\dfrac{x^2+1}{x^3-2x+1}$； (6) $\lim\limits_{x\to+\infty}x(\sqrt{x^2+1}-x)$；

(7) $\lim\limits_{x\to0}\dfrac{\tan x-\sin x}{x^3}$； (8) $\lim\limits_{x\to0}(1+3\tan^2x)^{\cot^2x}$；

(9) $\lim\limits_{x\to0}x\cos\dfrac{1}{x}$； (10) $\lim\limits_{x\to\infty}\dfrac{\arctan x}{x^2}$；

(11) $\lim\limits_{x\to0}\dfrac{1-\cos 2x}{x\sin x}$； (12) $\lim\limits_{n\to\infty}\left(1+\dfrac{1}{3}+\dfrac{1}{3^2}+\cdots+\dfrac{1}{3^n}\right)$.

4.解答题

(1)设$f(x)=\begin{cases}x^2, & x\neq2,\\ 1, & x=2.\end{cases}$则$\lim\limits_{x\to2}f(x)=$________.

(2)讨论函数$f(x)=\begin{cases}3x^2-1, & x\geqslant0\\ e^x, & x<0\end{cases}$的连续性,并求函数$f(x)$的连续区间.

(3)证明方程$2^x-4x=0$至少有一个根介于0和$\dfrac{1}{2}$之间.

(4)要建造一个容积为V的长方体水池,它的底为正方形.如果池底的单位面积造价为侧面积造价的3倍,试建立总造价y与底面边长x之间的函数关系.

(5)小明到南岳观日出,早上8时从山下一宾馆出发,沿一条路径上山,下午5时到达山顶并留宿于山顶一宾馆.次日观日出后,于早上8时沿同一路径下山,下午5时回到山下同一宾馆.试用零点定理分析:小明必在两天内的同一时刻经过同一地点.

项目2 导数与微分

【知识目标】

1.理解导数的概念,了解导数的几何意义,了解函数可导性与连续性的关系.

2.熟练掌握导数运算法则及导数基本公式;了解高阶导数的概念,能熟练地求初等函数的一阶、二阶导数;了解隐函数的求导方法.

3.理解函数微分的概念、函数微分形式的不变性和四则运算法则;了解微分在近似计算中的应用.

4.了解罗尔定理和拉格朗日定理,掌握用洛必达法则求极限的方法;

5.理解函数的极值概念,掌握求函数单调区间与求极值的方法.

6.理解函数最值的概念,会求闭区间函数的最值,能用最值解决简单的实际问题.

【能力目标】

1.会应用导数概念及几何意义,并能用导数的方法描述一些简单的实际问题.

2.会求初等函数的导数;会用函数微分形式的不变性和四则运算法则求微分;会利用微分进行近似计算.

3.会利用中值定理求解简单的应用问题;会求未定式的极限;会利用导数求函数的单调区间、极值与最值;能运用导数和微分知识解决简单的实际问题.

4.会将实际问题抽象为数学模型.

在高等数学中,研究函数的导数、微分及其计算和应用的部分称为微分学;研究不定积分、定积分等各种积分及其计算和应用部分,称积分学;微分学与积分学统称微积分学.

微分学是微积分的两大分支之一,它的核心概念是导数和微分,是现代数学许多分支的基础,是人类认识客观世界、探索宇宙奥妙乃至人类自身的典型数学模型之一.

恩格斯(F. Engels,1820—1895)指出:“在一切理论成就中,未必再有什么像 17 世纪下半叶微积分的发明那样,被看作人类精神的最高胜利了.”

本项目认知微分学的两个基本概念——导数与微分,以及它们计算方法与应用.

任务 2.1 认知导数

2.1.1 导数的案例

微分学最基本的概念——导数,来源于实际生活中两个朴素概念:速度与切线.

1）汽车行驶的瞬时速度

【引例 1】[变速运动的瞬时速度]　分析一个做自由落体运动的物体.

设 s 表示一物体从某时刻 t_0 开始到 t 时刻做自由落体运动所经过的路程，自由落体的运动方程是 $s=s(t)=\frac{1}{2}gt^2$，求物体在 $t=t_0$ 时刻的瞬时速度 $v=v(t_0)$.

物体在 $t=t_0$ 临近时间的间隔内的平均速度可以看作 $v=v(t_0)$ 的近似值.取一小段时间 $[t_0,t_0+\Delta t]$，在这段时间 Δt 内，物体的位移为

$$\Delta s=s(t_0+\Delta t)-s(t_0)=\frac{g}{2}(2t_0+\Delta t)\Delta t$$

平均速度为

$$\bar{v}=\frac{s(t_0+\Delta t)-s(t_0)}{(t_0+\Delta t)-t_0}=\frac{\Delta s}{\Delta t}=\frac{g}{2}(2t_0+\Delta t)$$

当 $\Delta t\to 0$ 时，平均速度的极限

$$v=\lim_{\Delta t\to 0}\frac{\Delta s}{\Delta t}=\lim_{\Delta t\to 0}\frac{s(t_0+\Delta t)-s(t_0)}{(t_0+\Delta t)-t_0}=\lim_{\Delta t\to 0}\frac{g}{2}(2t_0+\Delta t)=gt_0(\mathrm{m/s})$$

就是物体在 $t=t_0$ 这一时刻的速度 $v(t_0)$，也称为**瞬时速度**.

下面讨论适合于求一般运动的瞬时速度.

设 $s=s(t)$，求物体在 $t=t_0$ 时刻的瞬时速度 $v=v(t_0)$.显然 $\Delta s=s(t_0+\Delta t)-s(t_0)$，$\bar{v}=\frac{\Delta s}{\Delta t}=\frac{s(t_0+\Delta t)-s(t_0)}{\Delta t}$，$v(t_0)=\lim\limits_{\Delta t\to 0}\frac{s(t_0+\Delta t)-s(t_0)}{\Delta t}$，即

平均速度等于位置改变量除以时间改变量，即

$$\bar{v}=\frac{\Delta s}{\Delta t}=\frac{s(t_0+\Delta t)-s(t_0)}{\Delta t}$$

瞬时速度等于当 Δt 趋近于 0 时平均速度的极限，即

$$v(t_0)=\lim_{\Delta t\to 0}\frac{s(t_0+\Delta t)-s(t_0)}{\Delta t}$$

2）切线的斜率

【引例 2】[平面曲线的切线斜率]　如图2.1所示，设曲线 C 是连续函数 $y=f(x)$ 的图像，求曲线 C 上点 $M(x_0,y_0)$ 处切线的斜率.

设 $P(x_0+\Delta x,y_0+\Delta y)$ 为 C 上另一点，连接 M、P 的直线称为曲线 C 的**割线**.设割线 MP 的倾斜角为 $\varphi\left(\varphi\neq\frac{\pi}{2}\right)$，则割线 MP 的斜率为

$$\tan\varphi=\frac{f(x_0+\Delta x)-f(x_0)}{\Delta x}=\frac{\Delta y}{\Delta x}$$

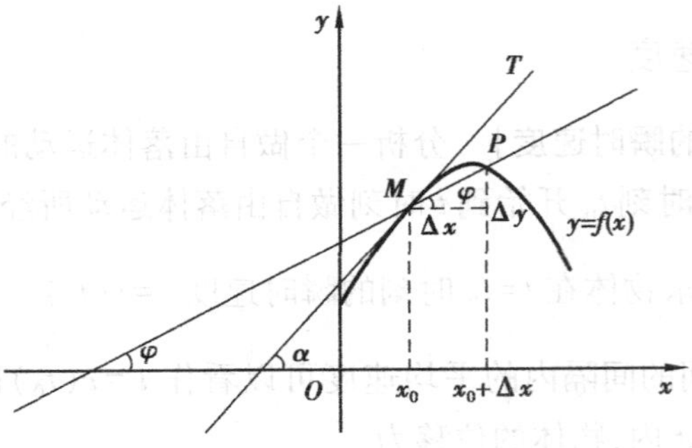

图 2.1

我们发现,当点 P 沿曲线 C 趋于点 M,即 $\Delta x\to 0$ 时,如果割线 MP 有一个极限位置 MT,那么直线 MT 称为曲线在点 M 处的**切线**.设切线 MT 的倾斜角为 α,那么当 $\Delta x\to 0$ 时,割线 MP 的斜率的极限,就是曲线在点 M 处的**切线的斜率**,即

$$\tan\alpha=\lim_{\Delta t\to 0}\frac{\Delta y}{\Delta x}=\lim_{\Delta t\to 0}\frac{f(x_0+\Delta x)-f(x_0)}{\Delta x}$$

2.1.2 导数的概念

1) x_0 处导数的定义

定义 1 设函数 $y=f(x)$,若自变量 x 在 x_0 处有增量 Δx,则函数 y 相应地有增量

$$\Delta y=f(x_0+\Delta x)-f(x_0)$$

比值 $\dfrac{\Delta y}{\Delta x}=\dfrac{f(x_0+\Delta x)-f(x_0)}{\Delta x}$ 称为函数 $y=f(x)$ 在 x_0 到 $x_0+\Delta x$ 之间的平均变化率.若当 $\Delta x\to 0$ 时,$\dfrac{\Delta y}{\Delta x}$ 的极限存在,即

$$\lim_{\Delta t\to 0}\frac{\Delta y}{\Delta x}=\lim_{\Delta x\to 0}\frac{f(x_0+\Delta x)-f(x_0)}{\Delta x} \qquad ①$$

存在,则极限值称为函数 $f(x)$ 在 x_0 处的**导数**(或变化率),记作

$$f'(x_0),\ y'\big|_{x=x_0},\quad \left.\frac{\mathrm{d}y}{\mathrm{d}x}\right|_{x=x_0},\quad \left.\frac{\mathrm{d}f(x)}{\mathrm{d}x}\right|_{x=x_0}$$

这时称函数 $f(x)$ 在 x_0 处**可导**.

如果上述极限不存在,则称函数 $f(x)$ 在 x_0 处**不可导**.

若记 $x_0+\Delta x=x$,则 $\Delta x\to 0\Leftrightarrow x\to x_0$,$\Delta x=x-x_0$,则(1)等价于以下形式:

$$f'(x_0)=\lim_{\Delta x\to 0}\frac{\Delta y}{\Delta x}=\lim_{\Delta x\to 0}\frac{f(x_0+\Delta x)-f(x_0)}{\Delta x}=\lim_{x\to x_0}\frac{f(x)-f(x_0)}{x-x_0} \qquad ②$$

根据导数的定义,前面两案例可以叙述如下:

①变速直线运动的瞬时速度 $v(t_0)$ 是路程函数 $s=s(t)$ 在 $t=t_0$ 时刻的导数，即

$$v(t_0)=s'(t_0).$$

② 函数 $y=f(x)$ 的导数 $f'(x_0)$ 是函数在 x_0 处的切线的斜率，即

$$K=f'(x_0).$$

例 1 用定义求函数 $y=x^2$ 在 $x=1$ 处的导数.

解 当 x 由 1 变化到 $1+\Delta x$ 时，函数 $y=x^2$ 相应的改变量为

$$\Delta y=(1+\Delta x)^2-1^2=2\cdot\Delta x+(\Delta x)^2$$

故

$$\frac{\Delta y}{\Delta x}=2+\Delta x$$

从而

$$f'(1)=\lim_{\Delta x\to 0}\frac{\Delta y}{\Delta x}=\lim_{\Delta x\to 0}(2+\Delta x)=2$$

2）导数的本质

导数是实际问题中变化率的数学反映.对于函数 $y=f(x)$ 来说，$\frac{\Delta y}{\Delta x}=\frac{f(x_0+\Delta x)-f(x_0)}{\Delta x}$ 表示自变量 x 在以点 x_0 与 $x_0+\Delta x$ 为端点的区间上每改变一个单位时，函数的平均变化量.因此，称 $\frac{\Delta y}{\Delta x}=\frac{f(x_0+\Delta x)-f(x_0)}{\Delta x}$ 为函数 $y=f(x)$ 在该区间上的平均变化率，把平均变化率在 $\Delta x\to 0$ 时的极限 $f'(x_0)$ 称为函数在点 x_0 处的变化率，它反映了因变量相对自变量变化的快慢程度.

3）左导数和右导数

（1）单侧导数定义

导数实际是一种特殊极限，而极限有左极限、右极限之分，因而导数就分为左导数、右导数.若用 $f'_-(x_0)$ 和 $f'_+(x_0)$ 分别表示 $f(x)$ 在 x_0 处的**左导数**和**右导数**，则有如下定义：

$$f'_-(x_0)=\lim_{\Delta x\to 0^-}\frac{\Delta y}{\Delta x}=\lim_{\Delta x\to 0^-}\frac{f(x_0+\Delta x)-f(x_0)}{\Delta x}=\lim_{x\to x_0^-}\frac{f(x)-f(x_0)}{x-x_0}$$

$$f'_+(x_0)=\lim_{\Delta x\to 0^+}\frac{\Delta y}{\Delta x}=\lim_{\Delta x\to 0^+}\frac{f(x_0+\Delta x)-f(x_0)}{\Delta x}=\lim_{x\to x_0^+}\frac{f(x)-f(x_0)}{x-x_0}$$

左导数和右导数统称为**单侧导数**.

（2）导数与左右导数关系

定理 1 函数 $f(x)$ 在点 x_0 可导，且 $f'(x_0)=A$ 的充分必要条件是它在点 x_0 的左导数 $f'_-(x_0)$、右导数 $f'_+(x_0)$ 都存在，且都等于 A，即 $f'(x_0)=A\Leftrightarrow f'_-(x_0)=A=f'_+(x_0)$.

例 2 设 $f(x)=\begin{cases}x^3,(x\geqslant 0)\\x,(x<0)\end{cases}$.讨论 $f(x)$ 在 $x=0$ 处是否可导.

解 因为 $f'_+(0)=\lim\limits_{\Delta x\to 0^+}\frac{\Delta y}{\Delta x}=\lim\limits_{x\to 0^+}\frac{f(x)-f(0)}{x-0}=\lim\limits_{x\to 0^+}\frac{x^3-0}{x}=0$

$$f'_{-}(0)=\lim_{\Delta x\to 0^-}\frac{\Delta y}{\Delta x}=\lim_{x\to 0^-}\frac{f(x)-f(0)}{x-0}=\lim_{x\to 0^-}\frac{x-0}{x}=1$$

从而$f'_{+}(0)\neq f'_{-}(0)$，因此$f'(0)$不存在.所以$f(x)$在$x=0$处不可导.

4）导函数的定义

定义 2 若函数$y=f(x)$在开区间(a,b)每一点都可导，则称$f(x)$在开区间(a,b)内可导.这时，对于开区间(a,b)每一个确定的x_0，都对应着一个确定的导数$f'(x_0)$，这样就在开区间(a,b)内构成一个新函数，称为**导函数**，记作$f'(x)$或y'或$\frac{dy}{dx}$，即

$$f'(x)=\lim_{\Delta x\to 0}\frac{\Delta y}{\Delta x}=\lim_{\Delta x\to 0}\frac{f(x+\Delta x)-f(x)}{\Delta x}$$

导函数也简称**导数**.

当$x\in(a,b)$时，函数$y=f(x)$在x_0处的导数$f'(x_0)$等于函数$f(x)$在(a,b)内的导数$f'(x)$在x_0处的函数值.

如果函数$y=f(x)$在(a,b)内可导，且$f'_{+}(a)$及$f'_{-}(b)$存在，则称它在$[a,b]$上可导.

例 3 用定义求函数$y=x^2$的导数.

解 $\Delta y=f(x+\Delta x)-f(x)=(x+\Delta x)^2-x^2=2x\Delta x+(\Delta x)^2$

$$(x^2)'=\lim_{\Delta x\to 0}\frac{\Delta y}{\Delta x}=\lim_{\Delta x\to 0}(2x+\Delta x)=2x$$

5）导数的几何意义

函数$y=f(x)$在x_0处导数$f'(x_0)$的**几何意义**是：曲线$y=f(x)$在点$P(x_0,y_0)$处的切线的斜率.

①曲线$y=f(x)$上点$P(x_0,y_0)$处的**切线方程**是

$$y-y_0=f'(x_0)(x-x_0)$$

特别地：若$f'(x_0)=\infty$，则切线垂直于x轴，切线方程就是经过点$P(x_0,y_0)$且与x轴垂直的直线$x=x_0$.

②若$f'(x_0)\neq 0$，则过点$P(x_0,y_0)$的**法线方程**是

$$y-y_0=-\frac{1}{f'(x_0)}\cdot(x-x_0)$$

特别地：$f'(x_0)=0$，则法线方程为：$x=x_0$；

$f'(x_0)=\infty$时，法线方程为：$y=y_0$.

例 4 求$y=f(x)=x^3$上点$(1,1)$处的切线方程和法线方程.

解 由定义得$y=x^3$上点$(1,1)$处的切线的斜率为$f'(1)=3$.

因此切线方程为$y-1=3(x-1)$，即$3x-y-2=0$；

法线方程为 $y-1=-\frac{1}{3}(x-1)$，即 $x+3y-4=0$.

2.1.3　可导与连续的关系

由导数的定义，可以证明函数可导与连续的关系如下：

定理 2　若函数 $y=f(x)$ 在点 x 处可导，则一定有函数 $y=f(x)$ 在点 x 处连续.

但其逆不真，即函数 $y=f(x)$ 在点 x 处连续，不能肯定函数 $y=f(x)$ 在点 x 处一定可导，故函数 $y=f(x)$ 在点 x 处连续是函数 $y=f(x)$ 在点 x 处可导的必要不充分条件.

例 5　讨论函数 $f(x)=|x|$ 在点 $x=0$ 处的连续性与可导性.

解　因为

$$\lim_{x\to 0^-} f(x)=\lim_{x\to 0^-}(-x)=0$$

$$\lim_{x\to 0^+} f(x)=\lim_{x\to 0^+} x=0$$

所以

$$\lim_{x\to 0} f(x)=0=f(0)$$

因此函数在 $x=0$ 处连续.

由于 $\frac{f(x)-f(0)}{x-0}=\frac{|x|}{x}=\begin{cases}1, x>0\\-1, x<0\end{cases}$. 因此 $f'_+(0)=1, f'_-(0)=-1$，即 $f(x)$ 在 $x=0$ 处的左、右导数都存在，但由于 $f'_+(0)\neq f'_-(0)$，因此 $f'(0)$ 不存在. 知函数在 $x=0$ 处不可导.

若作出 $f(x)=|x|$ 的图像，会发现 $x=0$ 处是图像上的“尖点”. 一般地，如果函数 $y=f(x)$ 的导函数 $y=f'(x)$ 是连续的，则称曲线 $y=f(x)$ 是**光滑的**. 因此，$f(x)=|x|$ 在点 $x=0$ 处是不光滑的.

2.1.4　导数的基本公式(一)

1) 求函数 $y=f(x)$ 在 x 处的导数的方法

①求增量　$\Delta y=f(x+\Delta x)-f(x)$；

②求比值　$\frac{\Delta y}{\Delta x}=\frac{f(x+\Delta x)-f(x)}{\Delta x}$；

③求极限　$f'(x)=\lim\limits_{\Delta x\to 0}\frac{\Delta y}{\Delta x}$.

2) 常数函数的导数

例 6　已知 $y=C$　(C 为常数)，求 y'.

解　因为　　$\Delta y=f(x_0+\Delta x)-f(x_0)=C-C=0$，

所以 $y' = \lim\limits_{\Delta x \to 0}\dfrac{\Delta y}{\Delta x} = \lim\limits_{\Delta x \to 0}\dfrac{0}{\Delta x} = 0.$

即 $C' = 0.$

3)幂函数的导数

*例 7 已知 $y=f(x)=x^n(n\in\mathbf{N}^+)$,求 $f'(x)$.

解
$$\begin{aligned}\Delta y &= f(x+\Delta x)-f(x)=(x+\Delta x)^n-x^n\\ &=[x^n+C_n^1x^{n-1}\Delta x+C_n^2x^{n-2}(\Delta x)^2+\cdots+C_n^n(\Delta x)^n]-x^n\\ &=C_n^1x^{n-1}\Delta x+C_n^2x^{n-2}(\Delta x)^2+\cdots+C_n^n(\Delta x)^n\end{aligned}$$

$$\frac{\Delta y}{\Delta x}=C_n^1x^{n-1}+C_n^2x^{n-2}\Delta x+\cdots+C_n^n(\Delta x)^{n-1}$$

$$f'(x)=\lim_{\Delta x\to 0}\frac{\Delta y}{\Delta x}=\lim_{\Delta x\to 0}[C_n^1x^{n-1}+C_n^2x^{n-2}\Delta x+\cdots+C_n^n(\Delta x)^{n-1}]=nx^{n-1}$$

更一般地,对于幂函数 $y=x^\mu(\mu\in\mathbf{R})$,有

$$(x^\mu)'=\mu\cdot x^{\mu-1}$$

特别地,$\left(\dfrac{1}{x}\right)'=(x^{-1})'=-1\cdot x^{-1-1}=-\dfrac{1}{x^2}$

$$(\sqrt{x})'=\left(x^{\frac{1}{2}}\right)'=\frac{1}{2}\cdot x^{\frac{1}{2}-1}=\frac{1}{2}\cdot x^{-\frac{1}{2}}=\frac{1}{2\sqrt{x}}$$

4)三角函数的导数

*例 8 已知 $y=f(x)=\sin x$,求 $f'(x)$.

解
$$\begin{aligned}\Delta y &= f(x+\Delta x)-f(x)=\sin(x+\Delta x)-\sin x\\ &=2\cos\frac{(x+\Delta x)+x}{2}\sin\frac{(x+\Delta x)-x}{2}=2\sin\frac{\Delta x}{2}\cos\left(x+\frac{\Delta x}{2}\right)\end{aligned}$$

$$\frac{\Delta y}{\Delta x}=\frac{2\sin\frac{\Delta x}{2}\cos\left(x+\frac{\Delta x}{2}\right)}{\Delta x}=\frac{\sin\frac{\Delta x}{2}}{\frac{\Delta x}{2}}\cdot\cos\left(x+\frac{\Delta x}{2}\right)$$

$$(\sin x)'=\lim_{\Delta x\to 0}\frac{\sin\frac{\Delta x}{2}}{\frac{\Delta x}{2}}\cdot\lim_{\Delta x\to 0}\cos\left(x+\frac{\Delta x}{2}\right)=\cos x$$

同理 $(\cos x)'=-\sin x$

5)指数函数的导数

例 9 证明 $(a^x)'=a^x\ln a$.

证明 由于 $a^x-1\sim x\ln a(x\to 0)$,故

$$(a^x)'=\lim_{\Delta x\to 0}\frac{a^{x+\Delta x}-a^x}{\Delta x}=\lim_{\Delta x\to 0}\frac{a^x(a^{\Delta x}-1)}{\Delta x}=a^x\lim_{\Delta x\to 0}\frac{\Delta x\ln a}{\Delta x}=a^x\ln a$$

特别地 $$(e^x)'=e^x$$

同理可得**对数函数的导数**

$$(\log_a x)'=\frac{1}{x\ln a}$$

特别地 $$(\ln x)'=\frac{1}{x}$$

上面 8 个求导公式是根据导数定义推出的,在 2.2.1 节将还有 8 个求导公式,共 16 个公式作为求导基本公式.

训练习题 2.1

1.用导数的定义求函数 $y=x^2$ 在 $x=1$ 处的导数.

2.求曲线 $y=x^2$ 在点(1,1)处的切线方程和法线方程.

3.讨论函数 $f(x)=\begin{cases}2+x, x\geqslant 0\\2-x, x<0\end{cases}$ 在 $x=0$ 处的连续性和可导性.

4.若函数 $y=f(x)$ 在 $x=a$ 处可导,则 $\lim\limits_{x\to a}f(x)=$ ________.

5.设质点作直线运动,已知路程 s 是时间 t 的函数,$s=3t^2$,求质点在 $t=2$ 及 $t=5$ 时的瞬时速度.

任务 2.2 求导法则

由导数定义虽可以求出一些简单函数的导数,但当函数较复杂时,用定义求导是比较麻烦的,因此建立求导数的一些法则就显得很有必要.

2.2.1 导数的四则运算法则

定理 1 设函数 $u(x)$、$v(x)$ 在点 x 处可导,则函数 $u(x)\pm v(x)$、$u(x)v(x)$、$\dfrac{u(x)}{v(x)}(v(x)\neq 0)$ 在点 x 处也可导,且

①$(u(x)\pm v(x))'=u'(x)\pm v'(x)$.

②$(u(x)v(x))'=u'(x)v(x)+u(x)v'(x)$.特别地,$(Cu(x))'=Cu'(x)$($C$ 为常数).

③$\left(\dfrac{u(x)}{v(x)}\right)'=\dfrac{u'(x)v(x)-u(x)v'(x)}{v^2(x)}$.

公式①和②可以推广到有限个可导函数的情形.

例 1 求 $y=\cos x-3^x+x^3-e^2$ 的导数.

解 $y'=(\cos x-3^x+x^3-e^2)'$

$=(\cos x)'-(3^x)'+(x^3)'-(e^2)'=-\sin x-3^x\ln 3+3x^2$

例 2 设 $y=x^3\sin x+3\cos x+\ln 3$,求 y'.

解 $y'=(x^3\sin x+3\cos x+\ln 3)'=(x^3\sin x)'+(3\cos x)'+(\ln 3)'$

$=(x^3)'\sin x+x^3(\sin x)'+(3\cos x)'+0=3x^2\sin x+x^3\cos x-3\sin x$

例 3 求 $y=\tan x$ 的导数.

解 $y'=(\tan x)'=\left(\dfrac{\sin x}{\cos x}\right)'=\dfrac{(\sin x)'\cos x-\sin x(\cos x)'}{\cos^2 x}=\dfrac{\cos^2 x+\sin^2 x}{\cos^2 x}=\sec^2 x$

即 $(\tan x)'=\sec^2 x$

同理 $(\cot x)'=-\csc^2 x$

运用商的求导法则,还可以得到

$$(\sec x)'=\tan x\sec x,\quad (\csc x)'=-\cot x\csc x.$$

另外可求得

$$(\arcsin x)'=\frac{1}{\sqrt{1-x^2}},\quad (\arccos x)'=-\frac{1}{\sqrt{1-x^2}},$$

$$(\arctan x)'=\frac{1}{1+x^2},\quad (\operatorname{arccot} x)'=-\frac{1}{1+x^2}.$$

至此已经全部求出基本初等函数的导数,汇总成**基本导数公式**,见表 2.1.

表 2.1 基本初等函数的求导公式

常数函数的导数	$(C)'=0$
幂函数的导数	$(x^a)'=ax^{a-1}$
指数函数的导数	$(a^x)'=a^x\ln a$ $(e^x)'=e^x$
对数函数的导数	$(\log_a x)'=\dfrac{1}{x\ln a}$ $(\ln x)'=\dfrac{1}{x}$
三角函数的导数	$(\sin x)'=\cos x$ $(\cos x)'=-\sin x$ $(\tan x)=\sec^2 x$ $(\cot x)'=-\csc^2 x$ $(\sec x)'=\sec x\tan x$ $(\csc x)'=-\csc x\cot x$
反三角函数的导数	$(\arcsin x)'=\dfrac{1}{\sqrt{1-x^2}}$ $(\arccos x)'=-\dfrac{1}{\sqrt{1-x^2}}$ $(\arctan x)'=\dfrac{1}{1+x^2}$ $(\operatorname{arccot} x)'=-\dfrac{1}{1+x^2}$

2.2.2 复合函数求导法则

定理2(复合函数的导数) 若函数 $u=g(x)$ 在点 x 处可导，而 $y=f(u)$ 在 $u=g(x)$ 处可导，则复合函数 $y=f[g(u)]$ 在点 x 处可导，且

$$\frac{\mathrm{d}y}{\mathrm{d}x}=\frac{\mathrm{d}y}{\mathrm{d}u}\cdot\frac{\mathrm{d}u}{\mathrm{d}x}\text{或}y'_x=y'_u\cdot u'_x\text{或}f'[g(u)]=f'(u)\cdot g'(x)$$

上式表明：复合函数的导数等于已知函数对中间变量的导数乘以中间变量对自变量的导数，这一法则一环扣一环，又称为**链式法则**.

例4 设 $y=\sqrt{2-x^3}$，求$\frac{\mathrm{d}y}{\mathrm{d}x}$.

解 把 $y=\sqrt{2-x^3}$ 看作由 $y=\sqrt{u}$，$u=2-x^3$ 复合而成的，由复合函数求导法则有

$$\frac{\mathrm{d}y}{\mathrm{d}x}=\frac{\mathrm{d}y}{\mathrm{d}u}\cdot\frac{\mathrm{d}u}{\mathrm{d}x}=(\sqrt{u})'_u\cdot(2-x^3)'_x=\frac{1}{2\sqrt{u}}\cdot(-3x^2)=-\frac{3x^2}{2\sqrt{2-x^3}}$$

例5 设 $y=\cos^3(2x)$，求 y'.

解 把 $y=\cos^3(2x)$ 看作是由 $y=u^3$，$u=\cos v$，$v=2x$ 复合而成的，由复合函数求导法则有

$$y'_x=y'_u\cdot u'_v\cdot v'_x=(u^3)'_u\cdot(\cos v)'_v\cdot(2x)'_x=3u^2\cdot(-\sin v)\cdot 2=-6\sin(2x)\cos^2(2x)$$

求复合函数的导数，关键在于分析清楚函数的复合过程，选好中间变量.熟练后，就不必再写出中间步骤，如例5的解题过程可直接写成

$$\begin{aligned}y'_x&=[\cos^3(2x)]'=3\cos^2(2x)[\cos(2x)]'=3\cos^2(2x)(-\sin(2x))(2x)'\\&=-6\sin(2x)\cos^2(2x)\end{aligned}$$

*2.2.3 特殊函数求导法则

本节介绍两个特殊函数的求导方法：隐函数求导和对数求导.

1)隐函数的导数

用解析式表示函数时，通常可以采用两种形式：一种是把函数 y 直接表示成自变量 x 的函数 $y=f(x)$，称为**显函数.另一种是函数**变量 y、x 之间的函数关系由一个含有 x、y 的方程 $F(x,y)=0$ 来确定，即 y 与 x 的函数关系隐含在方程 $F(x,y)=0$ 中，称这种由解出因变量的方程所确定的 y 与 x 之间的函数关系为隐函数.

如圆的方程 $x^2+y^2=1$ 确定了一个多值函数 $y=\pm\sqrt{1-x^2}$.这种变量 x、y 之间的函数关系 $y=f(x)$ 是由一个方程 $x^2+y^2=1$ 确定的，称 y 是 x 的**隐函数**.

如由方程 $xy+x^y-1=0$，$\mathrm{e}^x+xy=\sin x$ 等所确定的函数就无法显化成 $y=f(x)$ 的形式.

下面举例说明隐函数求导的一般过程.

例6 求由方程 $\mathrm{e}^x-\mathrm{e}^y-xy=0$ 确定的隐函数 $y=f(x)$ 的导数 y'.

解 在题设方程两边同时对 x 求导,得

$$e^x - e^y \cdot y' - y - xy' = 0$$

整理得
$$(e^y+x)y'=e^x-y$$

解得
$$y'=\frac{e^x-y}{e^y+x}$$

隐函数的求导过程如下:

①将 $F(x,y)=0$ 中的 y 看作 x 的函数 $y=f(x)$,于是得恒等式 $F(x,y(x))=0$,利用复合函数的链导法,在上式两边同时对 x 求导.

②解出 y',就得到所求隐函数的导数.

例 7 设 $x^4+y^4=100$,求 y'.

解 在方程两边对 x 求导,得

$$4x^3 + 4y^3y' = 0$$

从中解得
$$y'=-\frac{x^3}{y^3}$$

2) 对数求导法

在某些显函数的求导中,先在 $y=f(x)$ 的两边取对数,然后再求出 y 的导数.

下面通过例子来说明这种方法.

例 8 求 $y=x^{\sin x}(x>0)$ 的导数.

解 幂指函数,先在两边取对数,得

$$\ln y = \sin x \ln x.$$

在上式两边同时对 x 求导,注意到 y 是 x 的函数,得

$$\frac{1}{y}y' = \cos x \cdot \ln x + (\sin x) \cdot \frac{1}{x}$$

于是
$$y'=y\left(\cos x \cdot \ln x+\frac{\sin x}{x}\right)=x^{\sin x}\left(\cos x \cdot \ln x+\frac{\sin x}{x}\right)$$

一般地,设幂指函数 $y=u(x)^{v(x)}$,如果 $u(x)$、$v(x)$ 都可导,则在等式两边取对数,可得 $\ln y=v(x) \cdot \ln u(x)$.再在等式两边同时对 x 求导,得 $\frac{1}{y}y'=v'\ln u+v \cdot \frac{1}{u} \cdot u'$,

从而
$$y'=y\left(v' \cdot \ln u+\frac{vu'}{u}\right)=u^v\left(v' \cdot \ln u+\frac{vu'}{u}\right)$$

例 9 求函数 $y=\sqrt{\frac{(x-1)(x-2)}{(2x-3)(x-4)}}\,(x>4)$ 的导数.

解 先在等式两边取对数,得

$$\ln y = \frac{1}{2}[\ln(x-1) + \ln(x-2) - \ln(2x-3) - \ln(x-4)].$$

两边对 x 求导，得

$$\frac{1}{y}y' = \frac{1}{2}\left(\frac{1}{x-1}+\frac{1}{x-2}-\frac{2}{2x-3}-\frac{1}{x-4}\right)$$

于是
$$y' = \frac{1}{2}y\left(\frac{1}{x-1}+\frac{1}{x-2}-\frac{2}{2x-3}-\frac{1}{x-4}\right)$$

即
$$y' = \frac{1}{2}\sqrt{\frac{(x-1)(x-2)}{(2x-3)(x-4)}}\left(\frac{1}{x-1}+\frac{1}{x-2}-\frac{2}{2x-3}-\frac{1}{x-4}\right)$$

由上面例子看出：对数求导法主要用于形如 $y=u(x)^{v(x)}$ 的幂指函数及函数表达式为多个复杂因子乘积、商、乘方、开方等形式的函数的求导运算，可以大大简化运算过程.

2.2.4　高阶导数

【引例】［直线运动的加速度］　神舟六号发射后某一段时间内的轨迹是直线. 设火箭在该段时间内的运动方程为

$$s=f(t)$$

试求火箭在时刻 t 的加速度 a.

分析：已知火箭在 t 时刻的速度为 $v(t)=\frac{\mathrm{d}s}{\mathrm{d}t}=f'(t)$，可以看出速度仍然是时间 t 的函数，给定时间变量 t 一个增量 Δt，对应的速度函数的增量为 $\Delta v=v(t+\Delta t)-v(t)$，则比值

$$\frac{\Delta v}{\Delta t}=\frac{v(t+\Delta t)-v(t)}{\Delta t}$$

称为时间 $[t,t+\Delta t]$ 区间内的平均加速度，于是火箭在 t 时刻的加速度是

$$a=\lim_{\Delta t\to 0}\frac{\Delta v}{\Delta t}=\lim_{\Delta t\to 0}\frac{v(t+\Delta t)-v(t)}{\Delta t}=v'(t)$$

即**加速度是速度对时间的导数**. 因为 $v(t)=f'(t)$，所以加速度又可表示为

$$a=\frac{\mathrm{d}v}{\mathrm{d}t}=\frac{\mathrm{d}}{\mathrm{d}t}\left(\frac{\mathrm{d}s}{\mathrm{d}t}\right) \text{ 或 } a=(s'(t))'$$

上式表明，加速度是路程对时间的导数的导数，即所谓的二阶导数.

例如，自由落体运动的方程为 $s=f(t)=\frac{1}{2}gt^2$，速度为

$$v(t)=f'(t)=\left(\frac{1}{2}gt^2\right)'=gt$$

加速度为

$$a=v'(t)=(gt)'=g$$

这与物理学中的结论是一致的.

下面给出导数 $v(t)=\frac{\mathrm{d}s}{\mathrm{d}t}$的导数$\frac{\mathrm{d}}{\mathrm{d}t}\left(\frac{\mathrm{d}s}{\mathrm{d}t}\right)$ 或 $a=(s'(t))'$的定义.

定义1 对于函数 $y=f(x)$，称 $f'(x)$ 的导数为函数 $y=f(x)$ 的**二阶导数**，记作 y''，$f''(x)$ 或 $\frac{d^2y}{dx^2}$. 相应地，称 $y=f(x)$ 的导数 $f'(x)$ 为 $y=f(x)$ 的一阶导数.

与此类似，如果 $y''=f''(x)$ 的导数存在，则称这种导数为函数 $y=f(x)$ 的**三阶导数**，三阶导数的导数称为**四阶导数**，…. 一般地，函数 $y=f(x)$ 的 $(n-1)$ 阶导数的导数称为 $y=f(x)$ 的 $\boldsymbol{n}$ **阶导数**，分别记为

$$y''', y^{(4)}, \cdots, y^{(n)}. \text{或} \frac{d^3y}{dx^3}, \frac{d^4y}{dx^4}, \cdots, \frac{d^ny}{dx^n}.$$

二阶及二阶以上的导数统称为**高阶导数**.

显然，求高阶导数也就是多次接连地求导数，所以，仍可用前面学过的求导方法来计算高阶导数.

例10 已知 $y=2x^3+3x^2-3x+4$，求 y'', y''', $y^{(4)}$, $\cdots$, $y^{(n)}$.

解

$$y'=2\cdot 3x^2+3\cdot 2x-3=6x^2+6x-3$$

$$y''=6\cdot 2x+6$$

$$y'''=12=2\cdot 3!$$

$$y^{(4)}=0$$

$$y^{(n)}=0$$

一般地，对 n 次多项式：$y=a_0x^n+a_1x^{n-1}+\cdots+a_{n-1}x+a_n$（$n$ 为整数，$n\geqslant 4$，$n\in \mathbf{N}^*$）

$$y^{(n)}=a_0\cdot n\cdot(n-1)\cdots 3\cdot 2\cdot 1=n!, y^{(n+1)}=0$$

例11 求 $y=\sin x$ 的 n 阶导数.

解

$$y'=\cos x=\sin\left(x+\frac{\pi}{2}\right)$$

$$y''=\cos\left(x+\frac{\pi}{2}\right)=\sin\left(x+2\cdot\frac{\pi}{2}\right)$$

$$y'''=\cos\left(x+2\cdot\frac{\pi}{2}\right)=\sin\left(x+3\cdot\frac{\pi}{2}\right)$$

……

$$y^{(n)}=\cos\left[x+(n-1)\frac{\pi}{2}\right]=\sin\left(x+\frac{n\pi}{2}\right)$$

所以 $$(\sin x)^{(n)}=\sin\left(x+\frac{n\pi}{2}\right)$$

同理 $$(\cos x)^{(n)}=\cos\left(x+\frac{n\pi}{2}\right)$$

用类似方法可求得

$$(a^x)^{(n)}=a^x(\ln a)^n$$

特别地　　$(e^x)^{(n)}=e^x$

$$[\ln(1+x)]^{(n)}=(-1)^{n-1}\frac{(n-1)!}{(1+x)^n}$$

$$(x^{\alpha})^{(n)}=\alpha(\alpha-1)(\alpha-2)\cdot\cdots\cdot(\alpha-n+1)x^{\alpha-n}$$

特别地　　$(x^n)^{(n)}=n\cdot(n-1)\cdot\cdots\cdot3\cdot2\cdot1=n!\ (n\in\mathbf{N}^+)$

例 12［刹车测试］　某一汽车厂在测试一汽车的刹车性能时发现，刹车后汽车行驶的路程 s（单位：m）与时间 t（单位：s）满足 $s=19.2t-0.4t^3$. 假设汽车作直线运动，求汽车在 $t=3$ s 时的速度和加速度.

解　汽车刹车后的速度为 $v=\frac{ds}{dt}=(19.2t-0.4t^3)'=19.2-1.2t^2$,

汽车刹车后的加速度为 $a=\frac{dv}{dt}=(19.2-1.2t^2)'=-2.4t$.

$t=3$ s 时汽车的速度为 $v=(19.2-1.2t^2)\big|_{t=3}=8.4(\text{m/s})$.

$t=3$ s 时汽车的加速度为 $a=-2.4t\big|_{t=3}=-7.2(\text{m/s}^2)$.

训练习题 2.2

1.求下列函数的导数：

(1) $y=5x^3-2^x+3e^x-2e$；　　(2) $y=3\sqrt{x}-\frac{1}{x}+x^3\sqrt{x}$；

(3) $y=x^3\sin x+\tan x$；　　(4) $y=\frac{1+\ln x}{1-\ln x}$；

(5) $y=x^2\cos x\ln x$；　　(6) $y=\frac{e^x}{x^2}+\ln 5$.

2.求下列函数的导数：

(1) $y=(4x+3)^3$；　　(2) $y=\cos(4-3x)$；

(3) $y=e^{-5x^2}$；　　(4) $y=\ln(1+x^2)$；

(5) $y=\sin^2 x$；　　(6) $y=3\tan^2\frac{1}{x}$；

(7) $y=a^{x^2-2x}$；　　(8) $y=e^{-\cos^2\frac{1}{x}}$.

3.**［火箭速度］**　火箭发射 t 秒后的高度为 $3t^2$，求火箭发射 10 s 后的速度.

4.**［游戏销售］**　当推出一种新的电子游戏程序时，短期内其销售量会迅速增加，然后开始下降. 销售量 Q 与时间 t（单位：月）之间的函数关系为 $Q(t)=\frac{200t}{t^2+100}$.

(1)求 $Q'(t)$；

(2)求 $Q(5)$ 和 $Q'(5)$，并解释其意义.

5. 下列方程确定了 $y=y(x)$，求 y'.

(1) $y^3-2xy+8=0$；　　(2) $xy=e^{x+y}$；

(3) $y=1-xe^y$；　　(4) $y=\sin(x+y)$.

6. 用对数求导法求下列函数的导数.

(1) $y=(x^2+1)^3(x+2)^2x^6$；　　(2) $y=\left(\dfrac{x}{1+x}\right)^x$；

(3) $y=\dfrac{(2x+1)^2\sqrt[3]{2-3x}}{\sqrt[3]{(x-3)^2}}$；　　(4) $y=(1+\cos x)^{\frac{1}{x}}$.

7. 求下列函数的二阶导数 y''：

(1) $y=x^3-2x^2-100$；　　(2) $y=x^2\sin 2x$；

(3) $y=\ln(1+x^2)$；

8. [**子弹的加速度**]　一子弹射向正上方，子弹与地面的距离 s（单位：m）与时间 t（单位：s）满足 $s=670t-4.9t^2$，求子弹的加速度.

任务 2.3　认知函数微分与微分运算

在许多实际问题中，往往要计算当自变量有一微小的增量时，函数相应的增量. 一般说来，计算函数 $f(x)$ 的增量 Δy 的精确值是比较烦琐的，而我们总希望能找到函数增量的一个近似表达式，使它既能满足实际问题的要求，同时又能简化计算. 这就有了关于微分的概念.

2.3.1　微分的概念

1) 微分概念引入

【引例】[金属热胀冷缩后面积的改变量]　设有一块金属圆形薄片，受温度变化的影响，其半径由 r 变到 $r+\Delta r$（图 2.2），问此薄片的面积改变了多少？

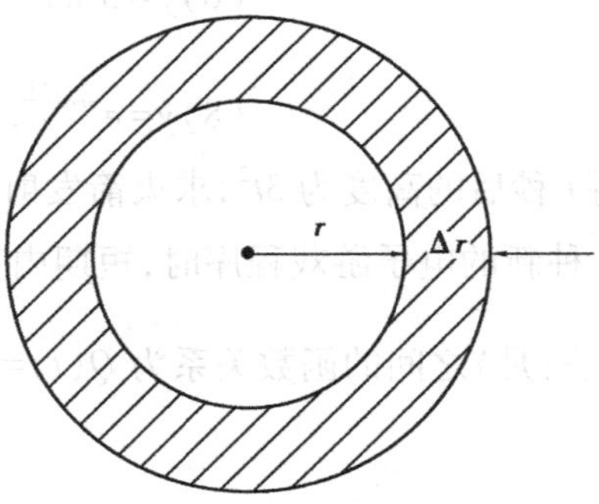

图 2.2

金属薄片的原面积为 $A=\pi r^2$，当半径由 r 变到 $r+\Delta r$ 时，面积的改变量 ΔA 为

$$\Delta A = A(r+\Delta r)-A(r)=\pi(r+\Delta r)^2-\pi r^2=2\pi r\Delta r+\pi(\Delta r)^2.$$

从上式可以看出，ΔA 分成两项，第一项 $2\pi r\Delta r$ 是 Δr 的一次函数，第二项是比 Δr 高阶的无穷小（当 $\Delta r\to 0$ 时），即 $\pi(\Delta r)^2=o(\Delta r)$. 因此，当 $|\Delta r|$ 很小时，面积的改变量 ΔA 可近似地用第一项 $2\pi r\Delta r$ 来代替. 又因为 $A'=2\pi r$，所以 $\Delta A\approx 2\pi r\cdot\Delta r=A'(r)\Delta r$.

由上可知，函数的改变量的近似值可表示为函数的导数与自变量改变量的乘积，而产生的误差是一个比自变量的改变量更高阶的无穷小量. 这就是下面要研究的微分.

2）微分的定义

定义 1 设函数 $y=f(x)$ 在点 x 的某个邻域内有定义，则对于自变量在 x 处的改变量 Δx，其相应的因变量的改变量 Δy 为

$$\Delta y=f(x+\Delta x)-f(x)=f'(x)\Delta x+o(\Delta x)$$

其中，$o(\Delta x)$ 是 Δx 的高阶无穷小量，则称 $f'(x)\Delta x$ 为函数 $y=f(x)$ 在点 x 处的微分，记作

$$\mathrm{d}y=f'(x)\Delta x$$

对于函数 $y=f(x)$ 在点 x_0 处微分，记作 $\mathrm{d}y|_{x=x_0}=f'(x_0)\Delta x$.

当 $|\Delta x|$ 很小时，函数 $y=f(x)$ 在点 x_0 处的改变量近似等于函数 $y=f(x)$ 在点 x_0 处微分，即

$$\Delta y\approx \mathrm{d}y=f'(x_0)\mathrm{d}x$$

由微分定义知，自变量的微分 $\mathrm{d}x=(x)'\Delta x=\Delta x$，所以上面的微分又可以写成

$$\mathrm{d}y=f'(x)\mathrm{d}x$$

3）微分与导数关系

由微分定义可得 $f'(x)=\dfrac{\mathrm{d}y}{\mathrm{d}x}$，即函数可微与函数可导等价，且函数的导数 $f'(x)$ 等于函数的微分 $\mathrm{d}y$ 与自变量的微分 $\mathrm{d}x$ 之商. 因此，导数又称为**微商**.

因为函数 $y=f(x)$ 的微分为 $\mathrm{d}y=f'(x)\mathrm{d}x$，所以求微分的问题可归纳为求导数的问题，因此，求导数与微分的方法称为**微分法**.

例 1 设 $y=x^3$，求 $x=1$，$\Delta x=0.1$ 时的函数增量和函数微分.

解 $\Delta y=(1+\Delta x)^3-1^3=3\Delta x+3(\Delta x)^2+(\Delta x)^3=0.331$

$\mathrm{d}y=3x^2\mathrm{d}x=0.3$

4）微分的几何意义

如图 2.3 所示，当自变量由 x_0 增加到 $x_0+\Delta x$ 时，对应曲线 $y=f(x)$ 的纵坐标的改变量为

$$\Delta y=f(x_0+\Delta x)-f(x_0)=QN$$

对应曲线 $y=f(x)$ 在点 $M(x_0,y_0)$ 的切线的纵坐标改变量为

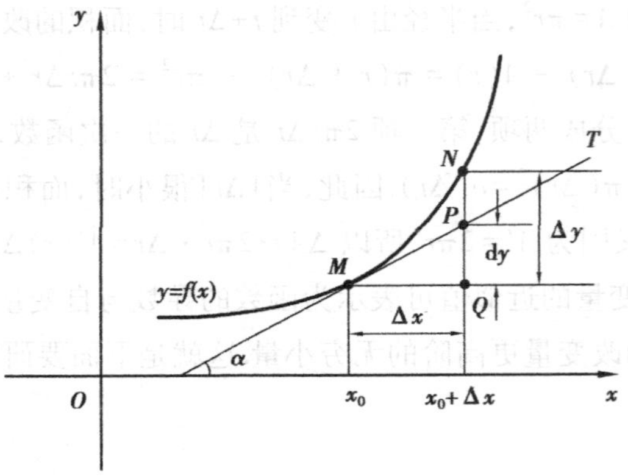

图 2.3

$$dy = f'(x_0) \cdot \Delta x = QP$$

于是 Δy 与 dy 之差 PN 随着 Δx 趋近于零而趋近于零，且为 Δx 的高阶无穷小. 因此微分的几何意义是：在点 x_0 的一个充分小的范围内，可用点 x_0 处的切线段的纵坐标的改变量近似代替在点 x_0 处曲线段的纵坐标的改变量，这称为"以直代曲"，它是微积分中的重要数学思想.

2.3.2 微分的基本公式与运算法则

由微分的定义 $dy=f'(x)dx$ 知，要计算函数的微分，只需计算函数的导数，再乘以自变量的微分. 因此，可得如下的微分公式和微分运算法则：

1）基本初等函数的微分公式

①$d(C)=0$（C 为常数）；

②$d(x^a)=ax^{a-1}dx$；

③$d(a^x)=a^x\ln a dx(a>0,a\neq 1)$；

④$d(e^x)=e^x dx$；

⑤$d(\log_a x)=\dfrac{1}{x\ln a}dx(a>0,a\neq 1)$；

⑥$d(\ln x)=\dfrac{1}{x}dx$；

⑦$d(\sin x)=\cos x dx$

⑧$d(\cos x)=-\sin x dx$；

⑨$d(\tan x)=\sec^2 x dx$；

⑩$d(\cot x)=-\csc^2 x dx$；

⑪$d(\sec x)=\sec x\cdot\tan x dx$；

⑫$d(\csc x)=-\csc x\cdot\cot x dx$；

⑬$d(\arcsin x)=\dfrac{1}{\sqrt{1-x^2}}dx$；

⑭$d(\arccos x)=-\dfrac{1}{\sqrt{1-x^2}}dx$；

⑮$d(\arctan x)=\dfrac{1}{1+x^2}dx$；

⑯$d(\text{arccot}\, x)=-\dfrac{1}{1+x^2}dx$.

2）微分的四则运算法则

①$d(u\pm v)=du\pm dv$；

②$d(u\cdot v)=vdu+udv$，特别地：$d(Cu)=Cdu$（C 为任意常数）；

③$\mathrm{d}\left(\frac{u}{v}\right)=\frac{v\mathrm{d}u-u\mathrm{d}v}{v^2}(v\neq 0)$.

例 2　设 $y=3x^2+\ln x$，求 $\mathrm{d}y$.

解　$\mathrm{d}y=\mathrm{d}(3x^2+\ln x)=\left(6x+\frac{1}{x}\right)\mathrm{d}x$

例 3　设 $y=x\sin x$，求 $\mathrm{d}y$.

解　$\mathrm{d}y=\mathrm{d}(x\sin x)=(x\sin x)'\mathrm{d}x=(\sin x+x\cos x)\mathrm{d}x$

3）一阶微分形式不变性

与复合函数的求导法则相应的复合函数微分法则可推导如下：

设 $y=f(u)$ 及 $u=g(x)$ 都可导，则复合函数 $y=f[g(x)]$ 的微分为

$$\mathrm{d}y=\frac{\mathrm{d}y}{\mathrm{d}x}\mathrm{d}x=f'(u)\cdot g'(x)\mathrm{d}x$$

由于 $g'(x)\mathrm{d}x=\mathrm{d}u$，所以，复合函数 $y=f[g(x)]$ 的微分公式也可写成

$$\mathrm{d}y=f'(u)\mathrm{d}u \text{ 或 } \mathrm{d}y=\frac{\mathrm{d}y}{\mathrm{d}u}\mathrm{d}u$$

由此可见，无论 u 是自变量还是另一个变量的可微函数，微分形式 $\mathrm{d}y=f'(u)\mathrm{d}u$ 保持不变.这一性质称为**一阶微分形式不变性**.

例 4　函数 $y=\mathrm{e}^{2-3x}\sin x$，求 $\mathrm{d}y$.

解　由微分法则得

$$\begin{aligned}\mathrm{d}y&=\mathrm{d}(\mathrm{e}^{2-3x}\sin x)=\sin x\mathrm{d}(\mathrm{e}^{2-3x})+\mathrm{e}^{2-3x}\mathrm{d}(\sin x)\\&=\sin x\mathrm{e}^{2-3x}\mathrm{d}(2-3x)+\mathrm{e}^{2-3x}\cos x\mathrm{d}x=-3\sin x\mathrm{e}^{2-3x}\mathrm{d}x+\cos x\mathrm{e}^{2-3x}\mathrm{d}x\end{aligned}$$

例 5　函数 $y=\frac{\mathrm{e}^{3x}}{x^3}$，求 $\mathrm{d}y$.

解　$\mathrm{d}y=\mathrm{d}\left(\frac{\mathrm{e}^{3x}}{x^3}\right)=\frac{x^3\mathrm{d}(\mathrm{e}^{3x})-\mathrm{e}^{3x}\mathrm{d}(x^3)}{x^6}=\frac{3x^3\mathrm{e}^{3x}3\mathrm{d}x-\mathrm{e}^{3x}3x^2\mathrm{d}x}{x^6}=\frac{3\mathrm{e}^{3x}(x-1)}{x^4}\mathrm{d}x$

2.3.3　微分在近似计算中的应用

在一些实际问题中，经常会遇到一些复杂的计算公式.如果直接用这些公式进行计算，那是很费力的.利用微分往往可以把一些复杂的计算公式用简单的近似公式来代替.

我们知道，如果 $y=f(x)$ 在点 x_0 处的导数 $f'(x_0)\neq 0$，那么当 $\Delta x\to 0$ 时，微分 $\mathrm{d}y$ 是函数改变量 Δy 的线性主要部分.因此，当 $|\Delta x|$ 很小时，忽略高阶无穷小量，可用 $\mathrm{d}y$ 作为 Δy 的近似值，即

$$\Delta y\approx \mathrm{d}y=f'(x_0)\Delta x\Leftrightarrow \Delta y=f(x_0+\Delta x)-f(x_0)\approx f'(x_0)\Delta x$$
$$\Leftrightarrow f(x_0+\Delta x)\approx f(x_0)+f'(x_0)\Delta x$$

特别地，取 $x_0=0,\Delta x=x$，即得 $f(x)\approx f(0)+f'(0)x(|x|$很小时).

当$|x|$很小时，常用到下面的近似公式：

①$(1+x)^{\alpha}\approx 1+\alpha x$（$\alpha$ 为常数）；　　②$\sqrt[n]{a^n+x}\approx a\left(1+\dfrac{x}{na^n}\right)$；

③$e^x\approx 1+x$；　　④$\ln(1+x)\approx x$；

⑤$\sin x\approx x$；　　⑥$\tan x\approx x$.

例 6　求近似值.

①$\sqrt[4]{1.02}$；　②$\sqrt[3]{3\ 377}$；　③$e^{1.002}$；　④$\sin 31°$.

解　由公式①有

$$\sqrt[4]{1.02}\approx 1+\frac{1}{4}\cdot 0.02=1.005$$

由公式②有

$$\sqrt[3]{3\ 377}\approx\sqrt[3]{15^3+2}\approx 15\left(1+\frac{2}{3\times 15^3}\right)\approx 15.002\ 96$$

由公式③有

$$e^{1.002}=e\cdot e^{0.002}\approx e\cdot(1+0.002)\approx 2.718\ 28\times 1.002=2.723\ 72$$

由 $f(x_0+\Delta x)\approx f(x_0)+f'(x_0)\Delta x$ 得

$$\sin 31°=(\sin 30°+1°)=\sin\left(\frac{\pi}{6}+\frac{\pi}{180}\right)\approx\sin\frac{\pi}{6}+(\sin x)'\Big|_{x=\frac{\pi}{6}}\frac{\pi}{180}\approx 0.515\ 1$$

训练习题 2.3

1.求 $y=x^3$ 在 $x=2,\Delta x=0.002$ 时的微分.

2.求下列函数的微分：

(1)$y=3x^2-4x+7$；　　(2)$y=5x^3-2^x+3e^x-2e$；

(3)$y=x^2\cos x$；　　(4)$y=[\ln(1-x)]^2$；

(5)$y=e^{2x^2+3x}$.

3.正立方体的棱长为 10 cm，如果棱长增加 0.1 cm，求此正方体体积增加的精确值与近似值.

4.求下列近似值：

(1)$\sqrt[3]{998}$；　(2)$\ln 1.01$；　(3)$e^{0.05}$；　(4)$\cos 29°$.

5.**[收入增加量]**　某公司生产一种新型游戏程序，若全部出售，收入函数为 $R=36x-\dfrac{x^2}{20}$（x 为日产量）.如果公司的日产量从 250 增加到 260，请估计公司每天收入的增加.

任务 2.4　探究导数的应用

本任务重点利用导数研究函数，借助下面介绍的微分中值定理，利用导数了解函数在区间上的整体性质及状态. 主要内容包括微分中值定理，函数的单调性及其极值与最值，以及借助导数求极限的方法——洛必达法则.

2.4.1　微分中值定理及洛必达法则

1) 中值定理

定理 1(罗尔定理)　如果函数 $f(x)$ 满足：在闭区间 $[a,b]$ 上连续，在开区间 (a,b) 内可导，且 $f(a)=f(b)$，则在 (a,b) 内至少有一点 $\xi(a<\xi<b)$，使得 $f'(\xi)=0$.

罗尔定理的几何意义是：在 $\overset{\frown}{AB}$ 上至少能找到一点 $C(\xi,f(\xi))$，使其在该点处的切线平行于弦 AB，即切线是水平的，如图 2.4 所示.

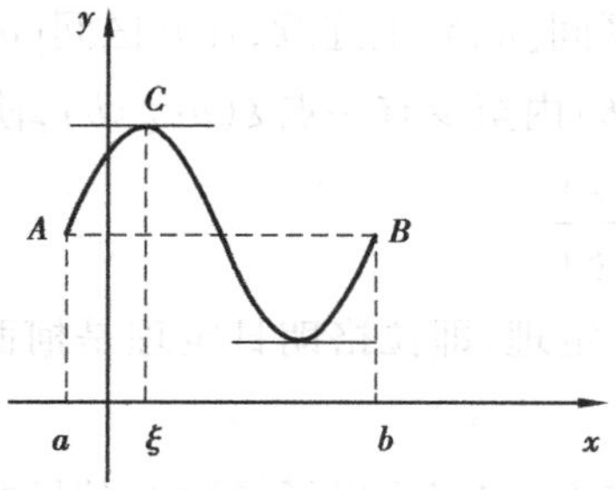

图 2.4

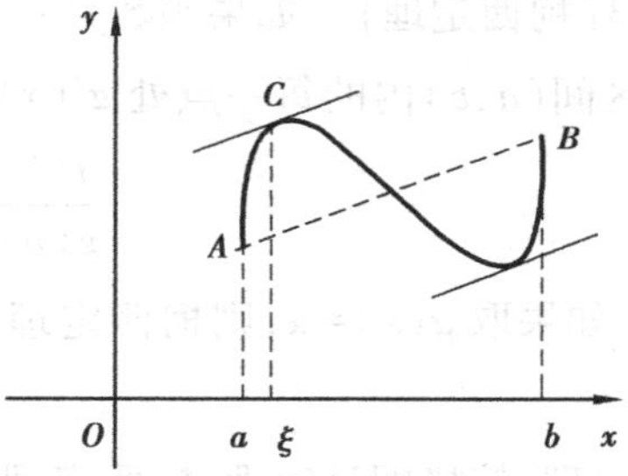

图 2.5

利用这一点，可以将罗尔定理推广.

在图 2.4 中将 $\overset{\frown}{AB}$ 的左端 A 点固定，移动右端点 B，得到图 2.5. 这时仍有过点 C 的切线平行于弦 AB，因此，切线的斜率 $f'(\xi)$ 与弦 AB 的斜率相等，即

$$f'(\xi)=\frac{f(b)-f(a)}{b-a}$$

这就是拉格朗日定理.

定理 2(拉格朗日定理)　如果函数 $f(x)$ 在闭区间 $[a,b]$ 上连续，在开区间 (a,b) 内可导，则在 (a,b) 内至少有一点 $\xi(a<\xi<b)$，使得

$$f'(\xi)=\frac{f(b)-f(a)}{b-a} \text{ 或 } f(b)-f(a)=f'(\xi)(b-a)$$

容易看出，罗尔定理是拉格朗日定理当 $f(a)=f(b)$ 时的特殊情形.

例 1　设 $f(x)=x^2-4x, x\in[0,2]$，求使拉格朗日公式成立的 ξ 值.

解 因$f(x)=x^2-4x$在$x\in[0,2]$上满足拉格朗日定理的条件，

$$f(0)=0,f(2)=-4,f'(x)=2x-4$$

应用拉格朗日定理，得

$$f'(\xi)=2\xi-4=\frac{-4-0}{2-0}=-2,\text{即 }\xi=1.$$

我们知道，若函数$f(x)$在区间I上是一个常数，则$f(x)$在区间I上的导数恒为零.它的逆命题是否成立呢？

推论 1 若函数$f(x)$在区间I上的导数恒为零，则$f(x)$在区间I上是一个常数.

证明 在区间I上任取两点x_1、x_2，不妨设$x_1<x_2$，应用拉格朗日公式得

$$f(x_2)-f(x_1)=f'(\xi)(x_2-x_1)(x_1<\xi<x_2)$$

由假定可知$f'(\xi)=0$，所以$f(x_2)-f(x_1)=0$，即$f(x_2)=f(x_1)$，即$f(x)$在I上任意两点的函数值总是相等的，故$f(x)$在区间I上是一个常数.

推论 2 若函数$f(x)$与$g(x)$在区间(a,b)内导数处处相等，即$f'(x)=g'(x)$，则$f(x)$与$g(x)$在区间(a,b)内只相差一个常数，即$f(x)=g(x)+C$.

拉格朗日定理的一个十分重要的推广，就是下面的柯西定理.

定理 3（柯西定理） 如果函数$f(x)$和$g(x)$在闭区间$[a,b]$上连续，在开区间(a,b)内可导，在开区间(a,b)内的每一点处$g'(x)\neq 0$，则在(a,b)内至少有一点$\xi(a<\xi<b)$，使得

$$\frac{f(b)-f(a)}{g(b)-g(a)}=\frac{f'(\xi)}{g'(\xi)}$$

显然，如果取$g(x)=x$，则柯西定理就是拉格朗日定理，即拉格朗日定理是柯西定理的特例.

罗尔定理、拉格朗日定理、柯西定理统称为中值定理，它们给出了函数及其导数之间的关系，从而为研究导数的某些特性提供了方法.

2）洛必达法则

如果当$x\to a$（或$x\to\infty$）时，两个函数$f(x)$与$g(x)$都趋于零或都趋于无穷大，那么极限$\lim\limits_{\substack{x\to a\\(x\to\infty)}}\dfrac{f(x)}{g(x)}$可能存在，也可能不存在.例如$\lim\limits_{x\to 0}\dfrac{\sin x}{x}$存在且等于1，$\lim\limits_{x\to 0}\dfrac{x}{x^3}$不存在，通常把这种极限称为**未定式**，分别称为$\dfrac{0}{0}$型未定式或$\dfrac{\infty}{\infty}$型未定式.

下面给出求未定式极限的简便而有效的方法——洛必达法则.（洛必达法则，可以用柯西中值定理证明）

定理 4（洛必达法则） 如果函数$f(x)$与$g(x)$满足下列条件：

①$\lim\limits_{x\to a}f(x)=\lim\limits_{x\to a}g(x)=0$ （或$\lim\limits_{x\to a}f(x)=\lim\limits_{x\to a}g(x)=\infty$）；

②在点a的某去心邻域内（点a可以除外）可导，且$g'(x)\neq 0$；

③$\lim\limits_{x\to a}\dfrac{f'(x)}{g'(x)}=A$　（或∞）；

则

$$\lim_{x\to a}\frac{f(x)}{g(x)}=\lim_{x\to a}\frac{f'(x)}{g'(x)}=A\quad(\text{或}\ \infty)$$

.

注意　①如果$\lim\limits_{x\to a}\dfrac{f'(x)}{g'(x)}$仍属$\dfrac{0}{0}$或$\dfrac{\infty}{\infty}$型未定式，且这时$f'(x)$、$g'(x)$仍满足定理中$f(x)$、$g(x)$所要满足的条件，那么可以继续用洛必达法则，即

$$\lim_{x\to a}\frac{f(x)}{g(x)}=\lim_{x\to a}\frac{f'(x)}{g'(x)}=\lim_{x\to a}\frac{f''(x)}{g''(x)},$$

且可以以此类推.

②如果无法求出$\lim\limits_{x\to a}\dfrac{f(x)}{g(x)}$，则洛必达法则失效，此时改用别的方法求$\lim\limits_{x\to a}\dfrac{f(x)}{g(x)}$.

③定理 4 中 $x\to a$ 改为 $x\to\infty$ 时，洛必达法则同样有效.

例 2　求下列极限：

①$\lim\limits_{x\to 0}\dfrac{x-\sin x}{x^3}$；　　②$\lim\limits_{x\to 1}\dfrac{x^3-3x+2}{x^3-x^2-x+1}$；　　③$\lim\limits_{x\to 0}\dfrac{\ln(1+x^2)}{x^3}$.

解　这三个极限都是$\dfrac{0}{0}$型未定式，由洛必达法则，可得

①$\lim\limits_{x\to 0}\dfrac{x-\sin x}{x^3}=\lim\limits_{x\to 0}\dfrac{1-\cos x}{3x^2}=\lim\limits_{x\to 0}\dfrac{\sin x}{6x}=\dfrac{1}{6}$

②$\lim\limits_{x\to 1}\dfrac{x^3-3x+2}{x^3-x^2-x+1}=\lim\limits_{x\to 1}\dfrac{3x^2-3}{3x^2-2x-1}=\lim\limits_{x\to 1}\dfrac{6x}{6x-2}=\dfrac{3}{2}$

③$\lim\limits_{x\to 0}\dfrac{\ln(1+x^2)}{x^3}=\lim\limits_{x\to 0}\dfrac{\frac{2x}{1+x^2}}{3x^2}=\lim\limits_{x\to 0}\dfrac{2}{3x(1+x^2)}=\infty$

注意　②中$\lim\limits_{x\to 1}\dfrac{6x}{6x-2}$已不是未定式，不能对它应用洛必达法则，否则导致错误结果，以后使用洛必达法则时，应当经常注意这一点. 如果不是未定式，就不能应用洛必达法则.

例 3　求下列极限：

①$\lim\limits_{x\to+\infty}\dfrac{\ln x}{x^n}(n>0)$；　　②$\lim\limits_{x\to+\infty}\dfrac{x^2}{e^x}$.

解　这两个极限都是$\dfrac{\infty}{\infty}$型未定式，由洛必达法则，可得

①$\lim\limits_{x\to+\infty}\dfrac{\ln x}{x^n}=\lim\limits_{x\to+\infty}\dfrac{\frac{1}{x}}{nx^{n-1}}=\lim\limits_{x\to+\infty}\dfrac{1}{nx^n}=0$

② $\lim\limits_{x\to+\infty}\dfrac{x^2}{e^x}=\lim\limits_{x\to+\infty}\dfrac{(x^2)'}{(e^x)'}=\lim\limits_{x\to+\infty}\dfrac{2x}{e^x}=\lim\limits_{x\to+\infty}\dfrac{2}{e^x}=0$

除上述$\dfrac{0}{0}$或$\dfrac{\infty}{\infty}$型未定式外，还有 $0\cdot\infty$，$\infty-\infty$，0^0，1^∞，∞^0 等类型的未定式，这些未定式不能直接用洛必达法则，要经过适当的变换，将它们化为求$\dfrac{0}{0}$或$\dfrac{\infty}{\infty}$型未定式以后，才能用洛必达法则.

*例 4　求下列极限：

① $\lim\limits_{x\to0^+}x^3\ln 2x\,(0\cdot\infty)$；　　② $\lim\limits_{x\to\frac{\pi}{2}}(\sec x-\tan x)\,(\infty-\infty)$.

解　① $\lim\limits_{x\to0^+}x^3\ln 2x=\lim\limits_{x\to0^+}\dfrac{\ln 2x}{x^{-3}}=\lim\limits_{x\to0^+}\dfrac{\frac{2}{2x}}{-3x^{-4}}=\lim\limits_{x\to0^+}\left(\dfrac{-x^3}{3}\right)=0$

② $\lim\limits_{x\to\frac{\pi}{2}}(\sec x-\tan x)=\lim\limits_{x\to\frac{\pi}{2}}\dfrac{1-\sin x}{\cos x}=\lim\limits_{x\to\frac{\pi}{2}}\dfrac{-\cos x}{-\sin x}=0$

在使用洛必达法则时，应注意以下几点：

①法则适用于$\dfrac{0}{0}$或$\dfrac{\infty}{\infty}$型未定式，若不是，就不能使用该法则.

②在计算过程中，若有可约的因子，或有非零极限值的乘积因子，可先约去或求出，以简化演算步骤.

③当$\dfrac{f'(x)}{g'(x)}$极限不存在时（等于无穷大的情况除外），并不能断定$\dfrac{f(x)}{g(x)}$的极限不存在.

例如 $\lim\limits_{x\to\infty}\dfrac{x+\sin x}{x}\left(\dfrac{\infty}{\infty}\right)$，由 $\lim\limits_{x\to\infty}\dfrac{(x+\sin x)'}{(x)'}=\lim\limits_{x\to\infty}\dfrac{1+\cos x}{1}$，因为 $\lim\limits_{x\to\infty}\cos x$ 不存在，所以 $\lim\limits_{x\to\infty}\dfrac{1+\cos x}{1}$不存在，但不能说$\lim\limits_{x\to\infty}\dfrac{x+\sin x}{x}$不存在，这是因为

$$\lim_{x\to\infty}\frac{x+\sin x}{x}=\lim_{x\to\infty}\left(1+\frac{\sin x}{x}\right)=1$$

2.4.2　函数的单调性与单调区间

1）函数的单调性

我们已知函数在区间上单调性的概念，一般来说，根据定义判断函数的单调性是比较困难的，下面我们利用导数这个工具来研究函数的单调性.

如果函数 $y=f(x)$ 在 $[a,b]$ 上单调增加（单调减少），那么它的图形是一条沿 x 轴正向上升（下降）的曲线，如图 2.6 所示，此时曲线上各点处的切线斜率是非负的（非正的），即

$y'=f'(x)\geq 0(y'=f'(x)\leq 0)$,由拉格朗日中值定理易知函数的单调性与导数的符号有着密切的关系.

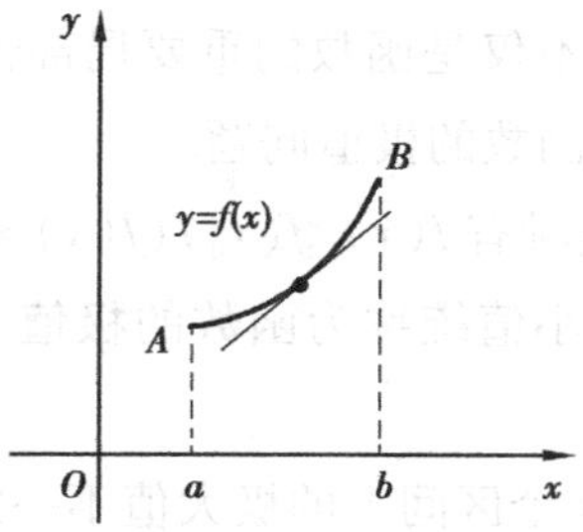

(a)函数图形上升时切线斜率非负

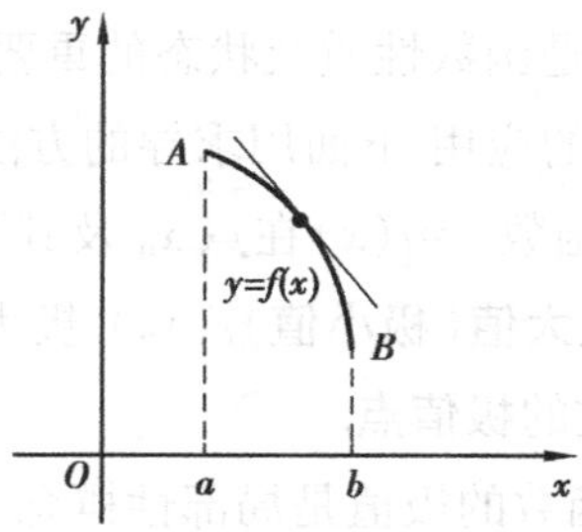

(b)函数图形下降时切线斜率非正

图2.6

定理5 设函数 $y=f(x)$ 在 $[a,b]$ 连续,在 (a,b) 可导,

①如果 (a,b) 内 $f'(x)>0$,那么函数 $y=f(x)$ 在 $[a,b]$ 上单调增加;

②如果 (a,b) 内 $f'(x)<0$,那么函数 $y=f(x)$ 在 $[a,b]$ 上单调减少.

注意 ①定理中的闭区间换成其他各种区间,结论也成立.

②区间个别点处导数为零,不影响区间的单调性.

定义1 若函数 $f(x)$ 在点 x_0 处的导数 $f'(x_0)=0$,则称点 x_0 为函数 $f(x)$ 的一个驻点.

在函数的定义域内,若 $f'(x)$ 有正负,这时求函数 $f(x)$ **单调区间的步骤是:**

①确定函数 $f(x)$ 的定义域;②求出函数 $f(x)$ 的一阶导数 $f'(x)$;③令 $f'(x)=0$,求出驻点及导数不存在的点,把定义域分成几个区间;④列表分别考察在各个子区间内 $f'(x)$ 的符号,从而判断单调性并确定 $f(x)$ 单调区间.

例5 讨论函数 $y=e^x-x+1$ 的单调性.

解 函数的定义域为 $(-\infty,+\infty)$.又 $y'=e^x-1$.

当 $x<0$ 时有 $y'<0$,所以函数 $y=e^x-x+1$ 在 $(-\infty,0]$ 上单调减少;

当 $x>0$ 时有 $y'>0$,所以函数 $y=e^x-x+1$ 在 $[0,+\infty)$ 上单调增加.

例6 求函数 $f(x)=2x^3-3x^2-12x+8$ 的单调区间.

解 函数的定义域为 $(-\infty,+\infty)$.又 $f'(x)=6x^2-6x-12=6(x+1)(x-2)$.

令 $f'(x)=0$,得 $x_1=-1,x_2=2$,用 x_1、x_2 把区间 $(-\infty,+\infty)$ 分成3个部分,列表讨论如下:

x	$(-\infty,-1)$	-1	$(-1,2)$	2	$(2,+\infty)$
$f'(x)$	+	0	−	0	+
$f(x)$	↗	15	↘	−12	↗

注:符号↗、↘分别表示函数在相应的区间上单调增加、单调减少.

因此函数$f(x)$在$(-\infty,-1)$，$(2,+\infty)$上单调增加，在$(-1,2)$上单调减少.

2）函数的极值

函数的极值是函数性质及状态的重要特征.它不仅是函数的重要局部性质，而且在实际问题中有着广泛的应用.下面用求导的方法来讨论函数的极值问题.

定义 2 设函数$y=f(x)$在点x_0及其附近取值时有$f(x)<f(x_0)$（$f(x)>f(x_0)$），则称$y=f(x)$在点x_0有**极大值**（**极小值**）$f(x_0)$.极大值和极小值统称为函数的**极值**.使函数取得极值的点x_0称为函数的**极值点**.

由此可见，函数的极值是局部性概念.函数在某个区间上的极大值不一定大于极小值.观察图 2.7 中函数$f(x)$有两个极大值$f(x_1)$、$f(x_4)$，两个极小值$f(x_2)$、$f(x_5)$，极小值$f(x_5)$比极大值$f(x_1)$还大.就整个区间$[a,b]$来说，只有一个极大值是最大值，没有一个极小值是最小值.从图 2.7 中还可以看到，在函数取得极值处，曲线的切线是水平的或是不存在的，即斜率为 0 或斜率不存在；但曲线上有水平切线的地方，函数不一定在此取得极值.在$x=x_6$处，曲线有水平切线，但$f(x_6)$不是极值.

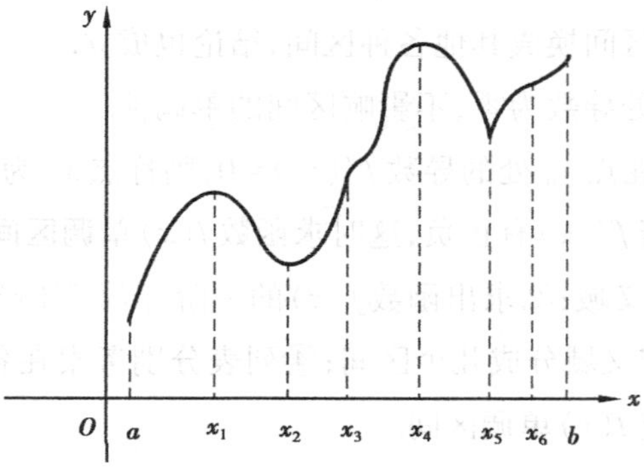

图 2.7

定理 6（必要条件） 设函数$f(x)$在x_0处可导，且在x_0处取得极值，那么$f'(x)=0$.

结合函数的单调性的判定方法，下面给出极值的判别方法.

定理 7（第一充分条件） 设函数$f(x)$在x_0处连续，且在x_0的附近（不含x_0）可导，

①若当$x<x_0$时$f'(x)>0$；当$x>x_0$时$f'(x)<0$，则函数$f(x)$在x_0处有极大值；

②若当$x<x_0$时$f'(x)<0$；当$x>x_0$时$f'(x)>0$，则函数$f(x)$在x_0处有极小值；

③若当$x<x_0$和$x>x_0$时，$f'(x)$的符号保持不变，则函数$f(x)$在x_0处没有极值.

根据定理 7，可得下列求函数$f(x)$极值点和相应极值的方法：

①求函数$f(x)$的定义域D；

②求出导数$f'(x)$，并求出函数$f(x)$的全部驻点及不可导点；

③列表考察每个驻点及不可导点左右两侧$f'(x)$的符号，用定理 3 判定极值点和极值.

例 7 求函数$f(x)=(x-1)^3(2x+3)^2$的极值.

解 该函数的定义域为$(-\infty,+\infty)$.

$f'(x)=3(x-1)^2(2x+3)^2+4(x-1)^3(2x+3)=5(x-1)^2(2x+3)(2x+1)$.

令 $f'(x)=0$，得驻点 $x_1=-\frac{3}{2},x_2=-\frac{1}{2},x_3=1$，列表如下：

x	$\left(-\infty,-\frac{3}{2}\right)$	$-\frac{3}{2}$	$\left(-\frac{3}{2},-\frac{1}{2}\right)$	$-\frac{1}{2}$	$\left(-\frac{1}{2},1\right)$	1	$(1,+\infty)$
$f'(x)$	+	0	−	0	+	0	+
$f(x)$	↗	极大值 0	↘	极小值 $-\frac{27}{2}$	↗	无极值	↗

注：符号↗、↘分别表示函数在相应区间上单调增加、单调减少.

例 8　求函数 $f(x)=(x-4)\sqrt[3]{(x+1)^2}$ 的单调区间和极值.

解　函数的定义域为 $D=(-\infty,+\infty)$，$f'(x)=\frac{5(x-1)}{3\sqrt[3]{x+1}}$. 令 $f'(x)=0$，得 $x=1$，显然 $f'(-1)$ 不存在，于是，列表如下：

x	$(-\infty,-1)$	-1	$(-1,1)$	1	$(1,+\infty)$
$f'(x)$	+	不存在	−	0	+
$f(x)$	↗	极大值 0	↘	极小值 $-3\sqrt[3]{4}$	↗

注：符号↗、↘分别表示函数在相应区间上单调增加、单调减少.

当函数 $f(x)$ 在驻点处的二阶导数存在且不为零时，也可以利用下述定理来判定 $f(x)$ 在驻点处取得极大值还是极小值.

定理 8（第二充分条件）　设函数 $f(x)$ 在 x_0 处具有二阶导数且 $f'(x)=0,f''(x_0)\neq 0$，那么

（1）当 $f''(x_0)<0$ 时，函数 $f(x)$ 在 x_0 处取得极大值；

（2）当 $f''(x_0)>0$ 时，函数 $f(x)$ 在 x_0 处取得极小值.

注意　如果函数在驻点处的二阶导数为零，则极值存在的第二充分条件失效，这种情况必须改用第一充分条件判断.

例 9　求函数 $f(x)=\frac{1}{3}x^3-4x+4$ 的极值.

解　$f'(x)=x^2-4$.

令 $f'(x)=0$，求得驻点 $x_1=-2,x_2=2$.

又 $f''(x)=2x$

因 $f''(-2)=-4<0,f''(2)=4>0$

故 $f(x)$ 在 $x=-2$ 处取得极大值，极大值为 $f(-2)=\frac{28}{3}$，

$f(x)$ 在 $x=2$ 处取得极小值，极小值为 $f(2)=-\frac{4}{3}$.

2.4.3 函数的最值与应用

在生产和科学中会遇到这样一类问题：在一定条件下，怎样解决使"产品最多""用料最省""成本最低""利润最大""效率最高"等问题. 这类问题在数学上可归纳为求某一函数（通常称为目标函数）在一定区间里的最大值或最小值问题（统称为最优化问题）.

1）函数最大值与最小值的概念

由极值的概念知，"极值"是局部概念，而"最值"是一个整体概念，是函数在考察区间上全部函数值中的最大者或最小者. 对于一般的函数，不一定有最大值或最小值. 若函数 $f(x)$ 在 $[a,b]$ 上连续，则由闭区间上连续函数的性质知，$f(x)$ 在 $[a,b]$ 上一定存在最大值和最小值. 使函数取得最值的点，一定含在下列各点中：

①区间的端点，即 $x=a, x=b$；

② (a,b) 内使 $f'(x)=0$ 的点，即驻点；

③ (a,b) 内使 $f'(x)$ 不存在的点，即不可导点.

2）求闭区间连续函数最大值与最小值的方法

设函数 $f(x)$ 在闭区间 $[a,b]$ 上连续，在开区间 (a,b) 内除有限个点外可导，且至多有有限个驻点. 在上述条件下，下面来讨论 $f(x)$ 在 $[a,b]$ 上的最大值和最小值的求法.

为了免除判定极值点的麻烦，只需算出极值点，将导数不存在的点与区间端点对应的函数值加以比较，就可以求出函数的最大值与最小值.

求 $f(x)$ 在 $[a,b]$ 上的最大值和最小值的方法可归纳为：

①求出 $f(x)$ 在 (a,b) 内的驻点及一阶导数不存在的点 $x_1, x_2, \cdots, x_n$；

②计算 $f(a), f(x_1), f(x_2), \cdots, f(x_n), f(b)$；

③比较上述各函数值的大小，其中最大的便是 $f(x)$ 在 $[a,b]$ 上的最大值，最小的便是 $f(x)$ 在 $[a,b]$ 上的最小值.

例 10 求 $f(x)=x^4-2x^2+3$ 在 $[-2,2]$ 上的最大值与最小值.

解 这是一个 4 次多项式，没有不可导点. 先求驻点. 由于

$$f'(x)=4x^3-4x=4x(x-1)(x+1)$$

令 $f'(x)=0$，得驻点 $x_1=-1, x_2=0, x_3=1$.

由于 $f(-2)=11, f(2)=11, f(0)=3, f(-1)=2, f(1)=2$，比较大小可得 $x=\pm1$ 为最小值点，最小值为 $f(\pm1)=2$，$x=\pm2$ 为最大值点，最大值为 $f(\pm2)=11$.

两种特殊情形：

①如果连续函数 $f(x)$ 在闭区间 $[a,b]$ 上单调增加或单调减少，则 $f(x)$ 的最大值和最小值分别在区间的两个端点取得，且当 $f(x)$ 单调增加时，$f(a)$ 为最小值，$f(b)$ 为最大值；当 $f(x)$ 单调减少时，$f(a)$ 为最大值，$f(b)$ 为最小值.

②如果函数 $f(x)$ 在任一确定区间 I 内可导，x_0 是 $f(x)$ 在 I 内唯一的驻点，则当 x_0 是极小值点时，便是 $f(x)$ 在 I 内的最小值点；当 x_0 是极大值点时，便是 $f(x)$ 在 I 内的最大值点.

其中，I 可以是开区间，也可以是闭区间或无穷区间.

3）最大值与最小值的应用

例 11［学习兴趣］　小学生接受新概念的接受能力函数为

$$G(t)=-0.1t^2+2.6t+43,t\in[0,30]$$

问 t 为何值时学生学习兴趣激增或减退？何时学习兴趣最大？

解　$G'(t)=-0.2t+2.6=-0.2(t-13)$

由 $G'(t)=0$，得唯一驻点 $t=13$.

当 $t<13$ 时，$G'(t)>0$，$G(t)$ 单调增加；当 $t>13$ 时，$G'(t)<0$，$G(t)$ 单调减少.

可见，讲课开始后第 13 分钟时小学生兴趣最大. 在此时刻之前，学习兴趣递增；在此时刻之后，学习兴趣递减.

例 12［最大容积］　将一块尺寸为 48 mm×70 mm 的矩形铁皮剪去四角小正方形后折成一个无盖长方形铁盒，求铁盒的最大容积.

解　剪去的小正方形的边长为 x，则铁盒的容积为：

$V(x)=x(48-2x)(70-2x)=4x(24-x)(35-x),(0<x<24)$

问题归结为求函数 $V(x)$ 在 $(0,24)$ 内的最大值.

$V'(x)=4[(24-x)(35-x)+x(-1)(35-x)+x(24-x)(-1)]=4(3x-28)(x-30)$

令 $V'(x)=0$，得驻点 $x_1=\dfrac{28}{3}$，$x_2=30\notin(0,24)$，不必考虑. 由于

$V''(x)=8(3x-59)$，$V''\left(\dfrac{28}{3}\right)=8(28-59)=-248<0$

所以，$x=\dfrac{28}{3}$ 是 $V(x)$ 在 $(0,24)$ 有唯一驻点且是极大值点，必是 $V(x)$ 在 $(0,24)$ 的最大值点. 因此，当小正方形的边长为 $\dfrac{28}{3}$ mm 时，铁盒的容积最大，最大为 $14\,053\dfrac{25}{27}$ mm^3.

例 13［发动机的效率］　一汽车厂家正在测试新开发的汽车发动机的效率，发动机的效率 $P(\%)$ 与汽车的速度 v（单位：km/h）. 它们之间的关系为 $P=0.768v-0.000\,04v^3$. 问：发动机的速度为多少时，效率最大？并求最大效率.

解 因为 $P'=(0.768v-0.000\,04v^3)'=0.768-0.000\,12v^2$

令 $P'(v)=0$，得 $v=80$（单位：km/h），由实际问题知，此时发动机的效率最大，最大效率为 $P(80)\approx 41\%$

训练习题 2.4

1.验证下列各题，并求出相应的点 ξ.

（1）对函数 $f(x)=\cos 2x$ 在区间 $\left[-\frac{\pi}{6},\frac{\pi}{6}\right]$ 上验证罗尔定理.

（2）对函数 $f(x)=\ln x$ 在区间 $[1,e]$ 上验证拉格朗日中值定理.

2.用洛必达法则求下列函数的极限.

（1）$\lim\limits_{x\to 1}\frac{x^3-x^2-x+1}{x^2-3x+2}$；

（2）$\lim\limits_{x\to 0}\frac{e^x-1}{\sin x}$；

（3）$\lim\limits_{x\to 0}\frac{(1+x)^{\alpha}-1}{\alpha x}(\alpha\neq 0)$；

（4）$\lim\limits_{x\to 0}\frac{\tan x-x}{x^3}$；

（5）$\lim\limits_{x\to 0^+}\frac{\ln x}{\cot x}$；

（6）$\lim\limits_{x\to +\infty}\frac{\frac{\pi}{2}-\arctan x}{\frac{1}{x}}$；

（7）$\lim\limits_{x\to 0}x\cot 2x$；

（8）$\lim\limits_{x\to 1}\left(\frac{2}{x^2-1}-\frac{1}{x-1}\right)$.

3.确定下列函数的单调区间与极值：

（1）$y=2x^3-6x^2-18x+5$；

（2）$y=x^4-8x^2+5$；

（3）$y=x+\frac{4}{x}$；

（4）$y=\sqrt[3]{(2x-x^2)^2}$.

4.求下列函数在给定区间上的最大值、最小值.

（1）$y=-3x^4+6x^2-1,[-2,2]$；

（2）$y=x^2-\frac{54}{x},(-\infty,0)$.

5.设有一块边长为 a 的正方形铁皮，从其各角截去同样的小正方形，做成一个无盖的方盒.问：截去多少，方能使做成的盒子体积最大？

任务 2.5 数学实验：用 MATLAB 求导数、极值

2.5.1 求表达式导数

命令用“diff ”，基本用法见表 2.2.

表 2.2

输入命令格式	含　义	备　注
diff(f(x))或 diff(f(x),x)	$f'(x)$	
diff(f(x),2)或 diff(f(x),x,2)	$f''(x)$	
diff(f(x),n)或 diff(f(x),x,n)	$f^{(n)}(x)$	n 为具体的整数
diff(S,'x')	求表达式 S 关于 x 的导数	
diff(S,'x',n)	求表达式 S 关于 x 的 n 阶导数	

实验 1　已知 $f(x)=ax^2+bx+c$,求 $f(x)$ 的导数.

```
>> syms  a  b  c  x;
f=sym('a*x^2+b*x+c');
>> diff(f)                     对默认的自变量 x 求导数
ans =
    2*a*x+b
>> diff(f,2)                   对默认的自变量 x 求二阶导数
ans =
    2*a
>> diff(f,a)                   对变量 a 求导数
ans =
    x^2
>> diff(f,a,2)                 对变量 a 求二阶导数
ans =
    0
```

实验 2　已知 $y=\dfrac{\ln x}{x^2}$,求 y 的一阶导数、二阶导数,并计算 y 的二阶导数在点 $x=1.5$ 处的值.

```
>> syms  x  y;
y='log(x)/x^2;
>> dydx=diff(y)
dydx =
  1/x^3-2*log(x)/x^3
>> dydx2=diff(y,2)
```

```
dydx2=
-5/x^4+6*log(x)/x^4
>> zhi = subs( dydx2,'(1.5)')
zhi =
-5/(1.5)^4+6*log(1.5)/(1.5)^4
>> eval (zhi)
ans =
-0.5071
```

说明 ①函数 subs(f,old,new)可对符号表达式中的变量进行替换,即用 new 替换 old 字符串;当 old='x'时,可省略.

②用函数 eval 可将符号表达式转换成数值表达式;反之,用函数 sym 可将数值表达式转换成符号表达式.例如:

```
>> p=1.701
p=
  1.7010
>> sym(p)
ans=
     1701/1000
```

在实验 2 中,先用 dydx2=diff(y,2)求出了函数 f 的二阶导数,将它赋给了变量 dydx2;然后用 zhi=subs(dydx2,'(1.5)')求出了二阶导数在 $x=1.5$ 处的值,它是一个符号表达式,将它赋给变量 zhi;最后用 eval(zhi)求出该符号表达式的数值.

2.5.2 求表达式极(或最)值

命令用"fminbnd ",基本用法见表 2.3.

表 2.3

输入命令格式	含　义
fminbnd(f,a,b)	求表达式 f 在区间(a,b)内的极小值点
[x,y]=fminbnd(f,a,b)	求表达式 f 在区间(a,b)内的极小值点,并返回两个值,第一个值是 x 的值,第二个值是 y 的值
[-x,y]=fminbnd(-f,a,b)	求表达式 $-f$ 在区间(a,b)内的极大值

实验 3　求函数 $f(x)=(x-3)^2-1$ 在区间$(0,5)$内的极小值点和极小值.

```
>> f='(x-3)^2-1';
>> fminbnd(f,0,5)
ans =
    3
```

即极小值点为 $x=3$.

```
>> [x,y]=fminbnd(f,0,5)
x =
    3
y =
   -1
```

即函数在 $x=3$ 处的极小值为-1.

实验 4　用一块边长为 24 cm 的正方形铁皮,在其四角各截去一块面积相等的小正方形,做成无盖的铁盒.截去的小正方形边长为多少时,做出的铁盒容积最大?

①建模:设截去的小正方形边长为 x cm,铁盒的容积为 V cm^3.根据题意,得

$$V=x(24-2x)^2(0<x<12).$$

于是,问题归结为:求 x 为何值时,函数 V 在区间$(0,12)$内取得最大值,即求$-V$ 在区间$(0,12)$内取得最小值.

②优化:

```
>> f='-x*(24-2x)^2';
>> fminbnd(f,0,12)
ans =
    4.0000
```

所以,当 $x=4$ 时,函数 V 取得最大值,即当所截去的正方形边长为 4 cm 时,铁盒的容积最大.

训练习题 2.5

1.用 fminbnd 求函数 $f(x)=(x^2-1)^3+1$ 在区间$(-2,2)$内的极小值点、极小值.

2.某旅行社在暑假期间为教师安排旅游,并规定:达到 80 人的团体,每人收费 2 500 元.如果团体人数超过 80 人,则每超过 1 人,平均每人收费将降低 10 元(团体人数小于 180 人).试问:如何组团,可使旅行社的收费最多?

项目检测 2

1.选择题

(1)曲线 $y=\ln x$ 在 $x=\mathrm{e}$ 处的切线方程为(　　).

A.$x-\mathrm{e}y=0$　　B.$x-\mathrm{e}y-2=0$

C.$\mathrm{e}x-y=0$　　D.$\mathrm{e}x-y-\mathrm{e}=0$

(2)设 $f(x)=x^3+3^x-\ln x+\arctan x$,则$[f(1)]'=$(　　).

A.$5\frac{1}{2}$　　B.$2\frac{1}{2}+3\ln 3$

C.0　　D.$4\frac{1}{2}+3\ln 3$

(3)设 $y=x\ln x$,则 y''(　　).

A.$\ln x+1$　　B.$\frac{1}{x}$　　C.$\frac{1}{x^2}$　　D.$\frac{1}{x}+1$

(4)设 $y=2^{\cos x}$,则 $\mathrm{d}y=$(　　).

A.$2^{\cos x}\ln 2\mathrm{d}x$　　B.$2^{\cos x}\mathrm{d}x$

C.$-2^{\cos x}\sin x\ln 2\mathrm{d}x$　　D.$2^{\cos x}\sin x\ln 2\mathrm{d}x$

(5)函数 $f(x)=x-\sin x$ 在闭区间$[0,1]$上的最大值为(　　).

A.0　　B.1

C.$1-\sin x$　　D.$\frac{\pi}{2}$

2.填空题

(1)函数 $f(x)$ 在点 x_0 可导是函数 $f(x)$ 在点 x_0 连续的__________条件;函数 $f(x)$ 在点 x_0 连续是函数 $f(x)$ 在点 x_0 可导的__________条件.

(2)函数 $f(x)=2x^2-\ln x$ 的单调递减区间是__________;单调递增区间是__________.

(3)设 $\mathrm{d}f(x)=\left(\frac{1}{1+x^2}+\cos 3x+\mathrm{e}^{2x}\right)\mathrm{d}x$,则 $f(x)=$__________.

(4)若 $f(x)=x(x-1)(x-2)(x-3)\cdots(x-2012)$,则 $f'(0)=$__________.

(5)函数 $f(x)=\frac{1}{3}x^3-3x^2+9x$ 在区间$[0,4]$上的最大点为 $x=$__________.

3.计算题

(1)求下列函数的导数和微分:

①$y=\sin x\ln x+\mathrm{e}^x$;　　②$y=\mathrm{e}^{2x}+\sin 2x$;　　③$y=\sin(\ln x)$.

(2)求下列函数的极限:

①$\lim\limits_{x\to0}\dfrac{e^{3x}-e^{-3x}-6x}{x^3}$;②$\lim\limits_{x\to0}\dfrac{e^x-1}{x}$;③$\lim\limits_{x\to+\infty}\dfrac{\ln x}{x^4}$.

*(3)求方程 $y=\sin x+xe^y$ 所确定隐函数的导数.

(4)求函数 $y=2x^3-3x^2-12x+21$ 的单调区间与极值.

4.应用题

(1)[**加速度**] 一子弹射向上方,子弹离地面的距离 s(单位:m)与时间 t(单位:s)的关系为 $s=670t-4.9t^2$,求子弹的加速度.

(2)[**球面镀铜量**] 有一批半径为 1 cm 的球,为了提高球面的光洁度,要镀上一层铜,厚度为 0.01 cm,问:每只球需用铜多少?(铜的密度是 8.9 g/cm^3)

项目3
不定积分

【知识目标】

1. 理解原函数和不定积分的概念.

2. 理解不定积分的性质及几何意义，理解求不定积分与求导（或微分）互为逆运算，掌握基本积分公式和直接积分法，能够熟练地运用直接积分法求不定积分.

3. 理解不定积分的换元积分法. 掌握第一换元积分法即凑微分法，能用凑微分法求复合函数的积分；了解第二换元积分法即变量置换法；会用换元积分法求简单函数的不定积分.

4. 理解不定积分的分部积分法，能用分部积分法求被积函数是两个基本初等函数乘积形式的简单函数的不定积分.

【技能目标】

1. 能够熟练地运用直接积分法求不定积分；能用不定积分定义、性质和积分基本积分公式计算简单函数的不定积分.

2. 能够熟练地运用凑微分法，在求简单复合函数的积分时，会适当地选择变量代换 $u=\varphi(x)$，化为积分表中的积分，积分后再把 u 换回 $\varphi(x)$.

3. 能够熟练地运用分部积分法，在求由两个基本初等函数乘积的简单函数的不定积分时，能恰当地选取 u 和 $\mathrm{d}v$，再运用分部积分公式积分.

4. 能将简单的实际问题抽象为数学模型，并且能运用不定积分的知识解决实际问题.

高等数学的主要部分是微积分理论，由求运动速度、曲线的切线和极值等问题产生了导数和微分，构成了微积分理论的微分学部分；同时由已知速度求路程、已知切线求曲线以及求面积与体积等问题，产生了不定积分和定积分，构成了微积分理论的积分学部分.

在微分学中已经介绍了已知函数求其导数（或微分）的问题，本项目将讨论它的逆问题，即寻找一个可导函数，使它的导数等于已知函数. 这种由函数的已知导数或微分寻求原来函数的问题，是积分学的基本问题之一.

任务 3.1　认知不定积分

3.1.1　不定积分的概念

【引例 1】［成本函数］　已知某产品的边际成本函数为 $f(x)=2x+1$，其中 x 是产量数，已知固定成本为 2 单位，求此产品的成本函数.

解 设该产品的成本函数为 $C(x)$，由上一项目的知识可知：$C'(x)=f(x)$，即 $C'(x)=2x+1$. 因此，本例就是求一个函数 $C(x)$，使得 $C'(x)=2x+1$，且满足 $C(0)=2$. 由导数公式知：$(x^2+x+2)'=2x+1$，即 $C(x)=x^2+x+2$，所以，产品的成本函数是：$C(x)=x^2+x+2$.

【引例 2】[自由落体运动位移] 已知自由落体的运动速度 $v=gt$（t 为下落的时间，g 为重力加速度），求自由落体的运动规律.

解 设自由落体的运动规律为 $s=s(t)$，由导数的物理意义可知，$v=s'(t)=gt$，因为 $\left(\frac{1}{2}gt^2\right)'=gt$，并且常数的导数为 0. 所以 $\left(\frac{1}{2}gt^2+C\right)'=gt$. 所以运动规律为 $s=s(t)=\frac{1}{2}gt^2+C$（C 为任意常数）. 而当 $t=0$ 时，$s(0)=0$，代入上式可得 $C=0$. 所以，自由落体的运动规律为：$s=s(t)=\frac{1}{2}gt^2$.

【引例 3】[求曲线方程] 已知某曲线 C 上任意一点处切线的斜率是该点横坐标的 2 倍，且曲线经过点 $(0,1)$，求该曲线的方程.

解 设该曲线 C 的方程为 $f(x)$，$f'(x)=2x$，$f(x)=x^2+c$，由 $f(0)=1$，得 $c=1$，所以，所求曲线方程是 $f(x)=x^2+1$.

上面三个引例，一个是经济学的问题，一个是运动学的问题，一个是几何上的问题，它们的实际背景不同，但三个问题解决的方法从数学上来看却是一致的，即**已知一个函数的导数，求此函数**. 对于这类问题，引入下面的概念：

1）原函数

定义 1 设函数 $f(x)$ 是定义在某区间 I 上的已知函数，若存在函数 $F(x)$，使得 $F'(x)=f(x)$ 或 $\mathrm{d}[F(x)]=f(x)\mathrm{d}x$，则称 $F(x)$ 为 $f(x)$ 在区间 I 上的一个**原函数**.

如在 $(-\infty,+\infty)$ 内，$(\sin x)'=\cos x$，所以 $\sin x$ 是 $\cos x$ 的一个原函数.

又如，在 $(-\infty,+\infty)$ 内，$(x^2)'=2x$，所以 x^2 是 $2x$ 的一个原函数，而

$$(x^2+1)'=2x,\ (x^2+5)'=2x,\ (x^2-\sqrt{7})'=2x$$

等等，所以 $2x$ 的原函数不是唯一的.

关于原函数有下面两个定理：

定理 1（原函数定理） 如果 $F(x)$ 是 $f(x)$ 的一个原函数，那么 $F(x)+C$ 是 $f(x)$ 的全体原函数，其中 C 为任意常数.

事实上，如果 $F(x)$ 是 $f(x)$ 的一个原函数，那么

$$(F(x)+C)'=F'(x)=f(x)\ (C\ \text{为任意常数}),$$

即 $F(x)+C$ 也是 $f(x)$ 的原函数.

另一方面，设 $G(x)$ 是 $f(x)$ 的任意一个原函数，那么有

$$[G(x)-F(x)]'=G'(x)-F'(x)=f(x)-f(x)=0$$

则由中值定理的推论知，$F(x)$ 和 $G(x)$ 仅相差一个常数，即存在常数 C，使得

$$G(x)=F(x)+C$$

这样 $f(x)$ 的全体原函数可表示为 $F(x)+C$，其中 C 为任意常数.

由定理 1 可知，要求函数 $f(x)$ 的全体原函数，只要找到它的一个原函数，然后再加上任意常数 C 即可.

定理 2（原函数存在定理） 如果函数 $f(x)$ 在某区间上连续，那么 $f(x)$ 在该区间上存在原函数.

由于初等函数在其定义区间上连续，因此，**初等函数在其定义区间上存在原函数.**

2）不定积分的概念

定义 2 如果 $F(x)$ 是 $f(x)$ 在某个区间上的一个原函数，则 $f(x)$ 的全体原函数 $F(x)+C$（C 为任意常数）称为 $f(x)$ 在该区间上的**不定积分**，记为 $\int f(x)\mathrm{d}x$，即

$$\int f(x)\mathrm{d}x = F(x) + C$$

其中"$\int$"称为**积分号**，$f(x)$ 称为**被积函数**，$f(x)\mathrm{d}x$ 称为**被积表达式**，x 称为**积分变量**，C 称为**积分常数**.

由定义知，求 $f(x)$ 的不定积分，只需求出 $f(x)$ 的任意一个原函数，再加上任意常数 C 即可. 但要**注意**，求 $\int f(x)\mathrm{d}x$ 时，切记"$+C$"，否则求出的只是 $f(x)$ 的一个原函数，而不是不定积分.

上面两例可写成：$\int \cos x\mathrm{d}x = \sin x + C$，$\int 2x\mathrm{d}x = x^2 + C$.

例 1 求下列不定积分：

（1）$\int \mathrm{e}^x\mathrm{d}x$；（2）$\int \frac{1}{\sqrt{1-x^2}}\mathrm{d}x$；（3）$\int \frac{1}{x}\mathrm{d}x$.

解 （1）因为 $(\mathrm{e}^x)'=\mathrm{e}^x$，即 e^x 是 e^x 的一个原函数，所以 $\int \mathrm{e}^x\mathrm{d}x = \mathrm{e}^x+C$.

（2）因为 $(\arcsin x)'=\frac{1}{\sqrt{1-x^2}}$，即 $\frac{1}{\sqrt{1-x^2}}$ 是 $\arcsin x$ 的一个原函数，所以

$$\int \frac{\mathrm{d}x}{\sqrt{1-x^2}}\mathrm{d}x = \arcsin x + C$$

（3）因为当 $x>0$ 时，有

$$(\ln|x|)' = (\ln x)' = \frac{1}{x}$$

当 $x<0$ 时，也有

$$(\ln|x|)' = [\ln(-x)]' = \frac{(-x)'}{-x} = \frac{-1}{-x} = \frac{1}{x}$$

即 $\ln|x|$ 是 $\frac{1}{x}$ 的一个原函数. 所以 $\int \frac{1}{x}\mathrm{d}x = \ln|x|+C$.

为简便起见，在不致引起混淆的情况下，不定积分也简称**积分**. 把求原函数或不定积分的运算和方法分别称为**积分运算**和**积分法**.

3）不定积分的几何意义

【引例 4】 已知一曲线经过原点(0,0)，且在任一点的切线的斜率为该点横坐标的两倍，求该曲线的方程.

解 设所求曲线的方程为 $y=f(x)$，则依题意及导数的几何意义知：$f'(x)=2x$. 根据基本导数公式，易知：$(x^2+C)'=2x$，其中 C 为任意常数. 因此有 $f(x)=x^2+C$. 又因为曲线经过原点(0,0)，即 $f(0)=0$，所以有 $f(0)=C=0$，因此所求曲线方程是 $y=x^2$.

我们知道，$y=x^2+C$ 的图形可由抛物线 $y=x^2$ 沿 y 轴方向上下平行移动 $|C|$ 个单位得到. 当 $C>0$ 时向上移，当 $C<0$ 时向下移，因此 $y=x^2+C$（C 为任意常数）的图形是一组抛物线（如图 3.1 所示），而所求的抛物线 $y=x^2$ 是这组抛物线中过点(0,0)的那一条.

一般地，函数 $f(x)$ 的一个原函数 $F(x)$ 的图像称为函数 $f(x)$ 的一条**积分曲线**. 对于任意常数 C，$y=F(x)+C$ 表示的是一簇曲线，称这个曲线簇为 $f(x)$ 的**积分曲线簇**. 这就是**不定积分的几何意义**. $f(x)$ 的积分曲线簇有这样的**特点**：

每一条曲线在相同的横坐标 x 点处的切线都有相同的斜率 $f(x)$，所以在这些点处它们的切线都相互平行（如图 3.2 所示）. 另外，积分曲线簇中的任一条曲线都可以由某一条确定的积分曲线沿 y 轴的方向上、下平行移动得到.

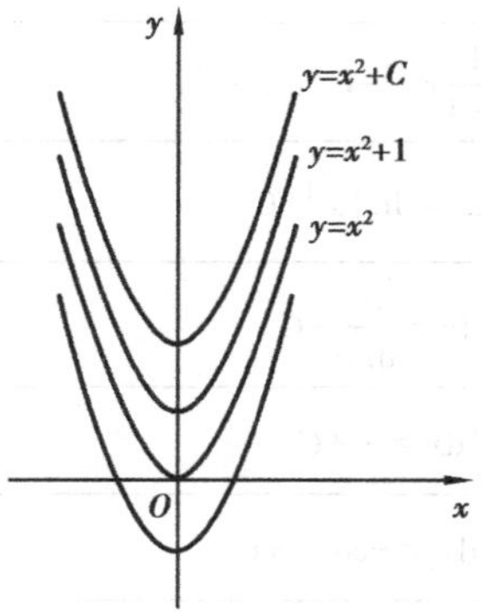

图 3.1

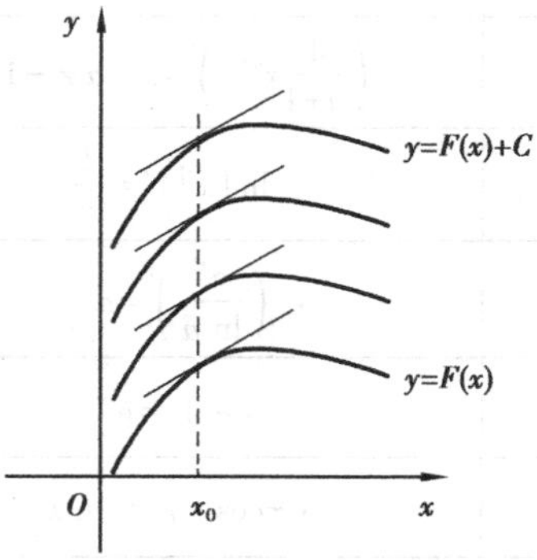

图 3.2

3.1.2　不定积分的性质

由不定积分的定义知，函数的不定积分与导数（或微分）之间有如下的运算关系，即不定积分的性质：

性质 1　$\left[\int f(x)\,\mathrm{d}x\right]'=f(x)$ 或 $\mathrm{d}\left[\int f(x)\,\mathrm{d}x\right]=f(x)\,\mathrm{d}x$

此式表明，先求积分再求导数（或微分），两种运算的作用相互抵消.

性质 2　$\int f'(x)\,\mathrm{d}x=f(x)+C$ 或 $\int \mathrm{d}f(x)=f(x)+C$

此式表明，先求导数（或微分）再积分，得到的是一簇函数，不是一个函数，必须加上任意常数 C.

由此性质可知,"积分运算"与"微分运算"是一对互逆的运算.

例如:

$$\left[\int e^x \arcsin x^2 dx\right]' = e^x \arcsin x^2, \quad \int (3a^x \ln x)' dx = 3a^x \ln x + C.$$

3.1.3 不定积分的基本公式、直接积分法

由于积分运算是微分运算的逆运算,因此由一个导数公式可以相应地写出一个不定积分公式.例如:

因为 $(\sin x)' = \cos x$,所以 $\int \cos x dx = \sin x + C$.

因为 $\frac{1}{a+1}x^{a+1} = x^a (a \neq -1)$,所以 $\int x^a dx = \frac{1}{a+1}x^{a+1} + C(a \neq -1)$.

类似地,可以推导出其他基本积分公式,现将它们列于表 3.1:

表 3.1

序号	$F'(x)=f(x)$	$\int f(x)dx = F(x)+C$
1	$(x+C)'=1$	$\int 1dx = x+C$
2	$\left(\frac{1}{a+1}x^{a+1}\right)' = x^a(a\neq -1)$	$\int x^a dx = \frac{1}{a+1}x^{a+1}+C(a\neq -1)$
3	$(\ln\lvert x\rvert)' = \frac{1}{x}$	$\int \frac{1}{x}dx = \ln\lvert x\rvert + C$
4	$\left(\frac{a^x}{\ln a}\right)' = a^x$	$\int a^x dx = \frac{a^x}{\ln a}+C$
5	$(e^x)' = e^x$	$\int e^x dx = e^x + C$
6	$(-\cos x)' = \sin x$	$\int \sin x dx = -\cos x + C$
7	$(\sin x)' = \cos x$	$\int \cos x dx = \sin x + C$
8	$(\tan x)' = \sec^2 x = \frac{1}{\cos^2 x}$	$\int \sec^2 x dx = \int \frac{1}{\cos^2 x}dx = \tan x + C$
9	$(-\cot x)' = \csc^2 x = \frac{1}{\sin^2 x}$	$\int \csc^2 x dx = \int \frac{1}{\sin^2 x}dx = -\cot x + C$
10	$(\sec x)' = \sec x \tan x$	$\int \sec x \tan x dx = \sec x + C$
11	$(-\csc x)' = \csc x \cot x$	$\int \csc x \cot x dx = -\csc x + C$
12	$(\arcsin x)' = \frac{1}{\sqrt{1-x^2}}$	$\int \frac{1}{\sqrt{1-x^2}}dx = \arcsin x + C$
13	$(\arctan x)' = \frac{1}{1+x^2}$	$\int \frac{1}{1+x^2}dx = \arctan x + C$

以上 13 个公式是求不定积分的基础,必须熟记.在应用这些公式时,有时需要对被积函数作适当的变形.请看下面的例子:

例 2 求下列不定积分:

① $\int x^8 \mathrm{d}x$; ② $\int \frac{1}{x^2}\mathrm{d}x$; ③ $\int \frac{1}{\sqrt{x}}\mathrm{d}x$; ④ $\int 5^x \mathrm{e}^x \mathrm{d}x$.

解 ①由幂函数的不定积分公式得

$$\int x^8 \mathrm{d}x = \frac{1}{8+1}x^{8+1} + C = \frac{1}{9}x^9 + C$$

②被积函数是分式,先把被积函数化为幂函数的形式,再利用基本积分公式,得

$$\int \frac{1}{x^2}\mathrm{d}x = \int x^{-2}\mathrm{d}x = \frac{x^{-2+1}}{-2+1} + C = -\frac{1}{x} + C$$

③被积函数是无理式,先把被积函数化为幂函数的形式,再利用基本积分公式,得

$$\int \frac{1}{\sqrt{x}}\mathrm{d}x = \int x^{-\frac{1}{2}}\mathrm{d}x = \frac{1}{-\frac{1}{2}+1}x^{-\frac{1}{2}+1} + C = 2\sqrt{x} + C$$

④被积函数是积的形式,先把被积函数整理化为指数函数的形式,再利用基本积分公式,得

$$\int 5^x \mathrm{e}^x \mathrm{d}x = \int (5\mathrm{e})^x \mathrm{d}x = \frac{(5\mathrm{e})^x}{\ln(5\mathrm{e})} + C = \frac{5^x \mathrm{e}^x}{1+\ln 5} + C$$

例②、③的结果经常用到,因此,为了计算方便,也把它们作为公式:

14. $\int \frac{1}{x^2}\mathrm{d}x = -\frac{1}{x} + C$. 15. $\int \frac{1}{\sqrt{x}}\mathrm{d}x = 2\sqrt{x} + C$.

3.1.4 不定积分的运算法则

由不定积分的定义知,不定积分有两条运算法则:

法则 1 被积函数中不为零的常数因子可以提到不定积分符号外面来,即

$$\int kf(x)\mathrm{d}x = k\int f(x)\mathrm{d}x \quad (k \neq 0)$$

法则 2 两个函数代数和的不定积分等于两个函数的不定积分的代数和,即

$$\int [f(x) \pm g(x)]\mathrm{d}x = \int f(x)\mathrm{d}x \pm \int g(x)\mathrm{d}x$$

注意 此法则中的两个函数可以推广到任意有限多个函数.即:

$$\int [f_1(x) \pm f_2(x) \pm \cdots \pm f_n(x)]\mathrm{d}x = \int f_1(x)\mathrm{d}x \pm \int f_2(x)\mathrm{d}x \pm \cdots \pm \int f_n(x)\mathrm{d}x$$

例 3 求不定积分 $\int \left(\frac{2}{x^2+1} + 3\sec^2 x - 1\right)\mathrm{d}x$.

解 $\int\left(\frac{2}{x^2+1}+3\sec^2 x-1\right)\mathrm{d}x=\int\frac{2}{x^2+1}\mathrm{d}x+\int 3\sec^2 x\mathrm{d}x-\int 1\mathrm{d}x$

$$=2\int\frac{1}{x^2+1}\mathrm{d}x+3\int\sec^2 x\mathrm{d}x-\int\mathrm{d}x$$

$$=2\arctan x+3\tan x-x+C$$

注意 ①在分项积分后,每个不定积分的结果都应有一个任意常数,但任意常数的和仍是任意常数,因此,最后结果只要写一个任意常数即可.

②检验结果是否正确,只要将结果求导,看它的导数是否等于被积函数.

③当被积函数是1时,可省略不写.

训练习题 3.1

1.求下列函数的一个原函数:

(1) $f(x)=4x^3$;

(2) $f(x)=3^x$;

(3) $f(x)=\frac{5}{\sqrt{1-x^2}}$;

(4) $f(x)=\frac{1}{x}+\sec^2 x$.

2.求下列函数的不定积分:

(1) $\int\frac{1}{x^2\sqrt{x}}\mathrm{d}x$;

(2) $\int(\mathrm{e}^x+5\sin x)\mathrm{d}x$;

(3) $\int 2^x(3^x-5)\mathrm{d}x$;

(4) $\int\left(3\tan x\sec x-\frac{2}{\sqrt{x}}\right)\mathrm{d}x$.

(5) $\int\left(5+\frac{15}{x^5}+4\sqrt[3]{x^5}-\frac{1}{\sqrt{x}}\right)\mathrm{d}x$;

(6) $\int\left(1-\frac{1}{x^2}\right)\sqrt{x\sqrt{x}}\,\mathrm{d}x$;

(7) $\int\frac{3x^4+3x^2+1}{x^2+1}\mathrm{d}x$;

(8) $\int 2^x\left(1+\frac{2^{-x}}{x^5}\right)\mathrm{d}x$;

(9) $\int 2\sin\frac{x}{2}\left(\cos\frac{x}{2}+\sin\frac{x}{2}\right)\mathrm{d}x$;

(10) $\int\sec x(\sec x-\tan x)\mathrm{d}x$;

(11) $\int\cos^2\frac{x}{2}\mathrm{d}x$;

(12) $\int\frac{\mathrm{d}x}{1+\cos 2x}$;

(13) $\int\frac{\cos 2x}{\cos x-\sin x}\mathrm{d}x$;

(14) $\int\frac{\cos 2x}{\cos^2 x\sin^2 x}\mathrm{d}x$.

3.已知 $\int f(x)\mathrm{d}x=\sin^2 x+C$,求 $f(x)$.

4.一曲线通过点$(\mathrm{e}^3,3)$,且在任一点的切线的斜率等于该点横坐标的倒数,求该曲线的方程.

5.美丽的冰城常年结冰,滑雪场完全靠自然结冰,结冰的速度由$\frac{\mathrm{d}y}{\mathrm{d}t}=v(t)=kt^{\frac{2}{3}}$($k>0$为常

数）确定. 其中，y 是从开始结冰起到时刻 t 时的厚度，求结冰厚度 y 关于时间 t 的函数式.

6. 证明函数 $\arcsin(2x-1)$，$\arccos(1-2x)$，$2\arcsin\sqrt{x}$，$2\arctan\sqrt{\dfrac{x}{1-x}}$ 都是 $\dfrac{1}{\sqrt{x(1-x)}}$ 的原函数.

任务 3.2 用换元积分法求不定积分

前面利用基本积分公式及不定积分的两个运算法则求出了一些函数的不定积分，然而仅用上述方法所能求的不定积分是很有限的，因此有必要寻找其他的求不定积分的方法. 下面介绍三种基本的积分方法.

3.2.1 第一换元积分法（凑微分法）

本任务把复合函数的微分法反过来用于求不定积分，利用中间变量的代换，得到复合函数的积分法，称为换元积分法. 换元积分法通常分为两类，下面先介绍第一类换元积分法.

凑微分法的基本思想是通过变量代换，使被积分函数化为与积分表中的函数相类似的不定积分. 例如积分表中有公式 $\int \sin x\mathrm{d}x = -\cos x + C$，能否用它来计算 $\int \sin 3x\mathrm{d}x$ 呢？由于 $\sin 3x$ 是一个复合函数，显然不能直接利用基本公式. 下面先将被积表达式变形，然后再用基本积分公式求积分：

$$\int \sin 3x\mathrm{d}x = \frac{1}{3}\int \sin 3x\mathrm{d}(3x) \xlongequal{\text{令 } 3x = u} \frac{1}{3}\int \sin u\mathrm{d}u$$

$$= -\frac{1}{3}\cos u + C \xlongequal{\text{回代：} u = 3x} -\frac{1}{3}\cos 3x + C$$

因为 $\left(-\dfrac{1}{3}\cos 3x+C\right)' = \sin 3x$，所以 $-\dfrac{1}{3}\cos 3x+C$ 是 $\sin 3x$ 的原函数. 这说明上面的方法是正确的.

上述解法的特点是先凑微分 $\mathrm{d}\varphi(x)$，然后引入新变量 $u=\varphi(x)$（$\varphi(x)$ 具有连续的导数），从而将原不定积分化为关于 u 的一个简单的不定积分，再利用基本积分公式求解，最后还原变量. 这种求不定积分的方法称为**第一换元积分法**. 我们不加证明地将此方法的完整表述给出如下：

定理 1（凑微分法） 设 $F(u)$ 是 $f(u)$ 的原函数，$u=\varphi(x)$ 可导，则 $F(\varphi(x))$ 是 $f(\varphi(x))\cdot\varphi'(x)$ 的原函数，用公式表示为

$$\int f[\varphi(x)]\varphi'(x)\mathrm{d}x = \int f[\varphi(x)]\mathrm{d}\varphi(x) = F[\varphi(x)] + C$$

第一换元积分法求不定积分的一般步骤如下：

$$\int g(x)\mathrm{d}x \xlongequal{\text{恒等变形}} \int f[\varphi(x)]\cdot\varphi'(x)\mathrm{d}x$$
$$\xlongequal{\text{凑微分}} \int f[\varphi(x)]\mathrm{d}[\varphi(x)]$$
$$\xlongequal{\text{令}\varphi(x)=u} \int f(u)\mathrm{d}u$$
$$\xlongequal{\text{积分}} F(u)+C \xlongequal{\text{回代}:u=\varphi(x)} F[\varphi(x)]+C$$

上述步骤中,关键是怎样选择适当的变量代换 $u=\varphi(x)$,将 $g(x)\mathrm{d}x$ 凑成 $f[\varphi(x)]\cdot\mathrm{d}[\varphi(x)]$,因此第一类换元法又称为**凑微分法**.

例 1 求 $\int(4x-3)^{50}\mathrm{d}x$.

解 $\int(4x-3)^{50}\mathrm{d}x \xlongequal{\text{凑微分}} \frac{1}{4}\int(4x-3)^{50}\mathrm{d}(4x-3)$

$$\xlongequal{\text{换元}:4x-3=u} \frac{1}{4}\int u^{50}\mathrm{d}u$$
$$\xlongequal{\text{积分}} \frac{1}{4}\cdot\frac{1}{50+1}u^{50+1}+C$$
$$\xlongequal{\text{回代}:u=4x-3} \frac{1}{204}(4x-3)^{51}+C$$

熟练了以后,所设新变量 u 可不必写出来,简写为

$$\int(4x-3)^{50}\mathrm{d}x = \frac{1}{4}\int(4x-3)^{50}\mathrm{d}(4x-3)$$
$$= \frac{1}{4}\cdot\frac{1}{50+1}(4x-3)^{50+1}+C$$
$$= \frac{1}{204}(4x-3)^{51}+C$$

例 2 求 $\int x(x^2+1)^6\mathrm{d}x$.

解 $\int x(x^2+1)^6\mathrm{d}x = \frac{1}{2}\int(x^2+1)^6\mathrm{d}(x^2+1)$

$$= \frac{1}{14}(x^2+1)^7+C$$

凑微分法的关键是凑微分,难点在于把哪个函数凑成 $\mathrm{d}[\varphi(x)]$ 的形式,这需要解题经验,要熟练掌握微分基本公式和不定积分基本公式.下面列举一些常用的凑微分形式,对计算不定积分有一定的帮助.其中 a,b 均为常数,$a\neq0$.

①$x\mathrm{d}x=\mathrm{d}\left(\frac{x^2+c}{2}\right)=\frac{1}{2}\mathrm{d}(x^2+c)$; $f(ax+b)\mathrm{d}x=\frac{1}{a}f(ax+b)\mathrm{d}(ax+b)$;

②$f(x^n)x^{n-1}\mathrm{d}x=\frac{1}{n}f(x^n)\mathrm{d}(x^n)$; $f(\sqrt{x})\frac{1}{\sqrt{x}}\mathrm{d}x=2f(\sqrt{x})\mathrm{d}(\sqrt{x})$.

例 3 求 $\int x\sqrt{1-x^2}\,dx$.

解 $\int x\sqrt{1-x^2}\,dx = -\frac{1}{2}\int \sqrt{1-x^2}\,d(1-x^2)$

$$= -\frac{1}{2}\cdot\frac{2}{3}(1-x^2)^{\frac{3}{2}} + C$$

$$= -\frac{1}{3}(1-x^2)^{\frac{3}{2}} + C$$

例 4 求 $\int \frac{dx}{x(1+\ln x)}$.

解 $\frac{dx}{x(1+\ln x)} = \int \frac{d(1+\ln x)}{1+\ln x} = \ln|1+\ln x| + C.$

例 5 求 $\int \tan x\,dx$.

解 $\int \tan x\,dx = \int \frac{\sin x}{\cos x}dx = -\int \frac{d(\cos x)}{\cos x} = -\ln|\cos x| + C.$

类似地,可得

$$\int \cot x\,dx = \ln|\sin x| + C$$

例 6 求 $\int \frac{dx}{a^2+x^2}(a \neq 0)$.

解 $\int \frac{dx}{a^2+x^2} = \frac{1}{a}\int \frac{d\left(\frac{x}{a}\right)}{1+\left(\frac{x}{a}\right)^2} = \frac{1}{a}\arctan\frac{x}{a} + C$

例 7 求 $\int \frac{dx}{\sqrt{a^2-x^2}}(a > 0)$.

解 $\int \frac{dx}{\sqrt{a^2-x^2}} = \int \frac{d\left(\frac{x}{a}\right)}{\sqrt{1-\left(\frac{x}{a}\right)^2}} = \arcsin\frac{x}{a} + C$

例 8 求 $\int \frac{1}{x^2-a^2}dx\ (a \neq 0)$.

解 $\int \frac{1}{x^2-a^2}dx = \int \frac{1}{(x+a)(x-a)}dx = \int \frac{(x+a)-(x-a)}{(x+a)(x-a)}\cdot\frac{1}{2a}dx$

$$= \frac{1}{2a}\int\left(\frac{1}{x-a} - \frac{1}{x+a}\right)dx = \frac{1}{2a}\left[\int\frac{d(x-a)}{x-a} - \int\frac{d(x+a)}{x+a}\right]$$

$$= \frac{1}{2a}[\ln|x-a| - \ln|x+a|] + C = \frac{1}{2a}\ln\left|\frac{x-a}{x+a}\right| + C$$

于是,有

$$\int \frac{1}{x^2 - a^2}\mathrm{d}x = \frac{1}{2a}\ln\left|\frac{x-a}{x+a}\right| + C \quad (a \neq 0)$$

例 9 求 $\int \sec x\mathrm{d}x$.

解 $\int \sec x\mathrm{d}x = \int \frac{\sec x(\sec x + \tan x)}{\sec x + \tan x}\mathrm{d}x$

$$= \int \frac{\mathrm{d}(\sec x + \tan x)}{\sec x + \tan x}$$

$$= \ln|\sec x + \tan x| + C$$

类似地,可得

$$\int \csc x\mathrm{d}x = \ln|\csc x - \cot x| + C$$

例 10 求 $\int \sin 3x \cos 5x\mathrm{d}x$.

解 先利用三角函数的积化和差公式,将被积函数化作两项之和,再分项积分.因为

$$\sin 3x \cos 5x = \frac{1}{2}[\sin(3+5)x + \sin(3-5)x]$$

所以,有

$$\int \sin 3x \cos 5x\mathrm{d}x = \frac{1}{2}\int[\sin 8x + \sin(-2x)]\mathrm{d}x$$

$$= \frac{1}{2}\left(\int \sin 8x\mathrm{d}x - \int \sin 2x\mathrm{d}x\right)$$

$$= \frac{1}{2}\left[\frac{1}{8}\int \sin 8x\mathrm{d}(8x) - \frac{1}{2}\int \sin 2x\mathrm{d}(2x)\right]$$

$$= \frac{1}{4}\cos 2x - \frac{1}{16}\cos 8x + C$$

例 11 某太阳能发电厂太阳能的能量 y 相对于接触的表面面积 x 的变化率为:

$$\frac{\mathrm{d}y}{\mathrm{d}x} = \frac{0.005}{\sqrt{0.01x + 1}}$$

且当 $x=0$ 时,$y=0$.试求太阳能的能量 y 的函数表达式.

解 对 $\frac{\mathrm{d}y}{\mathrm{d}x} = \frac{0.005}{\sqrt{0.01x+1}}$ 积分,得:

$$y = \int \frac{\mathrm{d}y}{\mathrm{d}x}\mathrm{d}x = \int \frac{0.005}{\sqrt{0.01x + 1}}\mathrm{d}x = \frac{0.005}{0.01}\int \frac{\mathrm{d}(0.01x + 1)}{\sqrt{0.01x + 1}}$$

$$= 0.5 \times 2\sqrt{0.01x + 1} + C$$

又当 $x=0$ 时,$y=0$ 代入上式,得 $C=-1$,所以有

$$y = \sqrt{0.01x + 1} - 1$$

3.2.2 第二换元积分法(变量置换法)

第一换元积分法是通过变量代换 $\varphi(x)=u$,把积分 $\int f[\varphi(x)] \cdot \varphi'(x)\mathrm{d}x$ 化为容易积分的 $\int f(u)\mathrm{d}u$. 但有时也会遇到相反的情形,积分 $\int f(x)\mathrm{d}x$ 不易求得,而令 $x=\psi(t)$,将积分 $\int f(x)\mathrm{d}x$ 化为积分 $\int f[\psi(t)]\psi'(t)\mathrm{d}t$ 后才能求出结果.

例如,求积分 $\int \frac{\sqrt{x}}{1+x}\mathrm{d}x$,为了去掉根号,可设 $\sqrt{x}=t$,则 $x=t^2$,$\mathrm{d}x=2t\mathrm{d}t$. 于是,有

$$\int \frac{\sqrt{x}}{1+x}\mathrm{d}x = \int \frac{2t^2}{1+t^2}\mathrm{d}t = 2\int \frac{t^2+1-1}{1+t^2}\mathrm{d}t = 2\int\left(1-\frac{1}{1+t^2}\right)\mathrm{d}t$$

$$= 2(t - \arctan t) + C = 2\sqrt{x} - 2\arctan\sqrt{x} + C$$

这种方法称为**第二换元积分法**.

定理 2(第二换元积分法) 设函数 $x=\psi(t)$ 是单调的可导函数,并且 $\psi'(t)\neq 0$,又设 $f[\psi(t)]\psi'(t)$ 具有原函数 $F(t)$,则有

$$\int f(x)\mathrm{d}x = \int f[\psi(t)]\psi'(t)]\mathrm{d}t = F(t) + C = F[\psi^{-1}(x)] + C$$

其中 $\psi^{-1}(x)$ 是 $x=\psi(t)$ 的反函数.

证明 因为 $F(t)$ 是 $f[\psi(t)]\psi'(t)]$ 的原函数,记 $G(x)=F[\psi^{-1}(x)]$,利用复合函数及反函数的求导法则,得到

$$G'(x) = \frac{\mathrm{d}F}{\mathrm{d}t} \cdot \frac{\mathrm{d}t}{\mathrm{d}x} = F'(t)[\psi^{-1}(x)]' = f[\psi(t)]\psi'(t) \cdot \frac{1}{\psi'(t)} = f(x)$$

即 $G(x)$ 是 $f(x)$ 的原函数,所以有 $\int f(x)\mathrm{d}x = G(x)+C = F[\psi^{-1}(x)]+C$.

第二换元积分法的一般步骤是:

$$\int f(x)\mathrm{d}x \xlongequal{\text{换元}: x=\psi(t)} \int f[\psi(t)]\psi'(t)\mathrm{d}t \xlongequal{\text{积分}} F(t) + C$$

$$\xlongequal{\text{回代}: t=\psi^{-1}(x)} F[\psi^{-1}(x)]+C$$

使用第二换元积分法的关键是恰当地选择变换函数 $x=\psi(t)$,要求 $x=\psi(t)$ 单调可导,$\psi'(t)\neq 0$,其反函数 $t=\psi^{-1}(x)$ 存在. 因此,第二换元积分法又称为**变量代换法**.

例 12 求 $\int x\sqrt{x-1}\,\mathrm{d}x$.

解 令$\sqrt{x-1}=t$，则$x-1=t^2$，$dx=2tdt$，从而

$$
\begin{aligned}
\int x\sqrt{x-1}\,dx &= \int(1+t^2)\cdot t\cdot 2tdt = 2\int(t^2+t^4)\,dt \\
&= \frac{2}{3}t^2+\frac{2}{5}t^5+C \\
&= \frac{2}{3}(x-1)\sqrt{x-1}+\frac{2}{5}(x-1)^2\sqrt{x-1}+C
\end{aligned}
$$

一般地，当被积函数中含有形如$\sqrt[n]{ax+b}$，$\sqrt[n]{\dfrac{ax+b}{cx+d}}$（其中$a\neq 0, c\neq 0$）等简单根式的不定积分，可通过适当的变量代换：令$\sqrt[n]{ax+b}=t$或$\sqrt[n]{\dfrac{ax+b}{cx+d}}=t$，消去根式而将被积函数化为有理函数.

例 13 求$\int\sqrt{a^2-x^2}\,dx\ (a>0)$.

解 被积函数中含有$\sqrt{a^2-x^2}$，与上例一样，设法去掉根号.我们找一种变量替代式，使a^2-x^2能化成某一项的平方，而dx经替代后又不含根号.这样，可使被积表达式不含根号.考虑三角恒等式$1-\sin^2t=\cos^2t$，可设$x=a\sin t$，$-\dfrac{\pi}{2}<t<\dfrac{\pi}{2}$.

则有 $dx=a\cos tdt$

于是

$$
\begin{aligned}
\int\sqrt{a^2-x^2}\,dx &= \int a\cos t\cdot a\cos tdt = a^2\int\cos^2tdt \\
&= a^2\int\frac{1+\cos 2t}{2}dt = \frac{a^2}{2}\left(\int dt+\int\cos 2tdt\right) \\
&= \frac{a^2}{2}\left[t+\frac{1}{2}\int\cos 2td(2t)\right] \\
&= \frac{a^2}{2}\left(t+\frac{\sin 2t}{2}\right)+C \\
&= \frac{a^2}{2}(t+\sin t\cos t)+C
\end{aligned}
$$

为将变量t代回原来的积分变量x，由$x=a\sin t$作直角三角形，如图 3.3 所示.

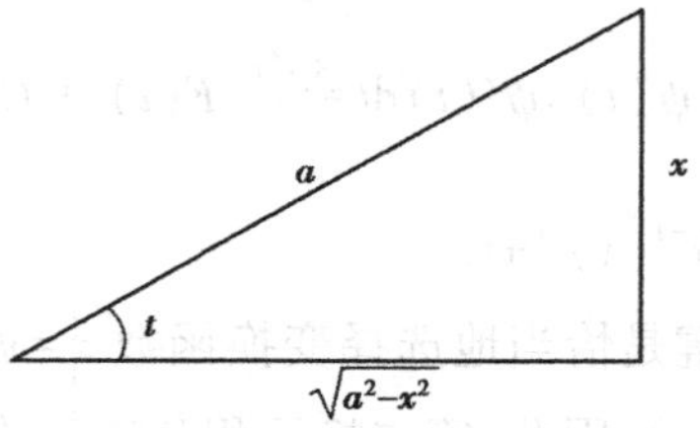

图 3.3

可知 $\cos t=\dfrac{\sqrt{a^2-x^2}}{a}$,代入上式得

$$\int\sqrt{a^2-x^2}\mathrm{d}x=\frac{a^2}{2}\left(\arcsin\frac{x}{a}+\frac{x}{a}\cdot\frac{\sqrt{a^2-x^2}}{a}\right)+C$$

$$=\frac{a^2}{2}\arcsin\frac{x}{a}+\frac{x}{2}\sqrt{a^2-x^2}+C$$

***例 14** 求 $\displaystyle\int\frac{\mathrm{d}x}{\sqrt{x^2+a^2}}(a>0)$.

解 利用三角公式 $1+\tan^2t=\sec^2t$ 来化去根式.

设 $x=a\tan t\left(-\dfrac{\pi}{2}<t<\dfrac{\pi}{2}\right)$,则 $t=\arctan\dfrac{x}{a}$,而

$$\sqrt{x^2+a^2}=a\sec t,\mathrm{d}x=a\sec^2t\mathrm{d}t$$

于是

$$\int\frac{\mathrm{d}x}{\sqrt{x^2+a^2}}=\int\frac{a\sec^2t}{a\sec t}\mathrm{d}t=\int\sec t\mathrm{d}t=\ln|\sec t+\tan t|+C_1$$

为了把 $\sec t$ 及 $\tan t$ 换成 x 的函数,根据 $x=a\tan t$ 作辅助三角形,如图 3.4 所示,可知

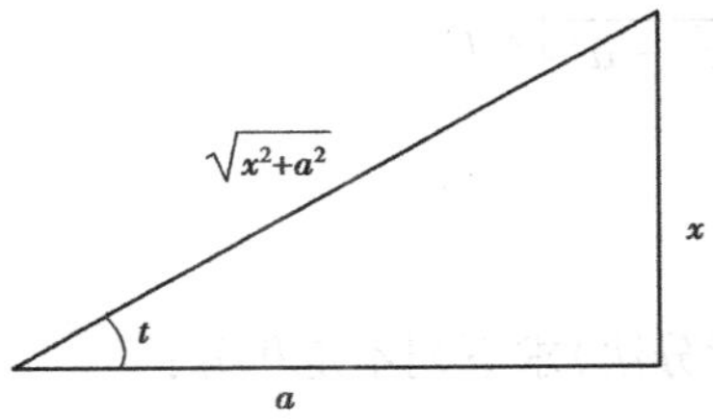

图 3.4

$$\sec t=\frac{\sqrt{x^2+a^2}}{a},\text{且}\sec t+\tan t>0$$

代入上式得

$$\int\frac{\mathrm{d}x}{\sqrt{x^2+a^2}}=\ln\left|\frac{x}{a}+\frac{\sqrt{x^2+a^2}}{a}\right|+C_1$$

$$=\ln(x+\sqrt{x^2+a^2})+C,\text{其中}C=C_1-\ln a$$

以上两个例子中所使用的是三角代换.三角代换的目的是化掉根式,其一般规律如下:当被积函数中含有根式

①$\sqrt{a^2-x^2}$,可令 $x=a\sin t$ 或 $x=a\cos t\left(-\dfrac{\pi}{2}<t<\dfrac{\pi}{2}\right)$;

②$\sqrt{x^2+a^2}$,可令 $x=a\tan t$ 或 $x=a\cot t\left(-\dfrac{\pi}{2}<t<\dfrac{\pi}{2}\right)$;

③$\sqrt{x^2-a^2}$,可令 $x=a\sec t$ 或 $x=a\csc t\left(0<t<\dfrac{\pi}{2}\right)$.

其中 $a>0$,为常数.

注意 在作三角代换时,可以利用直角三角形的边之间的关系确定有关三角函数的关系,以便将变量还原为原积分变量.

在本节的例题中,有几个积分是以后经常会遇到的.所以它们通常也被当做公式使用.这样,常用的积分公式,除了基本积分表中的几个外,再添加下面几个(其中常数 $a>0$):

14. $\int \dfrac{1}{x^2}dx=-\dfrac{1}{x}+C$;

15. $\int \dfrac{1}{\sqrt{x}}dx=2\sqrt{x}+C$;

16. $\int \tan x dx=-\ln|\cos x|+C$;

17. $\int \cot x dx=\ln|\sin x|+C$;

18. $\int \dfrac{dx}{x^2-a^2}=\dfrac{1}{2a}\ln\left|\dfrac{x-a}{x+a}\right|+C$;

19. $\int \sec x dx=\ln|\sec x+\tan x|+C$;

20. $\int \csc x dx=\ln|\csc x-\cot x|+C$;

21. $\int \dfrac{dx}{a^2+x^2}=\dfrac{1}{a}\arctan\dfrac{x}{a}+C$;

22. $\int \dfrac{dx}{\sqrt{a^2-x^2}}=\arcsin\dfrac{x}{a}+C$;

23. $\int \dfrac{dx}{\sqrt{x^2+a^2}}=\ln(x+\sqrt{x^2+a^2})+C$;

24. $\int \dfrac{dx}{\sqrt{x^2-a^2}}=\ln\left|x+\sqrt{x^2-a^2}\right|+C$.

训练习题 3.2

1.用第一换元积分法(凑微分法)求下列不定积分:

(1) $\int \sqrt{3-4x}\,dx$;

(2) $\int \cos(a+bx)dx$;

(3) $\int (e^{2x-1}+e^{-\frac{x}{2}})dx$;

(4) $\int (3x+5)^{10}dx$;

(5) $\int \dfrac{\sin x}{1+3\cos x}dx$;

(6) $\int e^{-x^2}x dx$;

(7) $\int \dfrac{1}{4x^2+9}dx$;

(8) $\int \dfrac{\sqrt{1+\ln x}}{x}dx$;

(9) $\int \dfrac{x}{(4x^2+1)^2}dx$;

(10) $\int \dfrac{x+1}{\sqrt{1-x^2}}dx$;

(11) $\int \dfrac{a^x dx}{a^{2x}+1}$;

(12) $\int \sin^3 x\cos x dx$;

(13) $\int \sin^4 x dx$;

(14) $\int \tan^2 x dx$;

(15) $\int e^{\tan(3x)}\sec^2(3x)dx$;

(16) $\int \dfrac{x-1}{x^2+1}dx$;

(17) $\int \frac{1+\sin x}{1-\sin x}dx$;　　(18) $\int \frac{dx}{\sqrt{9-4x^2}}$;

(19) $\int \tan^{10}x\ \sec^2 x dx$;　　(20) $\int \frac{dx}{(\arcsin x)^2\sqrt{1-x^2}}$.

2.用第二换元积分法(变量代换法)求下列不定积分:

(1) $\int \frac{dx}{1+\sqrt{x}}$;　　(2) $\int x\sqrt{x-1}\,dx$;

(3) $\int \frac{\sqrt{x}}{\sqrt{x}+\sqrt[3]{x}}dx$;　　*(4) $\int \frac{x^3 dx}{\sqrt{1+x^2}}$;

*(5) $\int \frac{\sqrt{1-x^2}}{x^2}dx$;　　*(6) $\int \frac{dx}{\sqrt{x^2-a^2}}$(令 $x=a\sec t$).

任务3.3 用分部积分法求不定积分

直接积分法适用于基本初等函数经过有限次的和、差运算得到的函数的不定积分,换元积分法适用于复合函数的不定积分.那么如何求不定积分 $\int x\cos x dx$, $\int e^x \sin x dx$ 呢?这类不定积分的被积函数是两个基本初等函数乘积的形式,下面将在乘积求导法则的基础上介绍不定积分的分部积分法.

1)分部积分公式

设函数 $u=u(x)$ 及 $v=v(x)$ 具有连续导数,那么,两个函数乘积的导数公式为

$$(uv)' = u'v + uv'$$

移项,得

$$uv' = (uv)' - u'v$$

对这个等式两边求不定积分,得

$$\int uv' dx = uv - \int u'v dx$$

这个公式称为**分部积分公式**.如果求 $\int uv' dx$ 有困难,而求 $\int u'v dx$ 较容易时,分部积分公式就可以发挥作用了.

为简便起见,也可把公式写成下面的形式:

$$\int u dv = uv - \int v du$$

现在通过例子说明如何运用这个重要公式.

2）分部积分公式的运用

例 1 求 $\int x\cos x\mathrm{d}x$.

解 这个积分用换元积分法不易求得结果，现在试用分部积分法来求它. 但是怎样选 u 和 $\mathrm{d}v$ 呢？如果设 $u=x$，$\mathrm{d}v=\cos x\mathrm{d}x$，那么 $\mathrm{d}u=\mathrm{d}x$，$v=\sin x$，代入分部积分公式，得

$$\int x\cos x\mathrm{d}x = x\sin x - \int \sin x\mathrm{d}x$$

而 $\int v\mathrm{d}u = \int \sin x\mathrm{d}x$ 容易积出，所以

$$\int x\cos x\mathrm{d}x = x\sin x + \cos x + C$$

求这个积分时，如果设 $u=\cos x$，$\mathrm{d}v=x\mathrm{d}x$，那么，$\mathrm{d}u=-\sin x\mathrm{d}x$，$v=\dfrac{x^2}{2}$.

于是 $$\int x\cos x\mathrm{d}x = \frac{x^2}{2}\cos x + \int \frac{x^2}{2}\sin x\mathrm{d}x$$

上式右端的积分比原积分更不容易求出.

由此可见，如果 u 和 $\mathrm{d}v$ 选取不当，就求不出结果，所以应用分部积分法时，恰当选取 u 和 $\mathrm{d}v$ 是一个关键. 选取 u 和 $\mathrm{d}v$ 一般要考虑下面两点：

①**$\mathrm{d}v$ 容易凑微分；（易凑）**

② **$\int v\mathrm{d}u$ 要比 $\int u\mathrm{d}v$ 容易积出.（易积）**

分析基本初等函数的导数会发现，反三角函数或对数函数的导数为代数函数（即有理函数或无理函数），变得简单了. 幂函数 $x^n(n\in\mathbf{N}^+)$ 的导数 nx^{n-1} 则降了一次幂，而指数函数和三角函数的导数仍为类型相同的函数. 因此，有人提出“**反、对、幂、指、三**”的经验顺序. 它告诉我们：如果被积函数中出现基本初等函数中两类函数的乘积，则次序在前者为 u，在后者为 v'（进入微分号为 v）. 具体地说，若出现反三角函数或对数函数与幂函数的乘积，则幂函数进入微分号为 v，称为**升幂方法**；若出现幂函数与指数函数或三角函数的乘积，则令幂函数为 u，使用分部积分后能使幂函数降幂一次，称为**降幂方法**；若出现指数函数与三角函数（指正弦函数与余弦函数）的乘积，则 u，v 可以任选（选定后就应固定下来），经过两次或两次以上分部积分后，会出现与原来积分相同的项，经过移项、合并后即可求出积分，称为**循环方法**.

例 2 求 $\int x\mathrm{e}^x\mathrm{d}x$.

解 设 $u=x$，$\mathrm{d}v=\mathrm{e}^x\mathrm{d}x$，那么 $\mathrm{d}u=\mathrm{d}x$，$v=\mathrm{e}^x$. 于是

$$\int x\mathrm{e}^x\mathrm{d}x = x\mathrm{e}^x - \int \mathrm{e}^x\mathrm{d}x = x\mathrm{e}^x - \mathrm{e}^x + C$$

熟练后，u、$\mathrm{d}v$ 的引进过程可以不写出来. 上例的求解过程也可表述为

$$\int x\mathrm{e}^x\mathrm{d}x = \int x\mathrm{d}\mathrm{e}^x = x\mathrm{e}^x - \int \mathrm{e}^x\mathrm{d}x$$
$$= x\mathrm{e}^x - \mathrm{e}^x + C$$

例 3 求 $\int x\ln x\mathrm{d}x$.

解 $\int x\ln x\mathrm{d}x=\int \ln x\mathrm{d}\left(\frac{x^2}{2}\right)=\frac{x^2}{2}\ln x-\frac{1}{2}\int x\mathrm{d}x=\frac{x^2}{2}\ln x-\frac{x^2}{4}+C$

例 4 求 $\int \mathrm{e}^x\cos x\mathrm{d}x$.

解
$$\int \mathrm{e}^x\cos x\mathrm{d}x=\mathrm{e}^x\cos x+\int \mathrm{e}^x\sin x\mathrm{d}x$$
$$=\mathrm{e}^x\cos x+\mathrm{e}^x\sin x-\int \mathrm{e}^x\cos x\mathrm{d}x$$

经过两次分部积分后，上式右端又出现了所求的积分 $\int \mathrm{e}^x\cos x\mathrm{d}x$，且其系数不为 1，于是把它移到等号左端去，再两端同时除以 2，便得

$$\int \mathrm{e}^x\cos x\mathrm{d}x=\frac{1}{2}\mathrm{e}^x(\sin x+\cos x)+C$$

因上式右端已不包含积分项，所以必须加上任意常数 C.

类似地，有 $\int \mathrm{e}^x\sin x\mathrm{d}x=\frac{1}{2}\mathrm{e}^x(\sin x-\cos x)+C$. 这种解题的方法称为**循环法**. 当被积函数是指数函数与幂函数的积时，设任意函数为 u 都可以，但要注意一旦 u 选定后，在两次分部积分过程中，u 的选取要一致.

例 5 工程师们已经开始从墨西哥湾的一个新井开采天然气. 根据初步的试验和已往的经验，他们预计天然气开采后的 t 月的总产量 P（单位：$10^6\ \mathrm{m}^3$）的变化率为：$\frac{\mathrm{d}P}{\mathrm{d}t}=0.084\,9t\mathrm{e}^{-0.02t}$，试求总产量函数 $P=P(t)$.

解 依题意知，总产量函数为

$$P=P(t)=\int\frac{\mathrm{d}P}{\mathrm{d}t}\mathrm{d}t=\int 0.084\,9t\mathrm{e}^{-0.02t}\mathrm{d}t$$
$$=0.084\,9\int t\mathrm{e}^{-0.02t}\mathrm{d}t$$
$$=0.084\,9\cdot\left[-\frac{1}{0.02}t\mathrm{e}^{-0.02t}+\frac{1}{0.02}\int \mathrm{e}^{-0.02t}\mathrm{d}t\right]$$
$$=0.084\,9\times 50\cdot\left[-t\mathrm{e}^{-0.02t}+\int \mathrm{e}^{-0.02t}\mathrm{d}t\right]$$
$$=4.245\cdot\left(-t\mathrm{e}^{-0.02t}-\frac{1}{0.02}\cdot\mathrm{e}^{-0.02t}\right)+C$$
$$=-4.245\cdot(t+50)\mathrm{e}^{-0.02t}+C$$

公式积分法、换元积分法、分部积分法，在求积分的过程中有时要几种方法同时应用. 在运用过程中要**注意以下几个问题：**

①任意初等函数的导数还是初等函数，但是初等函数的原函数未必就是初等函数. 例如

$\int e^{-x^2}dx, \int \frac{e^x}{x}dx, \int \sin x^2 dx$ 虽然这些不定积分都存在,但不能用初等函数表示它们的原函数,这时称为“积不出”.

②求初等函数的导数有一定的法则可循,但是求原函数的问题要比求导数复杂得多.只有少数函数能通过各种技巧求出它的原函数.

③在实际应用中,还可以借助积分表或利用数学软件在计算机上求原函数.

训练习题 3.3

1.用分部积分法求下列不定积分:

(1) $\int x \sin \frac{x}{2}dx$;　　(2) $\int \ln x dx$;

(3) $\int \arcsin x dx$;　　(4) $\int x^2 e^{-x} dx$;

(5) $\int e^x \sin x dx$;　　(6) $\int \frac{1}{x^2}\arctan x dx$.

2.求下列不定积分:

(1) $\int \frac{(2\sqrt{x}+1)^2}{x^2}dx$;　　(2) $\int \cot^2 x dx$;

(3) $\int \frac{e^{2x}}{1-3e^{2x}}dx$;　　(4) $\int \cos x\sqrt{1+4\sin x}\,dx$;

(5) $\int \ln(x^2+1)dx$;　　(6) $\int \frac{\ln x}{\sqrt{x}}dx$;

(7) $\int (1+2\cos x)^2 dx$;　　(8) $\int x(1-x)^{99}dx$.

任务 3.4　数学实验:用 MATLAB 求不定积分

运用命令“int”可以求函数式的积分.但是,函数的积分不可能都存在,即使有时存在,也可能限于软件无法顺利表达出来.当 MATLAB 不能找到积分时,它将返回函数表达式.基本用法见表 3.2:

表 3.2

输入命令格式	含　义	备　注
int(f,x)	$\int f(x)dx$	计算不定积分 $\int f(x)dx$.注意积分结果没有给出积分常数 C,写答案时一定要加上.

例 1 用 MATLAB 求下列不定积分：

① $\int\left(x^5+x^3-\frac{\sqrt{x}}{4}\right)dx$； ② $\int\frac{1}{1+\sin x+\cos x}dx$；

③ $\int\ln(3x-2)dx$； ④ $\int\arctan 2x dx$；

⑤ $\int\frac{x^2+1}{(x+1)^2(x-1)}dx$； ⑥ $\int\sqrt{4^2-x^2}dx$.

解 ①

```
>>int(x^5+x^3-sqrt(x)/4,x)
ans =
1/6*x^6+1/4*x^4-1/6*x^(3/2)
```

②

```
>>int(1/(1+sin(x)+cos(x)),x)
ans =
log(tan(x/2) + 1)
```

③

```
>>int(log(3*x-2),x)
ans =
((log(3*x - 2) - 1)*(3*x - 2))/3
```

④

```
>>int(atan(2*x),x)
ans =
x*atan(2*x) - log(x^2 + 1/4)/4
```

⑤

```
>>int((x^2+1)/((x+1)^2*(x-1)),x)
ans =
log(x^2 - 1)/2 + 1/(x + 1)
```

⑥

```
>>syms x y
>> y=sqrt(4-x^2);
>> int(y)
ans =
2*asin(x/2) + (x*(4 - x^2)^(1/2))/2
```

训练习题 3.4

用 int 命令求下列不定积分：

(1) $\int(x^2+3x-\sqrt{x})dx$. (2) $\int\frac{1+\sin x}{1+\cos x}dx$.

(3) $\int\ln(5x-1)dx$. (4) $\int(\arcsin x)^2dx$.

(5) $\int\frac{dx}{x(x^2+1)}$. (6) $\int\frac{dx}{\sqrt{(x^2+1)^3}}$.

项目检测 3

1.选择题

(1)$F(x)$ 和 $G(x)$ 是函数 $f(x)$ 的任意两个原函数,$f(x)\neq 0$,则下列各式正确的是(　　).

A.$F(x)=C\cdot G(x)$　　B.$F(x)=C+G(x)$

C.$F(x)+G(x)=C$　　D.$F(x)\cdot G(x)=C$

(2)下列各对函数中,是同一个函数的原函数的是(　　).

A.$\arctan x$ 和 $\text{arccot}\ x$　　B.$\sin^2 x$ 和 $\cos^2 x$

C.$(e^x+e^{-x})^2$ 和 $e^{2x}+e^{-2x}$　　D.$\dfrac{2^x}{\ln 2}$和 $2^x+\ln 2$

(3)在区间(a,b)内,若 $f'(x)=g'(x)$,则一定有(　　).

A.$f(x)=g(x)$　　B. $\left[\int f(x)\,dx\right]'=\left[\int g(x)\,dx\right]'$

C. $\int df(x)=\int dg(x)$　　D. $d\int f(x)\,dx=d\int g(x)\,dx$

(4)若 $\int f(x)\,dx=x^2e^{2x}+C$,则 $f(x)=$(　　).

A.$2xe^{2x}$　　B.xe^{2x}　　C.$2x^2e^{2x}$　　D.$2xe^{2x}(1+x)$

(5)若 3^x 是 $f(x)$ 的一个原函数,则 $f(x)$ 是(　　).

A.$x3^{x-1}$　　B.$\dfrac{3^x}{\ln 3}$　　C.$3^x\ln 3$　　D.$\dfrac{3^{x+1}}{x+1}$

(6)下列凑微分正确的是(　　).

A.$\cos 2x\,dx=d(\sin 2x)$　　B.$\ln x\,dx=d\left(\dfrac{1}{x}\right)$

C.$\dfrac{1}{x^2}dx=d\left(\dfrac{1}{x}\right)$　　D.$e^x dx=d(e^x)$

(7)设 $f'(\sin^2 x)=\cos^2 x$,则 $f(x)=$(　　).

A.$\sin x-\dfrac{1}{2}\sin^2 x+C$　　B.$x-\dfrac{1}{2}x^2+C$

C.$\sin^2 x-\dfrac{1}{2}\sin^4 x+C$　　D.$x^2-\dfrac{1}{2}x^4+C$

(8)设 $f(x)=e^{-x}$,则 $\int\dfrac{f'(\ln x)}{x}dx$(　　).

A.$\dfrac{1}{x}+C$　　B.$\ln x+C$

C.$-\dfrac{1}{x}+C$　　D.$-\ln x+C$

2.填空题

(1)若 $\int f(x)\,\mathrm{d}x = F(x) + C$,则 $\int f(\tan x)\sec^2 x\,\mathrm{d}x$__________.

(2) $\left[\int f(x)\,\mathrm{d}x\right]' = \sqrt{1+x^2}$,则 $f'(1) =$ __________.

(3) $\int \frac{\mathrm{d}(\sin x)}{\mathrm{d}x}\mathrm{d}x =$ __________.

(4) $\mathrm{d}x =$ __________ $\mathrm{d}(ax)\ (a \neq 0)$;　　$x\mathrm{d}x =$ __________ $\mathrm{d}(x^2)$;

$x^2\mathrm{d}x =$ __________ $\mathrm{d}(1-4x^3)$;　　$\mathrm{e}^{2x}\mathrm{d}x =$ __________ $\mathrm{d}(\mathrm{e}^{2x})$;

$\frac{\mathrm{d}x}{x} =$ __________ $\mathrm{d}(5\ln x)$;

$$\int \frac{\mathrm{d}x}{x\sqrt{x^2-1}} = \int \frac{\mathrm{d}x}{x^2\sqrt{1-\left(\frac{1}{x}\right)^2}} = -\int \frac{\mathrm{d}\left(\frac{1}{x}\right)}{\sqrt{1-\left(\frac{1}{x}\right)^2}} = \underline{\qquad\qquad};$$

若 $\int f(x)\,\mathrm{d}x = F(x) + C$,则 $\int f(ax+b)\,\mathrm{d}x =$ __________ $(a \neq 0)$.

(5)曲线上任意点 $M(x,y)$ 处的切线的斜率为 $\sin x$,且曲线通过点 $(0,2)$,则该曲线的方程为____________________.

3.求下列不定积分:

(1) $\int \frac{x\mathrm{d}x}{3-2x^2}$;　　(2) $\int \frac{\mathrm{d}x}{x\ln x}$;

(3) $\int a^{\sin x}\cos x\,\mathrm{d}x$;　　(4) $\int \sqrt{1-3x}\,\mathrm{d}x$;

(5) $\int \mathrm{e}^{-\frac{x}{2}}\mathrm{d}x$;　　(6) $\int \frac{3x^2+2}{x^2(x^2+1)}\mathrm{d}x$;

(7) $\int (10^{2x} + \tan^{10}x\sec^2 x)\,\mathrm{d}x$;　　(8) $\int \frac{\cos\sqrt{t}}{\sqrt{t}}\mathrm{d}t$;

(9) $\int \frac{x}{(1+3x^2)^2}\mathrm{d}x$;　　(10) $\int \frac{\mathrm{d}x}{2x^2-1}$;

(11) $\int \frac{\mathrm{d}x}{x\ln x\ln(\ln x)}$;　　(12) $\int \frac{\sin x}{2+\cos^2 x}\mathrm{d}x$;

(13) $\int \frac{\mathrm{d}x}{\cos^2 x(1+\tan x)}$;　　(14) $\int \frac{\sqrt{\ln x}}{x}\mathrm{d}x$;

(15) $\int \frac{x\mathrm{d}x}{\sqrt{2-3x^2}}$;　　(16) $\int \left(1-\frac{1}{x^2}\right)\mathrm{e}^{x+\frac{1}{x}}\mathrm{d}x$;

(17) $\int \cos^3 x\,\mathrm{d}x$;　　(18) $\int \frac{\mathrm{d}x}{x^2+2x+3}$;

(19) $\int \frac{\sqrt[3]{x}}{x(\sqrt{x}+\sqrt[3]{x})}\mathrm{d}x$;　　(20) $\int x\sqrt{4-x^2}\,\mathrm{d}x$;

(21) $\int \frac{1}{x^2\sqrt{x^2+3}}dx$；　　(22) $\int \frac{1}{(1-x^2)^{\frac{3}{2}}}dx$；

(23) $\int x\arctan x dx$；　　(24) $\int \frac{\ln x}{x^2}dx$；

(25) $\int e^{\sqrt{x}}dx$；　　(26) $\int \frac{\ln x}{\sqrt{x}}dx$.

4.解答题

(1)已知 $\sec^2 x$ 是 $f(x)$ 的一个原函数，求：

① $\int xf'(x)dx$；

② $\int xf(x)dx$.

(2)电场中一质子作直线运动，已知其加速度为 $a=12t^2-\cos t$，若 v 为速度，s 为位移，且 $v(0)=5$，$s(0)=-3$，求 v 与 s.

(3)一物体由静止开始运动，在 t 秒末的速度是 $3t^2$(m/s)，问

①在 3 s 后，物体离开出发点的距离是多少？

②物体走完 360 m 需要多少时间？

(4)函数 $f(x)$ 的导函数是一条二次抛物线，开口向上，且与 x 轴交于 $x=0$ 和 $x=2$ 处.若 $f(x)$ 的极大值为 4，极小值为 0，求 $f(x)$.

(5)若某人从飞机中跳出，在降落伞没有打开时，跳出 t s 时此人下落的速度为 $v(t)=\frac{g}{k}(1-e^{kt})$，其中 $g=10$ m/s^2，$k=0.25$.试写出此人下落高度的表达式.

项目4
定积分及其应用

【知识目标】

1.理解定积分的概念,熟悉定积分的性质.

2.掌握牛顿-莱布尼兹公式;掌握定积分的换元积分法和分部积分法.

3.了解广义积分的概念及简单的广义积分的计算方法.

4.掌握用定积分计算平面图形的面积、旋转体和体积的方法.

【技能目标】

1.能运用定积分的概念和方法解决简单的实际问题.

2.会用"以常代变""以直代曲""以静代动""以大化小""以有限化无限"的数学思想.

3.初步具有将实际问题抽象为数学模型的能力及应用所学理论求解模型的能力.

4.能用定积分的概念和方法解决社会生活中的简单应用问题,具有一定的逻辑推理能力.

本项目将介绍积分学的另一个基本问题 —— 定积分问题.定积分是处理不均匀量"求和"的有力工具,如求曲边梯形的面积,求密度不均匀分布的直杆的质量等.定积分不论在理论上还是实际应用上,都有着十分重要的意义,它是整个高等数学最重要的内容之一.本项目先从几何与物理问题出发引入定积分的定义,然后讨论定积分的性质、计算方法及其应用.

任务 4.1 认知定积分

4.1.1 定积分的概念的引例

【引例】[不规则地块的面积] 开发商有一块地块,如图 4.1 所示.地块的边是弯曲的不规则的图形,如何计算面积?

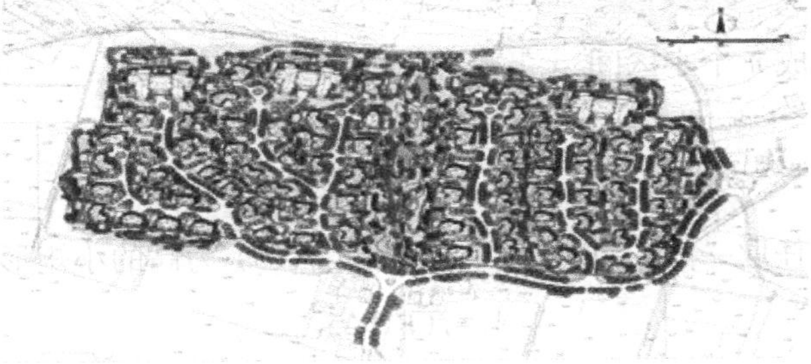

图 4.1

分析:对于规则图形,比如矩形、平行四边形、三角形梯形等图形的面积,我们在中学已经学习过.这些图形的共性在于它们的边都是直线段,但是实际问题中常遇到寻求不规则图形面积的问题,而问题的难度就在于这些不规则图形的边是弯曲的.

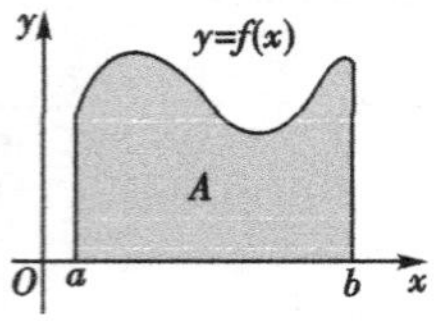

图 4.2

对于不规则图形,可以把它分割成若干个规则的几何图形进行计算.而对于如图 4.1 的地块图形,可以把它分成几个曲边梯形来进行计算,而曲边梯形有三个直边,只有一个曲边,难度比周边都为曲边的有所降低,现在的问题转化为如何求这些曲边梯形的面积.

1)曲边梯形

在直角坐标系里,由连续曲线 $y=f(x)$ $(f(x)\geqslant 0)$、x 轴与两条直线 $x=a$、$x=b(a<b)$ 所围成的平面图形,如图 4.2 所示.

2)计算曲边梯形面积的思路

用矩形面积近似取代曲边梯形面积,如图 4.3 所示.显然,小矩形越多,矩形总面积越接近曲边梯形面积.

分析如下:首先把曲边梯形沿 y 轴方向分割成许多窄条,这些长条比较小,近似用矩形面积代替,加起来就是曲边梯形的面积近似值,分割越细,误差越小.当长条底边宽度趋于零时,这个和式的极限就是曲边梯形的精确值了.

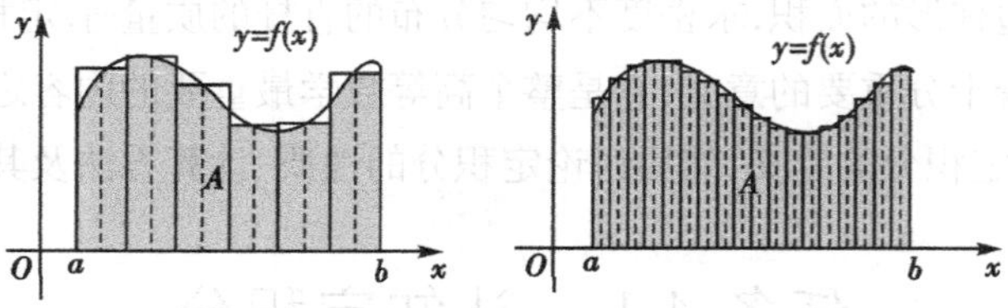

图 4.3

3)计算曲边梯形面积(图 4.4)

(1)分割

在区间 $[a,b]$ 内任意插入若干个分点

$$a=x_0<x_1<x_2<\cdots<x_{n-1}<x_n=b$$

把区间 $[a,b]$ 分成 n 个小区间 $[x_{i-1},x_i]$ 长度为

$$\Delta x_i=x_i-x_{i-1}.$$

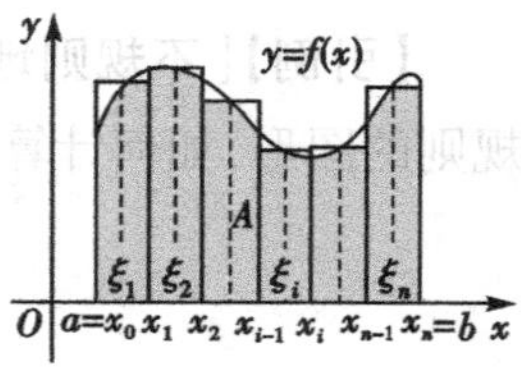

图 4.4

(2)取近似

在每个小区间上任取一点 ξ_i,以 $[x_{i-1},x_i]$ 为底,$f(\xi_i)$ 为高的小矩形面积为

$$A_i=f(\xi_i)\Delta x_i$$

(3) 求和

曲边梯形面积的近似值为

$$A \approx \sum_{i=1}^{n} f(\xi_i)\Delta x_i$$

(4) 取极限

当分割越来越细,即小区间的最大长度 $\|\Delta\| = \max\{\Delta x_1, \Delta x_2, \cdots \Delta_n\} \to 0$ 时,有

$$A = \lim_{\|\Delta\| \to 0} \sum_{i=1}^{n} f(\xi_i)\Delta x_i$$

分析案例,可以看到求不规则图形的面积,是按"分割,取近似,求和,取极限"的方法,得到一种特殊形式的和的极限.曲边梯形的面积是和的极限.为此,将这种模型抽象出来,给出定积分的概念.

4.1.2 定积分的定义

1) 定义

设函数 $f(x)$ 在区间 $[a,b]$ 上有定义,在 $[a,b]$ 中任意插入 $n-1$ 个分点:$a=x_0<x_1<x_2<\cdots<x_{n-1}<x_n=b$,将 $[a,b]$ 分成 n 个小区间 $\Delta x_i=[x_{x-1},x_i]\, i=1,2,\cdots,n$.在小区间 $[x_{i-1},x_i]$ 上任取一点 ξ_i,得相应的函数值 $f(\xi_i)$,作乘积 $f(\xi_i)\Delta x_i (i=1,2,\cdots,n.)$,把所有乘积相加得和式 $\sum_{i=1}^{n} f(\xi_i)\Delta x_i$,当分割 Δ 的细度 $\|\Delta\| = \max\limits_{1\leqslant i\leqslant n}\{\Delta x_i\} \to 0$ 时,上述和式的极限存在,则称此极限值为函数 $f(x)$ 在区间 $[a,b]$ 上的定积分,记作 $\int_a^b f(x)\mathrm{d}x$.

即
$$\int_a^b f(x)\mathrm{d}x = \lim_{\|\Delta\| \to 0} \sum_{i=1}^{n} f(\xi_i)\Delta x$$

其中,$f(x)$ 称为被积函数,$f(x)\mathrm{d}x$ 称为被积表达式,x 称为积分变量,b、a 称为积分上、下限,$[a,b]$ 称为积分区间.

2) 说明

① 定积分是一种和式的极限,其值是一个实数,定积分的值大小只与被积函数及积分区间有关,而与积分变量的记法无关,即

$$\int_a^b f(x)\mathrm{d}x = \int_a^b f(t)\mathrm{d}t = \int_a^b f(u)\mathrm{d}u$$

② 和式极限 $\lim\limits_{\lambda \to 0} \sum_{i=1}^{n} f(\xi_i)\Delta x_i$ 存在(即函数 $f(x)$ 可积),是指不论对区间 $[a,b]$ 怎样分法,也不论点 $\xi_i(i=1,2,\cdots,n)$ 怎样取法,极限都存在且是唯一的.

③ 如果函数 $f(x)$ 在 $[a,b]$ 上的定积分存在,我们就说 $f(x)$ 在区间 $[a,b]$ 上可积.函数 $f(x)$ 在 $[a,b]$ 上满足什么条件时,$f(x)$ 在 $[a,b]$ 上可积呢?可以证明:闭区间上连续函数或

只有有限个第一类间断点的函数是可积的(证明略).

④ 在定积分表达式中，dx 为 x 的微元，是一无穷小量，$f(x)dx$ 可看成某一函数 $f(x)$ 与 dx 相乘.用此观点来解释定积分的意义很有用.例如：如果 $f(t)$ 是某一运动质点在时刻 t 的速度，那么，$f(t)dt$ 便可看成速度乘以时间，为质点在 dt 这一时间段内走过的距离，而积分 $\int_a^b f(t)dt$ 便看成所有这些小的距离的"和".此"和"给出的是从时间 $t=a$ 到 $t=b$ 之间质点位置的最终改变量，并且积分的单位应为 $f(x)$ 的单位与 x 的单位的乘积，若 $f(t)$ 的单位为 m/s，t 的单位为 s，则 $\int_a^b f(t)dt$ 的单位为 m.

由定积分的定义，显然有

当 $a=b$ 时，$\int_a^a f(x)dx=0$；

当 $a>b$ 时，$\int_a^b f(x)dx=-\int_b^a f(x)dx$.

4.1.3 定积分的几何意义

若用 A 表示曲线 $y=f(x)$ 与直线 $x=a$，$x=b$ 及 x 轴所围成的面积，当 $f(x)\geqslant 0$ 时，$\int_a^b f(x)dx=A$；当 $f(x)<0$ 时，则在定积分 $\int_a^b f(x)dx=\lim\limits_{\lambda\to 0}\sum\limits_{i=1}^{n} f(\xi_i)\Delta x_i$ 的右端表达式中，每一项 $f(\xi_i)\Delta x_i$ 都是负值，因此此时定积分为负值，即有 $\int_a^b f(x)dx=-A$.

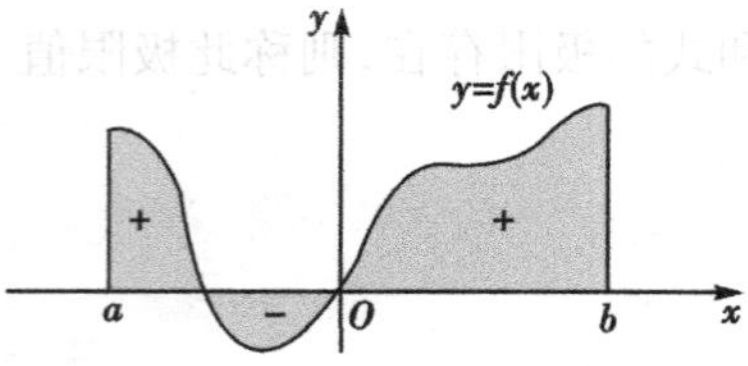

图 4.5

因此定积分 $\int_a^b f(x)dx$ 的几何意义为：它是介于 x 轴、函数 $f(x)$ 的图形及两条直线 $x=a$，$x=b$ 之间的各部分面积的代数和.

4.1.4 定积分的性质

性质 1 函数的和(差)的定积分等于它们的定积分的和(差)，即

$$\int_a^b [f(x)\pm g(x)]dx=\int_a^b f(x)dx\pm\int_a^b g(x)dx$$

性质 2 被积函数的常数因子可以提到积分号外面，即

$$\int_a^b kf(x)dx=k\int_a^b f(x)dx$$

性质 3 如果将积分区间分成两部分，则整个区间上的定积分等于这两部分区间上定积分之和，即

$$\int_a^b f(x)dx=\int_a^c f(x)dx+\int_c^b f(x)dx$$

这个性质表明定积分对于积分区间具有可加性.值得注意的是不论 a,b,c 的相对位置如何,总有等式 $\int_a^b f(x)\,dx=\int_a^c f(x)\,dx+\int_c^b f(x)\,dx$ 成立.

性质4 如果在区间 $[a,b]$ 上 $f(x)=l$,则 $\int_a^b l\,dx=l(b-a)$.

性质5 如果在区间 $[a,b]$ 上 $f(x)\leqslant g(x)$,则 $\int_a^b f(x)\,dx\leqslant\int_a^b g(x)\,dx\,(a<x<b)$.

推论 $\left|\int_a^b f(x)\,dx\right|\leqslant\int_a^b |f(x)|\,dx\,(a<b)$.

因为 $-|f(x)|\leqslant f(x)\leqslant|f(x)|$,所以

$$-\int_a^b |f(x)|\,dx\leqslant\int_a^b f(x)\,dx\leqslant\int_a^b |f(x)|\,dx$$

即

$$\left|\int_a^b f(x)\,dx\right|\leqslant\int_a^b |f(x)|\,dx$$

性质6 设 M 及 m 分别是函数 $f(x)$ 在区间 $[a,b]$ 上的最大值及最小值,则

$$m(b-a)\leqslant\int_a^b f(x)\,dx\leqslant M(b-a)\,(a<b)$$

性质7(定积分中值定理) 如果函数 $f(x)$ 在闭区间 $[a,b]$ 上连续,则在积分区间 $[a,b]$ 上至少存在一个点 ξ 使 $\int_a^b f(x)\,dx=f(\xi)(b-a)$ 成立.这个公式称为积分中值公式.

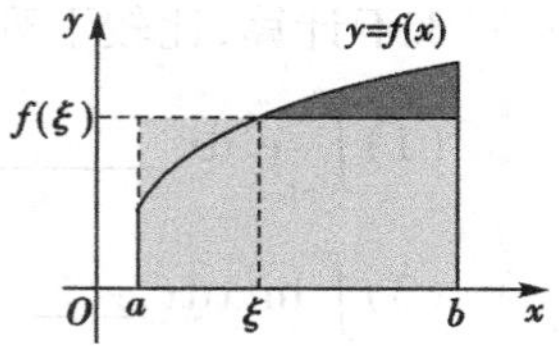

图 4.6

证明 由性质6,$m(b-a)\leqslant\int_a^b f(x)\,dx\leqslant M(b-a)$,各项除以 $b-a$,得 $m\leqslant\frac{1}{b-a}\int_a^b f(x)\,dx\leqslant M$.

再由连续函数的介值定理,在 $[a,b]$ 上至少存在一点 ξ,使 $f(\xi)=\frac{1}{b-a}\int_a^b f(x)\,dx$,于是两端乘以 $b-a$ 得中值公式

$$\int_a^b f(x)\,dx=f(\xi)(b-a)$$

例1 比较积分值 $\int_0^1 x^2\,dx$ 和 $\int_0^1 x^3\,dx$ 的大小.

解 因为 $x^2>x^3, x\in(0,1)$

所以 $\int_0^1 x^2\,dx>\int_0^1 x^3\,dx$

例2 估计积分 $\int_0^{\pi}\frac{1}{3+\sin^3 x}dx$ 的值.

解 设 $f(x)=\frac{1}{3+\sin^3 x}$.

因为 $\forall x\in[0,\pi], 0\leqslant\sin^3 x\leqslant1$

所以$\frac{1}{4} \leqslant \frac{1}{3+\sin^3 x} \leqslant \frac{1}{3}$，$\int_0^{\pi} \frac{1}{4} dx \leqslant \int_0^{\pi} \frac{1}{3+\sin^3 x} dx \leqslant \int_0^{\pi} \frac{1}{3} dx$.

所以$\frac{\pi}{4} \leqslant \int_0^{\pi} \frac{1}{3+\sin^3 x} dx \leqslant \frac{\pi}{3}$

训练习题 4.1

1.用定积分表示由曲线 $y=x^2+1$ 与直线 $x=1$，$x=3$ 及 x 轴所围成的曲边梯形的面积.

2.利用定积分的几何意义说明下列各式成立.

(1)$\int_{-\frac{\pi}{2}}^{\frac{\pi}{2}} \sin x dx=0$;

(2)$\int_{-1}^{1} x^3 dx=0$;

(3)$\int_{-a}^{a} f(x) dx=\begin{cases} 0, & f(x) \text{ 为奇函数} \\ 2\int_0^a f(x) dx, & f(x) \text{ 为偶函数} \end{cases}$.

3.不计算，比较下列各组积分的大小.

(1)$\int_{-1}^{0} e^x dx$ ________ $\int_{-1}^{0} e^{-x} dx$;　　(2)$\int_0^{\pi} \sin x dx$ ________ $\int_0^{\pi} \cos x dx$;

(3)$\int_1^{e} \ln^2 x dx$ ________ $\int_1^{e} \ln x dx$;　　(4)$\int_0^1 x dx$ ________ $\int_0^1 \ln(1+x) dx$.

4.估计下列定积分的值.

(1)$\int_{\frac{1}{\sqrt{3}}}^{\sqrt{3}} x\arctan x dx$;　　(2)$\int_0^{\frac{\pi}{2}} (1+\cos^4 x) dx$.

任务 4.2　微积分的基本公式

定积分作为一种特定和式极限，直接用定义计算定积分非常烦琐且相当困难.由牛顿和莱布尼茨提出的微积分基本公式揭示了不定积分与定积分的联系，解决了定积分计算难题.下面给出求定积分的公式：牛顿-莱布尼茨公式.

【引例】[位置函数与速度函数的关系]　设物体从某定点开始做直线运动，在 t 时刻物体所经过的路程为 $S(t)$，速度为 $v=v(t)=S'(t)(v(t) \geqslant 0)$，则在时间间隔$[a,b]$内，物体所经过的路程 S 可表示为定积分

$$S=\int_a^b v(t) dt$$

另一方面，若已知物体运动时的路程函数 $S=S(t)$，则它从时刻 $t=a$ 到时刻 $t=b$ 所经过的路程为 $S=S(b)-S(a)$，故有

$$\int_a^b v(t)\,\mathrm{d}t = S(b) - S(a) \qquad ①$$

因为 $S'(t) = v(t)$，即路程函数 $S(t)$ 是速度函数 $v(t)$ 的原函数，所以①式表示，速度函数 $v(t)$ 在区间 $[a,b]$ 上的定积分等于 $v(t)$ 的原函数 $S(t)$ 在区间 $[a,b]$ 上的增量 $S(b)-S(a)$.

又因为 $S'(t)=v(t)$，①式又可写为

$$\int_a^b S'(t)\,\mathrm{d}t = S(b) - S(a) \qquad ②$$

一般地，对于任意 $x\in[a,b]$，则有

$$\int_a^x S'(t)\,\mathrm{d}t = S(x) - S(a) \qquad ③$$

③式两边都是 x 的函数，从而有

$$\frac{\mathrm{d}}{\mathrm{d}x}\int_a^x v(t)\,\mathrm{d}t = v(x)$$

该式表明了积分与微分的互逆运算关系.下面从理论上给出证明.

4.2.1　定积分上限函数

定义：设函数 $f(x)$ 在区间 $[a,b]$ 上连续，并且设 x 为 $[a,b]$ 上的一点.我们把函数 $f(x)$ 在部分区间 $[a,b]$ 上的定积分 $\int_a^x f(x)\,\mathrm{d}x$ 称为积分上限的函数，记为

$$\Phi(x) = \int_a^x f(x)\,\mathrm{d}x$$

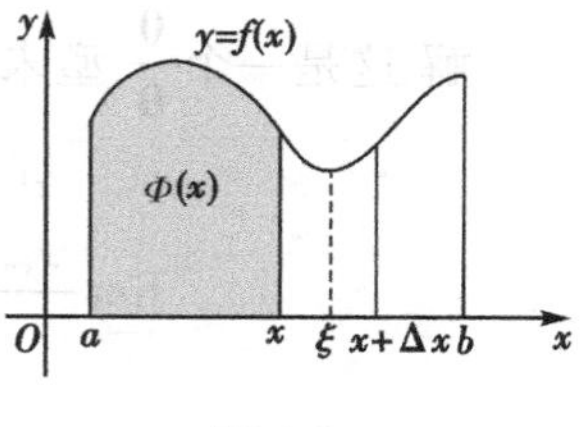

图 4.7

特别注意积分上限 x 与被积表达式中的积分变量 x 是两个不同的概念，为了区分它们的不同含义，根据定积分与积分变量记号无关的性质，另用 t 表示积分变量，即：

$$\Phi(x) = \int_a^x f(t)\,\mathrm{d}t$$

定理 1　如果函数 $f(x)$ 在区间 $[a,b]$ 上连续，则变上限定积分所确定的函数 $\Phi(x)=\int_a^x f(t)\,\mathrm{d}t$ 在 $[a,b]$ 上可导，并且它的导数为

$$\Phi'(x) = \frac{\mathrm{d}}{\mathrm{d}x}\int_0^x f(t)\,\mathrm{d}t = f(x) \qquad (a\leqslant x\leqslant b)$$

证明：$\forall x\in[a,b]$，取 $x+\Delta x\in(a,b)$.由定积分的性质 7 知存在 ξ 在 x 与 $x+\Delta x$ 之间，使

$$f(\xi)\Delta x = \int_x^{x+\Delta x} f(t)\,\mathrm{d}t = \int_a^{x+\Delta x} f(t)\,\mathrm{d}t - \int_a^x f(t)\,\mathrm{d}t = \Phi(x+\Delta x) - \Phi(x)$$

所以
$$\Phi'(x) = \lim_{\Delta x\to 0}\frac{\Phi(x+\Delta x)-\Phi(x)}{\Delta x} = \lim_{\Delta x\to 0} f(\xi) = f(x)$$

该定理说明：如果函数 $f(x)$ 在区间 $[a,b]$ 上连续，则函数 $\Phi(x)=\int_a^x f(t)\,\mathrm{d}t$ 就是 $f(x)$ 在

$[a,b]$ 上的一个原函数.

这一方面肯定了连续函数的原函数是存在的,另一方面初步揭示了积分学中的定积分与原函数之间的联系.

注:若 $f(x)$ 连续,且 $u(x)$、$v(x)$ 可导,则

$$\frac{d}{dx}\int_{v(x)}^{u(x)} f(t)\,dt = f[u(x)]u'(x) - f[v(x)]v'(x)$$

例 1 求下列函数的导数:

①$\Phi(x)=\int_0^x \sin(t^3-t)\,dt$;②$F(x)=\int_0^{x^3} e^t\,dt$.

解 ①$\Phi'(x)=\sin(x^3-x)$;

② 设 $\Phi(x^3)=\int_0^{x^3} e^t\,dt$,则 $\Phi'(x^3)=e^{x^3}$.

故 $F'(x)=\Phi'(x^3)\cdot(x^3)'=3x^2e^{x^3}$

例 2 求$\lim\limits_{x\to 0}\dfrac{\int_{\cos x}^{1} e^{-t^2}dt}{x^2}$.

解:这是一个$\dfrac{0}{0}$型未定式,由洛必达法则,有

$$\lim_{x\to 0}\frac{\int_{\cos x}^{1} e^{-t^2}dt}{x^2}=\lim_{x\to 0}\frac{-\int_{1}^{\cos x} e^{-t^2}dt}{x^2}=\lim_{x\to 0}\frac{e^{-\cos^2 x}\sin x}{2x}=\frac{1}{2e}$$

4.2.2 牛顿 - 莱布尼茨公式

定理 2 如果函数 $F(x)$ 是连续函数 $f(x)$ 在区间$[a,b]$ 上的一个原函数,则

$$\int_a^b f(x)\,dx=F(b)-F(a)$$

此公式称为牛顿 - 莱布尼茨公式,也称为微积分基本公式.

证明:已知函数 $F(x)$ 是连续函数 $f(x)$ 的一个原函数,又根据定理 1,积分上限函数 $\Phi(x)=\int_a^x f(t)\,dt$ 也是 $f(x)$ 的一个原函数.于是有一常数 C,使

$$F(x)-\Phi(x)=C\quad(a\leqslant x\leqslant b).$$

当 $x=a$ 时,有 $F(a)-\Phi(a)=C$,而 $\Phi(a)=0$,所以 $C=F(a)$;

当 $x=b$ 时,$F(b)-\Phi(b)=F(a)$,所以 $\Phi(b)=F(b)-F(a)$,即$\int_a^b f(x)\,dx=F(b)-F(a)$.

为了方便起见,可把 $F(b)-F(a)$ 记成 $F(x)\big|_a^b$,于是

$$\int_a^b f(x)\,dx=F(x)\big|_a^b=F(b)-F(a)$$

该公式进一步揭示了定积分与被积函数的原函数或不定积分之间的联系.

例 3　以速度 $v_0=36$ km/h 行驶的汽车从某处以等加速度 $a=-5$ m/s^2 开始刹车至停止，求此期间汽车驶过的距离.

解　① 设开始刹车时 $t=0$，已知 $a=-5$ m/s^2，且

$$v(0)=v_0=36\ \text{km/h}=\frac{36\times 1\,000}{3\,600}\ \text{m/s}=10\ \text{m/s}.$$

② 由于 $v'(t)=\dfrac{\mathrm{d}v}{\mathrm{d}t}=a=-5$，于是

$$v(t)-v(0)=\int_0^t v'(t)\mathrm{d}t=-\int_0^t 5\mathrm{d}t=-5t,$$

这样 $v(t)=v(0)-5t=10-5t$.

③ 当汽车停止时，$v(t)=0$，那么，由 $v(t)=10-5t=0$，得 $t=2(s)$.

④ 此期间汽车驶过的距离为

$$s=\int_0^2 v(t)\mathrm{d}t=\int_0^2(10-5t)\mathrm{d}t=\left[10t-\frac{5}{2}t^2\right]_0^2=10(\text{m})$$

例 4　计算 $\int_0^1 x^2\mathrm{d}x$.

解:由于 $\frac{1}{3}x^3$ 是 x^2 的一个原函数,所以

$$\int_0^1 x^2\mathrm{d}x=\frac{1}{3}x^2\Big|_0^1=\frac{1}{3}\cdot 1^3-\frac{1}{3}\cdot 0^3=\frac{1}{3}$$

例 5　计算 $\int_{-1}^1\dfrac{\mathrm{d}x}{1+x^2}$.

解　由于 $\arctan x$ 是 $\dfrac{1}{1+x^2}$ 的一个原函数,所以

$$\int_{-1}^1\frac{\mathrm{d}x}{1+x^2}=\arctan x\Big|_{-1}^1=\arctan 1-\arctan(-1)=\frac{\pi}{4}-\left(-\frac{\pi}{4}\right)=\frac{1}{2}\pi$$

例 6　计算下列定积分：

① $\int_1^2\left(x+\dfrac{1}{x}\right)^2\mathrm{d}x$；② $\int_{-3}^4|x|\,\mathrm{d}x$.

解　① $\displaystyle\int_1^2\left(x+\frac{1}{x}\right)^2\mathrm{d}x=\int_1^2\left(x^2+2+\frac{1}{x^2}\right)\mathrm{d}x=\left(\frac{1}{3}x^3+2x-\frac{1}{x}\right)\Big|_1^2=\frac{29}{6}$

② 被积函数 $f(x)=|x|$ 在积分区间 $[-3,4]$ 上是分段函数 $f(x)=\begin{cases}-x, & -3\leqslant x\leqslant 0\\ x, & 0<x\leqslant 4\end{cases}$.

于是有

$$\int_{-3}^4|x|\,\mathrm{d}x=\int_{-3}^0-x\mathrm{d}x+\int_0^4 x\mathrm{d}x=-\frac{1}{2}x^2\Big|_{-3}^0+\frac{1}{2}x^2\Big|_0^4=\frac{25}{2}$$

训练习题 4.2

1. 已知 $f(x)=\int_0^x \cos t\mathrm{d}t$，求 $f'(0)$，$f'\left(\frac{\pi}{4}\right)$.

2. 已知 $f(t)=\int_0^{t^2} \mathrm{e}^{-x^2}\mathrm{d}x$，求 $f'(t)$.

3. 计算下列定积分.

(1) $\int_1^{\sqrt{3}} \frac{1}{1+x^2}\mathrm{d}x$；　(2) $\int_1^2 \left(x+\frac{1}{x}\right)^2 \mathrm{d}x$；

(3) $\int_0^1 \mathrm{e}^x \mathrm{d}x$；　(4) $\int_0^{\frac{\pi}{4}} \frac{4\mathrm{d}x}{\cos^2 x}$；

(5) $\int_0^{2\pi} |\sin x| \mathrm{d}x$；　(6) 设 $f(x)=\begin{cases} x^2+1, & 0\leqslant x\leqslant 1 \\ 2\mathrm{e}^x, & 1< x\leqslant 3 \end{cases}$，求 $\int_0^3 f(x)\mathrm{d}x$.

任务 4.3　定积分的换元积分法、分部积分法

根据牛顿 - 莱布尼兹公式，定积分的计算与不定积分计算密切相关；不定积分计算有换元法和分部积分法，定积分相应地也有换元积分法与分部积分法.

4.3.1　定积分的换元积分法

在不定积分中，用换元积分法可以求出一些函数的原函数，那么如何用换元积分法来计算定积分呢？

定理 1［定积分换元法］ 设函数 $f(x)$ 在 $[a,b]$ 上连续，函数 $x=\varphi(t)$ 在 $[\alpha,\beta]$ 或 $[\beta,\alpha]$ 上有连续导数，且 $\varphi(\alpha)=a$，$\varphi(\beta)=b$，则

$$\int_a^b f(x)\mathrm{d}x=\int_\alpha^\beta f(\varphi(t))\varphi'(t)\mathrm{d}t$$

证　假设 $F(x)$ 是 $f(x)$ 的一个原函数，则 $\int f(x)\mathrm{d}x=F(x)+C$，即

$$\int f[\varphi(t)]\varphi'(t)\mathrm{d}t=F[\varphi(t)]+C$$

于是

$$\int_a^b f(x)\mathrm{d}x=F(b)-F(a)=F[\varphi(\beta)]-F[\varphi(\alpha)]=\int_\alpha^\beta f[\varphi(t)]\varphi'(t)\mathrm{d}t$$

应用换元积分公式时应注意以下两点：

① 用 $x=\varphi(t)$ 把原来变量 x 代换成新变量 t 时，积分限也要换成相应于新变量 t 的积分限.

②求出$f[\varphi(t)]\varphi'(t)$的一个原函数$\Phi(t)$后，不必像计算不定积分那样再把$\Phi(t)$变换成原来变量x的函数，而只要把相应于新变量t的积分上、下限分别代入$\Phi(t)$，然后相减即可.这样做省略了将新变量t还原为原积分变量x的麻烦.

例1　计算$\int_0^{\frac{\pi}{2}}\cos^5 x\sin x\mathrm{d}x$.

解　令$t=\cos x$，则$\mathrm{d}t=-\sin x\mathrm{d}x$，$x=\frac{\pi}{2}\Rightarrow t=0$，$x=0\Rightarrow t=1$，

$$\int_0^{\frac{\pi}{2}}\cos^5 x\sin x\mathrm{d}x=-\int_1^0 t^5\mathrm{d}t=\int_0^1 t^5\mathrm{d}t=\frac{t^6}{6}\bigg|_0^1=\frac{1}{6}$$

例2　计算$\int_0^4\frac{x+2}{\sqrt{2x+1}}\mathrm{d}x$

解　令$t=\sqrt{2x+1}$，则$x=\frac{t^2-1}{2}$，$\mathrm{d}x=t\mathrm{d}t$.当$x=0$时，$t=1$；当$x=4$时，$t=3$.从而

$$\int_0^4\frac{x+2}{\sqrt{2x+1}}\mathrm{d}x=\int_1^3\frac{\frac{t^2-1}{2}+2}{t}t\mathrm{d}t$$

$$=\frac{1}{2}\int_1^3(t^2+3)\mathrm{d}t=\frac{1}{2}\left(\frac{1}{3}t^3+3t\right)\bigg|_1^3$$

$$=\frac{1}{2}\left[\left(\frac{27}{3}+9\right)-\left(\frac{1}{3}+3\right)\right]=\frac{22}{3}$$

例3　计算$\int_0^a\sqrt{a^2-x^2}\mathrm{d}x(a>0)$.

解　设$x=a\sin t$，则$\mathrm{d}x=a\cos t$，当$x=0$时$t=0$，当$x=a$时$t=\frac{\pi}{2}$.

于是

$$\int_0^a\sqrt{a^2-x^2}\mathrm{d}x=\int_0^{\frac{\pi}{2}}a\cos t\cdot a\cos t\mathrm{d}t$$

$$=a^2\int_0^{\frac{\pi}{2}}\cos^2 t\mathrm{d}t=\frac{a^2}{2}\int_0^{\frac{\pi}{2}}(1+\cos 2t)\mathrm{d}t=\frac{a^2}{2}\left[t+\frac{1}{2}\sin 2t\right]_0^{\frac{\pi}{2}}=\frac{1}{4}\pi a^2.$$

可见，用换元积分法计算定积分时，只要在变量代换的同时把积分上、下限作相应的变换，不用代回到原变量，直接求出关于新变量的原函数后，用新的上、限代值计算即可.

例4　设$f(x)$是$[-a,a]$上的连续函数.

(1)证明：若$f(x)$为偶函数，则$\int_{-a}^a f(x)\mathrm{d}x=2\int_0^a f(x)\mathrm{d}x$.

(2)若$f(x)$为奇函数，则$\int_{-a}^a f(x)\mathrm{d}x=0$.

证明：①令$t=-x$，则$\mathrm{d}t=-\mathrm{d}x$.当$x=-a$时$t=a$，当$x=0$时$t=0$.注意到$f(-t)=f(t)$，则

$$\int_{-a}^{0} f(x)\,dx = \int_{a}^{0} f(-t)(-1)\,dt = \int_{0}^{a} f(t)\,dt = \int_{0}^{a} f(x)\,dx$$

所以
$$\int_{-a}^{a} f(x)\,dx = \int_{-a}^{0} f(x)\,dx + \int_{0}^{a} f(x)\,dx = 2\int_{0}^{a} f(x)\,dx$$

② 令 $t=-x$，$dt=-dx$. 当 $x=-a$ 时 $t=a$，当 $x=0$ 时 $t=0$. 注意到 $f(-t)=-f(t)$，则

$$\int_{-a}^{0} f(x)\,dx = \int_{a}^{0} f(-t)(-1)\,dt = -\int_{0}^{a} f(t)\,dt = -\int_{0}^{a} f(x)\,dx$$

所以
$$\int_{-a}^{a} f(x)\,dx = \int_{-a}^{0} f(x)\,dx + \int_{0}^{a} f(x)\,dx = 0$$

例 5　计算 $\int_{-1}^{1}(|x|+\sin x)x^2\,dx$.

解　因为积分区间对称于原点，且 $|x|x^2$ 为偶函数，$\sin x \cdot x^2$ 为奇函数，所以

$$\int_{-1}^{1}(|x|+\sin x)x^2\,dx = \int_{-1}^{1}|x|x^2\,dx = 2\int_{0}^{1}x^3\,dx = 2\cdot\frac{x^4}{4}\bigg|_0^1 = \frac{1}{2}$$

4.3.2　定积分的分部积分法

定理 2[定积分的分部法]　如果 $u=u(x)$，$v=v(x)$，在 $[a,b]$ 上具有连续导数，则

$$\int_{a}^{b} u\,dv = [uv]_a^b - \int_{a}^{b} v\,du$$

证　由不定积分的分部积分公式 $\int u\,dv = uv - \int v\,du$，则

$$\int_{a}^{b} u\,dv = \left[\int u\,dv\right]_a^b = \left[uv - \int v\,du\right]_a^b = [uv]_a^b - \int_{a}^{b} v\,du$$

注意　一般地，如果被积函数是幂函数与正(余)弦函数或指数函数的乘积，可以用分部积分法，选幂函数为 u. 被积函数是幂函数与对数函数(或反三角函数)的乘积，选对数函数(或反三角函数)为 u.

例 6　求 $\int_{0}^{1} x e^x\,dx$.

解　$\int_{0}^{1} x e^x\,dx = \int_{0}^{1} x\,de^x = xe^x\Big|_0^1 - \int_{0}^{1} e^x\,dx = e-(e-1) = 1$

例 7　计算 $\int_{0}^{\frac{1}{2}} \arcsin x\,dx$.

解　由分部积分公式，得

$$\int_{0}^{\frac{1}{2}} \arcsin x\,dx = [x\arcsin x]_0^{\frac{1}{2}} - \int_{0}^{\frac{1}{2}} x\,d\arcsin x$$

$$= \frac{1}{2}\cdot\frac{\pi}{6} - \int_{0}^{\frac{1}{2}} \frac{x}{\sqrt{1-x^2}}\,dx = \frac{\pi}{12} + \frac{1}{2}\int_{0}^{\frac{1}{2}} \frac{1}{\sqrt{1-x^2}}\,d(1-x^2)$$

$$= \frac{\pi}{12} + \left[\sqrt{1-x^2}\right]_0^{\frac{1}{2}} = \frac{\pi}{12} + \frac{\sqrt{3}}{2} - 1$$

例 8　求$\int_0^{\frac{\pi}{2}} x^2 \sin x\mathrm{d}x$.

解　由分部积分公式,得

$$\int_0^{\frac{\pi}{2}} x^2 \sin x\mathrm{d}x=\int_0^{\frac{\pi}{2}} x^2\mathrm{d}(-\cos x)=x^2(-\cos x)\Big|_0^{\frac{\pi}{2}}+\int_0^{\frac{\pi}{2}}\cos x\mathrm{d}(x^2)=2\int_0^{\frac{\pi}{2}} x\cos x\mathrm{d}x$$

再用一次分部积分公式,得

$$\int_0^{\frac{\pi}{2}} x\cos x\mathrm{d}x=\int_0^{\frac{\pi}{2}} x\mathrm{d}(\sin x)=x\sin x\Big|_0^{\frac{\pi}{2}}-\int_0^{\frac{\pi}{2}}\sin x\mathrm{d}x=\frac{\pi}{2}+\cos x\Big|_0^{\frac{\pi}{2}}=\frac{\pi}{2}-1$$

从而

$$\int_0^{\frac{\pi}{2}} x^2\sin x\mathrm{d}x=2\int_0^{\frac{\pi}{2}} x\cos x\mathrm{d}x=\pi-2.$$

在定积分的计算过程中有时候可能不仅使用一种积分方法,两种方法也可以结合使用.

例 9　计算$\int_1^4 \frac{\ln x}{\sqrt{x}}\mathrm{d}x$.

解　令$\sqrt{x}=t$,则$x=t^2$,$\mathrm{d}x=2t\mathrm{d}t$.当$x=1$时$t=1$,当$x=4$时$t=2$.

$$\int_1^4\frac{\ln x}{\sqrt{x}}\mathrm{d}x=4\int_1^2\ln t\mathrm{d}t=4(t\ln t\Big|_1^2-\int_1^2 t\mathrm{d}\ln t)=4(2\ln 2-\int_1^2\mathrm{d}t)=4(2\ln 2-1)$$

训练习题 4.3

1.求下列定积分.

(1) $\int_0^1\sqrt{4+5x}\,\mathrm{d}x$;　　(2) $\int_4^9\frac{\sqrt{x}}{\sqrt{x}-1}\mathrm{d}x$;

(3) $\int_0^2\sqrt{4-x^2}\,\mathrm{d}x$;　　(4) $\int_{\sqrt{2}}^2\frac{\mathrm{d}x}{x\sqrt{x^2-1}}$;

(5) $\int_0^{\frac{\pi}{2}} x^2\cos x\mathrm{d}x$;　　(6) $\int_0^{\sqrt{3}} x\arctan x\mathrm{d}x$;

(7) $\int_0^{\frac{\pi}{2}} \mathrm{e}^{2t}\cos t\mathrm{d}t$;　　(8) $\int_1^4\mathrm{e}^{\sqrt{x}}\mathrm{d}x$.

2.证明:

$$\int_0^a x^3 f(x^2)\mathrm{d}x=\frac{1}{2}\int_0^{a^2} xf(x)\mathrm{d}x.$$

*任务 4.4　计算上限为无穷的广义积分

【引例 1】[克服地球引力需要做的功]　火箭发射到远离地球的无穷远的太空中去，请计算克服地球引力所做的功.

分析：根据定积分的定义，设地球表面与火箭距离为 h 处的引力为 $F=\dfrac{GMm}{(R+h)^2}$，则需要做的功 $W=\int_0^{+\infty}F(h)\mathrm{d}h$，而这个积分就需要考虑积分区间为无限的情况，因此有必要讨论无限区间上的积分.

【引例 2】[开口曲边梯形的面积]　求曲线 $y=\mathrm{e}^{-x}$，x 轴及 y 轴所围成的开口曲边梯形的面积.

如果把开口曲边梯形的面积按定积分的几何意义那样表示为：

$$A=\int_0^{+\infty}f(x)\mathrm{d}x=\int_0^{+\infty}\mathrm{e}^{-x}\mathrm{d}x$$

显然，这个积分已不是通常意义上的积分了，因为它的积分区间是无限的，该怎样计算呢？

解　任取实数 $b>0$，在有限区间 $[0,b]$ 上，以曲线 $y=\mathrm{e}^{-x}$ 为曲边的曲边梯形的面积为

$$\int_0^b \mathrm{e}^{-x}\mathrm{d}x=-\mathrm{e}^{-x}\big|_0^b=1-\frac{1}{\mathrm{e}^b}$$

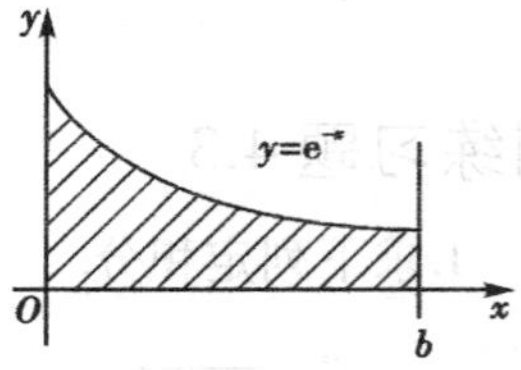

图 4.8

如图 4.8 中阴影部分所示，当 $b\to+\infty$时，阴影部分曲边梯形面积的极限就是开口曲边梯形面积的精确值，即

$$A=\lim_{b\to+\infty}\int_0^b \mathrm{e}^{-x}\mathrm{d}x=\lim_{b\to+\infty}\left(1-\frac{1}{\mathrm{e}^b}\right)=1$$

定义 1　设函数 $f(x)$ 在区间 $[a,+\infty)$ 上连续，取 $b>a$，若极限 $\lim\limits_{b\to+\infty}\int_a^b f(x)\mathrm{d}x$ 存在，则称此极限为函数 $f(x)$ 在区间 $[a,+\infty)$ 上的广义积分，记作 $\int_a^{+\infty}f(x)\mathrm{d}x$. 即

$$\int_a^{+\infty}f(x)\mathrm{d}x=\lim_{b\to+\infty}\int_a^b f(x)\mathrm{d}x \qquad ①$$

这时也称广义积分 $\int_a^{+\infty}f(x)\mathrm{d}x$ 收敛；若上述极限不存在，称为广义积分 $\int_a^{+\infty}f(x)\mathrm{d}x$ 发散.

定义 2　设函数 $f(x)$ 在区间 $(-\infty,b]$ 上连续，如果极限 $\lim\limits_{a\to-\infty}\int_a^b f(x)\mathrm{d}x\,(a<b)$ 存在，则称此极限为函数 $f(x)$ 在无穷区间 $(-\infty,b]$ 上的广义积分，记作 $\int_{-\infty}^b f(x)\mathrm{d}x$，即

$$\int_{-\infty}^b f(x)\mathrm{d}x=\lim_{a\to-\infty}\int_a^b f(x)\mathrm{d}x \qquad ②$$

也称广义积分$\int_{-\infty}^{b} f(x)\mathrm{d}x$ 收敛.如果上述极限不存在,则称广义积分$\int_{-\infty}^{b} f(x)\mathrm{d}x$ 发散.

定义 3 设函数$f(x)$ 在区间$(-\infty,+\infty)$ 上连续,如果广义积分$\int_{-\infty}^{0} f(x)\mathrm{d}x$ 和$\int_{0}^{+\infty} f(x)\mathrm{d}x$ 都收敛,则称上述两个广义积分的和为函数$f(x)$ 在无穷区间$(-\infty,+\infty)$ 上的广义积分,记作$\int_{-\infty}^{+\infty} f(x)\mathrm{d}x$,即

$$\int_{-\infty}^{+\infty} f(x)\mathrm{d}x=\int_{-\infty}^{0} f(x)\mathrm{d}x+\int_{0}^{+\infty} f(x)\mathrm{d}x=\lim_{a\to-\infty}\int_{a}^{0} f(x)\mathrm{d}x+\lim_{b\to+\infty}\int_{0}^{b} f(x)\mathrm{d}x \qquad ③$$

这时也称广义积分$\int_{-\infty}^{+\infty} f(x)\mathrm{d}x$ 收敛.

如果上式右端有一个广义积分发散,则称广义积分$\int_{-\infty}^{+\infty} f(x)\mathrm{d}x$ 发散.上述广义积分统称为无穷限的广义积分,本节主要讨论上限为无穷的广义积分.

例 1 判断广义积分$\int_{0}^{+\infty} \sin x\mathrm{d}x$ 的敛散性.

解 对任意 $b>0$,有

$$\int_{0}^{b} \sin x\mathrm{d}x=-\cos x\Big|_{0}^{b}=-\cos b+(\cos 0)=1-\cos b$$

因为$\lim\limits_{b\to+\infty}(1-\cos b)$ 不存在,故由定义知无穷积分$\int_{0}^{+\infty} \sin x\mathrm{d}x$ 发散.

例 2 计算广义积分$\int_{\frac{2}{\pi}}^{+\infty} \frac{1}{x^2}\sin\frac{1}{x}\mathrm{d}x$.

解 原式$=-\int_{\frac{2}{\pi}}^{+\infty}\sin\frac{1}{x}\mathrm{d}\left(\frac{1}{x}\right)=-\lim\limits_{b\to+\infty}\int_{\frac{2}{\pi}}^{b}\sin\frac{1}{x}\mathrm{d}\left(\frac{1}{x}\right)=\lim\limits_{b\to+\infty}\left[\cos\frac{1}{x}\right]_{\frac{2}{\pi}}^{b}$

$$=\lim_{b\to+\infty}\left[\cos\frac{1}{b}-\cos\frac{\pi}{2}\right]=1$$

例 3 证明:$\int_{a}^{+\infty}\frac{\mathrm{d}x}{x^p}$,$(a>0)$,① 当 $p>1$ 时收敛;② 当 $p\leqslant 1$ 时发散.

证明:① 当 $p=1$ 时

$$\int_{a}^{+\infty}\frac{\mathrm{d}x}{x}=\lim_{b\to+\infty}\ln|x|\Big|_{a}^{b}=\lim_{b\to+\infty}[\ln|b|-\ln|a|]=+\infty$$

② 当 $p\neq 1$ 时

$$\int_{a}^{+\infty}\frac{\mathrm{d}x}{x^p}=\lim_{b\to+\infty}\frac{x^{1-p}}{1-p}\Bigg|_{a}^{b}=\lim_{b\to+\infty}\frac{b^{1-p}-a^{1-p}}{1-p}=\begin{cases}+\infty, p<1,\\ \dfrac{a^{1-p}}{p-1}, p>1.\end{cases}$$

所以$\int_a^{+\infty}\frac{\mathrm{d}x}{x^p}(a>0)$ 当$p>1$时收敛;当$p\leqslant 1$时发散.

广义积分也可以这样计算:如果$F(x)$是$f(x)$的原函数,则

$$\int_a^{+\infty}f(x)\,\mathrm{d}x=\lim_{b\to+\infty}\int_a^b f(x)\,\mathrm{d}x=\lim_{b\to+\infty}[F(x)]_a^b=\lim_{b\to+\infty}F(b)-F(a)=\lim_{x\to+\infty}F(x)-F(a)$$

可采用如下简记形式:

$$\int_a^{+\infty}f(x)\,\mathrm{d}x=[F(x)]_a^{+\infty}=\lim_{x\to+\infty}F(x)-F(a)$$

类似地
$$\int_{-\infty}^{b}f(x)\,\mathrm{d}x=[F(x)]_{-\infty}^{b}=F(b)-\lim_{x\to-\infty}F(x)$$

$$\int_{-\infty}^{+\infty}f(x)\,\mathrm{d}x=[F(x)]_{-\infty}^{+\infty}=\lim_{x\to+\infty}F(x)-\lim_{x\to-\infty}F(x)$$

例 4 计算$\int_{-\infty}^{+\infty}\frac{1}{1+x^2}\mathrm{d}x$

解 $\int_{-\infty}^{+\infty}\frac{1}{1+x^2}\mathrm{d}x=\int_{-\infty}^{0}\frac{1}{1+x^2}\mathrm{d}x+\int_0^{+\infty}\frac{1}{1+x^2}\mathrm{d}x$

$=\lim_{a\to-\infty}\int_a^0\frac{1}{1+x^2}\mathrm{d}x+\lim_{b\to+\infty}\int_0^b\frac{1}{1+x^2}\mathrm{d}x$

$=\lim_{a\to-\infty}(-\arctan a)+\lim_{b\to+\infty}\arctan b$

$=-\left(-\frac{\pi}{2}\right)+\frac{\pi}{2}=\pi$

解答可简写为:

$$\int_{-\infty}^{+\infty}\frac{1}{1+x^2}\mathrm{d}x=[\arctan x]_{-\infty}^{+\infty}=\lim_{x\to+\infty}\arctan x-\lim_{x\to-\infty}\arctan x=\frac{\pi}{2}-\left(-\frac{\pi}{2}\right)=\pi$$

训练习题 4.4

1.讨论下列广义积分的敛散性,若收敛,求其值.

(1) $\int_0^{+\infty}\frac{x}{1+x^2}\mathrm{d}x$;　　(2) $\int_1^{+\infty}\frac{\mathrm{d}x}{x\sqrt{x}}$;

(3) $\int_5^{+\infty}\frac{1}{x(x+15)}\mathrm{d}x$;　　(4) $\int_{-\infty}^{+\infty}\frac{\mathrm{d}x}{x^2+2x+2}$.

2.证明:广义积分$\int_2^{+\infty}\frac{\mathrm{d}x}{x(\ln x)^k}$当$k>1$收敛,当$k\leqslant 1$发散.

任务 4.5　探索定积分的应用

定积分是一种实用性很强的数学方法,在科学技术中有着广泛的应用.本任务介绍定积分在几何方面的应用,利用定积分解决实际问题,常用方法是微元法.

4.5.1　定积分的微元法

【引例 1】[水箱流水量问题]　设水流到水箱的速度为 $r(t)$,问从 $t=0$ 到 $t=2$ 这段时间水流入水箱的总量 W 是多少?

分析:利用定积分的思想,这个问题要用以下几个步骤来解决.

① 分割:用任意一组分点把区间[0,2]分成长度为 $\Delta t_i=t_i-t_{i-1}(i=1,2,\cdots,n)$ 的 n 个小时间段.

② 取近似:设第 i 个小时间段里流入水箱的水量是 ΔW_i,在每个小时间段上,水的流速可视为常量,得 ΔW_i 的近似值

$$\Delta W_i \approx r(\xi_i)\Delta t_i \qquad (t_{i-1}\leqslant \xi_i \leqslant t_i)$$

③ 求和:得 W 的近似值

$$W=\sum_{i=1}^{n} r(\xi_i)\Delta t_i$$

④ 取极限:得 W 的精确值

$$W=\lim_{\lambda\to 0}\sum_{i=1}^{n} r(\xi_i)\Delta t_i=\int_0^2 r(t)\,\mathrm{d}t$$

上述四个步骤“分割 - 求近似 - 求和 - 取极限”,可概括为两个阶段.

第一个阶段:包括分割和求近似.其主要过程是将时间间隔细分成很多小的时间段,在每个小的时间段内,“以常代变”,将水的流速近似看成是匀速的,设为 $r(t_i)$,得到在这个小的时间段内流入水箱的水量

$$\Delta W_i \approx r(t_i)\Delta t_i$$

在实际应用时,为了简便起见,省略下标 i,用 ΔW 表示任意小的时间段 $[t,t+\Delta t]$ 上流入水箱的水量,这样

$$\Delta W \approx r(t)\,\mathrm{d}t$$

其中,$r(t)\,\mathrm{d}t$ 是流入水箱水量的微元(或元素).

第二阶段:包括“求和”和“取极限”两步,即将所有小时间段上的水量全部加起来,有

$$W=\sum \Delta W$$

取极限,当最大的小时间段趋于零时,得到总流水量:区间[0,2]上的定积分,即

$$W=\int_0^2 r(t)\,\mathrm{d}t$$

1）微元法的概念

一般地，如果某一个实际问题中所求量 U 符合下列条件：

①U 与变量 x 的变化区间 $[a,b]$ 有关.

②U 对于区间 $[a,b]$ 具有可加性.也就是说，如果把区间 $[a,b]$ 分成许多部分区间，则 U 相应地分成许多部分量，而 U 等于所有部分量之和.

③ 部分量 ΔU_i 的近似值可以表示为 $f(\xi_i)\Delta x_i$，那么，在确定了积分变量以及其取值范围后，就可以用以下两步来求解：

a.写出 U 在小区间 $[x,x+\mathrm{d}x]$ 上的微元 $\mathrm{d}U\approx f(x)\mathrm{d}x$，常运用"以常代变，以直代曲"等方法；

b.以所求量 U 的微元 $f(x)\mathrm{d}x$ 为被积表达式，写出在区间 $[a,b]$ 上的定积分，得

$$U=\int_a^b f(x)\,\mathrm{d}x$$

上述方法称为微元法或元素法，也称为微元分析法.这一过程充分体现了积分是将微分"加"起来的实质.

2）应用微元法求解各类实际问题

例 1[总电量] 设导线在时刻 t 的电流强度为 $i(t)=2\sin\omega t$，试用定积分表示在时间间隔 $[T_1,T_2]$ 内流过导线横截面的电量 $Q(t)$.

解 所求电量 $Q(t)$ 符合定积分的条件.

在 $[T_1,T_2]$ 区间内取小区间 $[t,t+\mathrm{d}t]$，得电量微元为 $\mathrm{d}Q=i(t)\mathrm{d}t$.

故
$$Q(t)=\int_{T_1}^{T_2} i(t)\,\mathrm{d}t=\int_{T_1}^{T_2} 2\sin\omega t\mathrm{d}t$$

4.5.2 平面图形面积

【引例 2】[直角坐标系下面积的计算] 计算抛物线 $y=x^2$、$y=\sqrt{x}$ 所围成图形的面积.

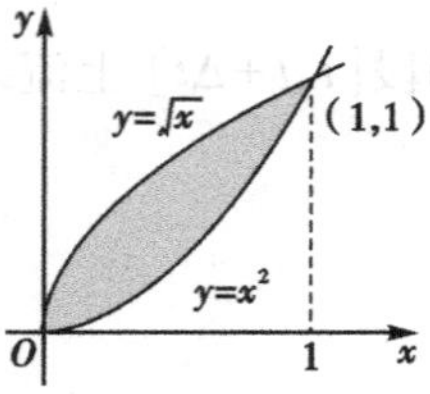

图 4.9

解 ① 画图.

求交点 $\begin{cases}y=x^2\\y=\sqrt{x}\end{cases}$，得 $\begin{cases}x=0\\y=0\end{cases}$ 或 $\begin{cases}x=1\\y=1\end{cases}$.

② 运用微元法，取 x 为积分变量，则 $x\in[0,1]$.

③ 确定上下曲线.

$$f(x)=\sqrt{x},g(x)=x^2$$

④ 计算积分 $A=\int_0^1(\sqrt{x}-x^2)\,\mathrm{d}x=\left[\frac{2}{3}x^{\frac{3}{2}}-\frac{1}{3}x^3\right]_0^1=\frac{1}{3}.$

设平面图形由上下两条连续曲线 $y=f(x)$ 与 $y=g(x)$ 及左右两条直线 $x=a$ 与 $x=b$ 所围成，

取$[a,b]$中的任一小区间$[x,x+\mathrm{d}x]$，由于面积元素$\mathrm{d}A=[f(x)-g(x)]\mathrm{d}x$，于是平面图形的面积为$A=\int_a^b[f(x)-g(x)]\mathrm{d}x$，如图 4.10 所示.

⑤ 由左右两条曲线$x=\varphi(y)$与$x=\psi(y)$及上下两条直线$y=d$与$y=c$所围成，取$[c,d]$中的任一小区间$[y,y+\mathrm{d}y]$，由于面积元素$\mathrm{d}A=[\psi(y)-\varphi(y)]\mathrm{d}y$，于是平面图形的面积为$A=\int_c^d[\psi(y)-\varphi(y)]\mathrm{d}y$，如图 4.11 所示.

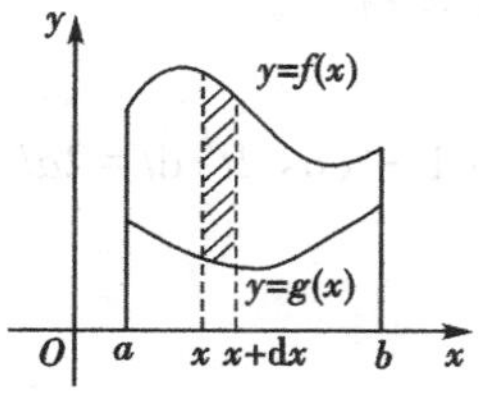

图 4.10

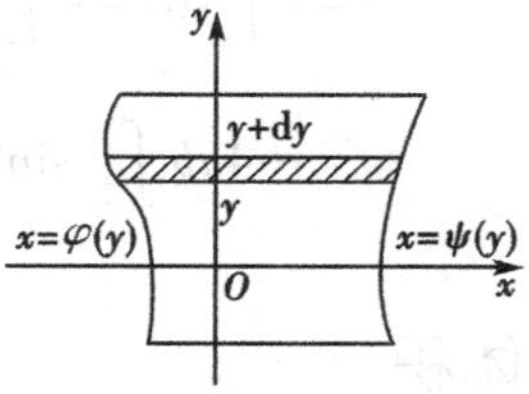

图 4.11

例 2　计算抛物线$y^2=2x$与直线$y=x-4$所围成图形的面积.

解　① 画图.

求交点$\begin{cases}y^2=2x\\y=x-4\end{cases}$，得$\begin{cases}x=2\\y=-2\end{cases}$或$\begin{cases}x=8\\y=4\end{cases}$.

② 取y为积分变量，则$y\in[-2,4]$.

③ 确定左右曲线：$\varphi(y)=\frac{1}{2}y^2$，$\psi(y)=y+4$.

④ 计算积分：

$$A=\int_{-2}^{4}\left(y+4-\frac{1}{2}y^2\right)\mathrm{d}y=\left[\frac{1}{2}y^2+4y-\frac{1}{6}y^3\right]_{-2}^{4}=18$$

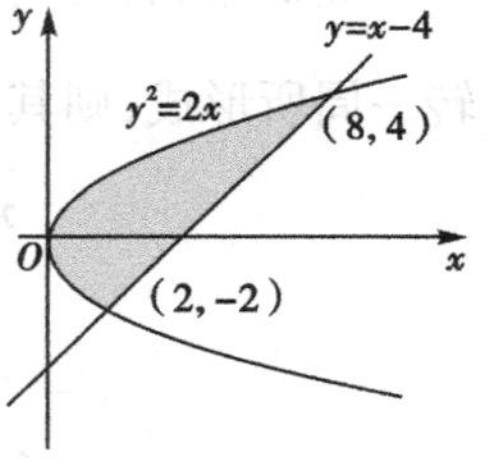

图 4.12

本题若取x当积分变量，则$x\in[0,8]$，上曲线$f(x)=\sqrt{2x}$，而下曲线是$g(x)=\begin{cases}-\sqrt{2x} & 0\leqslant x\leqslant 2\\x-4 & 2\leqslant x\leqslant 8\end{cases}$，于是$A=\int_0^2[\sqrt{2x}-(-\sqrt{2x})]\mathrm{d}x+\int_2^8[\sqrt{2x}-(x-4)]\mathrm{d}x$.

可见选取合适的积分变量可以简化计算.

例 3　求曲线$y=\cos x$与$y=\sin x$在区间$[0,\pi]$上所围平面图形的面积.

解　如图 4.13 所示，曲线$y=\cos x$与$y=\sin x$的交点坐标为$\left(\frac{\pi}{4},\frac{\sqrt{2}}{2}\right)$，选取$x$作为积分变量，$x\in[0,\pi]$，于是，所求面积为

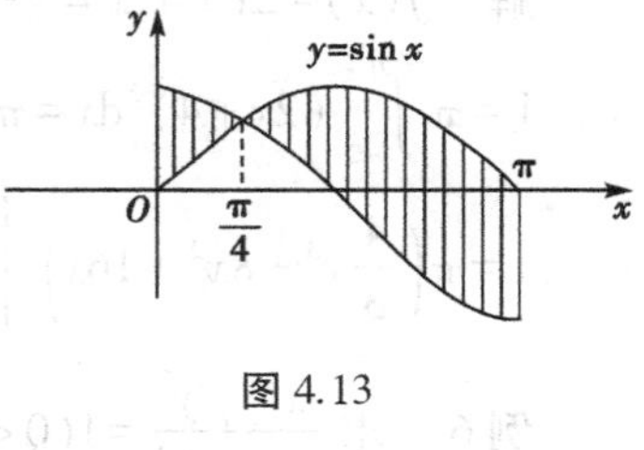

图 4.13

$$A=\int_0^{\frac{\pi}{4}}(\cos x-\sin x)\mathrm{d}x+\int_{\frac{\pi}{4}}^{\pi}(\sin x-\cos x)\mathrm{d}x$$

$$=(\sin x+\cos x)\Big|_0^{\frac{\pi}{4}}+(-\cos x-\sin x)\Big|_{\frac{\pi}{4}}^{\pi}=2\sqrt{2}$$

*例 4　求如图 4.14 所示椭圆$\frac{x^2}{a^2}+\frac{y^2}{b^2}=1(0<b<a)$的面积.

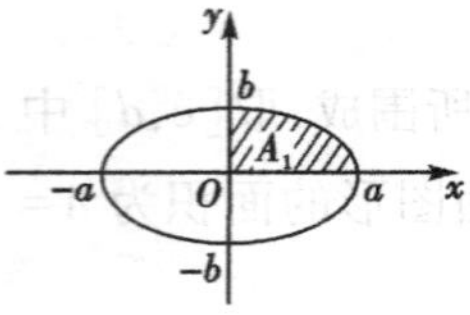

图 4.14

解　由对称性,整个椭圆的面积 A 是椭圆在第一象限部分 A_1 的 4 倍,即 $A=4A_1$,在第一象限 $x\in[0,a]$,面积元素 $dA_1=y dx$.因此 $A=4\int_0^a y dx$.

设椭圆的参数方程为:$x=a\cos t, y=b\sin t$.于是

$$A=4\int_0^a y dx=4\int_{\frac{\pi}{2}}^0 b\sin t d(a\cos t)$$

$$=-4ab\int_{\frac{\pi}{2}}^0 \sin^2 t dt=2ab\int_0^{\frac{\pi}{2}}(1-\cos 2t)dt=2ab\cdot\frac{\pi}{2}=ab\pi.$$

4.5.3　旋转体体积

【引例 3】[旋转体体积]　一般地,要求由曲线 $y=f(x)\geqslant 0$ 与直线 $x=a, x=b$ 及 x 轴所围成的曲边梯形绕 x 轴旋转一周所形成的旋转体的体积,可用微元法取$[a,b]$中的任一小区间$[x,x+dx]$,由于体积微元 $dV=\pi[f(x)]^2dx$,因此 $V=\int_a^b \pi[f(x)]^2dx$,如图 4.15 所示.

类似地,若旋转体由曲线 $x=g(y)\geqslant 0$ 与直线 $y=c, y=d$ 及 y 轴所围成的曲边梯形绕 y 轴旋转一周所形成,则其体积 $V=\int_c^d \pi[g(y)]^2dx$,如图 4.16 所示.

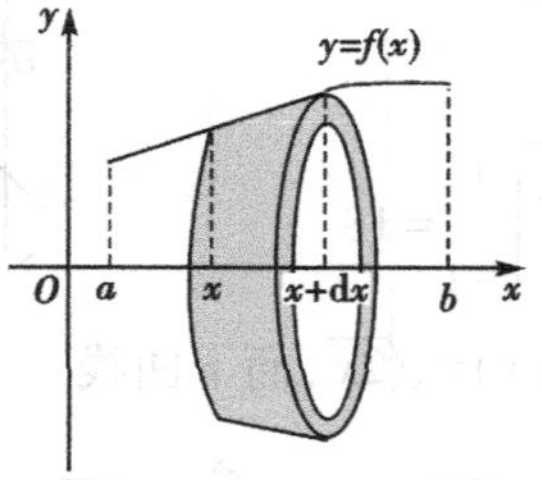

图 4.15

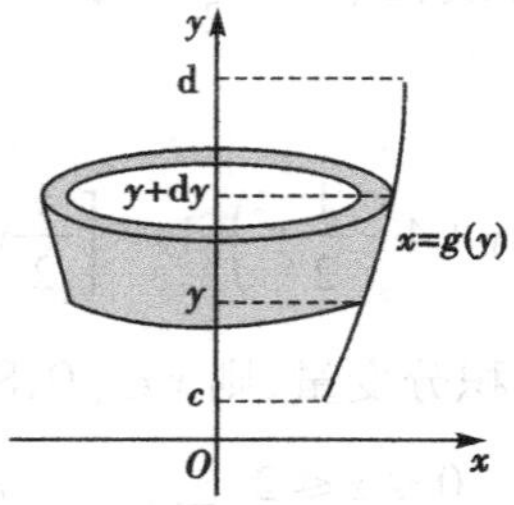

图 4.16

例 5　求由 $2x-y+4=0, x=0, y=0$ 所围成的平面图形(如图 4.17 所示)绕 x 轴旋转一周所形成旋转体的体积 V.

解　$f(x)=2x+4, x\in[-2,0]$,则

$$V=\pi\int_{-2}^0(2x+4)^2dx=\pi\int_{-2}^0(4x^2+16x+16)dx$$

$$=\pi\left(\frac{4}{3}x^3+8x^2+16x\right)\Bigg|_{-2}^0=\frac{32}{3}\pi$$

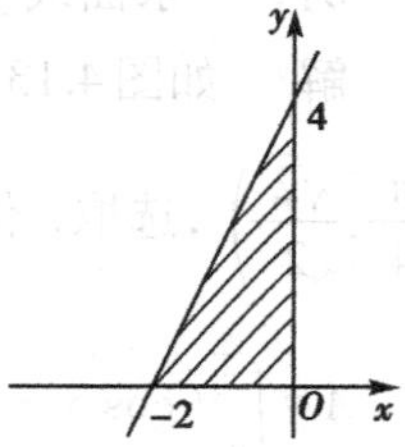

图 4.17

例 6　求$\frac{x^2}{a^2}+\frac{y^2}{b^2}=1(0<b<a)$绕 x 轴旋转一周而形成旋转体的体积 V.

解　$y=f(x)=\frac{b}{a}\sqrt{a^2-x^2}, (-a\leqslant x\leqslant a)$,则

$$V=\int_{-a}^{a}\pi\,[f(x)]^2\mathrm{d}x=\frac{\pi b^2}{a^2}\int_{-a}^{a}(a^2-x^2)\mathrm{d}x=\frac{4}{3}\pi ab^2$$

例7 求曲线$y=\sqrt{x}$,$x=\sqrt{y}$所围成的平面图形(如图4.18所示)绕y轴旋转一周而成的旋转体体积.

解 由曲线$x=\sqrt{y}$,直线$y=1$,y轴所围成的平面图形绕y轴旋转一周所成的旋转体的体积为

$$V_1=\pi\int_0^1(\sqrt{y})^2\mathrm{d}y=\frac{\pi}{2}y^2\Big|_0^1=\frac{\pi}{2}$$

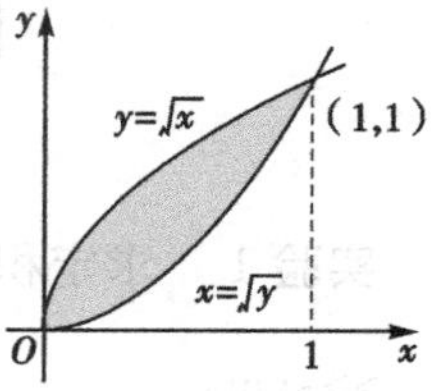

图4.18

由曲线$y=\sqrt{x}$,直线$y=1$,y轴所围成的平面图形绕y轴旋转一周所成的旋转体的体积为

$$V_2=\pi\int_0^1(y^2)^2\mathrm{d}y=\frac{\pi}{5}y^5\Big|_0^1=\frac{\pi}{5}$$

因此,所求旋转体的体积$V=V_1-V_2=\frac{\pi}{2}-\frac{\pi}{5}=\frac{3\pi}{10}$.

训练习题4.5

1.求由下列曲线所围成图形的面积.

(1)$y=\ln x,x=2,y=0$;

(2)$y=3-x^2,y=2x$;

(3)$y=\mathrm{e}^x,y=\mathrm{e}^{-x},x=1$;

(4)$y=x^2,x+y=2$.

2.求下列曲线所围平面图形绕指定的轴旋转一周所得旋转体的体积.

(1)$y=x^2,y=4,x=0$ 绕y轴旋转;

(2)$y^2=x,x^2=y$ 绕x轴旋转;

(3)$x^2-y-4=0,y=0$ 绕x轴旋转;

(4)$y=x^2+1,x=-1,x=2,y=0$ 绕x轴旋转.

任务4.6 数学实验:用MATLAB求定积分

用MATLAB求定积分的命令是"int",基本用法见表4.1.

表4.1

输入命令格式	含 义
int(f,a,b) 或 int(f,x,a,b)	$\int_a^b f(x)\mathrm{d}x$

续表

输入命令格式	含　义
int(f,a,+inf)	$\int_a^{+\infty} f(x)\,dx$
int(f,-inf,b)	$\int_{-\infty}^{b} f(x)\,dx$

实验 1　求定积分$\int_0^{\frac{\pi}{2}} \sqrt{1-\sin 2x}\,dx$.

```
>>syms  x
>>int(sqrt(1-sin(2* x)),x,0,pi/2)
ans =
    -2+2*2^(1/2)
>>eval(ans)
ans =
    0.8284
```

实验 2　求广义积分$\frac{1}{\sqrt{2\pi}}\int_{-\infty}^{+\infty} e^{-\frac{\pi^2}{2}}\,dx$.

```
>>syms  x
>>int(exp((-x^2)/2)/sqrt(2*pi),x,-inf,inf)
ans =
    1
```

训练习题 4.6

用函数 int 求下列积分:

(1) $\int_0^1 x^2 (x^3-1)^4\,dx$;　　(2) $\int_0^{\frac{\pi}{2}} x^2 \sin x\,dx$;

(3) $\int_{-\infty}^{1} \frac{1}{x^2+4x+5}\,dx$;　　(4) $\int_{-\infty}^{+\infty} xe^{-x^2}\,dx$.

项目检测 4

1.选择题

(1) 设$f(x)=\sin\sqrt{x}$,则$f(x)$ 在区间(　　) 上是可积的.

A.[-1,0]　　B.[-π,π]　　C.[0,10]　　D.[-π,0]

2.下列积分中,值为零的是(　　).

A.$\int_{-1}^{1}x^2\mathrm{d}x$　　B.$\int_{-1}^{1}x^3\mathrm{d}x$　　C.$\int_{-1}^{1}\mathrm{d}x$　　D.$\int_{-1}^{1}x^3\sin x\mathrm{d}x$

3.若f连续,则下列各式正确的是(　　).

A.$\dfrac{\mathrm{d}}{\mathrm{d}x}\int_a^b f(x)\mathrm{d}x=f(x)$　　B.$\dfrac{\mathrm{d}}{\mathrm{d}x}\int f(x)\mathrm{d}x=f(x)\mathrm{d}x$

C.$\dfrac{\mathrm{d}}{\mathrm{d}x}\int_x^b f(t)\mathrm{d}t=f(x)$　　D.$\dfrac{\mathrm{d}}{\mathrm{d}x}\int_a^x f(t)\mathrm{d}t=f(x)$

4.$\dfrac{\mathrm{d}}{\mathrm{d}x}\int_0^{\sin x}\sqrt{1-t^2}\mathrm{d}t=$(　　).

A.$\cos x$　　B.$|\cos x|$　　C.$-\cos x^2$　　D.$|\cos x|\cdot\cos x$

2.填空题

(1) 定积分计算中,规定$\int_a^b f(x)\mathrm{d}x$与$\int_b^a f(x)\mathrm{d}x$的关系是__________.

(2) 利用定积分的几何意义计算$\int_{-a}^{a}\sqrt{a^2-x^2}\mathrm{d}x=$__________.

(3) $\dfrac{\mathrm{d}}{\mathrm{d}x}\left(\int_a^b \mathrm{e}^{-\frac{x^2}{2}}\mathrm{d}x\right)=$__________,其中$a,b$为常数.

(4) $\int_0^2 f(x)\mathrm{d}x=$__________,其中$f(x)=\begin{cases}x^2, & 0\leqslant x\leqslant 1\\ 2-x, & 1<x<2\end{cases}$.

3.计算题

(1) $\int_0^{\frac{\pi}{2}}\sin(2x+\pi)\mathrm{d}x$;　　(2) $\int_1^{\mathrm{e}}\dfrac{\ln^2 x}{x}\mathrm{d}x$;　　(3) $\int_0^1\dfrac{\mathrm{e}^x-\mathrm{e}^{-x}}{2}\mathrm{d}x$;

(4) $\int_1^4\dfrac{1}{1+\sqrt{x}}\mathrm{d}x$;　　(5) $\int_0^4\dfrac{x+2}{\sqrt{2x+1}}\mathrm{d}x$;　　(6) $\int_0^1 x\sqrt{1-x^2}\mathrm{d}x$;

(7) $\int_0^2 x\mathrm{e}^{\frac{x}{2}}\mathrm{d}x$　　(8) $\int_0^{\pi}x\cos x\mathrm{d}x$;　　(9) $\int_4^9\left(\sqrt{x}+\dfrac{1}{\sqrt{x}}\right)\mathrm{d}x$.

4.应用题

(1) 求$y=-x^3+x^2+2x$与x轴所围图形的面积.

(2) 求$xy=1$及$y=x,x=2,y=0$所围图形的面积.

(3) 求由抛物线$y=x^2$,直线$x=2$与x轴所围成的平面图形分别绕x轴、y轴旋转一周而成的旋转体体积.

项目5
线性代数

【知识目标】

1.了解行列式、余子式、代数余子式的概念;理解行列式的性质.

2.掌握计算行列式的基本方法并能熟练地利用性质计算行列式的值;会利用克莱姆法则求解线性方程组.

3.明确矩阵概念的形成;要熟练掌握矩阵的加法、乘法与数量乘法的运算规则,并熟练掌握矩阵行列式的有关性质.

4.正确理解逆矩阵的概念,掌握逆矩阵的性质及矩阵可逆的充要条件;会用伴随矩阵求矩阵的逆;熟练掌握用初等变换求逆矩阵的方法.

5.掌握解线性方程组的方法;掌握线性方程组解的判定及结构.

【技能目标】

1.会运用行列式的知识,并能计算行列式.

2.会运用矩阵的知识,并能进行矩阵相关的计算.

3.会判定线性方程组的解的情况,以及能熟练地求解线性方程组,解决相关实际问题.

4.会应用行列式与矩阵的思想方法.

线性代数是高等代数的一大分支.在计算机广泛应用的今天,计算机图形学、计算机辅助设计、密码学、虚拟现实等技术无不以线性代数为其理论和算法基础的一部分.它在各种代数分支中居首要地位.线性代数中主要包括行列式、矩阵、线性方程组等内容.

任务 5.1 认知行列式

5.1.1 线性方程组与行列式

为什么要学习行列式呢?因为它是研究后面线性方程组、矩阵等的重要工具.

行列式是由莱布尼茨和日本数学家关孝和发明的.1693 年 4 月,莱布尼茨在写给洛必达的一封信中使用并给出了行列式,并给出方程组的系数行列式为零的条件.同时代的日本数学家关孝和 1683 年在其著作《解伏题元法》中也提出了行列式的概念与算法.

行列式的理论是人们从解线性方程组的需要中建立和发展起来的,它在线性代数以及其他数学分支上都有着广泛的应用.本任务主要讨论下面三个问题:

(1)什么是行列式?

(2)行列式的基本性质有哪些?

(3)如何计算二阶、三阶行列式,以及简单应用二阶、三阶行列式.

【引例 1】[鸡兔同笼] 大约一千五百年前,我国古代数学名著《孙子算经》中记载了一道数学趣题——“鸡兔同笼”问题,如图 5.1 所示。

图 5.1

分析:鸡兔同笼,是我国古代著名趣题之一,记载于《孙子算经》之中.孙子的解法“上置三十五头,下置九十四足.半其足得四十七.以少减多,再命之,上三除下四,上五除下七.下有一除上三,下有二除上五,即得”.

翻译成算术方法就是:兔数(94÷2)-35=12(只);鸡数 35-12=23 (只).

而这个问题还可以看作初等代数里的二元线性方程组的问题.

解 设有 x_1 只兔,x_2 只鸡,则可以列出

$$\begin{cases} x_1+x_2=35 \\ 4x_1+2x_2=94 \end{cases}$$

加减消元得

$$\begin{cases} x_1=12 \\ x_2=23 \end{cases}$$

【引例 2】[公园门票] 某天 8 个人去公园玩,买门票花了 34 元.每张成人票 5 元,每张儿童票 3 元.那么到底去了几个成人、几个儿童?

这个问题也可以用案例 1 的解题方法来解决.

解 设有 x_1 个成人,x_2 个儿童,则可以列出方程组为

图 5.2

$$\begin{cases} x_1+x_2=8 \\ 5x_1+3x_2=34 \end{cases}$$

加减消元得

$$\begin{cases} x_1=5 \\ x_2=3 \end{cases}$$

下面让我们回忆一下初等代数里解二元线性方程组的加减消元方法.一般地,对由两个方程组成的二元线性方程组

$$\begin{cases} a_{11}x_1+a_{12}x_2=b_1 \\ a_{21}x_1+a_{22}x_2=b_2 \end{cases} \quad ①$$

分别用加减消元法消去 x_1 和 x_2,若 $a_{11}a_{22}-a_{12}a_{21}\neq 0$,则可解得

$$\begin{cases} x_1=\dfrac{b_1a_{22}-b_2a_{12}}{a_{11}a_{22}-a_{12}a_{21}} \\ x_2=\dfrac{a_{11}b_2-a_{21}b_1}{a_{11}a_{22}-a_{12}a_{21}} \end{cases} \quad ②$$

为了便于记忆这个表达式,引入下面的记号.

1)二阶行列式的定义

定义 1 记号 $\begin{vmatrix} a_{11} & a_{12} \\ a_{21} & a_{22} \end{vmatrix}$ 称为二阶行列式,它代表一个算式,等于代数和 $a_{11}a_{22}-a_{12}a_{21}$,其中 $a_{ij}(i=1,2;j=1,2)$ 称为二阶行列式的元素,横排的称为行,纵排的称为列.

将左上角元素到右下角元素的连线称为主对角线,右上角到左下角元素的连线称为次对角线,行列式的值即主对角线两个元素的乘积减次对角线两个元素的乘积,它是二阶行列式的计算公式,这种计算方法称为对角线法则,$a_{11}a_{22}-a_{12}a_{21}$ 也称为二阶行列式的展开式.

利用上述定义,式①和式②中两个分子可以分别记为

$$D_1=\begin{vmatrix} b_1 & a_{12} \\ b_2 & a_{22} \end{vmatrix}=b_1a_{22}-a_{12}b_2 \quad , \quad D_2=\begin{vmatrix} a_{11} & b_1 \\ a_{21} & b_2 \end{vmatrix}=a_{11}b_2-b_1a_{21}$$

分母记为

$$D=\begin{vmatrix} a_{11} & a_{12} \\ a_{21} & a_{22} \end{vmatrix}=a_{11}a_{22}-a_{12}a_{21}$$

称为方程组①的系数行列式.

于是,当 $D\neq 0$ 时,方程组①的解唯一并可以表示为:

$$x_1=\frac{D_1}{D}, \quad x_2=\frac{D_2}{D}. \quad ③$$

例 1 用二阶行列式解线性方程组$\begin{cases}2x_1+4x_2=1\\x_1+3x_2=2\end{cases}$.

解 这时 $D=\begin{vmatrix}2&4\\1&3\end{vmatrix}=2\times3-4\times1=2\neq0$,

$$D_1=\begin{vmatrix}1&4\\2&3\end{vmatrix}=1\times3-4\times2=-5\quad,\quad D_2=\begin{vmatrix}2&1\\1&2\end{vmatrix}=2\times2-1\times1=3.$$

因此,方程组的解是 $x_1=\dfrac{D_1}{D}=\dfrac{-5}{2},x_2=\dfrac{D_2}{D}=\dfrac{3}{2}$.

例 2 计算下列行列式:

① $\begin{vmatrix}2&-8\\5&6\end{vmatrix}$; ② $\begin{vmatrix}\sin\theta&\cos\theta\\-\cos\theta&\sin\theta\end{vmatrix}$.

解 ① $\begin{vmatrix}2&-8\\5&6\end{vmatrix}=2\times6-5\times(-8)=52$

② $\begin{vmatrix}\sin\theta&\cos\theta\\-\cos\theta&\sin\theta\end{vmatrix}=\sin^2\theta-(-\cos^2\theta)=\sin^2\theta+\cos^2\theta=1$

例 3 解方程组$\begin{cases}3x-2y-3=0\\x+3y+1=0\end{cases}$.

解 方程组可变形为$\begin{cases}3x-2y=3\\x+3y=-1\end{cases}$.

因为
$$D=\begin{vmatrix}3&-2\\1&3\end{vmatrix}=9+2=11\neq0$$

$$D_1=\begin{vmatrix}3&-2\\-1&3\end{vmatrix}=9-2=7,\quad D_2=\begin{vmatrix}3&3\\1&-1\end{vmatrix}=-3-3=-6$$

所以方程组有唯一的解

$$x=\frac{D_1}{D}=\frac{7}{11},\quad y=\frac{D_2}{D}=-\frac{6}{11}$$

2)三阶行列式的定义

类似地,为了讨论三元线性方程组

$$\begin{cases}a_{11}x_1+a_{12}x_2+a_{13}x_3=b_1\\a_{21}x_1+a_{22}x_2+a_{23}x_3=b_2\\a_{31}x_1+a_{32}x_2+a_{33}x_3=b_3\end{cases}$$

的解,与二阶行列式类似,我们也可以定义相应的三阶行列式.

设三元一次线性方程组为

$$\begin{cases}a_{11}x_1+a_{12}x_2+a_{13}x_3=b_1\\a_{21}x_1+a_{22}x_2+a_{23}x_3=b_2\\a_{31}x_1+a_{32}x_2+a_{33}x_3=b_3\end{cases}\qquad ④$$

解此三元线性方程组与二元线性方程组类似.用加减消元法先消去 x_3,得到含 x_1,x_2 的二元线性方程组,然后利用上述求二元线性方程组的结果,即可确定三元线性方程组的解.

在求 x_1 的过程中,有

$$(a_{11}a_{22}a_{33}+a_{12}a_{23}a_{32}+a_{13}a_{21}a_{32}-a_{11}a_{23}a_{32}-a_{12}a_{21}a_{33}-a_{13}a_{22}a_{31})x_1$$
$$=b_1a_{22}a_{33}+a_{12}a_{23}b_3+a_{13}b_2a_{32}-a_{13}a_{22}b_3-a_{12}b_2a_{33}-b_1a_{23}a_{32}$$

把 x_1 的系数记为

$$D=\begin{vmatrix}a_{11}&a_{12}&a_{13}\\a_{21}&a_{22}&a_{23}\\a_{31}&a_{32}&a_{33}\end{vmatrix}$$

即 $$D=a_{11}a_{22}a_{33}+a_{12}a_{23}a_{31}+a_{13}a_{21}a_{32}-a_{11}a_{23}a_{32}-a_{12}a_{21}a_{33}-a_{13}a_{22}a_{31}$$

定义 2 记号 $\begin{vmatrix}a_{11}&a_{12}&a_{13}\\a_{21}&a_{22}&a_{23}\\a_{31}&a_{32}&a_{33}\end{vmatrix}$ 称为三阶行列式,它表示代数和

$$a_{11}a_{22}a_{33}+a_{12}a_{23}a_{31}+a_{13}a_{21}a_{32}-a_{13}a_{22}a_{31}-a_{11}a_{23}a_{32}-a_{12}a_{21}a_{33}$$

因为它是由方程组④中变元的系数组成,所以又称其为方程组④的系数行列式,如果 $D\neq0$,容易算出方程组④有唯一解

$$x_1=\frac{D_1}{D},\quad x_2=\frac{D_2}{D},\quad x_3=\frac{D_3}{D}$$

其中 $D_j(j=1,2,3)$ 分别是将 D 中第 j 列的元素换成方程组④右端的常数项 b_1,b_2,b_3 得到的.

又如,已知平面的三点 (x_1,y_1),(x_2,y_2),(x_3,y_3),则以这 3 点为顶点的三角形面积为下面行列式的绝对值

$$\frac{1}{2}\begin{vmatrix}1&x_1&y_1\\1&x_2&y_2\\1&x_3&y_3\end{vmatrix}$$

三阶行列式是 6 项的代数和,其中每一项都是 D 中不同行不同列的 3 个元素的乘积并冠以正负号.为了便于记忆,可写成下面的形式:

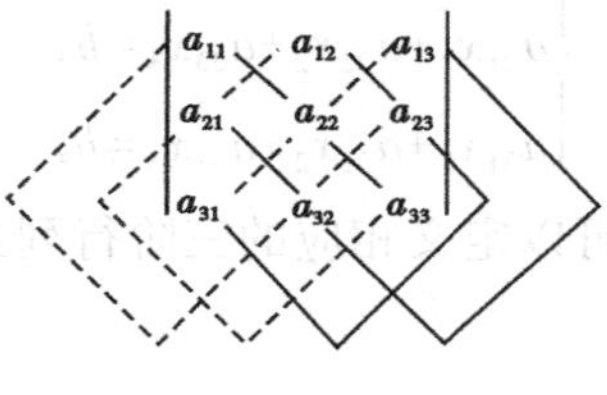

式中实线上3个元素的乘积项取正号,虚线上3个元素的乘积项取负号.这种方法称为三阶行列式的对角线法则.

例4 计算$D=\begin{vmatrix}-3&2&1\\0&3&2\\-1&5&-2\end{vmatrix}$.

解 $D=(-3)\times3\times(-2)+2\times2\times(-1)+1\times0\times5-1\times3\times(-1)-2\times5\times(-3)-0\times2\times(-2)=47$

例5 计算$\begin{vmatrix}2&1&2\\-4&3&1\\2&3&5\end{vmatrix}$.

解 $\begin{vmatrix}2&1&2\\-4&3&1\\2&3&5\end{vmatrix}=2\times3\times5+1\times1\times2+(-4)\times3\times2-2\times3\times2-1\times(-4)\times5-2\times3\times1=10$

例6 解线性方程组$\begin{cases}2x_1-x_2+x_3=0\\3x_1+2x_2-5x_3=1\\x_1+3x_2-2x_3=4\end{cases}$.

解 因为

$$D=\begin{vmatrix}2&-1&1\\3&2&-5\\1&3&-2\end{vmatrix}=28\neq0,\quad D_1=\begin{vmatrix}0&-1&1\\1&2&-5\\4&3&-2\end{vmatrix}=13,$$

$$D_2=\begin{vmatrix}2&0&1\\3&1&-5\\1&4&-2\end{vmatrix}=47\quad,\quad D_3=\begin{vmatrix}2&-1&0\\3&2&1\\1&3&4\end{vmatrix}=21.$$

所以,$x_1=\dfrac{D_1}{D}=\dfrac{13}{28},x_2=\dfrac{D_2}{D}=\dfrac{47}{28},x_3=\dfrac{D_3}{D}=\dfrac{21}{28}=\dfrac{3}{4}$.

例7 解线性方程组$\begin{cases}2x+y=3\\y-3z=1\\x+2z=-1\end{cases}$.

解 因为

$$D=\begin{vmatrix}2&1&0\\0&1&-3\\1&0&2\end{vmatrix}=1\neq0,\quad D_1=\begin{vmatrix}3&1&0\\1&1&-3\\-1&0&2\end{vmatrix}=7,$$

$$D_2=\begin{vmatrix}2&3&0\\0&1&-3\\1&-1&2\end{vmatrix}=-11,\quad D_3=\begin{vmatrix}2&1&3\\0&1&1\\1&0&-1\end{vmatrix}=-4.$$

所以方程组的解为

$$x=\frac{D_1}{D}=7,\quad y=\frac{D_2}{D}=-11,\quad z=\frac{D_3}{D}=-4.$$

例 8 已知 $\begin{vmatrix} a & b & 0 \\ -b & a & 0 \\ 1 & 0 & 1 \end{vmatrix}=0$，问 a,b 应满足什么条件?（其中 a,b 均为实数）.

解 由于 $\begin{vmatrix} a & b & 0 \\ -b & a & 0 \\ 1 & 0 & 1 \end{vmatrix}=a^2+b^2$

若要 $a^2+b^2=0$，则 a 与 b 须同时等于零.因此，当 $a=0$ 且 $b=0$ 时，给定行列式等于零.

3）n 阶行列式

先把二、三阶行列式的概念推广到更高的阶行列式.

定义 3 由 n^2 个元素 $a_{ij}(i,j=1,2,\cdots,n)$ 组成的记号

$$\begin{vmatrix} a_{11} & a_{12} & \cdots & a_{1n} \\ a_{21} & a_{22} & \cdots & a_{2n} \\ \vdots & \vdots & & \vdots \\ a_{n1} & a_{n2} & \cdots & a_{nn} \end{vmatrix}$$

称为 n 阶行列式.其中横排的称为行，纵排的称为列，它也是一个算式.

4）行列式的展开

一般来说，低阶行列式比高阶行列式容易计算，因此我们希望用低阶行列式来表示高阶行列式，这就是行列式的按行（列）展开.为此引进余子式和代数余子式的概念.

定义 4 在 n 阶行列式中，把元素 a_{ij} 所在的第 i 行与第 j 列划去后留下来的 $n-1$ 阶行列式称为元素 a_{ij} 的余子式，记作 M_{ij}.而 $A_{ij}=(-1)^{i+j}M_{ij}$ 称为 a_{ij} 的代数余子式.

如 $D=\begin{vmatrix} 0 & 2 & 0 \\ 1 & 3 & 5 \\ 4 & 2 & 3 \end{vmatrix}$，$M_{12}=\begin{vmatrix} 1 & 5 \\ 4 & 3 \end{vmatrix}=-17$，$A_{12}=(-1)^{1+2}M_{12}=17$，$D=2A_{12}=34$.

定理 1 三阶行列式的值等于它的任意一行（或任意一列）的各元素与其对应的代数余子式乘积之和，即

$$\begin{vmatrix} a_{11} & a_{12} & a_{13} \\ a_{21} & a_{22} & a_{23} \\ a_{31} & a_{32} & a_{33} \end{vmatrix}=\sum_{i=1}^{3}a_{ij}A_{ij}=\sum_{j=1}^{3}a_{ij}A_{ij}\quad(i=1,2,3;j=1,2,3)$$

证明 以 $\begin{vmatrix} a_{11} & a_{12} & a_{13} \\ a_{21} & a_{22} & a_{23} \\ a_{31} & a_{32} & a_{33} \end{vmatrix}=a_{11}A_{11}+a_{12}A_{12}+a_{13}A_{13}$ 为例，其余证明方法相同.

$$\begin{vmatrix} a_{11} & a_{12} & a_{13} \\ a_{21} & a_{22} & a_{23} \\ a_{31} & a_{32} & a_{33} \end{vmatrix} = a_{11}a_{22}a_{33}+a_{12}a_{23}a_{31}+a_{13}a_{21}a_{32}-a_{13}a_{22}a_{31}-a_{11}a_{23}a_{32}-a_{12}a_{21}a_{33}$$

$$=a_{11}(a_{22}a_{33}-a_{23}a_{32})+a_{12}(a_{23}a_{31}-a_{21}a_{33})+a_{13}(a_{21}a_{32}-a_{22}a_{31})$$

$$=a_{11}\begin{vmatrix} a_{22} & a_{23} \\ a_{32} & a_{33} \end{vmatrix}-a_{12}\begin{vmatrix} a_{21} & a_{23} \\ a_{31} & a_{33} \end{vmatrix}+a_{13}\begin{vmatrix} a_{21} & a_{22} \\ a_{31} & a_{32} \end{vmatrix}=a_{11}A_{11}+a_{12}A_{12}+a_{13}A_{13}$$

这样,可利用计算二阶行列式来计算三阶行列式.

例 9　将行列式 $\begin{vmatrix} 2 & 3 & 5 \\ -4 & 3 & 1 \\ 2 & 1 & -2 \end{vmatrix}$ 分别按着第一行和第二列展开.

解　按第一行展开为

$$\begin{vmatrix} 2 & 3 & 5 \\ -4 & 3 & 1 \\ 2 & 1 & -2 \end{vmatrix} = 2\cdot(-1)^{1+1}\begin{vmatrix} 3 & 1 \\ 1 & -2 \end{vmatrix}+3\cdot(-1)^{1+2}\begin{vmatrix} -4 & 1 \\ 2 & -2 \end{vmatrix}+5\cdot(-1)^{1+3}\begin{vmatrix} -4 & 3 \\ 2 & 1 \end{vmatrix}$$

按第二列展开为

$$\begin{vmatrix} 2 & 3 & 5 \\ -4 & 3 & 1 \\ 2 & 1 & -2 \end{vmatrix} = 3\cdot(-1)^{1+2}\begin{vmatrix} -4 & 1 \\ 2 & -2 \end{vmatrix}+3\cdot(-1)^{2+2}\begin{vmatrix} 2 & 5 \\ 2 & -2 \end{vmatrix}+1\cdot(-1)^{3+2}\begin{vmatrix} 2 & 5 \\ -4 & 1 \end{vmatrix}$$

推论　三阶行列式的某一行(或某一列)的元素与另一行(列)对应元素的代数余子式乘积之和等于零.

行列式的这种展开方法可以推广到 n 阶行列式.

定理 2　行列式等于它的任一行(列)的各元素与其对应的代数余子式乘积之和,即

$$D = a_{i1}A_{i1} + a_{i2}A_{i2} + \cdots + a_{in}A_{in} = \sum_{k=1}^{n} a_{ik}A_{ik}(\text{行列式按行展开})$$

或

$$D = a_{1j}A_{1j} + a_{2j}A_{2j} + \cdots + a_{nj}A_{nj} = \sum_{k=1}^{n} a_{kj}A_{kj}(\text{行列式按列展开})$$

推论　行列式任一行(列)的元素与另一行(列)的对应元素的代数余子式乘积之和等于0,即

$$a_{i1}A_{j1}+a_{i2}A_{j2}+\cdots+a_{in}A_{jn}=0, i\neq j$$

$$a_{1i}A_{1j}+a_{2i}A_{2j}+\cdots+a_{ni}A_{nj}=0. i\neq j$$

例 10　对于三阶行列式 $\begin{vmatrix} 4 & 3 & 1 \\ 0 & -1 & 5 \\ -3 & 0 & 1 \end{vmatrix}$ 而言.

$$\begin{vmatrix} 4 & 3 & 1 \\ 0 & -1 & 5 \\ -3 & 0 & 1 \end{vmatrix} \neq a_{21}A_{31}+a_{22}A_{32}+a_{23}A_{33},\quad \begin{vmatrix} 4 & 3 & 1 \\ 0 & -1 & 5 \\ -3 & 0 & 1 \end{vmatrix} = -52,$$

而 $a_{21}A_{31}+a_{22}A_{32}+a_{23}A_{33}=0\times(-1)^{3+1}\begin{vmatrix}3&1\\-1&5\end{vmatrix}+(-1)\times(-1)^{3+2}\begin{vmatrix}4&1\\0&5\end{vmatrix}+5\times(-1)^{3+3}\begin{vmatrix}4&3\\0&-1\end{vmatrix}=0$

定理及推论可归结为：

$$a_{i1}A_{j1}+a_{i2}A_{j2}+\cdots+a_{in}A_{jn}=\sum_{k=1}^{n}a_{ik}A_{jk}=\begin{cases}D, & i=j\\0, & i\neq j\end{cases}$$

$$a_{1i}A_{1j}+a_{2i}A_{2j}+\cdots+a_{ni}A_{nj}=\sum_{k=1}^{n}a_{ki}A_{kj}=\begin{cases}D, & i=j\\0, & i\neq j\end{cases}$$

特别地，$|a_{11}|$称为一阶行列式，$|a_{11}|=a_{11}$，不要与绝对值符号混淆.行列式有时简记为$|a_{ij}|$.

例 11 求四阶行列式 $D=\begin{vmatrix}1&0&-3&7\\0&1&2&1\\-3&4&0&3\\1&-2&2&-1\end{vmatrix}$ 中元素 7 的代数余子式 A_{14}.

解 $A_{14}=(-1)^{1+4}\begin{vmatrix}0&1&2\\-3&4&0\\1&-2&2\end{vmatrix}=-[0+0+12-(-6)-8]=-10$

例 12 计算行列式 $\begin{vmatrix}1&2&3&4\\1&0&1&2\\3&-1&-1&0\\1&2&0&-5\end{vmatrix}$.

解 按第三列展开有

$$D=a_{13}A_{13}+a_{23}A_{23}+a_{33}A_{33}+a_{43}A_{43}=-24.$$

例 13 由定义可得 $\begin{vmatrix}a_{11}&0&\cdots&0\\0&a_{22}&\cdots&0\\\vdots&\vdots&&\vdots\\0&0&\cdots&a_{nn}\end{vmatrix}=a_{11}a_{22}\cdots a_{nn}$.

这种行列式主对角线（从左上角元素到右下角元素的对角线）以外的元素全为零，称为对角形行列式.

用与例 9 类似的方法可求得

$$D=\begin{vmatrix}a_{11}&0&\cdots&0\\a_{21}&a_{22}&\cdots&0\\\vdots&\vdots&&\vdots\\a_{n1}&a_{n2}&\cdots&a_{nn}\end{vmatrix}=a_{11}a_{22}\cdots a_{nn}$$

这种主对角线（从左上角元素到右下角元素的对角线）上方的元素全为零的行列式称为下三角形行列式.

同理可得上三角形行列式

$$\begin{vmatrix} a_{11} & a_{12} & \cdots & a_{1n} \\ 0 & a_{22} & \cdots & a_{2n} \\ \vdots & \vdots & & \vdots \\ 0 & 0 & \cdots & a_{nn} \end{vmatrix} = a_{11}a_{22}\cdots a_{nn}$$

5.1.2 行列式的性质

将行列式 D 的行与列互换后得到的行列式,称为 D 的转置行列式,记为 D^{T} 或 D',即若

$$D = \begin{vmatrix} a_{11} & a_{12} & \cdots & a_{1n} \\ a_{21} & a_{22} & \cdots & a_{2n} \\ \vdots & \vdots & & \vdots \\ a_{n1} & a_{n2} & \cdots & a_{nn} \end{vmatrix},$$

则

$$D^{\mathrm{T}} = \begin{vmatrix} a_{11} & a_{21} & \cdots & a_{n1} \\ a_{12} & a_{22} & \cdots & a_{n2} \\ \vdots & \vdots & & \vdots \\ a_{1n} & a_{2n} & \cdots & a_{nn} \end{vmatrix}.$$

行列式具有如下性质:

性质1 任意行列式 D 与它的转置行列式 D^{T} 的值相等,即 $D=D^{\mathrm{T}}$.

此性质表明行列式中行和列的地位是同等的,对行成立的性质对列也对,反之亦然.

性质2 交换行列式的两行(列),行列式的值改变符号.

例14 $\begin{vmatrix} 1 & 2 & 1 \\ 0 & 1 & -1 \\ 2 & -1 & 0 \end{vmatrix} = -7$, $\begin{vmatrix} 0 & 1 & -1 \\ 1 & 2 & 1 \\ 2 & -1 & 0 \end{vmatrix} = 7.$

推论 行列式有两行(列)元素完全相同,则行列式的值为零.

例15 $\begin{vmatrix} 1 & 2 & 3 \\ 1 & 1 & 2 \\ 1 & 2 & 3 \end{vmatrix} = 0.$

性质3 行列式的某一行(列)中所有元素都乘以同一个数 k,等于用 k 乘以此行列式.

$$D = \begin{vmatrix} a_{11} & a_{12} & \cdots & a_{1n} \\ \vdots & \vdots & & \vdots \\ ka_{i1} & ka_{i2} & \cdots & ka_{in} \\ \vdots & \vdots & & \vdots \\ a_{n1} & a_{n2} & \cdots & a_{nn} \end{vmatrix} = k\begin{vmatrix} a_{11} & a_{12} & \cdots & a_{1n} \\ \vdots & \vdots & & \vdots \\ a_{i1} & a_{i2} & \cdots & a_{in} \\ \vdots & \vdots & & \vdots \\ a_{n1} & a_{n2} & \cdots & a_{nn} \end{vmatrix} = kD$$

推论1 行列式中某一行(列)的所有元素的公因子可以提到行列式符号之外.

例 16 $\begin{vmatrix} 4 & 0 & 2 \\ 12 & -1 & 0 \\ 4 & 2 & -1 \end{vmatrix} = 4\times\begin{vmatrix} 1 & 0 & 2 \\ 3 & -1 & 0 \\ 1 & 2 & -1 \end{vmatrix}$.

推论 2 行列式中如果有两行(列)元素成比例,则此行列式等于零.

例 17 $\begin{vmatrix} 1 & 4 & 1 & 0 \\ 2 & 8 & 3 & 5 \\ 0 & 0 & 1 & 4 \\ -1 & -4 & -5 & 7 \end{vmatrix} = 0$.

推论 3 若行列式某一行(列)的元素全为零,则其值为零.

性质 4 若行列式中的某一行(列)所有元素都是两个元素之和,则此行列式等于两个行列式之和,而且这两个行列式除了这一行(列)以外,其余的元素与原来行列式的对应元素相同,即

$$\begin{vmatrix} a_{11} & a_{12} & \cdots & a_{1n} \\ \vdots & \vdots & & \vdots \\ b_{i1}+c_{i1} & b_{i2}+c_{i2} & \cdots & b_{in}+c_{in} \\ \vdots & \vdots & & \vdots \\ a_{n1} & a_{n2} & \cdots & a_{nn} \end{vmatrix} = \begin{vmatrix} a_{11} & a_{12} & \cdots & a_{1n} \\ \vdots & \vdots & & \vdots \\ b_{i1} & b_{i2} & \cdots & b_{in} \\ \vdots & \vdots & & \vdots \\ a_{n1} & a_{n2} & \cdots & a_{nn} \end{vmatrix} + \begin{vmatrix} a_{11} & a_{12} & \cdots & a_{1n} \\ \vdots & \vdots & & \vdots \\ c_{i1} & c_{i2} & \cdots & c_{in} \\ \vdots & \vdots & & \vdots \\ a_{n1} & a_{n2} & \cdots & a_{nn} \end{vmatrix}$$

注意 一般地,$\begin{vmatrix} a_{11}+b_{11} & a_{12}+b_{12} \\ a_{21}+b_{21} & a_{22}+b_{22} \end{vmatrix} \neq \begin{vmatrix} a_{11} & a_{12} \\ a_{21} & a_{22} \end{vmatrix} + \begin{vmatrix} b_{11} & b_{12} \\ b_{21} & b_{22} \end{vmatrix}$.

性质 5 将行列式某一行(列)的倍数加到另一行(列)上去,行列式的值不变.(这条性质是在简化行列式的过程中用得最多的一条性质).

常引入记号:以数 k 乘第 j 行(列)加到第 i 行(列)上去,记作 $r_i+kr_j(c_i+kc_j)$.

例 18 计算行列式 $\begin{vmatrix} 1 & 1 & -5 \\ -1 & 1 & 0 \\ -11 & 5 & -5 \end{vmatrix}$.

解 $\begin{vmatrix} 1 & 1 & -5 \\ -1 & 1 & 0 \\ -11 & 5 & -5 \end{vmatrix} \xlongequal{r_3+(-1)r_1} \begin{vmatrix} 1 & 1 & -5 \\ -1 & 1 & 0 \\ -12 & 4 & 0 \end{vmatrix} \xlongequal{\text{按第 3 列展开}} (-5)(-1)^{1+3}\begin{vmatrix} -1 & 1 \\ -12 & 4 \end{vmatrix} = 40$

说明:先利用性质 5 化简第三行元素,使它出现较多的零,继而再运用定理 2 行列式按行/列展开计算.

当然计算行列式时,也常用行列式的性质,把它化为上(下)三角形行列式来计算. 化为上三角形行列式的步骤是:如果第一列第一个元素为 0,先将第一行与其他行交换使得第一列第一个元素不为 0; 然后把第一行分别乘以适当的数加到其他各行,使得第一列除第一个

元素外其余元素全为 0;再用同样的方法处理除去第一行和第一列后余下的低一阶行列式,如此继续下去,直至使它成为上三角形行列式,这时主对角线上元素的乘积就是所求行列式的值.下一个任务会详细叙述.

在实际计算过程中,经常将行列式的性质和行列式的展开定理交替使用,使计算过程简化.

训练习题 5.1

1.计算下列行列式:

(1) $\begin{vmatrix} 3 & 6 \\ 5 & 4 \end{vmatrix}$;　(2) $\begin{vmatrix} \cos^2\alpha & \sin^2\alpha \\ \sin^2\alpha & \cos^2\alpha \end{vmatrix}$;

(3) $\begin{vmatrix} 4 & 2 & 3 \\ 7 & 3 & 0 \\ 3 & 0 & 0 \end{vmatrix}$;　(4) $\begin{vmatrix} 0 & x & y \\ -x & 0 & z \\ -y & -z & 0 \end{vmatrix}$.

2.解三元一次方程组:

$$\begin{cases} 2x_1-x_2+3x_3=3 \\ 3x_1+x_2-5x_3=0 \\ 4x_1-x_2+x_3=3 \end{cases}$$

3.解方程:

$$\begin{vmatrix} x^2 & 4 & -9 \\ x & 2 & 3 \\ 1 & 1 & 1 \end{vmatrix}=0$$

4.利用行列式性质证明下列等式:

(1) $\begin{vmatrix} a^2 & ab & b^2 \\ 2a & a+b & 2b \\ 1 & 1 & 1 \end{vmatrix}=(a-b)^3$;　(2) $\begin{vmatrix} a_1+ka_2 & a_2+ma_3 & a_3 \\ b_1+kb_2 & b_2+mb_3 & b_3 \\ c_1+kc_2 & c_2+mc_3 & c_3 \end{vmatrix}=\begin{vmatrix} a_1 & a_2 & a_3 \\ b_1 & b_2 & b_3 \\ c_1 & c_2 & c_3 \end{vmatrix}$.

5.计算下列行列式的代数余子式和余子式:

已知 $\begin{vmatrix} 5 & -3 & 0 & 1 \\ -2 & -1 & 0 & 0 \\ 1 & 6 & 4 & 7 \\ 3 & 2 & 0 & 0 \end{vmatrix}$,(1)求元素 7 的代数余子式;(2)求 M_{23};(3)求 A_{23}.

任务5.2 计算行列式与用克莱姆法则解线性方程组

由 n 阶行列式的定义可知,当 n 较大时,用定义计算行列式运算量很大.而前面给出的行列式性质对 n 阶行列式同样适用,因而 n 阶行列式也可运用性质简化计算.通常,利用行列式的性质,可以将行列式化成三角行列式或者结合行列式的展开的方法以及使用数学软件 MATLAB 进行计算.

行列式出现于线性方程组的求解,它最早是一种速记的表达式.

1750 年,瑞士数学家克莱姆(G.Cramer,1704—1752)在其著作《线性代数分析导引》中,对行列式的定义和展开法则给出了比较完整、明确的阐述,并给出了现在所称的解线性方程组的克莱姆法则.

稍后,数学家贝祖(E.Bezout,1730—1783)将确定行列式每一项符号的方法进行了系统化,利用系数行列式概念指出了如何判断一个齐次线性方程组有非零解.

在行列式的发展史上,第一个对行列式理论作出连贯的、逻辑的阐述,即把行列式理论与线性方程组求解相分离的人,是法国数学家范德蒙(A-T.Vandermonde,1735—1796).就对行列式本身这一点来说,他是这门理论的奠基人.

5.2.1 计算行列式

通常,利用行列式的性质,将行列式化成三角行列式进行计算.

在计算行列式时,为了叙述方便,约定了如下记号:以 r_i 表示行列式的第 i 行(row),以 c_j 表示行列式的第 j 列(column).交换 i,j 两行,记为 $r_i \leftrightarrow r_j$;第 i 行加上(或减去)第 j 行的 k 倍记为 $r_i \pm kr_j$,对列也有类似记号.

下面看几个计算行列式的例子:

例 1 计算行列式:

$$D=\begin{vmatrix} 4 & 2 & 9 & -3 & 0 \\ 6 & 3 & -5 & 7 & 1 \\ 5 & 0 & 0 & 0 & 0 \\ 8 & 0 & 0 & 4 & 0 \\ 7 & 0 & 3 & 5 & 0 \end{vmatrix}$$

解 将第一、二行互换,第三、五行互换,得

$$D=(-1)^2\begin{vmatrix} 6 & 3 & -5 & 7 & 1 \\ 4 & 2 & 9 & -3 & 0 \\ 7 & 0 & 3 & 5 & 0 \\ 8 & 0 & 0 & 4 & 0 \\ 5 & 0 & 0 & 0 & 0 \end{vmatrix}$$

将第一、五列互换，得

$$D=(-1)^3\begin{vmatrix}1&3&-5&7&6\\0&2&9&-3&4\\0&0&3&5&7\\0&0&0&4&8\\0&0&0&0&5\end{vmatrix}=-1\cdot2\cdot3\cdot4\cdot5=-5!\ =-120$$

例 2 计算行列式：

$$D=\begin{vmatrix}1&-9&13&7\\-2&5&-1&3\\3&-1&5&-5\\2&8&-7&-10\end{vmatrix}$$

解 行列式 D 的第一行不变，则

$$D\xlongequal[\substack{r_3-3r_1\\r_4-2r_1}]{r_2+2r_1}\begin{vmatrix}1&-9&13&7\\0&-13&25&17\\0&26&-34&-26\\0&26&-33&-24\end{vmatrix}\xlongequal[r_4+2r_2]{r_3+2r_2}\begin{vmatrix}1&-9&13&7\\0&-13&25&17\\0&0&16&8\\0&0&17&10\end{vmatrix}$$

$$\xlongequal{r_4-\frac{17}{16}r_3}\begin{vmatrix}1&-9&13&7\\0&-13&25&17\\0&0&16&8\\0&0&0&\frac{3}{2}\end{vmatrix}=1\times(-13)\times16\times\frac{3}{2}=-312$$

例 3 计算行列式 $D=\begin{vmatrix}3&1&1&1\\1&3&1&1\\1&1&3&1\\1&1&1&3\end{vmatrix}$

解 这个行列式的特点是各行 4 个数的和都是 6，我们把第 2、3、4 各列同时加到第 1 列，把公因子提出来，然后把第 1 行×(−1)加到第 2、3、4 行上就成为三角形行列式.具体计算如下：

$$D=\begin{vmatrix}6&1&1&1\\6&3&1&1\\6&1&3&1\\6&1&1&3\end{vmatrix}=6\times\begin{vmatrix}1&1&1&1\\1&3&1&1\\1&1&3&1\\1&1&1&3\end{vmatrix}=6\times\begin{vmatrix}1&1&1&1\\0&2&0&0\\0&0&2&0\\0&0&0&2\end{vmatrix}=6\times2^3=48$$

例 4　计算行列式 $D=\begin{vmatrix}2&-1&5&7\\0&1&-3&8\\4&-2&12&17\\0&0&-1&0\end{vmatrix}$.

解　利用性质 4，将行列式 D 分解成两个行列式之和，即

$$D=\begin{vmatrix}2&-1&5&7\\0&1&-3&8\\4+0&-2+0&10+2&14+3\\0&0&-1&0\end{vmatrix}=\begin{vmatrix}2&-1&5&7\\0&1&-3&8\\4&-2&10&14\\0&0&-1&0\end{vmatrix}+\begin{vmatrix}2&-1&5&7\\0&1&-3&8\\0&0&2&3\\0&0&-1&0\end{vmatrix}$$

$$=0+(-1)\begin{vmatrix}2&-1&7&5\\0&1&8&-3\\0&0&3&2\\0&0&0&-1\end{vmatrix}=6$$

在例 2 中，反复利用性质 5，将一个四阶行列式化成上三角形行列式，于是行列式的值就是主对角线上元素的乘积. 而例 4 则是运用了性质 4、性质 3 的推论及性质 2.

另外，利用行列式的性质结合行列式的展开，可以将行列式化零降阶进行计算.

例 5　计算四阶行列式 $D=\begin{vmatrix}3&0&-2&0\\-4&1&0&2\\1&5&7&0\\-3&0&2&4\end{vmatrix}$.

解　由定理 2，可将行列式按第一行展开，即

$$D=3\times(-1)^{1+1}\begin{vmatrix}1&0&2\\5&7&0\\0&2&4\end{vmatrix}+(-2)\times(-1)^{1+3}\begin{vmatrix}-4&1&2\\1&5&0\\-3&0&4\end{vmatrix}$$

$$=3\times(28+20)-2\times(-40+30-4)=144+28=176$$

例 6　计算 $\begin{vmatrix}3&1&-1&2\\-5&1&3&-4\\2&0&1&-1\\1&-5&3&-3\end{vmatrix}$.

解　反复利用性质 5，先将行列式第三行化为只有一个元素不为 0，再按第三行展开，即

$$\begin{vmatrix}3&1&-1&2\\-5&1&3&-4\\2&0&1&-1\\1&-5&3&-3\end{vmatrix}\xlongequal[c_4+c_3]{c_1-2c_3}\begin{vmatrix}5&1&-1&1\\-11&1&3&-1\\0&0&1&0\\-5&-5&3&0\end{vmatrix}=(-1)^{3+3}\begin{vmatrix}5&1&1\\-11&1&-1\\-5&-5&0\end{vmatrix}$$

（将某一行或列尽量多的元素化为 0，在按此行或列展开）

5.2.2　克莱姆法则

【引例 1】[计算盒中糖果的数量]　某超市的糖果柜台销售一种内装纯巧克力和果仁巧克力的盒糖.每盒售价为 20 元,每盒中装有 50 块大小相同的巧克力.如果每块纯巧克力的进货成本为 0.5 元,而果仁巧克力的进货成本为 0.25 元,试问在每盒中放入多少块纯巧克力和果仁巧克力能够保本?

解　设每盒中各放入 x 块纯巧克力和 y 块果仁巧克力.

由于每块纯巧克力的进货成本为 0.5 元,果仁巧克力的进货成本为 0.25 元,按照每盒售价为 20 元,为了保本,应有

$$0.5x+0.25y=20$$

同时又要求每盒中必须装有 50 块大小相同的巧克力,即

$$x+y=50$$

根据上面分析,可建立方程组

$$\begin{cases}0.5x+0.25y=20\\ x+y=50\end{cases}$$

而 $D=\begin{vmatrix}0.5 & 0.25\\ 1 & 1\end{vmatrix}=0.25\neq0$,问题有唯一解.

$D_1=\begin{vmatrix}20 & 0.25\\ 50 & 1\end{vmatrix}=7.5$,$D_2=\begin{vmatrix}0.5 & 20\\ 1 & 50\end{vmatrix}=5$.

所以 $x=\dfrac{D_1}{D}=\dfrac{7.5}{0.25}=30$,$y=\dfrac{D_2}{D}=\dfrac{5}{0.25}=20$.即盒中放 30 块纯巧克力和 20 块果仁巧克力正好能够保本.

能看出来商家如果在盒中增加果仁巧克力的数量而减少纯巧克力的数量则能盈利,反之则亏损.

该题二元线性方程组的求解过程可推广到由 n 个方程、n 个未知数组成的 n 元线性方程组.

定理 1(克莱姆法则)　如果含有 n 个方程的 n 元线性方程组

$$\begin{cases}a_{11}x_1+a_{12}x_2+\cdots+a_{1n}x_n=b_1\\ a_{21}x_1+a_{22}x_2+\cdots+a_{2n}x_n=b_2\\ \cdots\\ a_{n1}x_1+a_{n2}x_2+\cdots+a_{nn}x_n=b_n\end{cases}\qquad ①$$

的系数行列式

$$D=\begin{vmatrix} a_{11} & a_{12} & \cdots & a_{1n} \\ a_{21} & a_{22} & \cdots & a_{2n} \\ \vdots & \vdots & & \vdots \\ a_{n1} & a_{n2} & \cdots & a_{nn} \end{vmatrix}\neq 0,$$

则方程组①有唯一解

$$\begin{cases} x_1=\dfrac{D_1}{D} \\ x_2=\dfrac{D_2}{D} \\ \quad\vdots \\ x_n=\dfrac{D_n}{D} \end{cases}$$

其中，$D_j(j=1,2,\cdots,n)$是用式①中常数项$b_1,b_2,\cdots,b_n$替换D中第j列各元素所得到的n阶行列式，即

$$D_j=\begin{vmatrix} a_{11} & \cdots & a_{1j-1} & b_1 & a_{1j+1} & \cdots & a_{1n} \\ a_{21} & \cdots & a_{2j-1} & b_2 & a_{2j+1} & \cdots & a_{2n} \\ \vdots & & \vdots & \vdots & \vdots & & \\ a_{n1} & \cdots & a_{nj-1} & b_n & a_{nj+1} & \cdots & a_{nn} \end{vmatrix}$$

例 7 解线性方程组

$$\begin{cases} x_1-x_2+x_3-2x_4=2 \\ 2x_1-x_3+4x_4=4 \\ 3x_1+2x_2+x_3=-1 \\ -x_1+2x_2-x_3+2x_4=-4 \end{cases}$$

解 因为

$$D=\begin{vmatrix} 1 & -1 & 1 & -2 \\ 2 & 0 & -1 & 4 \\ 3 & 2 & 1 & 0 \\ -1 & 2 & -1 & 2 \end{vmatrix}\xlongequal{r_1+r_4}\begin{vmatrix} 0 & 1 & 0 & 0 \\ 2 & 0 & -1 & 4 \\ 3 & 2 & 1 & 0 \\ -1 & 2 & -1 & 2 \end{vmatrix}=-\begin{vmatrix} 2 & -1 & 4 \\ 3 & 1 & 0 \\ -1 & -1 & 2 \end{vmatrix}=-2\neq 0$$

所以方程组有唯一解.而

$$D_1=\begin{vmatrix} 2 & -1 & 1 & -2 \\ 4 & 0 & -1 & 4 \\ -1 & 2 & 1 & 0 \\ -4 & 2 & -1 & 2 \end{vmatrix}=-2,\quad D_2=\begin{vmatrix} 1 & 2 & 1 & -2 \\ 2 & 4 & -1 & 4 \\ 3 & -1 & 1 & 0 \\ -1 & -4 & -1 & 2 \end{vmatrix}=4$$

$$D_3=\begin{vmatrix}1&-1&2&-2\\2&0&4&4\\3&2&-1&0\\-1&2&-4&2\end{vmatrix}=0,\quad D_4=\begin{vmatrix}1&-1&1&2\\2&0&-1&4\\3&2&1&-1\\-1&2&-1&-4\end{vmatrix}=-1$$

于是方程组的解为

$$x_1=\frac{D_1}{D}=1,x_2=\frac{D_2}{D}=-2,x_3=\frac{D_3}{D}=0,x_4=\frac{D_4}{D}=\frac{1}{2}$$

例 8 求解线性方程组

$$\begin{cases}x_1+3x_2-2x_3+x_4=1\\2x_1+5x_2-3x_3+x_4=3\\-3x_1+4x_2+8x_3-2x_4=4\\6x_1-x_2-6x_3+4x_4=2\end{cases}$$

解 因为

$$D=\begin{vmatrix}1&3&-2&1\\2&5&-3&2\\-3&4&8&-2\\6&-1&-6&4\end{vmatrix}=\begin{vmatrix}1&3&-2&1\\0&-1&1&0\\0&13&2&1\\0&-19&6&-2\end{vmatrix}=\begin{vmatrix}1&3&-2&1\\0&-1&1&0\\0&0&15&1\\0&0&-13&-2\end{vmatrix}=17\neq0$$

所以方程组有唯一解,又

$$D_1=\begin{vmatrix}1&3&-2&1\\3&5&-3&2\\4&4&8&-2\\2&-1&-6&4\end{vmatrix}=-34,\quad D_2=\begin{vmatrix}1&1&-2&1\\2&3&-3&2\\-3&4&8&-2\\6&2&-6&4\end{vmatrix}=0$$

$$D_3=\begin{vmatrix}1&3&1&1\\2&5&3&2\\-3&4&4&-2\\6&-1&2&4\end{vmatrix}=17,\quad D_4=\begin{vmatrix}1&3&-2&1\\2&5&-3&3\\-3&4&8&4\\6&-1&-6&2\end{vmatrix}=85$$

即得唯一解:$x_1=-\frac{34}{17}=-2,x_2=\frac{0}{17}=0,x_3=\frac{17}{17}=1,x_4=\frac{85}{17}=5.$

注意 用克莱姆法则解线性方程组时,必须满足两个条件:一是方程的个数与未知量的个数相等;二是系数行列式 $D\neq0$.

当方程组①中的常数项都等于 0 时,称为齐次线性方程组.即

$$\begin{cases}a_{11}x_1+a_{12}x_2+\cdots+a_{1n}x_n=0\\a_{21}x_1+a_{22}x_2+\cdots+a_{2n}x_n=0\\\qquad\cdots\\a_{n1}x_1+a_{n2}x_2+\cdots+a_{nn}x_n=0\end{cases}\qquad②$$

称为齐次线性方程组.显然.齐次线性方程组②总是有解的,因为 $x_1=0,x_2=0,\cdots,x_n=0$ 必定满足②,这组解称为零解.也就是说,齐次线性方程组必有零解.

在解 $x_1=k_1,x_2=k_2,\cdots,x_n=k_n$ 不全为零时,称这组解为方程组②的非零解.

定理 2 如果齐次线性方程组②的系数行列式 $D\neq0$,则它只有零解.

推论 如果齐次线性方程组②有非零解,那么它的系数行列式 $D=0$.

例 9 λ 为何值时,线性方程组

$$\begin{cases}(1-\lambda)x-2y+4z=0\\2x+(3-\lambda)y+z=0\\x+y+(1-\lambda)z=0\end{cases}$$

有非零解?

解 这是一个齐次线性方程组,显然 $x=y=z=0$ 是方程组的解.若有非零解,则原方程组有无穷组解,由定理 2,则

$$D=\begin{vmatrix}1-\lambda & -2 & 4\\2 & 3-\lambda & 1\\1 & 1 & 1-\lambda\end{vmatrix}=(3-\lambda)(\lambda-2)\lambda=0$$

所以 $\lambda=0,2$ 或 3.

例 10 若方程组 $\begin{cases}a_1x_1+x_2+x_3=0\\x_1+bx_2+x_3=0\\x_1+2bx_2+x_3=0\end{cases}$

只有零解,则 a、b 应取何值?

解 由定理 2 知,当系数行列式 $D\neq0$ 时,方程组只有零解,即

$$D=\begin{vmatrix}a & 1 & 1\\1 & b & 1\\1 & 2b & 1\end{vmatrix}=b(1-a)$$

所以,当 $a\neq1$ 且 $b\neq0$ 时,方程组只有零解.

训练习题 5.2

1.计算下列行列式:

(1) $\begin{vmatrix}1 & 1 & 1\\1 & 2 & 3\\1 & 3 & 5\end{vmatrix}$; (2) $\begin{vmatrix}-ab & ac & ae\\bd & -cd & de\\bf & cf & -ef\end{vmatrix}$;

(3) $\begin{vmatrix}0 & 2 & 2 & 2\\2 & 0 & 2 & 2\\2 & 2 & 0 & 2\\2 & 2 & 2 & 0\end{vmatrix}$; (4) $\begin{vmatrix}1 & 2 & 3 & 4\\2 & 3 & 4 & 1\\3 & 4 & 1 & 2\\4 & 1 & 2 & 3\end{vmatrix}$;

(5) $\begin{vmatrix} 1 & 0 & a & 1 \\ 0 & -1 & b & -1 \\ -1 & -1 & c & 1 \\ -1 & 1 & d & 0 \end{vmatrix}$;　　(6) $\begin{vmatrix} 5 & -3 & 0 & 1 \\ -2 & -1 & 0 & 0 \\ 1 & 6 & 4 & 7 \\ 3 & 2 & 0 & 0 \end{vmatrix}$.

2.用克莱姆法则解下列线性方程组：

(1) $\begin{cases} 2x_1+5x_2=1 \\ 3x_1+7x_2=2 \end{cases}$;　　(2) $\begin{cases} 2x_1+x_2-5x_3+x_4=8 \\ x_1-3x_2-6x_4=9 \\ 2x_2-x_3+2x_4=-5 \\ x_1+4x_2-7x_3+6x_4=0 \end{cases}$;

(3) $\begin{cases} x_1+2x_2+x_3=3 \\ -2x_1+x_2-x_3=-3. \\ x_1-4x_2+2x_3=5 \end{cases}$

3.现有甲、乙两个服装厂联合生产同一种品牌男式西装 1 000 套，根据市场需要裤子要比上衣多生产 500 件.甲厂生产上衣和裤子的生产能力是 1∶2，乙厂生产上衣和裤子的生产能力是 1∶1.请问两厂各应生产多少上衣多少裤子？

4.判定齐次线性方程组

$$\begin{cases} x_1+x_2+2x_3+3x_4=0 \\ x_1+2x_2+3x_3-x_4=0 \\ 3x_1-x_2-x_3-2x_4=0 \\ 2x_1+3x_2-x_3-x_4=0 \end{cases}$$

是否仅有零解.

5.如果齐次线性方程组

$$\begin{cases} kx_1+x_4=0 \\ x_1+2x_2-x_4=0 \\ (k+2)x_1-x_2+4x_4=0 \\ 2x_1+x_2+3x_3+kx_4=0 \end{cases}$$

有非零解，k 应取何值？($k=1$)

6.在一次投料生产中可获得三种产品，每次测算的总成本见表 5.1，试求每种产品的单位成本.

表 5.1

批次＼产品	产量(千克)			总成本(元)
	A	B	C	
第一批生产	300	400	500	5 000
第二批生产	250	350	450	4 300
第三批生产	150	200	300	2 600

任务 5.3　认知矩阵及矩阵的运算

在数学上，矩阵是指纵横排列的二维数据表格，最早来自于方程组的系数及常数所构成的方阵.这一概念由 19 世纪英国数学家凯利首先提出.矩阵是高等代数学中的常见工具，也常见于统计分析等应用数学学科中.在物理学中，矩阵于电路学、力学、光学和量子物理中都有应用；计算机科学中，三维动画制作也需要用到矩阵.

矩阵是一个表格，作为表格的运算与数的运算既有联系又有区别.要熟练掌握矩阵的加法、乘法与数量乘法的运算规则，并熟练掌握矩阵行列式的有关性质.线性方程组的一些重要性质都反映在它的系数矩阵和增广矩阵上，所以可以通过矩阵来求解线性方程组，通过矩阵来判断解的情况等.但是矩阵的应用不仅限于线性方程组，而是多方面的.它不仅在数学中的地位十分重要，而且在自然科学、工程技术、经济学和企业管理中得到广泛的应用.

5.3.1　认识矩阵

【引例 1】[车间产品产量]　某厂一、二、三车间都生产甲、乙两种产品，上半年的产量(单位:件)见表 5.2.

表 5.2

产品＼车间	一	二	三
甲	1 025	980	500
乙	700	1 000	2 000

为了研究方便起见，该表可用矩形数表简明地表示出来：

$$\begin{array}{r} \\ \text{产品甲} \\ \text{产品乙} \end{array}\begin{array}{c} \begin{array}{ccc}\text{一车间} & \text{二车间} & \text{三车间}\end{array} \\ \begin{pmatrix} 1\,025 & 980 & 500 \\ 700 & 1\,000 & 2\,000 \end{pmatrix} \end{array}$$

【引例 2】[单向航线]　四个航线中的单向航线：

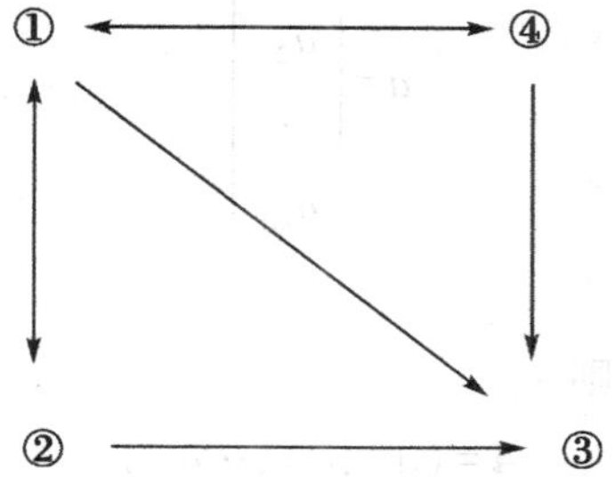

$$a_{ij}=\begin{cases}1, & \text{从 } i \text{ 市到 } j \text{ 市有一条单向航线}\\ 0, & \text{从 } i \text{ 市到 } j \text{ 市没有单向航线}\end{cases}$$

则可用矩阵表示为

$$\boldsymbol{A}=(a_{ij})=\begin{pmatrix}0&1&1&1\\1&0&0&0\\0&1&0&0\\1&0&1&0\end{pmatrix}$$

1）矩阵的概念

一般地，对于不同的实际问题有不同的矩形数表，数学上把这种具有一定排列规则的矩形数表称为矩阵.

定义 1　由 $m\times n$ 个数 $a_{ij}(i=1,2,\cdots,m;j=1,2,\cdots,n)$ 排成的 m 行 n 列数表

$$\begin{pmatrix}a_{11}&a_{12}&\cdots&a_{1n}\\a_{21}&a_{22}&\cdots&a_{2n}\\\vdots&\vdots&&\vdots\\a_{m1}&a_{m2}&\cdots&a_{mn}\end{pmatrix}$$

称为 m 行 n 列矩阵，a_{ij} 称为矩阵的元素.

矩阵常用大写字母 $\boldsymbol{A},\boldsymbol{B},\boldsymbol{C},\cdots$ 表示，例如

$$\boldsymbol{A}=\begin{pmatrix}a_{11}&a_{12}&\cdots&a_{1n}\\a_{21}&a_{22}&\cdots&a_{2n}\\\vdots&\vdots&&\vdots\\a_{m1}&a_{m2}&\cdots&a_{mn}\end{pmatrix}$$

或简写为 $\boldsymbol{A}=(a_{ij})_{m\times n}$ 或 $\boldsymbol{A}=(a_{ij})$.

2）特殊矩阵

当 $n=1$ 时，矩阵只有一列，即

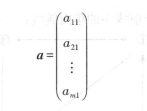

$$a=\begin{pmatrix}a_{11}\\a_{21}\\\vdots\\a_{m1}\end{pmatrix}$$

这个矩阵称为列矩阵.

当 $m=1$ 时,矩阵只有一行,则

$$A=(a_{11},a_{12},\cdots a_{1n})$$

这个矩阵称为行矩阵.

元素都是零的矩阵,称为零矩阵,$m\times n$ 零矩阵记为 $0_{m\times n}$ 或 $\mathbf{0}$.

当 $m=n$ 时,矩阵的行数与列数相等,这时矩阵称为 n 阶方阵.

除了主对角线上的元素外,其余元素都为零的 n 阶方阵,即

$$\begin{pmatrix}a_{11}&0&\cdots&0\\0&a_{22}&\cdots&\vdots\\\vdots&\vdots&&0\\0&\cdots&\cdots&a_{nn}\end{pmatrix}$$

这个矩阵称为对角矩阵.

当 n 阶矩阵的主对角线上的元素都是 1,而其他元素都是零时,则称此 n 阶矩阵为单位矩阵,记为 $\boldsymbol{E}$ 或 $\boldsymbol{E}_n$.即

$$\boldsymbol{E}=\begin{pmatrix}1&0&\cdots&0\\0&1&\cdots&0\\\vdots&\vdots&&\vdots\\0&0&\cdots&1\end{pmatrix}$$

主对角线以下的元素全为零的方阵称为上三角矩阵,即

$$\begin{pmatrix}a_{11}&a_{12}&\cdots&a_{1n}\\0&a_{22}&\cdots&\vdots\\\vdots&\vdots&&a_{n-1,n}\\0&\cdots&\cdots&a_{nn}\end{pmatrix}$$

主对角线以上的元素全为零的方阵称为下三角矩阵,即

$$\begin{pmatrix}a_{11}&0&\cdots&0\\a_{21}&a_{22}&\cdots&\vdots\\\vdots&\vdots&&0\\a_{n1}&a_{n2}&\cdots&a_{nn}\end{pmatrix}.$$

3) 矩阵相等

如果两个 m 行 n 列的矩阵 $A=(a_{ij})_{m\times n}$ 与 $B=(b_{ij})_{m\times n}$ 的对应元素相等，即 $a_{ij}=b_{ij}(i=1,2,\cdots,m,j=1,2,\cdots,n)$，则称矩阵 $\boldsymbol{A}$ 与矩阵 $\boldsymbol{B}$ 相等，记为 $\boldsymbol{A}=\boldsymbol{B}$.

如，由 $\begin{pmatrix}4 & x & 3\\ -1 & 0 & y\end{pmatrix}=\begin{pmatrix}4 & 5 & 3\\ z & 0 & 6\end{pmatrix}$ 立即可得 $x=5,y=6,z=-1$.

应当注意的是：

①矩阵和行列式是不同的两个概念，行列式是一个数，而矩阵是一个数表.

②行列式的行数和列数相等，而矩阵的行数和列数不一定相等.

③行列式相等表示两个行列式的值相等，而两个矩阵相等表示两个矩阵所有的对应元素相等.

5.3.2 矩阵的加法与减法、数与矩阵相乘

【引例 3】[车间全年产品产量] 在引例 1 中，三个车间上半年两种产品的产量可以用下列矩阵表示：

$$\begin{matrix} & \text{一车间} & \text{二车间} & \text{三车间}\\ \text{产品甲} & 1\,025 & 980 & 500\\ \text{产品乙} & 700 & 1\,000 & 2\,000\end{matrix}$$

如果又知道这三个车间下半年两种产品的产量可以用以下矩阵表示：

$$\begin{matrix} & \text{一车间} & \text{二车间} & \text{三车间}\\ \text{产品甲} & 1\,050 & 1\,000 & 510\\ \text{产品乙} & 720 & 1\,100 & 2\,020\end{matrix}$$

那么这三个车间全年两种产品的产量则可以用矩阵表示为

$$\begin{matrix} & \text{一车间} & \text{二车间} & \text{三车间}\\ \text{产品甲} & 1\,050+1\,050 & 980+1\,000 & 500+510\\ \text{产品乙} & 700+720 & 1\,000+1\,100 & 2\,000+2\,020\end{matrix}=\begin{pmatrix}2\,075 & 1\,980 & 1\,010\\ 1\,420 & 2\,100 & 4\,020\end{pmatrix}$$

如果明年上半年产量是今年下半年产量的两倍也可以用矩阵表示为

$$\begin{pmatrix}2\times1\,050 & 2\times1\,000 & 2\times510\\ 2\times720 & 2\times1\,100 & 2\times2\,020\end{pmatrix}=\begin{pmatrix}2\,100 & 2\,000 & 1\,020\\ 1\,440 & 2\,200 & 4\,040\end{pmatrix}$$

从上面的实例知道矩阵是可以进行运算的.

定义 2 设

$$\boldsymbol{A}=\begin{pmatrix}a_{11} & a_{12} & \cdots & a_{1n}\\ a_{21} & a_{22} & \cdots & a_{2n}\\ \vdots & \vdots & & \vdots\\ a_{m1} & a_{m2} & \cdots & a_{mn}\end{pmatrix},\quad \boldsymbol{B}=\begin{pmatrix}b_{11} & b_{12} & \cdots & b_{1n}\\ b_{21} & b_{22} & \cdots & b_{2n}\\ \vdots & \vdots & & \vdots\\ b_{m1} & b_{m2} & \cdots & b_{mn}\end{pmatrix}$$

是两个 $m\times n$ 矩阵，定义

$$A+B=\begin{pmatrix} a_{11}+b_{11} & a_{12}+b_{12} & \cdots & a_{1n}+b_{1n} \\ a_{21}+b_{21} & a_{22}+b_{22} & \cdots & a_{2n}+b_{2n} \\ \vdots & \vdots & & \vdots \\ a_{m1}+b_{m1} & a_{m2}+b_{m2} & \cdots & a_{mn}+b_{mn} \end{pmatrix}$$

称这个矩阵是 A 与 B 的和.

从定义可知，只有行数相同、列数也相同的矩阵才能相加.

矩阵
$$\begin{pmatrix} -a_{11} & -a_{12} & \cdots & -a_{1n} \\ -a_{21} & -a_{22} & \cdots & -a_{2n} \\ \vdots & \vdots & & \vdots \\ -a_{m1} & -a_{m2} & \cdots & -a_{mn} \end{pmatrix}$$

称为矩阵 A 的负矩阵，记为 $-A$. 矩阵的减法定义为 $A-B=A+(-B)$.

例 1 设

$$A=\begin{pmatrix} 3 & 6 & 2 \\ 2 & -5 & 1 \end{pmatrix},\quad B=\begin{pmatrix} 1 & 0 & 1 \\ 1 & 2 & 4 \end{pmatrix}\text{，则}$$

$$A+B=\begin{pmatrix} 3 & 6 & 2 \\ 2 & -5 & 1 \end{pmatrix}+\begin{pmatrix} 1 & 0 & 1 \\ 1 & 2 & 4 \end{pmatrix}=\begin{pmatrix} 3+1 & 6+0 & 2+1 \\ 2+1 & -5+2 & 1+4 \end{pmatrix}=\begin{pmatrix} 4 & 6 & 3 \\ 3 & -3 & 5 \end{pmatrix}$$

$$A-B=\begin{pmatrix} 3 & 6 & 2 \\ 2 & -5 & 1 \end{pmatrix}-\begin{pmatrix} 1 & 0 & 1 \\ 1 & 2 & 4 \end{pmatrix}=\begin{pmatrix} 3-1 & 6-0 & 2-1 \\ 2-1 & -5-2 & 1-4 \end{pmatrix}=\begin{pmatrix} 2 & 6 & 1 \\ 1 & -7 & -3 \end{pmatrix}$$

容易验证，矩阵的加法满足交换律与结合律，即

①交换律 $A+B=B+A$

②结合律 $(A+B)+C=A+(B+C)$

其中，A,B,C 都是 m 行 n 列矩阵.

例 2 已知 $A=\begin{pmatrix} 0 & 2 & 3 \\ -2 & 0 & 4 \\ -3 & -4 & 0 \end{pmatrix}$，$B=\begin{pmatrix} 0 & -2 & -3 \\ 2 & 0 & -4 \\ 3 & 4 & 0 \end{pmatrix}$，求 $A+B$，$A-B$.

解 $A+B=\begin{pmatrix} 0 & 2 & 3 \\ -2 & 0 & 4 \\ -3 & -4 & 0 \end{pmatrix}+\begin{pmatrix} 0 & -2 & -3 \\ 2 & 0 & -4 \\ 3 & 4 & 0 \end{pmatrix}=\begin{pmatrix} 0 & 0 & 0 \\ 0 & 0 & 0 \\ 0 & 0 & 0 \end{pmatrix}$

$$A-B=\begin{pmatrix}0&2&3\\-2&0&4\\-3&-4&0\end{pmatrix}-\begin{pmatrix}0&-2&-3\\2&0&-4\\3&4&0\end{pmatrix}=\begin{pmatrix}0&4&6\\-4&0&8\\-6&-8&0\end{pmatrix}$$

例 3　设 $\boldsymbol{A}=\begin{pmatrix}3&7&4\\-3&4&4\\-2&0&3\end{pmatrix}$，$\boldsymbol{B}=\begin{pmatrix}3&x_1&x_2\\x_1&4&x_3\\x_2&x_3&3\end{pmatrix}$，$\boldsymbol{C}=\begin{pmatrix}0&y_1&y_2\\-y_1&0&y_3\\-y_2&-y_3&0\end{pmatrix}$，且 $\boldsymbol{A}=\boldsymbol{B}+\boldsymbol{C}$，求矩阵 $\boldsymbol{B}$ 和 $\boldsymbol{C}$.

解　由 $\boldsymbol{A}=\boldsymbol{B}+\boldsymbol{C}$，得

$$\begin{pmatrix}3&7&4\\-3&4&4\\-2&0&3\end{pmatrix}=\begin{pmatrix}3&x_1&x_2\\x_1&4&x_3\\x_2&x_3&3\end{pmatrix}+\begin{pmatrix}0&y_1&y_2\\-y_1&0&y_3\\-y_2&-y_3&0\end{pmatrix}=\begin{pmatrix}3+0&x_1+y_1&x_2+y_2\\x_1-y_1&4+0&x_3+y_3\\x_2-y_2&x_3-y_3&3+0\end{pmatrix},$$

由两个矩阵相等的定义得方程组

$$\begin{cases}x_1+y_1=7\\x_1-y_1=-3\end{cases}\quad\begin{cases}x_2+y_2=4\\x_2-y_2=-2\end{cases}\quad\begin{cases}x_3+y_3=4\\x_3-y_3=0\end{cases}$$

解得 $\begin{cases}x_1=2\\y_1=5\end{cases}$　$\begin{cases}x_2=1\\y_2=3\end{cases}$　$\begin{cases}x_3=2\\y_3=2\end{cases}$

故所求的矩阵

$$\boldsymbol{B}=\begin{pmatrix}3&2&1\\2&4&2\\1&2&3\end{pmatrix},\quad\boldsymbol{C}=\begin{pmatrix}0&5&3\\-5&0&2\\-3&-2&0\end{pmatrix}$$

定义 3　数 k 与 m 行 n 列矩阵 $\boldsymbol{A}=(a_{ij})_{m\times n}$ 相乘定义为 $k\boldsymbol{A}=(ka_{ij})_{m\times n}$，即

$$k\boldsymbol{A}=k\begin{pmatrix}a_{11}&a_{12}&\cdots&a_{1n}\\a_{21}&a_{22}&\cdots&a_{2n}\\\vdots&\vdots&&\vdots\\a_{m1}&a_{m2}&\cdots&a_{mn}\end{pmatrix}=\begin{pmatrix}ka_{11}&ka_{12}&\cdots&ka_{1n}\\ka_{21}&ka_{22}&\cdots&ka_{2n}\\\vdots&\vdots&&\vdots\\ka_{m1}&ka_{m2}&\cdots&ka_{mn}\end{pmatrix}$$

并且 $\boldsymbol{A}k=k\boldsymbol{A}$.

数与矩阵相乘满足以下规律：

①分配律 $k(\boldsymbol{A}+\boldsymbol{B})=k\boldsymbol{A}+k\boldsymbol{B}$，$(k_1+k_2)\boldsymbol{A}=k_1\boldsymbol{A}+k_2\boldsymbol{A}$

②结合律　$k_1(k_2\boldsymbol{A})=(k_1k_2)\boldsymbol{A}$

其中，$\boldsymbol{A}$，$\boldsymbol{B}$ 为 m 行 n 列矩阵，k_1，k_2 为任意常数.

例 4　已知 $\boldsymbol{A}=\begin{pmatrix}3&4&5\\1&5&7\end{pmatrix}$，　$B=\begin{pmatrix}5&2&3\\1&-3&-1\end{pmatrix}$，求$\frac{1}{2}(\boldsymbol{A}+\boldsymbol{B})$.

解 $\frac{1}{2}(\boldsymbol{A}+\boldsymbol{B})=\frac{1}{2}\left(\begin{pmatrix}3&4&5\\1&5&7\end{pmatrix}+\begin{pmatrix}5&2&3\\1&-3&-1\end{pmatrix}\right)=\frac{1}{2}\begin{pmatrix}8&6&8\\2&2&6\end{pmatrix}=\begin{pmatrix}4&3&4\\1&1&3\end{pmatrix}$

例 5 已知

$$\boldsymbol{A}=\begin{pmatrix}3&-1&2&0\\1&5&7&9\\2&4&6&8\end{pmatrix},\boldsymbol{B}=\begin{pmatrix}7&5&-2&4\\5&1&9&7\\3&2&-1&6\end{pmatrix}$$，且 $\boldsymbol{A}+2\boldsymbol{X}=\boldsymbol{B}$，求 $\boldsymbol{X}$.

解

$$\boldsymbol{X}=\frac{1}{2}(\boldsymbol{B}-\boldsymbol{A})=\frac{1}{2}\begin{bmatrix}4&6&-4&4\\4&-4&2&-2\\1&-2&-7&-2\end{bmatrix}=\begin{pmatrix}2&3&-2&2\\2&-2&1&-1\\\frac{1}{2}&-1&-\frac{7}{2}&-1\end{pmatrix}$$

5.3.3 矩阵与矩阵相乘

【引例 4】[建筑材料的耗用量] 某校明后两年计划修建教学楼与宿舍楼，建筑面积及材料耗用量见表 5.3 和表 5.4.求明后两年钢材、水泥、木材三种建筑材料的耗用量.

表 5.3 建筑面积(单位：100 m^2)

时 间	教学楼	宿舍楼
明年	20	10
后年	30	20

表 5.4 材料的平均耗用量(每 100 m^2 建筑面积)

	钢材/t	水泥/t	木材/m^3
教学楼	2	18	4
宿舍楼	1.5	15	5

解 将表 5.3 和表 5.4 分别用矩阵 $\boldsymbol{A}$、$\boldsymbol{B}$ 表示，矩阵 $\boldsymbol{C}$ 表示明年和后年三种建筑材料的总耗用量，即

$$\boldsymbol{A}=\begin{pmatrix}20&10\\30&20\end{pmatrix},\quad \boldsymbol{B}=\begin{pmatrix}2&18&4\\1.5&15&5\end{pmatrix}$$

$$\boldsymbol{C}=\begin{pmatrix}20\times2+10\times1.5&20\times18+10\times12&20\times4+10\times5\\30\times2+20\times1.5&30\times18+20\times15&30\times4+20\times5\end{pmatrix}=\begin{pmatrix}55&510&130\\90&840&220\end{pmatrix}$$

矩阵 $\boldsymbol{C}$ 的第 1 行三个元素分别表示明年教学楼钢材、水泥和木材的总耗用量；第 2 行的 3 个元素分别表示后年教学楼钢材、水泥和木材的总耗用量.它可看成是矩阵 $\boldsymbol{A}$ 和矩阵 $\boldsymbol{B}$ 相乘的结果.

定义 4　设 $\boldsymbol{A}$ 是一个 $s\times n$ 矩阵，$\boldsymbol{B}$ 是一个 $n\times m$ 矩阵，即

$$\boldsymbol{A}=\begin{pmatrix} a_{11} & a_{12} & \cdots & a_{1n} \\ a_{21} & a_{22} & \cdots & a_{2n} \\ \vdots & \vdots & & \vdots \\ a_{s1} & a_{s2} & \cdots & a_{sn} \end{pmatrix},\quad \boldsymbol{B}=\begin{pmatrix} b_{11} & b_{12} & \cdots & b_{1m} \\ b_{21} & b_{22} & \cdots & b_{2m} \\ \vdots & \vdots & & \vdots \\ b_{n1} & b_{n2} & \cdots & b_{nm} \end{pmatrix}$$

作 $s\times m$ 矩阵

$$\boldsymbol{C}=\begin{pmatrix} c_{11} & c_{12} & \cdots & c_{1m} \\ c_{21} & c_{22} & \cdots & c_{2m} \\ \vdots & \vdots & & \vdots \\ c_{s1} & c_{s2} & \cdots & c_{sm} \end{pmatrix}$$

其中

$$\begin{aligned} c_{ij} &= a_{i1}b_{1j} + a_{i2}b_{2j} + \cdots + a_{in}b_{nj} \\ &= \sum_{k=1}^{n} a_{ik}a_{kj}(i = 1,2,\cdots,s;j = 1,2,\cdots,m) \end{aligned}$$

矩阵 $\boldsymbol{C}$ 称为矩阵 $\boldsymbol{A}$ 与 $\boldsymbol{B}$ 的乘积，记为

$$\boldsymbol{C}=\boldsymbol{AB}$$

由定义可知，只有当第一个矩阵 $\boldsymbol{A}$ 的列数与第二个矩阵 $\boldsymbol{B}$ 的行数相等时，两个矩阵才能作乘法运算.

矩阵乘法满足如下规律：

①分配律　$\boldsymbol{A}(\boldsymbol{B}+\boldsymbol{C})=\boldsymbol{AB}+\boldsymbol{AC},(\boldsymbol{B}+\boldsymbol{C})\boldsymbol{A}=\boldsymbol{BA}+\boldsymbol{CA}$

②结合律　$(\boldsymbol{AB})\boldsymbol{C}=\boldsymbol{A}(\boldsymbol{BC}),k(\boldsymbol{AB})=(k\boldsymbol{A})\boldsymbol{B}=\boldsymbol{A}(k\boldsymbol{B})$

其中 $\boldsymbol{A},\boldsymbol{B},\boldsymbol{C}$ 为矩阵，k 为任意常数.

例 6　设 $\boldsymbol{A}=\begin{pmatrix} 1 & 2 & 0 \\ 2 & 1 & 3 \end{pmatrix},\boldsymbol{B}=\begin{pmatrix} 2 & 3 & 0 \\ 1 & -2 & -1 \\ 3 & 1 & 1 \end{pmatrix}$，求 $\boldsymbol{AB}$.

解　因为 $\boldsymbol{A}$ 的列数与 $\boldsymbol{B}$ 的行数均为 3，所以 $\boldsymbol{AB}$ 有意义，且 $\boldsymbol{AB}$ 为 2×3 矩阵.

$$\begin{aligned} \boldsymbol{A} &= \begin{pmatrix} 1 & 2 & 0 \\ 2 & 1 & 3 \end{pmatrix}\begin{pmatrix} 2 & 3 & 0 \\ 1 & -2 & -1 \\ 3 & 1 & 1 \end{pmatrix} \\ &= \begin{pmatrix} 1\times2+2\times1+0\times3 & 1\times3+2\times(-2)+0\times1 & 1\times0+2\times(-1)+0\times1 \\ 2\times2+1\times1+3\times3 & 2\times3+1\times(-2)+3\times1 & 2\times0+1\times(-1)+3\times1 \end{pmatrix} \\ &= \begin{pmatrix} 4 & -1 & -2 \\ 14 & 7 & 2 \end{pmatrix} \end{aligned}$$

如果将矩阵 $\boldsymbol{B}$ 作为左矩阵，$\boldsymbol{A}$ 作为右矩阵相乘，则没有意义，即 $\boldsymbol{BA}$ 没意义，因为 $\boldsymbol{B}$ 的列数为 3，而 $\boldsymbol{A}$ 的行数为 2.

此例说明 $\boldsymbol{AB}$ 有意义,但 $\boldsymbol{BA}$ 不一定有意义.

例 7　已知 $\boldsymbol{A}=\begin{pmatrix}1 & 2 & -1\\2 & -3 & 1\end{pmatrix}$,　$\boldsymbol{B}=\begin{pmatrix}1 & 3\\-1 & 2\\3 & 1\end{pmatrix}$,求 $\boldsymbol{AB},\boldsymbol{BA}$.

解　$$\boldsymbol{AB}=\begin{pmatrix}1 & 2 & -1\\2 & -3 & 1\end{pmatrix}\begin{pmatrix}1 & 3\\-1 & 2\\3 & 1\end{pmatrix}$$

$$=\begin{pmatrix}1\times1+2\times(-1)+(-1)\times3 & 1\times3+2\times2+(-1)\times1\\2\times1+(-3)\times(-1)+1\times3 & 2\times3+(-3)\times2+1\times1\end{pmatrix}=\begin{pmatrix}-4 & 6\\8 & 1\end{pmatrix}$$

$$\boldsymbol{BA}=\begin{pmatrix}1 & 3\\-1 & 2\\3 & 1\end{pmatrix}\begin{pmatrix}1 & 2 & -1\\2 & -3 & 1\end{pmatrix}$$

$$=\begin{pmatrix}1\times1+3\times2 & 1\times2+3\times(-3) & 1\times(-1)+3\times1\\(-1)\times1+2\times2 & (-1)\times2+2\times(-3) & (-1)\times(-1)+2\times1\\3\times1+1\times2 & 3\times2+1\times(-3) & 3\times(-1)+1\times1\end{pmatrix}=\begin{pmatrix}7 & -7 & 2\\3 & -8 & 3\\5 & 3 & -2\end{pmatrix}$$

由例 6 可知,矩阵 $\boldsymbol{A}$ 与矩阵 $\boldsymbol{B}$ 相乘,虽然 $\boldsymbol{AB}$ 与 $\boldsymbol{BA}$ 都有意义,但 $\boldsymbol{AB}\neq\boldsymbol{BA}$.

例 8　已知 $\boldsymbol{A}=\begin{pmatrix}a_{11} & a_{12} & a_{13}\\a_{21} & a_{22} & a_{23}\\a_{31} & a_{32} & a_{33}\end{pmatrix}$,　$\boldsymbol{E}=\begin{pmatrix}1 & 0 & 0\\0 & 1 & 0\\0 & 0 & 1\end{pmatrix}$,求 $\boldsymbol{AE}$ 和 $\boldsymbol{EA}$.

解　$$\boldsymbol{AE}=\begin{pmatrix}a_{11} & a_{12} & a_{13}\\a_{21} & a_{22} & a_{23}\\a_{31} & a_{32} & a_{33}\end{pmatrix}\begin{pmatrix}1 & 0 & 0\\0 & 1 & 0\\0 & 0 & 1\end{pmatrix}=\begin{pmatrix}a_{11} & a_{12} & a_{13}\\a_{21} & a_{22} & a_{23}\\a_{31} & a_{32} & a_{33}\end{pmatrix}=\boldsymbol{A}$$

$$\boldsymbol{EA}=\begin{pmatrix}1 & 0 & 0\\0 & 1 & 0\\0 & 0 & 1\end{pmatrix}\begin{pmatrix}a_{11} & a_{12} & a_{13}\\a_{21} & a_{22} & a_{23}\\a_{31} & a_{32} & a_{33}\end{pmatrix}=\begin{pmatrix}a_{11} & a_{12} & a_{13}\\a_{21} & a_{22} & a_{23}\\a_{31} & a_{32} & a_{33}\end{pmatrix}=\boldsymbol{A}$$

由例 7 可知,单位矩阵 $\boldsymbol{I}$ 在矩阵的乘法中起的作用与普通代数中数 1 所起的作用类似.

例 9　设 $\boldsymbol{A}=\begin{pmatrix}1 & 1\\-1 & -1\end{pmatrix}$,$\boldsymbol{B}=\begin{pmatrix}1 & -1\\-1 & 1\end{pmatrix}$,求 $\boldsymbol{AB}$ 和 $\boldsymbol{BA}$.

解　$$\boldsymbol{AB}=\begin{pmatrix}1 & 1\\-1 & -1\end{pmatrix}\begin{pmatrix}1 & -1\\-1 & 1\end{pmatrix}=\begin{pmatrix}0 & 0\\0 & 0\end{pmatrix}$$

$$\boldsymbol{BA}=\begin{pmatrix}1 & -1\\-1 & 1\end{pmatrix}\begin{pmatrix}1 & 1\\-1 & -1\end{pmatrix}=\begin{pmatrix}2 & 2\\-2 & -2\end{pmatrix}$$

此例说明,即使 $\boldsymbol{AB}$ 和 $\boldsymbol{BA}$ 都有意义且它们的行列数相同,$\boldsymbol{AB}$ 与 $\boldsymbol{BA}$ 也不相等.另外,此例还说明两个非零矩阵的乘积可以是零矩阵.

例 10　设 $\boldsymbol{A}=\begin{pmatrix}3&1\\4&6\end{pmatrix}$，$\boldsymbol{B}=\begin{pmatrix}2&1\\4&6\end{pmatrix}$，$\boldsymbol{C}=\begin{pmatrix}0&0\\1&1\end{pmatrix}$，求 $\boldsymbol{AC}$ 和 $\boldsymbol{BC}$.

解　$\boldsymbol{AC}=\begin{pmatrix}3&1\\4&6\end{pmatrix}\begin{pmatrix}0&0\\1&1\end{pmatrix}=\begin{pmatrix}1&1\\6&6\end{pmatrix}$

$\boldsymbol{BC}=\begin{pmatrix}2&1\\4&6\end{pmatrix}\begin{pmatrix}0&0\\1&1\end{pmatrix}=\begin{pmatrix}1&1\\6&6\end{pmatrix}$

此例说明，由 $\boldsymbol{AC}=\boldsymbol{BC}$，$\boldsymbol{C}\neq 0$，一般不能推出 $\boldsymbol{A}=\boldsymbol{B}$.

以上几个例子说明了数的乘法的运算律不一定都适合矩阵的乘法. 对矩阵乘法请注意下述问题：

①矩阵乘法不满足交换律，一般来讲，$\boldsymbol{AB}\neq\boldsymbol{BA}$.

②矩阵乘法不满足消去律. 一般来说，当 $\boldsymbol{AB}=\boldsymbol{AC}$ 或 $\boldsymbol{BA}=\boldsymbol{CA}$ 且 $\boldsymbol{A}\neq 0$ 时，不一定有 $\boldsymbol{B}=\boldsymbol{C}$.

③两个非零矩阵的乘积，可能是零矩阵. 因此，一般不能由 $\boldsymbol{AB}=0$ 推出 $\boldsymbol{A}=0$ 或 $\boldsymbol{B}=0$.

若矩阵 $\boldsymbol{A}$ 与 $\boldsymbol{B}$ 满足 $\boldsymbol{AB}=\boldsymbol{BA}$，则称 $\boldsymbol{A}$ 与 $\boldsymbol{B}$ 可交换.

$\boldsymbol{E}_m$，$\boldsymbol{E}_n$ 为单位矩阵，对任意矩阵 $\boldsymbol{A}_{m\times n}$

有 $\boldsymbol{E}_m\boldsymbol{A}_{m\times n}=\boldsymbol{A}_{m\times n}$，　$\boldsymbol{A}_{m\times n}\boldsymbol{E}_n=A_{m\times n}$

特别地，若 $\boldsymbol{A}$ 是 n 阶矩阵，则有 $\boldsymbol{EA}=\boldsymbol{AE}=\boldsymbol{A}$，即单位矩阵 $\boldsymbol{E}$ 在矩阵乘法中起的作用类似于数 1 在数的乘法中的作用.

利用矩阵的乘法运算，可以使许多问题表达简明.

例 11　若记线性方程组 $\begin{cases}a_{11}x_1+a_{12}x_2+\cdots+a_{1n}x_n=b_1\\a_{21}x_1+a_{22}x_2+\cdots+a_{2n}x_n=b_2\\\cdots\cdots\\a_{m1}x_1+a_{m2}x_2+\cdots+a_{mn}x_n=b_m\end{cases}$ 的系数矩阵为 $\boldsymbol{A}=\begin{pmatrix}a_{11}&a_{12}&\cdots&a_{1n}\\a_{21}&a_{22}&\cdots&a_{2n}\\\vdots&\vdots&&\vdots\\a_{m1}&a_{m2}&\cdots&a_{mn}\end{pmatrix}$

并记未知量和常数项矩阵分别为

$$\boldsymbol{X}=\begin{pmatrix}x_1\\x_2\\\vdots\\x_n\end{pmatrix},\boldsymbol{B}=\begin{pmatrix}b_1\\b_2\\\vdots\\b_m\end{pmatrix}$$

则有 $\boldsymbol{AX}=\begin{pmatrix}a_{11}&a_{12}&\cdots&a_{1n}\\a_{21}&a_{22}&\cdots&a_{2n}\\\vdots&\vdots&&\vdots\\a_{m1}&a_{m2}&\cdots&a_{mn}\end{pmatrix}\begin{pmatrix}x_1\\x_2\\\vdots\\x_n\end{pmatrix}=\begin{pmatrix}a_{11}x_1+a_{12}x_2+\cdots+a_{1n}x_n\\a_{21}x_1+a_{22}x_2+\cdots+a_{2n}x_n\\\vdots\qquad\vdots\qquad\vdots\\a_{m1}x_1+a_{m2}x_2+\cdots+a_{mn}x_n\end{pmatrix}$

所以上面的方程组可以简记为矩阵形式 $\boldsymbol{AX}=\boldsymbol{B}$.

有了矩阵的乘法，可以定义 n 阶方阵的幂.

定义 5 设 $\boldsymbol{A}$ 是 n 阶方阵，规定 $\boldsymbol{A}^0=\boldsymbol{E},\boldsymbol{A}^{k+1}=\boldsymbol{A}^k\boldsymbol{A}$（$k$ 为非负整数）.

因为矩阵的乘法满足结合律，所以方阵的幂满足

$$\boldsymbol{A}^1=\boldsymbol{A},\boldsymbol{A}^2=\boldsymbol{A}^1\boldsymbol{A}^1,\cdots,\boldsymbol{A}^{k+1}=\boldsymbol{A}^k\boldsymbol{A}^1,\boldsymbol{A}^k\boldsymbol{A}^l=\boldsymbol{A}^{k+l},(\boldsymbol{A}^k)l=\boldsymbol{A}^{kl},$$

其中 k、l 为非负整数.

又因为矩阵的乘法一般不满足交换律，所以对于两个 n 阶方阵 $\boldsymbol{A}$ 与 $\boldsymbol{B}$. 一般来说，$(\boldsymbol{AB})^k\neq\boldsymbol{A}^k\boldsymbol{B}^k$. 此外，若 $\boldsymbol{A}^k=0$，也不一定有 $\boldsymbol{A}=0$.

例如 $\boldsymbol{A}=\begin{pmatrix}1&1\\-1&-1\end{pmatrix}\neq0$，但 $\boldsymbol{A}^2=\begin{pmatrix}1&1\\-1&-1\end{pmatrix}\begin{pmatrix}1&1\\-1&-1\end{pmatrix}=\begin{pmatrix}0&0\\0&0\end{pmatrix}$.

例 12 设 $\boldsymbol{A},\boldsymbol{B}$ 均为 n 阶方阵，计算 $(\boldsymbol{A}+\boldsymbol{B})^2$.

解 $(\boldsymbol{A}+\boldsymbol{B})^2=(\boldsymbol{A}+\boldsymbol{B})(\boldsymbol{A}+\boldsymbol{B})=(\boldsymbol{A}+\boldsymbol{B})\boldsymbol{A}+(\boldsymbol{A}+\boldsymbol{B})\boldsymbol{B}=\boldsymbol{A}^2+\boldsymbol{BA}+\boldsymbol{AB}+\boldsymbol{B}^2$

5.3.4 矩阵的转置

定义 6 设 $m\times n$ 矩阵 $\boldsymbol{A}=\begin{pmatrix}a_{11}&a_{12}&\cdots&a_{1n}\\a_{21}&a_{22}&\cdots&a_{2n}\\\vdots&\vdots&&\vdots\\a_{m1}&a_{m2}&\cdots&a_{mn}\end{pmatrix}$

将 $\boldsymbol{A}$ 的行变成列，所得的 $n\times m$ 矩阵 $\begin{pmatrix}a_{11}&a_{21}&\cdots&a_{m1}\\a_{12}&a_{22}&\cdots&a_{m2}\\\vdots&\vdots&&\vdots\\a_{1n}&a_{2n}&\cdots&a_{mn}\end{pmatrix}$ 称为矩阵 $\boldsymbol{A}$ 的转置矩阵，记为 $\boldsymbol{A}^{\mathrm{T}}$.

例如 $\boldsymbol{A}=\begin{pmatrix}1&2&4&0\\-3&5&1&-2\end{pmatrix}$，则 $\boldsymbol{A}^{\mathrm{T}}=\begin{pmatrix}1&-3\\2&5\\4&1\\0&-2\end{pmatrix}$.

矩阵的转置满足以下规律：

①$(\boldsymbol{A}^{\mathrm{T}})^{\mathrm{T}}=\boldsymbol{A}$；　　②$(\boldsymbol{A}+\boldsymbol{B})^{\mathrm{T}}=\boldsymbol{A}^{\mathrm{T}}+\boldsymbol{B}^{\mathrm{T}}$；

③$(k\boldsymbol{A})^{\mathrm{T}}=k\boldsymbol{A}^{\mathrm{T}}$；　　④$(\boldsymbol{AB})^{\mathrm{T}}=\boldsymbol{B}^{\mathrm{T}}\boldsymbol{A}^{\mathrm{T}}$.

例 13 设 $\boldsymbol{A}=\begin{pmatrix}-1&1&2\\0&1&1\end{pmatrix}$，$\boldsymbol{B}=\begin{pmatrix}-1&0\\1&3\\2&1\end{pmatrix}$，求 $(\boldsymbol{AB})^{\mathrm{T}}$ 和 $\boldsymbol{A}^{\mathrm{T}}\boldsymbol{B}^{\mathrm{T}}$.

解 因为 $\boldsymbol{A}^{\mathrm{T}}=\begin{pmatrix}-1&0\\1&1\\2&1\end{pmatrix}$，$\boldsymbol{B}^{\mathrm{T}}=\begin{pmatrix}-1&1&2\\0&3&1\end{pmatrix}$

所以 $(\boldsymbol{AB})^{\mathrm{T}}=\mathrm{B}^{\mathrm{T}}\boldsymbol{A}^{\mathrm{T}}=\begin{pmatrix}-1&1&2\\0&3&1\end{pmatrix}\begin{pmatrix}1&0\\-1&1\\2&1\end{pmatrix}=\begin{pmatrix}2&3\\-1&4\end{pmatrix}$

$$\boldsymbol{A}^{\mathrm{T}}\boldsymbol{B}^{\mathrm{T}}=\begin{pmatrix}1&0\\-1&1\\2&1\end{pmatrix}\begin{pmatrix}-1&1&2\\0&3&1\end{pmatrix}=\begin{pmatrix}-1&1&2\\1&2&-1\\-2&5&5\end{pmatrix}$$

注意 一般情况下 $(\boldsymbol{AB})^{\mathrm{T}}\neq\boldsymbol{A}^{\mathrm{T}}\boldsymbol{B}^{\mathrm{T}}$,显然,②和④可以推广到 n 个矩阵的情形.即:

$(A_1+A_2+\cdots+A_n)^{\mathrm{T}}=A_1^{\mathrm{T}}+A_2^{\mathrm{T}}+\cdots+A_n^{\mathrm{T}},(A_1A_2\cdots A_{n-1}A_n)^{\mathrm{T}}=A_n^{\mathrm{T}}A_{n-1}^{\mathrm{T}}\cdots A_2^{\mathrm{T}}A_1^{\mathrm{T}}$

5.3.5 方阵的行列式

定义7 设有 n 阶方阵

$\boldsymbol{A}=\begin{pmatrix}a_{11}&a_{12}&\cdots&a_{1n}\\a_{21}&a_{22}&\cdots&a_{2n}\\\vdots&\vdots&&\vdots\\a_{n1}&a_{n2}&\cdots&a_{nn}\end{pmatrix}$,称对应的行列式 $\begin{vmatrix}a_{11}&a_{12}&\cdots&a_{1n}\\a_{21}&a_{22}&\cdots&a_{2n}\\\vdots&\vdots&&\vdots\\a_{n1}&a_{n2}&\cdots&a_{nn}\end{vmatrix}$ 为方阵 $\boldsymbol{A}$ 的行列式,记作 $|\boldsymbol{A}|$.

关于方阵的行列式,有以下重要结论:

设 $\boldsymbol{A},\boldsymbol{B}$ 是 n 阶方阵,k 是常数,则 n 阶方阵的行列式具有如下性质:

①$|\boldsymbol{A}^{\mathrm{T}}|=|\boldsymbol{A}|$;② $|k\boldsymbol{A}|=k^n\boldsymbol{A}$;③$|\boldsymbol{AB}|=|\boldsymbol{A}|\cdot|\boldsymbol{B}|$.

把性质③推广到 m 个 n 阶方阵相乘的情形,有

$|\boldsymbol{A}_1\boldsymbol{A}_2\cdots\boldsymbol{A}_m|=|\boldsymbol{A}_1||\boldsymbol{A}_2|\cdots|\boldsymbol{A}_m|$

例14 设 $\boldsymbol{A}=(a)_{ij}$ 为三阶矩阵,若已知 $|\boldsymbol{A}|=5$,求 $|2\boldsymbol{A}|$.

解 $2\boldsymbol{A}=\begin{pmatrix}2a_{11}&2a_{12}&2a_{13}\\2a_{21}&2a_{22}&2a_{23}\\2a_{31}&2a_{32}&2a_{33}\end{pmatrix}$

$$|2\boldsymbol{A}|=\begin{vmatrix}2a_{11}&2a_{12}&2a_{13}\\2a_{21}&2a_{22}&2a_{23}\\2a_{31}&2a_{32}&2a_{33}\end{vmatrix}=2^3\begin{vmatrix}a_{11}&a_{12}&a_{13}\\a_{21}&a_{22}&a_{23}\\a_{31}&a_{32}&a_{33}\end{vmatrix}=2^3\cdot5=40$$

例15 设 $\boldsymbol{A}=\begin{pmatrix}1&0\\-1&2\end{pmatrix},\boldsymbol{B}=\begin{pmatrix}3&1\\1&0\end{pmatrix}$,验证 $|\boldsymbol{A}||\boldsymbol{B}|=|\boldsymbol{AB}|=|\boldsymbol{BA}|$.

定义8 设 $\boldsymbol{A}$ 是 n 阶方阵,当 $|\boldsymbol{A}|\neq0$ 时,称 $\boldsymbol{A}$ 为非奇异的(或非退化的);当 $|\boldsymbol{A}|=0$ 时,称 $\boldsymbol{A}$ 为奇异的(或退化的).

由性质③可以得到如下定理:

定理1 设 $\boldsymbol{A},\boldsymbol{B}$ 为 n 阶方阵,则 $\boldsymbol{AB}$ 为非奇异的充分必要条件是 $\boldsymbol{A}$ 与 $\boldsymbol{B}$ 都是非奇异的.

训练习题 5.3

1.已知 $\boldsymbol{A}=\begin{pmatrix}1&4&5\\0&-1&2\end{pmatrix}$， $\boldsymbol{B}=\begin{pmatrix}-3&1&-2\\2&1&-5\end{pmatrix}$，求

(1)$2\boldsymbol{A}$ 及$-\boldsymbol{B}$;(2)$2\boldsymbol{B}-3\boldsymbol{A}$;(3)$\boldsymbol{A}^{\mathrm{T}}+2\boldsymbol{B}^{\mathrm{T}}$.

2.设 $\boldsymbol{A}=\begin{pmatrix}a_{11}&a_{12}&a_{13}\\a_{21}&a_{22}&a_{23}\end{pmatrix}$，求证:$(-\boldsymbol{A})^{\mathrm{T}}=-\boldsymbol{A}^{\mathrm{T}}$.

3.计算:

(1)$\begin{pmatrix}1&0&3\\3&-2&1\end{pmatrix}\begin{pmatrix}2\\0\\1\end{pmatrix}$;　　(2)$(2\quad 4\quad -5)\begin{pmatrix}2\\0\\-1\end{pmatrix}$.

(3)$\begin{pmatrix}3&2&1\\1&-2&1\\0&-1&2\end{pmatrix}\begin{pmatrix}1&2&0\\5&-2&1\\0&1&3\end{pmatrix}-\begin{pmatrix}1&-5&3\\2&7&1\\3&8&4\end{pmatrix}$.

4.设 $\boldsymbol{A}=\begin{pmatrix}1&2\\3&4\end{pmatrix}$，$\boldsymbol{B}=\begin{pmatrix}-1&0\\5&2\end{pmatrix}$，$\boldsymbol{C}=\begin{pmatrix}0&-3\\1&4\end{pmatrix}$，验证:

(1)$(\boldsymbol{AB})\boldsymbol{C}=\boldsymbol{A}(\boldsymbol{BC})$;(2)$\boldsymbol{A}(\boldsymbol{B}+\boldsymbol{C})=\boldsymbol{AB}+\boldsymbol{AC}$.

5.宏伟机械厂生产甲、乙、丙三种产品，其中 2001、2002 两年销售量，这三种产品的成本和销售价格都见下表，请帮助该厂核实 2001 和 2002 年这两年的总成本和总销售收入.

产品销售量

产品 / 销售量/t	甲	乙	丙
2001 年	1 000	4 000	3 000
2002 年	700	3 550	4 000

产品成本和销售价格表

价格 / 产品	成本(万本)	销售价格(万元)
甲	3	3.5
乙	4	4.4
丙	6	6.8

任务 5.4　矩阵的秩与初等变换

矩阵是线性代数的主要研究对象，也是重要的数学工具. 矩阵是一个表格，表格的运算与数的运算既有联系又有区别. 要熟练掌握矩阵的加法、乘法与数量乘法的运算规则，并熟练掌握矩阵行列式的有关性质. 线性方程组的一些重要性质都反映在它的系数矩阵和增广矩阵上，所以可以通过矩阵来求解线性方程组，通过矩阵来判断解的情况等. 但是矩阵的应用不仅限于线性方程组，而是多方面的. 它不仅在数学中的地位十分重要，而且在自然科学、工程技术、经济学和企业管理中得到广泛的应用.

5.4.1　矩阵的秩

【引例 1】[线性方程组]

$$\begin{cases} 2x-y+z=0 & ① \\ x+2y-z=0 & ② \\ 3x-4y+3z=0 & ③ \end{cases} \quad (*)$$

由于式③−2×①+②后，将方程③消去，所以方程组(*)与方程组

$$\begin{cases} 2x-y+z=0 & ① \\ x+2y-z=0 & ② \end{cases} \quad (*\ *)$$

等价.

也就是说，线性方程组(*)中有效方程的个数为 2.

上述事实说明了方程组(*)的系数矩阵

$$\begin{pmatrix} 2 & -1 & 1 \\ 1 & 2 & -1 \\ 3 & -4 & 3 \end{pmatrix}$$

的某种数学特征.

学习秩的概念，是为找出线性方程组中有效方程的个数；或者说学习矩阵秩的目的是为判断矩阵对应的线性方程组中有效方程的个数.

矩阵的秩是反映矩阵内在特征的一个重要概念，它在线性方程组的求解问题中也有着重要的应用.

定义 1　在 $m\times x$ 矩阵 $\boldsymbol{A}$ 中，任取 r 行 r 列($r\leqslant\min(m,n)$)，位于这些行列交叉处的 $r\times r$ 个元素，不改变它们在 $\boldsymbol{A}$ 中所处的位置次序而得到的 r 阶行列式，称为矩阵 $\boldsymbol{A}$ 的 r 阶子式.

例如，在矩阵 $\boldsymbol{A}=\begin{pmatrix} 1 & 2 & 3 & 2 \\ 2 & 1 & 2 & 0 \\ 3 & 1 & 4 & 5 \end{pmatrix}$ 中，取 $\boldsymbol{A}$ 的第二、第三行，第三、第四列交叉处的元素构成的二阶子式和取 $\boldsymbol{A}$ 的第一、第二、第三行，第二、第三、第四列交叉处的元素构成的三阶子

式,分别为

$$\begin{vmatrix}2&0\\4&5\end{vmatrix},\quad\begin{vmatrix}2&3&2\\1&2&0\\1&4&5\end{vmatrix}$$

定义 2 设在矩阵 $\boldsymbol{A}$ 中存在一个 r 阶子式不等于零,而所有 $r+1$ 阶子式(如果存在的话)全等于零,则称 r 为矩阵 $\boldsymbol{A}$ 的秩,记为 $R(\boldsymbol{A})=r$.

例 1 用定义求矩阵 $\boldsymbol{A}=\begin{pmatrix}2&8&-4&0\\1&2&-1&5\\7&0&2&-2\\0&0&0&0\end{pmatrix}$的秩.

解 因为矩阵 $\boldsymbol{A}$ 的唯一四阶子式含有零行,所以 $|\boldsymbol{A}|=0$,而三阶子式 $\begin{vmatrix}3&1&4\\5&2&3\\-1&3&7\end{vmatrix}=-8\neq0$,所以 $R(\boldsymbol{A})=3$.

例 2 求矩阵 $\boldsymbol{A}=\begin{pmatrix}1&-2&3&5\\0&1&2&1\\1&-1&5&6\end{pmatrix}$的秩.

解 因为在 $\boldsymbol{A}$ 中有二阶子式

$$\begin{vmatrix}1&5\\0&1\end{vmatrix}=1\neq0$$

而 $\boldsymbol{A}$ 的三阶子式共有 $C_4^3=4$ 个,且都等于零,即

$$\begin{vmatrix}1&-2&3\\0&1&2\\1&-1&5\end{vmatrix}=0,\quad\begin{vmatrix}1&-2&5\\0&1&1\\1&-1&6\end{vmatrix}=0$$

$$\begin{vmatrix}-2&3&5\\1&2&1\\-1&5&6\end{vmatrix}=0,\quad\begin{vmatrix}1&3&5\\0&2&1\\1&5&6\end{vmatrix}=0$$

所以 $R(\boldsymbol{A})=2$.

5.4.2 矩阵的初等变换

定义 3 矩阵 $\boldsymbol{A}$ 的下列变换称为初等行(或列)变换:

①**互换** 互换矩阵 $\boldsymbol{A}$ 的第 i 行与第 j 行(或第 i 列与第 j 列)的位置,记为 $r_i\leftrightarrow r_j$(或 $c_i\leftrightarrow c_j$).

②**倍乘** 用数 $k\neq0$ 去乘矩阵 A 的第 i 行(或第 j 列),记为 kr_i(或 kc_j).

③**倍加** 将矩阵 $\boldsymbol{A}$ 的第 j 行(或第 j 列)各元素的 k 倍加到第 i 行或(第 i 列)的对应元

素上去，记为 r_i+kr_j（或 c_i+kc_j）.

矩阵的**初等行变换**与**初等列变换**统称为矩阵的**初等变换**.

利用矩阵的初等变换，可以把矩阵化为简单的阶梯形矩阵，后者在求矩阵的秩以及线性方程组的求解中都是非常有用的.

定义 4　如果矩阵 $\boldsymbol{A}$ 满足下列条件

①若有零行，则零行全在矩阵 $\boldsymbol{A}$ 的下方；

②$\boldsymbol{A}$ 的各非零行的第一个非零元素（简称首非零元）的列序数小于下一行中第一个非零元素的列序数；

则称 $\boldsymbol{A}$ 为**行阶梯形矩阵**，或**阶梯形矩阵**.

如果矩阵 $\boldsymbol{A}$ 除满足上述条件①、②外，还满足非零行的第一个非元素均为 1，且所在列的其他元素都为零，则称 $\boldsymbol{A}$ 为**行简化阶梯形矩阵**. 例如

$$\boldsymbol{A}=\begin{pmatrix}0&2&-1&4\\0&0&5&7\\0&0&0&0\end{pmatrix},\boldsymbol{B}=\begin{pmatrix}1&2&0&-5&3\\0&0&4&8&3\\0&0&0&3&1\\0&0&0&0&0\end{pmatrix}\text{为阶梯形矩阵};\boldsymbol{C}=\begin{pmatrix}1&-2&0&0&-2\\0&0&1&0&1\\0&0&0&1&3\end{pmatrix}\text{为}$$

行简化阶梯形矩阵.

定理 1　任何非零矩阵都可以通过初等行变换化为阶梯形矩阵.（证明略）.

例 3　用初等行变换把矩阵

$$\boldsymbol{A}=\begin{pmatrix}0&0&1&2&-1\\1&3&-2&2&-1\\2&6&-4&5&7\\-1&-3&4&0&5\end{pmatrix}$$

化为阶梯形和行简化阶梯形矩阵.

解

$$\boldsymbol{A}\xrightarrow{r_1\leftrightarrow r_2}\begin{pmatrix}1&3&-2&2&-1\\0&0&1&2&-1\\2&6&-4&5&7\\-1&-3&4&0&5\end{pmatrix}\xrightarrow[r_4+r_1]{r_3+(-2)r_2}\begin{pmatrix}1&3&-2&2&-1\\0&0&1&2&-1\\0&0&0&1&9\\0&0&2&2&4\end{pmatrix}$$

$$\xrightarrow{r_3\leftrightarrow r_4}\begin{pmatrix}1&3&-2&2&-1\\0&0&1&2&-1\\0&0&2&2&4\\0&0&0&1&9\end{pmatrix}\xrightarrow{r_3+(-2)r_2}\begin{pmatrix}1&3&-2&2&-1\\0&0&1&2&-1\\0&0&0&-2&6\\0&0&0&1&9\end{pmatrix}$$

$$\xrightarrow{r_4+r_3/2}\begin{pmatrix}1&3&-2&2&-1\\0&0&1&2&-1\\0&0&0&-2&6\\0&0&0&0&12\end{pmatrix}$$

这就是矩阵 $\boldsymbol{A}$ 的阶梯形矩阵，再对其进行初等行变换，即

$$\boldsymbol{A}\rightarrow\begin{pmatrix}1&3&-2&2&-1\\0&0&1&2&-1\\0&0&0&-2&6\\0&0&0&0&12\end{pmatrix}\xrightarrow[r_4/12]{\substack{r_1+2r_2\\(-1/2)r_3}}\begin{pmatrix}1&3&0&6&-3\\0&0&1&2&-1\\0&0&0&1&-3\\0&0&0&0&1\end{pmatrix}$$

$$\xrightarrow[r_2+(-2)r_3]{r_1+(-6)r_3}\begin{pmatrix}1&3&0&0&15\\0&0&1&0&5\\0&0&0&1&-3\\0&0&0&0&1\end{pmatrix}\xrightarrow[r_3+3r_4]{\substack{r_1+(-15)r_4\\r_2+(-5)r_4}}\begin{pmatrix}1&3&0&0&0\\0&0&1&0&0\\0&0&0&1&0\\0&0&0&0&1\end{pmatrix}$$

于是得到矩阵 $\boldsymbol{A}$ 的行简化阶梯形矩阵.

例 4 用初等行变换法把矩阵 $\boldsymbol{A}=\begin{pmatrix}1&3&2\\-2&-1&1\\2&-1&-3\\3&5&4\\1&-3&-2\end{pmatrix}$ 化为阶梯形矩阵和行简化阶梯形矩阵.

解 $$\boldsymbol{A}=\begin{pmatrix}1&3&2\\-2&-1&1\\2&-1&-3\\3&5&4\\1&-3&-2\end{pmatrix}\xrightarrow{\substack{r_5-r_1\\r_4-3r_1\\r_3-2r_1\\r_2+2r_1}}\begin{pmatrix}1&3&2\\0&5&5\\0&-7&-7\\0&-4&-2\\0&-6&-4\end{pmatrix}\xrightarrow{\frac{1}{5}r_2}\begin{pmatrix}1&3&2\\0&1&1\\0&-7&-7\\0&-4&-2\\0&-6&-4\end{pmatrix}$$

$$\xrightarrow{\substack{r_3+7r_2\\r_4+4r_2\\r_5+6r_2}}\begin{pmatrix}1&3&2\\0&1&1\\0&0&0\\0&0&2\\0&0&2\end{pmatrix}\xrightarrow{r_5-r_4}\begin{pmatrix}1&3&2\\0&1&1\\0&0&0\\0&0&2\\0&0&0\end{pmatrix}\xrightarrow{r_3\leftrightarrow r_4}\begin{pmatrix}1&3&2\\0&1&1\\0&0&2\\0&0&0\\0&0&0\end{pmatrix}=\boldsymbol{B}$$

$\boldsymbol{B}$ 是阶梯形矩阵，继续施行初等行变换，有

$$\boldsymbol{B}=\begin{pmatrix}1&3&2\\0&1&1\\0&0&2\\0&0&0\\0&0&0\end{pmatrix}\xrightarrow{\frac{1}{2}r_3}\begin{pmatrix}1&3&2\\0&1&1\\0&0&1\\0&0&0\\0&0&0\end{pmatrix}=\boldsymbol{C}$$

矩阵 $\boldsymbol{C}$ 就是行简化阶梯形矩阵.

显然，阶梯形矩阵及行简化阶梯形矩阵的秩等于它们的非零行的行数.

定理 2 矩阵经过初等行（列）变换后，其秩不变.（证明略）

定理 2 提供了一种通过初等行变换来求矩阵的秩的简便方法. 比如例 3 中矩阵 $\boldsymbol{A}$ 的秩

应等于矩阵 $\boldsymbol{A}$ 的阶梯形矩阵的秩，而矩阵 $\boldsymbol{A}$ 的阶梯形矩阵的非零行的行数为4，因而矩阵 $\boldsymbol{A}$ 的秩也为4，即 $R(\boldsymbol{A})=4$.

例5 用初等行变换求矩阵 $\boldsymbol{A}=\begin{pmatrix}-2&1&1\\1&-2&1\\1&1&-2\end{pmatrix}$ 的秩.

解 利用初等行变换法把矩阵化为阶梯形矩阵，这个阶梯形矩阵的非零行的行数即为该矩阵的秩.

$$\boldsymbol{A}=\begin{pmatrix}-2&1&1\\1&-2&1\\1&1&-2\end{pmatrix}\xrightarrow{r_1+r_2}\begin{pmatrix}-1&-1&2\\1&-2&1\\1&1&-2\end{pmatrix}\xrightarrow[r_3+r_1]{r_2+r_1}\begin{pmatrix}-1&-1&2\\0&-3&3\\0&0&0\end{pmatrix}=\boldsymbol{B}$$

因为 $R(\boldsymbol{B})=3$，所以 $R(\boldsymbol{A})=R(\boldsymbol{B})=3$.

例6 求矩阵 $\boldsymbol{A}=\begin{pmatrix}1&1&1&0&1&1&2&0\\1&1&1&1&0&1&1&0\\2&2&2&1&1&2&3&1\\3&3&3&2&1&3&4&1\end{pmatrix}$ 的秩.

解 $$\boldsymbol{A}\xrightarrow[\substack{r_3-2r_2\\r_4-3r_1}]{r_2-r_1}\begin{pmatrix}1&1&1&0&1&1&2&0\\0&0&0&1&-1&0&-1&0\\0&0&0&1&-1&0&-1&1\\0&0&0&2&-2&0&-2&1\end{pmatrix}$$

$$\xrightarrow[r_4-2r_2]{r_3-r_2}\begin{pmatrix}1&1&1&0&1&1&2&0\\0&0&0&1&-1&0&-1&0\\0&0&0&0&0&0&0&1\\0&0&0&0&0&0&0&1\end{pmatrix}\xrightarrow{r_4-r_3}\begin{pmatrix}1&1&1&0&1&1&2&0\\0&0&0&1&-1&0&-1&0\\0&0&0&0&0&0&0&1\\0&0&0&0&0&0&0&0\end{pmatrix}=B$$

所以 $R(\boldsymbol{A})=R(\boldsymbol{B})=3$.

训练习题5.4

1.填空题

(1)若矩阵 $\boldsymbol{A}$ 至少有一个非零元素，则 $R(\boldsymbol{A})$______.

(2)若矩阵 $\boldsymbol{A}$ 有一个 r 阶非零子式，则 $R(\boldsymbol{A})$______.

(3)矩阵 $\boldsymbol{A}=\begin{pmatrix}1&3&2\\0&0&4\\0&6&5\end{pmatrix}$ 的秩为______.

(4)矩阵 $\boldsymbol{A}_{m\times n}$ 的 k 阶子式有______个.

(5)$R(\boldsymbol{A})$______$R(\boldsymbol{A}^{\mathrm{T}})$.

2.判断题

(1)若矩阵 $\boldsymbol{A}$ 有一个 r 阶非零子式,则 $R(\boldsymbol{A})=r$. ( )

(2)若矩阵 $\boldsymbol{A}$ 至少有一个非零元素,则 $R(\boldsymbol{A})>0$. ( )

(3)若矩阵 $\boldsymbol{A}_{m\times n}$ 中的每个元素都不为零,则 $R(\boldsymbol{A})=\min\{m,n\}$. ( )

(4)n 阶方阵 $\boldsymbol{A}$ 的行列式 $|\boldsymbol{A}|=0$,则 $R(\boldsymbol{A})\neq n$. ( )

3.把下列矩阵化为阶梯形矩阵和行简化阶梯形矩阵

(1)$\boldsymbol{A}=\begin{pmatrix}2&-1&3&1\\4&2&5&4\\2&0&2&6\end{pmatrix}$;　　(2)$\boldsymbol{B}=\begin{pmatrix}0&1&1&-1&2\\0&2&2&-2&0\\0&-1&-1&1&1\\1&1&0&1&-1\end{pmatrix}$.

4.求矩阵的秩

(1)$\boldsymbol{A}=\begin{pmatrix}1&2&-1&4\\-1&-2&6&-7\\2&4&3&5\end{pmatrix}$;　　(2)$\boldsymbol{B}=\begin{pmatrix}1&4&1&0\\2&1&-1&-3\\1&0&-3&-1\\0&2&-6&-3\end{pmatrix}$.

任务 5.5　逆矩阵

任务 5.3 已详细介绍了矩阵的加法、乘法.根据加法可以定义减法,有了乘法,能否定义矩阵的除法,即矩阵的乘法是否存在一种逆运算?如果这种逆运算存在,它的存在应该满足什么条件?下面将探索什么样的矩阵存在这种逆运算,以及这种逆运算如何去实施等问题.

5.5.1　逆矩阵的概念

我们知道,在数的运算中,对于数 $a\neq0$,总存在唯一的一个数 a^{-1} 使得 $aa^{-1}=a^{-1}a=1$.

类似地,在矩阵的运算中也可以考虑,对于矩阵 $\boldsymbol{A}$,是否存在唯一的一个类似于 a^{-1} 的矩阵 $\boldsymbol{B}$,使得

$$\boldsymbol{AB}=\boldsymbol{BA}=\boldsymbol{E}$$

为此引入逆矩阵的概念.

定义 1　对于 n 阶矩阵 $\boldsymbol{A}$,如果存在一个 n 阶矩阵 $\boldsymbol{B}$,使得 $\boldsymbol{AB}=\boldsymbol{BA}=\boldsymbol{E}$,则称 $\boldsymbol{A}$ 为可逆矩阵,称 $\boldsymbol{B}$ 为 $\boldsymbol{A}$ 的逆矩阵.

例 1　已知矩阵 $\boldsymbol{A}=\begin{pmatrix}2&0\\3&1\end{pmatrix}$,$\boldsymbol{B}=\begin{pmatrix}\frac{1}{2}&0\\-\frac{3}{2}&1\end{pmatrix}$,判断 $\boldsymbol{B}$ 是否为 $\boldsymbol{A}$ 的逆矩阵.

解　因为

$$\boldsymbol{AB}=\begin{pmatrix}2&0\\3&1\end{pmatrix}\begin{pmatrix}\frac{1}{2}&0\\-\frac{3}{2}&1\end{pmatrix}=\begin{pmatrix}1&0\\0&1\end{pmatrix},\boldsymbol{BA}=\begin{pmatrix}\frac{1}{2}&0\\-\frac{3}{2}&1\end{pmatrix}\begin{pmatrix}2&0\\3&1\end{pmatrix}=\begin{pmatrix}1&0\\0&1\end{pmatrix}$$

故 $\boldsymbol{A}$ 为可逆矩阵，$\boldsymbol{B}$ 为 $\boldsymbol{A}$ 的逆矩阵.

例 2　因为 $\boldsymbol{EE}=\boldsymbol{E}$，所以 $\boldsymbol{E}$ 是可逆矩阵，$\boldsymbol{E}$ 的逆矩阵为其自身.

例 3　因为对任何方阵 $\boldsymbol{B}$ 都有 $\boldsymbol{B}\cdot 0=0\cdot\boldsymbol{B}=0$，所以零矩阵不是可逆矩阵.

在定义 1 中，由于矩阵 $\boldsymbol{A}$ 与 $\boldsymbol{B}$ 在等式 $\boldsymbol{AB}=\boldsymbol{BA}=\boldsymbol{E}$ 中的地位是平等的，所以，若 $\boldsymbol{A}$ 可逆，$\boldsymbol{B}$ 是 $\boldsymbol{A}$ 的逆矩阵，那么 $\boldsymbol{B}$ 也可逆，且 $\boldsymbol{A}$ 是 $\boldsymbol{B}$ 的逆矩阵，即 $\boldsymbol{A}$、$\boldsymbol{B}$ 互为逆矩阵.

可逆矩阵具有下列性质：

性质 1　若矩阵 $\boldsymbol{A}$ 可逆，则 $\boldsymbol{A}$ 的逆矩阵是唯一的.

性质 2　如果矩阵 $\boldsymbol{A}$ 可逆，则 $\boldsymbol{A}$ 的逆矩阵 $\boldsymbol{A}^{-1}$ 也可逆，且 $(\boldsymbol{A}^{-1})^{-1}=\boldsymbol{A}$.

性质 3　如果 $\boldsymbol{A},\boldsymbol{B}$ 是两个同阶可逆矩阵，则 $\boldsymbol{AB}$ 也可逆，且 $(\boldsymbol{AB})^{-1}=\boldsymbol{B}^{-1}\boldsymbol{A}^{-1}$.

此性质可推广到有限个可逆矩阵相乘的情形. 即：

如果 $\boldsymbol{A}_1,\boldsymbol{A}_2,\cdots,\boldsymbol{A}_n$ 为同阶可逆矩阵，则 $(\boldsymbol{A}_1\boldsymbol{A}_2\cdots\boldsymbol{A}_n)^{-1}=\boldsymbol{A}_n^{-1}\boldsymbol{A}_{n-1}^{-1}\cdots\boldsymbol{A}_2^{-1}\boldsymbol{A}_1^{-1}$.

性质 4　如果 $\boldsymbol{A}$ 可逆，数 $k\neq 0$，则 $k\boldsymbol{A}$ 也可逆，且 $(k\boldsymbol{A})^{-1}=\frac{1}{k}\boldsymbol{A}^{-1}$.

性质 5　如果矩阵 $\boldsymbol{A}$ 可逆，则 $\boldsymbol{A}$ 的转置矩阵 $\boldsymbol{A}^{\mathrm{T}}$ 也可逆，且 $(\boldsymbol{A}^{\mathrm{T}})^{-1}=(\boldsymbol{A}^{-1})^{\mathrm{T}}$.

对于一个 n 阶矩阵 $\boldsymbol{A}$ 来说，逆矩阵可能存在，也可能不存在. 我们需要研究：在什么条件下，n 阶矩阵 $\boldsymbol{A}$ 可逆？如果可逆，如何求逆矩阵 $\boldsymbol{A}^{-1}$？

5.5.2　逆矩阵的求法

1) 伴随矩阵法

定义 2　设 $\boldsymbol{A}_{ij}$ 是 n 阶方阵 $\boldsymbol{A}=(a_{ij})_{n\times n}$ 的行列式 $|\boldsymbol{A}|$ 中的元素 a_{ij} 的代数余子式，矩阵

$$\boldsymbol{A}^*=\begin{pmatrix}A_{11}&A_{21}&\cdots&A_{n1}\\A_{12}&A_{22}&\cdots&A_{n2}\\\vdots&\vdots&&\vdots\\A_{1n}&A_{2n}&\cdots&A_{nn}\end{pmatrix}$$

称为矩阵 $\boldsymbol{A}$ 的**伴随矩阵**.

例 4　设 $\boldsymbol{A}=\begin{pmatrix}1&0&2\\-1&1&3\\3&1&0\end{pmatrix}$，试求其伴随矩阵 $\boldsymbol{A}^*$.

解

$$A_{11}=\begin{vmatrix}1&3\\1&0\end{vmatrix}=-3,\quad A_{12}=-\begin{vmatrix}-1&3\\3&0\end{vmatrix}=9,\quad A_{13}=\begin{vmatrix}-1&1\\3&1\end{vmatrix}=-4,$$

$$A_{21}=-\begin{vmatrix}0&2\\1&0\end{vmatrix}=2,\quad A_{22}=\begin{vmatrix}1&2\\3&0\end{vmatrix}=-6,\quad A_{23}=-\begin{vmatrix}1&0\\3&1\end{vmatrix}=-1$$

$$A_{31}=\begin{vmatrix}0&2\\1&3\end{vmatrix}=-2,\quad A_{32}=-\begin{vmatrix}1&2\\-1&3\end{vmatrix}=-5,\quad A_{33}=\begin{vmatrix}1&0\\-1&1\end{vmatrix}=1$$

所以 $A^*=\begin{pmatrix}-3&2&-2\\9&-6&-5\\-4&-1&1\end{pmatrix}$

由任务 5.1 中行列式按一行展开的公式，可得：

$$AA^*=\begin{pmatrix}a_{11}&a_{12}&\cdots&a_{1n}\\a_{21}&a_{22}&\cdots&a_{2n}\\\vdots&\vdots&&\vdots\\a_{n1}&a_{n2}&\cdots&a_{nn}\end{pmatrix}\begin{pmatrix}A_{11}&A_{21}&\cdots&A_{n1}\\A_{12}&A_{22}&\cdots&A_{n2}\\\vdots&\vdots&&\vdots\\A_{1n}&A_{2n}&\cdots&A_{nn}\end{pmatrix}=\begin{pmatrix}|A|&0&\cdots&0\\0&|A|&\cdots&0\\\vdots&\vdots&&\vdots\\0&0&\cdots&|A|\end{pmatrix}=|A|E$$

同理，利用行列式按列展开公式可得：$A^*A=|A|E$．即对任一 n 阶矩阵 A，有

$$AA^*=A^*A=|A|E$$

若$|A|\neq0$，则有

$$A\left(\frac{1}{|A|}A^*\right)=\left(\frac{1}{|A|}A^*\right)A=E.$$

由此得到：

定理 1　n 阶矩阵 A 可逆的充分必要条件是 A 是非奇异的，且当 A 可逆时，

$$A^{-1}=\frac{1}{|A|}\cdot A^*$$

推论 1　若 A、B 为同阶方阵，且 $AB=E$，则 A、B 都可逆，且 $A^{-1}=B$，$B^{-1}=A$.

证　因$|AB|=|A||B|=|E|=1\neq0$，所以$|A|\neq0$，$|B|\neq0$，由定理 1，A、B 都可逆.

在等式 $AB=E$ 的两边左乘 A^{-1}，有 $A^{-1}(AB)=A^{-1}E$，即得 $B=A^{-1}$，在 $AB=E$ 的两边右乘 B^{-1}，得 $A=B^{-1}$.

例 5　设 $A=\begin{pmatrix}a&b\\c&d\end{pmatrix}$，问：当 a、b、c、d 满足什么条件时，矩阵 A 可逆？当 A 可逆时，求 A^{-1}.

解　$|A|=\begin{vmatrix}a&b\\c&d\end{vmatrix}=ad-bc$

当 $ad-bc\neq0$ 时，$|A|\neq0$，从而 A 可逆.此时

$$A^{-1}=\frac{1}{|A|}A^*=\frac{1}{ad-bc}\begin{pmatrix}d&-b\\-c&a\end{pmatrix}=\begin{pmatrix}\frac{d}{ad-bc}&-\frac{b}{ad-bc}\\-\frac{c}{ad-bc}&\frac{a}{ad-bc}\end{pmatrix}$$

当 $ad-bc=0$ 时，$|\boldsymbol{A}|=0$，从而 $\boldsymbol{A}$ 不可逆.

例 6　设 $\boldsymbol{A}=\begin{pmatrix}1&2&-1\\2&0&1\\3&-2&0\end{pmatrix}$，求 $\boldsymbol{A}$ 的逆 $\boldsymbol{A}^{-1}$.

解　因为 $|\boldsymbol{A}|=\begin{vmatrix}1&2&-1\\2&0&1\\3&-2&0\end{vmatrix}=12\neq0$，所以 $\boldsymbol{A}$ 的逆 $\boldsymbol{A}^{-1}$ 存在.

又因为 $\boldsymbol{A}_{11}=\begin{vmatrix}0&1\\-2&0\end{vmatrix}=2,\quad \boldsymbol{A}_{12}=-\begin{vmatrix}2&1\\3&0\end{vmatrix}=3,\quad \boldsymbol{A}_{13}=\begin{vmatrix}2&0\\3&-2\end{vmatrix}=-4$

$$\boldsymbol{A}_{21}=-\begin{vmatrix}2&-1\\-2&0\end{vmatrix}=2,\quad \boldsymbol{A}_{22}=\begin{vmatrix}1&-1\\3&0\end{vmatrix}=3$$

$$\boldsymbol{A}_{23}=-\begin{vmatrix}1&2\\3&-2\end{vmatrix}=8,\quad \boldsymbol{A}_{31}=\begin{vmatrix}2&-1\\0&1\end{vmatrix}=2$$

$$\boldsymbol{A}_{32}=-\begin{vmatrix}1&-1\\2&1\end{vmatrix}=-3,\quad \boldsymbol{A}_{33}=\begin{vmatrix}1&2\\2&0\end{vmatrix}=-4$$

所以，

$$\boldsymbol{A}^*=\begin{pmatrix}2&2&2\\3&3&-3\\-4&8&-4\end{pmatrix}$$

则

$$\boldsymbol{A}^{-1}=\frac{1}{|\boldsymbol{A}|}\boldsymbol{A}^*=\frac{1}{12}\begin{pmatrix}2&2&2\\3&3&-3\\-4&8&-4\end{pmatrix}=\begin{pmatrix}1/6&1/6&1/6\\1/4&1/4&-1/4\\-1/3&2/3&-1/3\end{pmatrix}$$

2) 初等变换法

利用矩阵的初等变换，可以把任一矩阵化为最简单的形式.

定理 2　任意一个 $m\times n$ 矩阵 $\boldsymbol{A}$ 经过一系列初等变换，总可以化成形如

$$\boldsymbol{D}=\begin{pmatrix}1&&&&&\\&\ddots&&&&\\&&1&&&\\&&&0&&\\&&&&\ddots&\\&&&&&0\end{pmatrix}=\begin{pmatrix}\boldsymbol{E}_r&0\\0&0\end{pmatrix}$$

的矩阵，$\boldsymbol{D}$ 称为矩阵 $\boldsymbol{A}$ 的初等变换标准型.

用初等行变换法求逆矩阵 $(\boldsymbol{A}\vdots\boldsymbol{E})\xrightarrow{\text{初等行变换法}}(\boldsymbol{E}\vdots\boldsymbol{A}^{-1})$

例 7　用初等行变换法求矩阵 $\boldsymbol{A}=\begin{pmatrix}0&1&2\\1&1&4\\2&-1&0\end{pmatrix}$ 的逆矩阵.

解 $(\boldsymbol{A} \vdots \boldsymbol{E}) \xrightarrow{\text{初等行变换法}} (\boldsymbol{E} \vdots \boldsymbol{A}^{-1})$.

$$(\boldsymbol{A} \vdots \boldsymbol{E})=\begin{pmatrix} 0 & 1 & 2 & \vdots & 1 & 0 & 0 \\ 1 & 1 & 4 & \vdots & 0 & 1 & 0 \\ 2 & -1 & 0 & \vdots & 0 & 0 & 1 \end{pmatrix} \xrightarrow{r_1 \leftrightarrow r_2} \begin{pmatrix} 1 & 1 & 4 & \vdots & 0 & 1 & 0 \\ 0 & 1 & 2 & \vdots & 1 & 0 & 0 \\ 2 & -1 & 0 & \vdots & 0 & 0 & 1 \end{pmatrix}$$

$$\xrightarrow{r_3-2r_1} \begin{pmatrix} 1 & 1 & 4 & \vdots & 0 & 1 & 0 \\ 0 & 1 & 2 & \vdots & 1 & 0 & 0 \\ 0 & -3 & -8 & \vdots & 0 & -2 & 1 \end{pmatrix} \xrightarrow[r_1-r_2]{r_3+3r_2} \begin{pmatrix} 1 & 0 & 2 & \vdots & -1 & 1 & 0 \\ 0 & 1 & 2 & \vdots & 1 & 0 & 0 \\ 0 & 0 & -2 & \vdots & 3 & -2 & 1 \end{pmatrix}$$

$$\xrightarrow{-\frac{1}{2}r_3} \begin{pmatrix} 1 & 0 & 2 & \vdots & -1 & 1 & 0 \\ 0 & 1 & 2 & \vdots & 1 & 0 & 0 \\ 0 & 0 & 1 & \vdots & -\frac{3}{2} & 1 & -\frac{1}{2} \end{pmatrix} \xrightarrow[r_2-2r_3]{r_1-2r_3} \begin{pmatrix} 1 & 0 & 0 & \vdots & 2 & -1 & 1 \\ 0 & 1 & 0 & \vdots & 4 & -2 & 1 \\ 0 & 0 & 1 & \vdots & -\frac{3}{2} & 1 & -\frac{1}{2} \end{pmatrix}$$

所以
$$\boldsymbol{A}^{-1}=\begin{pmatrix} 2 & -1 & 1 \\ 4 & -2 & 1 \\ -\frac{3}{2} & 1 & -\frac{1}{2} \end{pmatrix}$$

例 8 设 $\boldsymbol{A}=\begin{pmatrix} 1 & 0 & -1 \\ 2 & 1 & -1 \\ 1 & 0 & 0 \end{pmatrix}$, $\boldsymbol{B}=\begin{pmatrix} 1 & 0 \\ 2 & 1 \\ 1 & -1 \end{pmatrix}$, 且 $\boldsymbol{AX}=\boldsymbol{B}$, 求 $\boldsymbol{X}$.

解 由于 $\boldsymbol{A}^{-1}=\begin{pmatrix} 0 & 0 & 1 \\ -1 & 1 & -1 \\ -1 & 0 & 1 \end{pmatrix}$, 所以 $\boldsymbol{X}=\boldsymbol{A}^{-1}\boldsymbol{B}$, 即

$$\boldsymbol{X}=\begin{pmatrix} 0 & 0 & 1 \\ -1 & 1 & -1 \\ -1 & 0 & 1 \end{pmatrix}\begin{pmatrix} 1 & 0 \\ 2 & 1 \\ 1 & -1 \end{pmatrix}=\begin{pmatrix} 1 & -1 \\ 0 & 2 \\ 0 & -1 \end{pmatrix}$$

例 9 设

$$\boldsymbol{A}=\begin{pmatrix} 1 & 0 & -1 \\ 2 & 1 & -1 \\ 1 & 0 & 0 \end{pmatrix}, \boldsymbol{B}=\begin{pmatrix} 1 & 2 & 1 \\ 0 & 1 & -1 \end{pmatrix}$$

且 $\boldsymbol{XA}=\boldsymbol{B}$, 求 $\boldsymbol{X}$.

解 由于 $\boldsymbol{A}^{-1}=\begin{pmatrix} 0 & 0 & 1 \\ -1 & 1 & -1 \\ -1 & 0 & 1 \end{pmatrix}$, 所以 $\boldsymbol{X}=\boldsymbol{BA}^{-1}$, 即

$$\boldsymbol{X}=\begin{pmatrix} 1 & 2 & 1 \\ 0 & 1 & -1 \end{pmatrix}\begin{pmatrix} 0 & 0 & 1 \\ -1 & 1 & -1 \\ -1 & 0 & 1 \end{pmatrix}=\begin{pmatrix} -3 & 2 & 0 \\ 0 & 1 & -2 \end{pmatrix}$$

例 10　用逆矩阵法求解线性方程组：$\begin{cases} x_1 - x_3 = 1 \\ 2x_1 + x_2 - x_3 = 2. \\ x_1 = 1 \end{cases}$

解　设 $\boldsymbol{A}=\begin{pmatrix} 1 & 0 & -1 \\ 2 & 1 & -1 \\ 1 & 0 & 0 \end{pmatrix}$，$\boldsymbol{X}=\begin{pmatrix} x_1 \\ x_2 \\ x_3 \end{pmatrix}$，$B=\begin{pmatrix} 1 \\ 2 \\ 1 \end{pmatrix}$，则线性方程组可以记为 $\boldsymbol{AX}=\boldsymbol{B}$.

所以 $\boldsymbol{X}=\boldsymbol{A}^{-1}\boldsymbol{B}$，而 $\boldsymbol{A}^{-1}=\begin{pmatrix} 0 & 0 & 1 \\ -1 & 1 & -1 \\ -1 & 0 & 1 \end{pmatrix}$，即

$$\boldsymbol{X}=\begin{pmatrix} 0 & 0 & 1 \\ -1 & 1 & -1 \\ -1 & 0 & 1 \end{pmatrix}\begin{pmatrix} 1 \\ 2 \\ 1 \end{pmatrix}=\begin{pmatrix} 1 \\ 0 \\ 0 \end{pmatrix}$$

训练习题 5.5

1.填空题

(1)当 k 为______时，数量矩阵不可逆.

(2)矩阵 $\boldsymbol{A}=\begin{pmatrix} -2 & 5 \\ 3 & 7 \end{pmatrix}$ 的伴随矩阵是 $\boldsymbol{A}^*=$______.

(3)矩阵 $\boldsymbol{A}=\begin{pmatrix} 1 & 0 & 0 \\ 0 & 5 & 0 \\ 0 & 0 & 7 \end{pmatrix}$ 的逆矩阵是 $\boldsymbol{A}^{-1}=$______.

(4)若 $(\boldsymbol{A} \vdots \boldsymbol{E}) \xrightarrow{\text{初等行变换法}} (\boldsymbol{E} \vdots \boldsymbol{B})$，则 $\boldsymbol{B}=$______.

2.判断题

(1)若 $\boldsymbol{A}$ 可逆，则 $\boldsymbol{A}^{\mathrm{T}}$ 也可逆.　(　　)

(2)若 n 阶方阵的 $R(\boldsymbol{A})=n$，则 $\boldsymbol{A}$ 是可逆矩阵.　(　　)

(3)矩阵 $\boldsymbol{A}=\begin{pmatrix} 1 & 0 & 0 \\ 0 & 2 & 0 \\ 0 & 0 & 3 \end{pmatrix}$ 的逆矩阵是 $\boldsymbol{A}^{-1}=\begin{pmatrix} 1 & 0 & 0 \\ 0 & \frac{1}{2} & 0 \\ 0 & 0 & \frac{1}{3} \end{pmatrix}$.　(　　)

(4)若 n 阶方阵 $\boldsymbol{A}$ 的所有元素均不为零，则 $R(\boldsymbol{A})=n$.　(　　)

3.单项选择题

(1)矩阵 $\begin{pmatrix} 5 & 7 \\ 8 & 11 \end{pmatrix}$ 的伴随矩阵是(　　).

A.$\begin{pmatrix}-11 & 7\\ 8 & -5\end{pmatrix}$　　B.$\begin{pmatrix}11 & -7\\ -8 & 5\end{pmatrix}$　　C.$\begin{pmatrix}11 & -8\\ -7 & 5\end{pmatrix}$　　D.$\begin{pmatrix}-11 & 8\\ 7 & -5\end{pmatrix}$

(2)方阵 $\boldsymbol{A}$ 可逆的充要条件是(　　).

A.$\boldsymbol{A}>0$　　B.$|\boldsymbol{A}|\neq 0$　　C.$|\boldsymbol{A}|>0$　　D.$\boldsymbol{A}\neq 0$

(3)设 $\boldsymbol{A},\boldsymbol{B}$ 是 m 阶矩阵，若 $\boldsymbol{AB}=\boldsymbol{A}$ 且 $\boldsymbol{A}$ 可逆，则有(　　).

A.$\boldsymbol{A}=\boldsymbol{B}=\boldsymbol{E}$　　B.$\boldsymbol{A}=\boldsymbol{E}$　　C.$\boldsymbol{B}=\boldsymbol{E}$　　D.$\boldsymbol{A},\boldsymbol{B}$ 互为逆矩阵

(4)若 $\boldsymbol{A}$ 可逆，则 $\boldsymbol{AX}=\boldsymbol{B}+\boldsymbol{C}$ 的解为(　　).

A.$\boldsymbol{X}=\boldsymbol{BA}^{-1}+\boldsymbol{CA}^{-1}$　　B.$\boldsymbol{X}=\boldsymbol{A}^{-1}\boldsymbol{B}+\boldsymbol{C}$　　C.$\boldsymbol{X}=\boldsymbol{A}^{-1}\boldsymbol{B}+\boldsymbol{A}^{-1}\boldsymbol{C}$　　D.不存在

4.求下列矩阵的逆矩阵：

(1)$\begin{pmatrix}\cos\theta & -\sin\theta\\ \sin\theta & \cos\theta\end{pmatrix}$；　　(2)$\boldsymbol{A}=\begin{pmatrix}1 & 0 & 1\\ 2 & 1 & 0\\ -3 & 2 & -5\end{pmatrix}$.

5.运用逆矩阵求解线性方程组：

$$\begin{cases}2x_1-x_2+3x_3=5\\ 3x_1+x_2-5x_3=5\\ 4x_1-x_2+x_3=9\end{cases}$$

任务 5.6　求解线性方程组

任务 5.2 介绍了求解线性方程组的克莱姆法则；任务 5.5 中运用矩阵乘法将线性方程组转化为矩阵方程，运用逆矩阵法来求解.虽然克莱姆法则和逆矩阵法在理论上具有重要的意义，但是利用它们求解线性方程组，要受到一定的限制.首先，它们都要求线性方程组中方程的个数与未知量的个数相等，其次还要求方程组的系数行列式不等于零.即使方程组具备上述条件，应用克莱姆法则和逆矩阵法也只能求解一些较为特殊的线性方程组且计算量较大.

本任务 5.6 将讨论一般的 n 元线性方程组的求解问题.

5.6.1　初等行变换求解线性方程组

一般的线性方程组的形式为

$$\begin{cases}a_{11}x_1+a_{12}x_2+\cdots+a_{1n}x_n=b_1\\ a_{21}x_1+a_{22}x_2+\cdots+a_{2n}x_n=b_2\\ \cdots\cdots\\ a_{m1}x_1+a_{m2}x_2+\cdots+a_{mn}x_n=b_m\end{cases}$$

方程的个数 m 与未知量的个数 n 不一定相等，当 $m=n$ 时，系数行列式也有可能等于零.因此不能用之前的两种方法，对于上面这个线性方程组，需要研究以下三个问题：

①怎样判断线性方程组是否有解？即它有解的充分必要条件是什么？

②方程组有解时，它究竟有多少个解及如何去求解？

③当方程组的解不唯一时，解如何表示？

【引例 1】[方案设计] 某小区要建设一栋公寓，现在有一个模块构造计划方案需要设计，根据基本建筑面积每个楼层可以有三种设置户型的方案见表 5.5. 如果要设计出含有 136 套一居室，74 套两居室，66 套三居室，是否可行？

表 5.5

方　案	一居室(套)	两居室(室)	三居室(套)
A	8	7	3
B	8	4	4
C	9	3	5

设公寓的每层采用同一种方案，有 x_1 层采用方案 A，x_2 层采用方案 B，x_3 层采用方案 C，根据条件可得

$$\begin{cases}8x_1+8x_2+9x_3=136\\7x_1+4x_2+3x_3=74\\3x_1+4x_2+5x_3=66\end{cases}$$

因此要解决方案问题，必须求解这个多元线性方程组. 下面学习用矩阵的初等变换来解线性方程组.

定义 1 设线性方程组

$$\begin{cases}a_{11}x_1+a_{12}x_2+\cdots+a_{1n}x_n=b_1\\a_{21}x_1+a_{22}x_2+\cdots+a_{2n}x_n=b_2\\\qquad\cdots\cdots\\a_{m1}x_1+a_{m2}x_2+\cdots+a_{mn}x_n=b_m\end{cases} \qquad ①$$

其矩阵表达式为

$$\boldsymbol{AX}=\boldsymbol{B}$$

其中，$\boldsymbol{A}=\begin{pmatrix}a_{11} & a_{12} & \cdots & a_{1n}\\a_{21} & a_{22} & \cdots & a_{2n}\\\vdots & \vdots & & \vdots\\a_{m1} & a_{m2} & \cdots & a_{mn}\end{pmatrix}$，$\boldsymbol{X}=\begin{pmatrix}x_1\\x_2\\\vdots\\x_n\end{pmatrix}$，$\boldsymbol{B}=\begin{pmatrix}b_1\\b_2\\\vdots\\b_m\end{pmatrix}$

分别为系数矩阵、未知数矩阵、常数矩阵

矩阵($\boldsymbol{A}\vdots\boldsymbol{B}$)，即

$$\begin{pmatrix} a_{11} & a_{12} & \cdots & a_{1n} & b_1 \\ a_{21} & a_{22} & \cdots & a_{2n} & b_2 \\ \vdots & \vdots & & \vdots & \vdots \\ a_{m1} & a_{m2} & \cdots & a_{mn} & b_m \end{pmatrix}$$

称为线性方程组①的增广矩阵，记为 $\widetilde{\boldsymbol{A}}$.

下面看几个例子.

例 1　解线性方程组

$$\begin{cases} 2x_1+4x_2-x_4=-3 \\ x_1+2x_2+3x_3+x_4=5 \\ -x_1-2x_2+3x_3+2x_4=8 \\ x_1+2x_2-9x_3-5x_4=-21 \end{cases}$$

解　用**高斯消元法**解这个方程组，将第一、第二个方程互换，方程组变为

$$\begin{cases} x_1+2x_2+3x_3+x_4=5 \\ 2x_1+4x_2-x_4=-3 \\ -x_1-2x_2+3x_3+2x_4=8 \\ x_1+2x_2-9x_3-5x_4=-21 \end{cases}$$

将第一个方程的-2 倍加到第二个方程上，将第一个方程加到第三个方程上，将第一个方程的-1 倍加到第四个方程上，得

$$\begin{cases} x_1+2x_2+3x_3+x_4=5 \\ -6x_3-3x_4=-13 \\ 63x_3+3x_4=13 \\ -12x_3-6x_4=-26 \end{cases}$$

把第二个方程乘以 1/2 加到第一个方程上，再用-1/6 去乘第二个方程，得

$$\begin{cases} x_1+2x_2-\dfrac{1}{2}x_4=-\dfrac{3}{2} \\ x_3+\dfrac{1}{2}x_4=\dfrac{13}{6} \\ 0=0 \\ 0=0 \end{cases}$$

具有上述形式的方程组称为阶梯形方程组，由此得到原方程组的同解方程组

$$\begin{cases} x_1+2x_2-\dfrac{1}{2}x_4=-\dfrac{3}{2} \\ x_3+\dfrac{1}{2}x_4=\dfrac{13}{6} \end{cases}$$

在这个方程组的第二个方程中，任给 x_4 的一个值，可唯一得到 $x_3=\frac{13}{6}-\frac{1}{2}x_4$；任给 x_2 的一个值，连同 x_4 一起代入第一个方程，可唯一得到 $x_1=-\frac{3}{2}-2x_2+\frac{1}{2}x_4$，这样就得到方程组的一组解

$$\begin{cases} x_1=-\frac{3}{2}-2x_2+\frac{1}{2}x_4 \\ x_2=x_2 \\ x_3=\frac{13}{6}-\frac{1}{2}x_4 \\ x_4=x_4 \end{cases}$$

由于 x_2,x_4 可以任意给定，所以该方程组有无穷多组解，这时 x_2,x_4 称为自由未知量. 在解这个方程组的过程中，对方程组的化简反复使用了下面三种运算：

①互换方程组中两个方程的位置；

②用一个非零常数 k 去乘方程组中某一个方程；

③把一个方程的 k 倍加到另一个方程上.

一般把三种运算称为方程组的**初等变换**，如果把方程组和它的增广矩阵 $\widetilde{A}$ 联系起来，不难看出，对方程组进行初等变换化为阶梯形方程组的过程. 实际上就是对它们的增广矩阵 $\widetilde{A}$ 进行初等行变换化为阶梯形矩阵的过程. 把例 1 的解题过程用矩阵的初等变换表示为

$$\widetilde{A}=\begin{pmatrix} 2 & 4 & 0 & -1 & -3 \\ 1 & 2 & 3 & 1 & 5 \\ -1 & -2 & 3 & 2 & 8 \\ 1 & 2 & -9 & -5 & -21 \end{pmatrix} \xrightarrow{r_1\leftrightarrow r_2} \begin{pmatrix} 1 & 2 & 3 & 1 & 5 \\ 2 & 4 & 0 & -1 & -3 \\ -1 & -2 & 3 & 2 & 8 \\ 1 & 2 & -9 & -5 & -21 \end{pmatrix}$$

$$\xrightarrow[\substack{r_3+r_1 \\ r_4+(-1)r_1}]{r_2+(-2)r_1} \begin{pmatrix} 1 & 2 & 3 & 1 & 5 \\ 0 & 0 & -6 & -3 & -13 \\ 0 & 0 & 6 & 3 & 13 \\ 0 & 0 & -12 & -6 & -26 \end{pmatrix} \xrightarrow[\substack{(-1/2)r_3 \\ r_4/12}]{r_1+2r_2}$$

$$\begin{pmatrix} 1 & 2 & 3 & 1 & 5 \\ 0 & 0 & -6 & -3 & -13 \\ 0 & 0 & 0 & 0 & 0 \\ 0 & 0 & 0 & 0 & 0 \end{pmatrix} \xrightarrow[-\frac{1}{6}r_2]{r_1+\frac{1}{2}r_2} \begin{pmatrix} 1 & 2 & 0 & -1/2 & -3/2 \\ 0 & 0 & 1 & 1/2 & 13/6 \\ 0 & 0 & 0 & 0 & 0 \\ 0 & 0 & 0 & 0 & 0 \end{pmatrix}$$

由最后的阶梯形矩阵即可写出方程组的同解方程组，进而得到方程组的解：

$$\begin{cases}x_1=-\dfrac{3}{2}-2x_2+\dfrac{1}{2}x_4\\x_2=x_2\\x_3=\dfrac{13}{6}-\dfrac{1}{2}x_4\\x_4=x_4\end{cases}$$

例 2 解线性方程组

$$\begin{cases}2x_1+x_2-x_3=5\\x_1-x_2+x_3=-2\\x_1+2x_2+3x_3=2\end{cases}$$

解 方程组的增广矩阵为 $\widetilde{\boldsymbol{A}}=\begin{pmatrix}2&1&-1&5\\1&-1&1&-2\\1&2&3&2\end{pmatrix}$

对矩阵 $\widetilde{\boldsymbol{A}}$ 进行初等行变换，将其简化为阶梯形矩阵，即

$$\widetilde{\boldsymbol{A}}=\begin{pmatrix}2&1&-1&5\\1&-1&1&-2\\1&2&3&2\end{pmatrix}\xrightarrow{r_1\leftrightarrow r_2}\begin{pmatrix}1&-1&1&-2\\2&1&-1&5\\1&2&3&2\end{pmatrix}$$

$$\xrightarrow[r_3+(-1)r_1]{r_2+(-2r_1)}\begin{pmatrix}1&-1&1&-2\\0&3&-3&9\\0&3&2&4\end{pmatrix}\xrightarrow{r_3+(-1)r_2}\begin{pmatrix}1&-1&1&2\\0&3&-3&9\\0&0&5&-5\end{pmatrix}$$

$$\xrightarrow[r_3/5]{r_2/3}\begin{pmatrix}1&-1&1&2\\0&1&-1&3\\0&0&1&-1\end{pmatrix}\xrightarrow{r_1+r_2}\begin{pmatrix}1&0&0&1\\0&1&-1&3\\0&0&1&-1\end{pmatrix}\xrightarrow{r_2+r_3}\begin{pmatrix}1&0&0&1\\0&1&0&2\\0&0&1&-1\end{pmatrix}$$

于是得到方程组的解为：$\begin{cases}x_1=1\\x_2=2\\x_3=-1\end{cases}$

例 3 解线性方程组

$$\begin{cases}2x_1+x_2+3x_3=6\\3x_1+2x_2+x_3=1\\5x_1+3x_2+4x_3=27\end{cases}\qquad ②$$

解 对增广矩阵 $\widetilde{\boldsymbol{A}}$ 进行初等行变换，有

$$\widetilde{\boldsymbol{A}}=\begin{pmatrix}2&1&3&6\\3&2&1&1\\5&3&4&27\end{pmatrix}\xrightarrow{r_1+(-1)r_2}\begin{pmatrix}-1&-1&2&5\\3&2&1&1\\5&3&4&27\end{pmatrix}$$

$$\xrightarrow[r_3+5r_1]{r_2+3r_1}\begin{pmatrix}-1&-1&2&5\\0&-1&7&16\\0&-2&14&52\end{pmatrix}\xrightarrow{r_3+(-2)r_2}\begin{pmatrix}-1&-1&2&5\\0&-1&7&16\\0&0&0&20\end{pmatrix}$$

$$\xrightarrow[(-1)r_2]{(-1)r_1}\begin{pmatrix}1&1&-2&-5\\0&1&-7&-16\\0&0&0&20\end{pmatrix}$$

该题无须把 $\widetilde{A}$ 通过初等行变换简化为阶梯矩阵，因为由阶梯形矩阵对应的方程组

$$\begin{cases}x_1+x_2-2x_3=-5\\x_2-7x_3=-16\\0x_3=20\end{cases}\qquad ③$$

即可看出，不可能有 x_1,x_2,x_3 的值满足第三个方程，因此方程组③无解，也即方程组②无解.

5.6.2 线性方程组解的讨论

【引例 2】 通过 5.6.1 节看到，对于线性方程组，解有多种情况.

$$\begin{cases}\lambda x_1+x_2+x_3=1\\x_1+\lambda x_2+x_3=\lambda\\x_1+x_2+\lambda x_3=\lambda^2\end{cases}$$

这是系数含参数的线性方程组，当 λ 为不同的值时，线性方程组的情况是否不同呢？

本节以矩阵为工具来讨论一般线性方程组，即含有 n 个未知量数、m 个方程的方程组的解的情况，将着重讨论两个问题：第一，如何判定线性方程组是否有解？第二，在有解的情况下，解是否唯一？

线性方程组

$$\begin{cases}a_{11}x_1+a_{12}x_2+\cdots+a_{1n}x_n=b_1\\a_{21}x_1+a_{22}x_2+\cdots+a_{2n}x_n=b_2\\\quad\cdots\cdots\\a_{m1}x_1+a_{m2}x_2+\cdots+a_{mn}x_n=b_m\end{cases}\qquad ④$$

其中，系数 $a_{ij}(i=1,2\cdots,m;j=1,2\cdots,n)$，常数项 $b_i(i=1,2,\cdots,m)$ 都是已知数，$x_j=(j=1,2,\cdots,n)$ 是未知数.

当 $b_i(i=1,2\cdots,m)$ 不全为零，称方程组④为非齐次线性方程组.

当 $b_i(i=1,2\cdots,m)$ 全为零，即

$$\begin{cases}a_{11}x_1+a_{12}x_2+\cdots+a_{1n}x_n=0\\a_{21}x_1+a_{22}x_2+\cdots+a_{2n}x_n=0\\\quad\cdots\cdots\\a_{m1}x_1+a_{m2}x_2+\cdots+a_{mn}x_n=0\end{cases}\qquad ⑤$$

时，称方程组⑤为齐次线性方程组.

1) 非齐次线性方程组

我们知道，非齐次线性方程组④有有解、无解两种情况，那么，如何来判定呢？通过对5.6.1线性方程组求解过程的研究可知，非齐次线性方程组⑤是否有解，在于把其增广矩阵$\widetilde{\boldsymbol{A}}$和系数矩阵$\boldsymbol{A}$化为阶梯形矩阵后的非零行行数是否相同.而一个矩阵用初等行变换化为阶梯形矩阵后的非零行的数目就等于该矩阵的秩，因此，可以用矩阵的秩来反映非齐次线性方程组④是否有解.

定理1 非齐次线性方程组④有解的充分必要条件是

$$R(\boldsymbol{A})=R(\widetilde{\boldsymbol{A}})$$

在判定非齐次线性方程组④有解的情况下，其解是否唯一呢？同样通过对5.6.1节线性方程组求解过程的研究可知，当$R(\boldsymbol{A})=R(\widetilde{\boldsymbol{A}})=r<n$时，非齐次线性方程组④有解，而且有$n-r$个自由未知量，其解有无穷多个；而当没有自由未知量，即$r=n$时，才有唯一解.综合所述，有下述定理：

定理2 对于非齐次线性方程组④，若$R(\boldsymbol{A})=R(\widetilde{\boldsymbol{A}})=r$，则当$r=n$时，方程组④有唯一解；当$r<n$时，方程组④有无穷多组解.

例4 λ为何值时，引例2中非齐次线性方程组

$$\begin{cases}\lambda x_1+x_2+x_3=1\\x_1+\lambda x_2+x_3=\lambda\\x_1+x_2+\lambda x_3=\lambda^2\end{cases}$$

分别有唯一解、无解、有无穷多组解？

解 $$\widetilde{\boldsymbol{A}}=\begin{pmatrix}\lambda&1&1&1\\1&\lambda&1&\lambda\\1&1&\lambda&\lambda^2\end{pmatrix}\xrightarrow{r_1\leftrightarrow r_2}\begin{pmatrix}1&\lambda&1&\lambda\\\lambda&1&1&1\\1&1&\lambda&\lambda^2\end{pmatrix}$$

$$\xrightarrow[r_3+(-1)r_1]{r_2+(-1)r_1}\begin{pmatrix}1&\lambda&1&\lambda\\0&1-\lambda^2&1-\lambda&1-\lambda^2\\0&1-\lambda&\lambda-1&\lambda^2-\lambda\end{pmatrix}$$

$$\xrightarrow{r_2\leftrightarrow r_3}\begin{pmatrix}1&\lambda&1&\lambda\\0&1-\lambda&\lambda-1&\lambda^2-\lambda\\0&1-\lambda^2&1-\lambda&1-\lambda^2\end{pmatrix}$$

$$\xrightarrow{r_3+(-1)(1+\lambda)r_2}\begin{pmatrix}1&\lambda&1&\lambda\\0&1-\lambda&\lambda-1&\lambda_2-\lambda\\0&0&2-\lambda-\lambda^2&(1-\lambda)(1+\lambda)^2\end{pmatrix}$$

①要使方程组有唯一解,必须

$$R(\boldsymbol{A})=R(\widetilde{\boldsymbol{A}})=3$$

即 $$1-\lambda\neq 0 \text{ 且 } 2-\lambda-\lambda^2\neq 0$$

由此解得 $\lambda\neq -2$ 且 $\lambda\neq 1$,所以当 $\lambda\neq -2$ 且 $\lambda\neq 1$ 时方程组有**唯一解**.

②要使方程组无解,必须

$$R(\boldsymbol{A})\neq R(\widetilde{\boldsymbol{A}})$$

即 $$2-\lambda-\lambda^2=0 \text{ 且 } (1-\lambda)(1+\lambda)^2\neq 0$$

由此解得 $\lambda=-2$,所以,当 $\lambda=-2$ 时,方程组**无解**.

③要使方程组有无穷多组解时,必须

$$R(\boldsymbol{A})=R(\widetilde{\boldsymbol{A}})<3$$

即 $$2-\lambda-\lambda^2=0 \text{ 且 } (1-\lambda)(1+\lambda)^2=0$$

由此解得 $\lambda=1$,所以,当 $\lambda=1$ 时,方程组有**无穷多组解**.

2)齐次线性方程组

对于齐次线性方程组⑤,由于其增广矩阵的最后一列全为零,所以满足定理 1 的条件即齐次线性方程组总有解,因为 $x_1=x_2=\cdots=x_n=0$ 时,总满足方程组⑤,这样的解称为零解.因此,对于齐次线性方程组来说,重要的是如何判定它是否有非零解.由定理 2 可得以下定理:

定理 3 齐次线性方程组⑤有非零解的充分必要条件为

$$R(\boldsymbol{A})<n$$

例 5 现有一个木工、一个电工和一个油漆工,三人同意彼此装修自己的房子.在装修前,他们达成了如下协议:

①每人总共工作 10 天(包括给自己家干活在内);

②每人的日工资根据一般的市场价定为 60~80 元;

③每人的日工资数应使得每人的总收入与总支出相等.

表 5.6 是他们协商制订出的工作天数的分配方案,如何计算出他们每人应得的工资?

表 5.6

天数 \ 工种	木工	电工	油漆工
在木工家的工作天数	2	1	6
在电工家的工作天数	4	5	1
在油漆工家工作的天数	4	4	3

分析:这是一个投入产出问题,根据他们的协议分别建立描述木工、电工、油漆工各自的

收支平衡关系的等式.这类问题关键是要设计出合理的工作天数分配方案表(本题已列出),然后根据工作天数的分配方案建立线性方程组,使得最后计算出的每一个工人的日工资基本上均等,或相差不是太大,同时还要与市场价基本上相符合.

为便于求解,假设三人装修工作均符合房屋装修工序;装修工作时间并不要求在同一天开始或同时结束,但要求在指定时间段装修完毕;每个人都能保质保量完成工作.

解 现分别设 x_1、x_2、x_3 为木工、电工、油漆工的日工资,木工的 10 个工作日总收入为 $10x_1$.木工、电工及油漆工三人在木工家工作的天数分别为 2 天、1 天、6 天,即木工的总支出为 $2x_1+x_2+6x_3$.由于木工总支出与总收入要相等,于是木工的收支平衡关系可描述为

$$2x_1+x_2+6x_3=10x_1$$

同理,电工、油漆工各自的收支平衡关系可有如下两个等式描述:

$$4x_1+5x_2+x_3=10x_2,\quad 4x_1+4x_2+3x_3=10x_3$$

联立上述三个方程得线性方程组:

$$\begin{cases}2x_1+x_2+6x_3=10x_1\\4x_1+5x_2+x_3=10x_2\\4x_1+4x_2+3x_3=10x_3\end{cases}$$

整理,得三人的日工资应满足的齐次线性方程组为

$$\begin{cases}-8x_1+x_2+6x_3=0\\4x_1-5x_2+x_3=0\\4x_1+4x_2-7x_3=0\end{cases}$$

对增广矩阵 $\widetilde{\boldsymbol{A}}$(或仅对系数矩阵 $\boldsymbol{A}$)作初等行变换,得

$$\widetilde{\boldsymbol{A}}=\begin{pmatrix}-8&1&6&0\\4&-5&1&0\\4&4&-7&0\end{pmatrix}\xrightarrow{r_1\leftrightarrow r_2}\begin{pmatrix}4&-5&1&0\\-8&1&6&0\\4&4&-7&0\end{pmatrix}\xrightarrow[r_3-r_1]{r_2+2r_1}\begin{pmatrix}4&-5&1&0\\0&-9&8&0\\0&9&-8&0\end{pmatrix}$$

$$\xrightarrow{r_3+r_2}\begin{pmatrix}4&-5&1&0\\0&-9&8&0\\0&0&0&0\end{pmatrix}$$

至此化为阶梯形矩阵,容易看出,增广矩阵 $\widetilde{\boldsymbol{A}}$ 的秩与系数矩阵 $\boldsymbol{A}$ 的秩都等于 2,而未知量的个数 $n=3$,有

$$R(\widetilde{\boldsymbol{A}})=R(\boldsymbol{A})=2<3$$

所以齐次线性方程组有非零解.

对所得的阶梯形矩继续作初等行变换,得

$$\widetilde{\boldsymbol{A}} \xrightarrow{r_1+\left(-\frac{5}{9}\right)r_2} \begin{pmatrix} 4 & 0 & -\frac{31}{9} & 0 \\ 0 & -9 & 8 & 0 \\ 0 & 0 & 0 & 0 \end{pmatrix} \xrightarrow[-\frac{1}{9}r_2]{\frac{1}{4}r_1} \begin{pmatrix} 1 & 0 & -\frac{31}{36} & 0 \\ 0 & 1 & -\frac{8}{9} & 0 \\ 0 & 0 & 0 & 0 \end{pmatrix}$$

得到与原方程组同解的方程组

$$\begin{cases} x_1-\dfrac{31}{36}x_3=0 \\ x_2-\dfrac{8}{9}x_3=0 \end{cases}$$

令 $x_3=k$（x_3 可取任意实数，为自由未知量），则齐次线性方程组解的一般表达式为

$$\begin{cases} x_1=\dfrac{31}{36}k \\ x_2=\dfrac{8}{9}k \\ x_3=k \end{cases} \quad \text{（其中 } k \text{ 可取任意实数）}$$

由于每个人的日工资为60~80元，故选择 $k=72$，以确定木工、电工及油漆工每人每天的日工资为 $x_1=62$，$x_2=64$，$x_3=72$.

训练习题 5.6

1.用初等行变换解下列线性方程组

（1）$\begin{cases} 4x_1+2x_2-x_3=2 \\ 3x_1-x_2+2x_3=10 \\ 11x_1+x_2=8 \end{cases}$；　　（2）$\begin{cases} 2x_1+3x_2+x_3=4 \\ x_1-2x_2+4x_3=-5 \\ 3x_1+8x_2-2x_3=13 \\ 4x_1-x_2+9x_3=-16 \end{cases}$；

（3）$\begin{cases} x_1+3x_2-2x_3+2x_4-x_5=0 \\ -2x_1-5x_2+x_3-5x_4+3x_5=0 \\ 3x_1+7x_2-x_3+x_4-3x_5=0 \\ -x_1-4x_2+5x_3-x_4=0 \end{cases}$.

2.判定下列线性方程组是否有解，若有解，是否唯一？

（1）$\begin{cases} x_1+2x_2+3x_3=0 \\ 2x_1+5x_2+3x_3=0 \\ x_1+8x_3=0 \end{cases}$；　　（2）$\begin{cases} x_1+x_2-2x_3=-1 \\ 2x_1+x_2-2x_3=1 \\ x_1+x_2+x_3=3 \\ x_1+2x_2-3x_3=1 \end{cases}$；

(3) $\begin{cases} x_1+3x_2+5x_3-4x_4=1 \\ x_1+3x_2+2x_3-2x_4+x_5=-1 \\ x_1-2x_2+x_3-x_4-x_5=3 \\ x_1-4x_2+x_3+x_4-x_5=3 \end{cases}$.

3.λ、μ 为何值时，方程组

$$\begin{cases} x_1+2x_2+3x_3=6 \\ x_1-x_2+6x_3=0 \\ 3x_1-2x_2+\lambda x_3=\mu \end{cases}$$

无解，有唯一解，有无穷多组解？

4.某公司年初对三个企业投资 100 万元，年末公司从三个企业中获总利润 4.6 万元.已知各企业的今年获利分别为投资额的 3%，4%和 6%.其中，第三企业所获利润比第一、二企业所获利润之和多 0.8 万元，问公司对三个企业投资各多少？

任务 5.7　数学实验：用 MATLAB 求解线性代数问题

矩阵运算常用的命令见表 5.7.

表 5.7

命令格式	含　义
+	加
-	减
* 或 .*	乘
/或./	除
A′	求矩阵 **A** 的转置
inv(A)	求方阵 **A** 的逆
rref(A)	将 **A** 化为行简化矩阵
rank(A)	求矩阵 **A** 的秩
det(A)	求方阵 **A** 的行列式
X=A/B	解线性方程组 **AX**=**B**
X=A/B	解线性方程组 **XA**=**B**

5.7.1 用 MATLAB 求解行列式

实验1 计算 $\begin{vmatrix} 3 & 1 & -1 & 2 \\ -5 & 1 & 3 & -4 \\ 2 & 0 & 1 & -1 \\ 1 & -5 & 3 & -3 \end{vmatrix}$.

解 相应的 MATLAB 代码为

```
>>D=[3 1 -1 2;-5 1 3 -4;2 01 -1;1 -5 3 -3];
>>det(D)
```

算得 D=40.

如果用 determ 命令,相应的 MATLAB 代码为

```
>>D=[3 1 -1 2;-5 1 3 -4;2 01 -1;1 -5 3 -3];
>>determ(D)
```

算得 D=40.

5.7.2 用 MATLAB 进行矩阵的运算

1) 矩阵的生成

矩阵的输入有两种方式:

①用中括号[ ]表示,每行的元素间用逗号或空格隔开,行与行之间用分号隔开;

②a=初始值:步长:终值,可输入行矩阵(或数组).

实验2 输入矩阵

$$\boldsymbol{A}=\begin{pmatrix} 1 & 5 & 9 & 13 \\ 2 & 6 & 10 & 14 \\ 3 & 7 & 11 & 15 \\ 4 & 8 & 12 & 16 \end{pmatrix}, \quad \boldsymbol{B}=\begin{pmatrix} 1 & 2 & 3 & 4 \\ 5 & 6 & 7 & 8 \\ 9 & 10 & 11 & 12 \\ 13 & 14 & 15 & 16 \end{pmatrix}$$

解:

```
A=[1 5 9 13;2 6 10 14;3 7 11 15;4 8 12 16];%输入矩阵A
B=A'↙                                        %符号“'”表示求矩阵A的转置
B=  1  2  3  4
    5  6  7  8
    9  10 11 12
    13 14 15 16
```

2)矩阵的运算

实验3 若 $\boldsymbol{A},\boldsymbol{B}$ 为实验2中的矩阵,求:①$\boldsymbol{A}+\boldsymbol{B}$;②$\boldsymbol{A}-\boldsymbol{B}$;③$\boldsymbol{C}=\boldsymbol{B}\boldsymbol{A}$.

解

③A=[1 5 9 13;2 6 10 14;3 7 11 15;4 8 12 16];%输入矩阵 **A**

B=A′;　　%输入矩阵 **B**

C=B＊A↙　　%计算 **C=BA**

C=30　70　110　150　　%生成结果

70　174　278　382

110　278　446　614

150　382　614　846

实验 4　若 $\boldsymbol{F}=\begin{pmatrix}1&3&1\\2&0&4\\3&2&0\end{pmatrix}$，①求 $\boldsymbol{F}^2$；②求矩阵 **F** 的行列式.

解　①

F=[1 3 1;2 0 4;3 2 0;3 2 0];%输入矩阵 **F**

F^2↙

ans=

10　5　13

14　14　2

7　9　11

②

F=[1 3 1;2 0 4;3 2 0;3 2 0];输入矩阵 **F**

det(F)↙

ans=

32

5.7.3　用 MATLAB 求矩阵的逆以及应用逆矩阵

实验 5　求矩阵 $\boldsymbol{F}=\begin{pmatrix}1&3&1\\2&0&4\\3&2&0\end{pmatrix}$ 的逆矩阵.

解　输入与结果如下：

F=[1　3　1;2　0　4;3　2　0];↙

D=inv(F)↙

D=−0.2500　0.0625　0.3750

0.3750　−0.0938　−0.0625

0.1250　0.2188　−0.1875

实验 6　设矩阵 **A** 和 **X** 满足关系式 **AX=A+2X**，其中

$$A=\begin{pmatrix}4&2&3\\1&1&0\\-1&2&3\end{pmatrix}$$

求矩阵 X.

分析:$B=(A-2E)^{-1}A$,其中 E 是三阶单位矩阵.

解 输入与结果如下:

```
A=[ 4  2  3;1  1  0;-1  2  3 ];↙
X=inv(A-2*eye(3))*A↙                    eye(3)表示 3 阶单位矩阵
X=

    3.0000    -8.0000    -6.0000
    2.0000    -9.0000    -6.0000
   -2.0000    12.0000     9.0000
```

实验 7 求解线性方程组:$\begin{cases}2x_1-x_2+3x_3=5\\3x_1+x_2-5x_3=5.\\4x_1-x_2+x_3=9\end{cases}$

解 逆矩阵法

```
A=[ 2  -1  3;3  1  -5;4  -1  1 ];↙
B=[ 5;5;9 ];↙
X=inv(A)*B↙                    % 矩阵 A 的逆矩阵存在
X=

  2.0000
 -1.0000
 -0.0000
```

5.7.4 用 MATLAB 求解矩阵的秩和线性方程组

实验 8 若 $A=\begin{pmatrix}1&1&1&0&1&1&2&0\\1&1&1&1&0&1&1&0\\2&2&2&1&1&2&3&1\\3&3&3&2&1&3&4&1\end{pmatrix}$,请将矩阵 A 化为行简化阶梯形矩阵,并求出矩阵 A 的秩.

解 输入矩阵 A

```
A=[1 1 1 0 1 1 2 0;1 1 1 1 0 1 1 0;2 2 2 1 1 2 3 1;3 3 3 2 1 3 4 1];
rref(A)↙
ans=
```

```
1  1  1  0  1  1  2  0
0  0  0  1  -1  0  -1  0
0  0  0  0  0  0  0  1
0  0  0  0  0  0  0  0
rank(A)↙
ans =
     3
```

实验 9　求解线性方程组：$\begin{cases}2x_1-x_2+3x_3=5\\3x_1+x_2-5x_3=5.\\4x_1-x_2+x_3=9\end{cases}$

解　输入与结果如下：

```
A1=[2  -1  3  5;3  1  -5  5;4  -1  1  9];↙        % 输入增广矩阵
rref(A1)↙                  %将矩阵A1化简为行最简形矩阵求出方程组的解
ans =
     1  0  0  2
     0  1  0  -1
     0  0  1  0
```

即解为 $x=2\quad -1\quad 0$

注意　此方法用的是高斯消元法将解线性方程组化为行简化矩阵，也就是初等行变换法.由此判断方程组是否有解以及解的结果.这种方法可以用来求解任意线性方程组.

训练习题 5.7

1.设矩阵 $\boldsymbol{A}=\begin{pmatrix}3&1&1\\2&1&2\\1&2&3\end{pmatrix}$，$\boldsymbol{B}=\begin{pmatrix}1&1&-1\\2&1&0\\1&-1&1\end{pmatrix}$，用 MATLAB 软件求：

(1) $2\boldsymbol{A}+\boldsymbol{B}$；(2) $4\boldsymbol{A}^2-3\boldsymbol{B}^2$；(3) $\boldsymbol{AB}$；(4) $\boldsymbol{BA}$；(5) $\boldsymbol{AB}-\boldsymbol{BA}$；(6) $|\boldsymbol{AB}|$.

2.用 MATLAB 将下列矩阵化为行简化阶梯形矩阵，并求矩阵的秩.

(1) $\begin{pmatrix}0&1&1&-1&2\\0&2&2&-2&0\\0&-1&-1&1&1\\1&1&0&1&-1\end{pmatrix}$；　　(2) $\begin{pmatrix}2&5&4&3&-1\\3&2&1&6&7\\5&4&-2&3&6\end{pmatrix}$.

3.运用数学软件 MATLAB 计算.

(1) 已知 $\boldsymbol{A}=\begin{pmatrix}4 & -1 & -4 & 1\\ 2 & 1 & 2 & 0\\ 8 & 3 & 7 & -1\\ -3 & -1 & -3 & 1\end{pmatrix}$，求 $\boldsymbol{A}^{-1}$.

(2) 求解矩阵方程

$$\begin{pmatrix}1 & 2 & 3\\ 2 & 2 & 1\\ 3 & 4 & 3\end{pmatrix}\boldsymbol{X}=\begin{pmatrix}2 & 5\\ 3 & 1\\ 4 & 3\end{pmatrix}$$

(3) 求解矩阵方程

$$\boldsymbol{X}\begin{pmatrix}1 & 2 & 3\\ 2 & 2 & 1\\ 3 & 4 & 3\end{pmatrix}=\begin{pmatrix}1 & 0 & -1\\ 2 & 1 & 2\end{pmatrix}$$

(4) 求解矩阵方程

$$\begin{pmatrix}1 & 2 & 3\\ 2 & 2 & 1\\ 3 & 4 & 3\end{pmatrix}\boldsymbol{X}\begin{pmatrix}5 & 2\\ 3 & 1\end{pmatrix}=\begin{pmatrix}2 & 5\\ 3 & 1\\ 4 & 3\end{pmatrix}$$

(5) 解矩阵方程 $\boldsymbol{AX}+\boldsymbol{E}=\boldsymbol{A}^2+\boldsymbol{X}$，其中 $\boldsymbol{A}=\begin{pmatrix}1 & 0 & 1\\ 0 & 2 & 0\\ -1 & 6 & 1\end{pmatrix}$，$\boldsymbol{E}$ 是三阶单位方阵.

4. 判定下列线性方程组是否有解，若有解，是否唯一？（使用数学软件 MATLAB 解决）

(1) $\begin{cases}x_1+2x_2+3x_3=0\\ 2x_1+5x_2+3x_3=0\\ x_1+8x_3=0\end{cases}$；

(2) $\begin{cases}x_1+x_2-2x_3=-1\\ 2x_1+x_2-2x_3=1\\ x_1+x_2+x_3=3\\ x_1+2x_2-3x_3=1\end{cases}$；

(3) $\begin{cases}x_1+3x_2+5x_3-4x_4=1\\ x_1+3x_2+2x_3-2x_4+x_5=-1\\ x_1-2x_2+x_3-x_4-x_5=3\\ x_1-4x_2+x_3+x_4-x_5=3\end{cases}$.

项目检测 5

1. 填空题

(1) n 阶方阵 $\boldsymbol{A}$ 可逆的充分必要条件是 $\boldsymbol{A}$ 的行列式 $|\boldsymbol{A}|$ ________，可逆时 $\boldsymbol{A}^{-1}=$ ________.

(2) 已知 $\boldsymbol{A}$ 为三阶可逆矩阵，$|\boldsymbol{A}|=6$，则 $|3\boldsymbol{A}|=$ ________，$|3\boldsymbol{A}^{-1}|=$ ________，$|\boldsymbol{A}^*|=$

________，$|3A^{-1}-2A*|=$________.

（3）若 $A=\begin{pmatrix}1&2\\2&1\end{pmatrix}$，则 $(I+A)(I-A)^{-1}=$________.

（4）已知 $A=\begin{pmatrix}2&1&0\\1&1&2\\-1&2&1\end{pmatrix}$，$B=\begin{pmatrix}3&1&-2\\3&-2&4\\-3&5&-1\end{pmatrix}$，则 $AB-BA=$________.

（5）$A=(1,2,3)$，$B=(4,5,6)$，则 $AB^{T}=$________，$A^{T}B=$________，$|3AB^{T}|=$________，$|3A^{T}B|=$________.

（6）已知 $A=\frac{1}{5}\begin{pmatrix}0&0&1&0\\0&2&0&0\\3&0&0&0\\0&0&0&4\end{pmatrix}$，则 $A^{-1}=$________.

（7）已知 $A=\begin{pmatrix}1&2&3&1\\2&-1&k&2\\0&1&1&3\\1&-1&0&-8\\2&0&2&5\end{pmatrix}$，$R(A)=3$，则 $k=$________.

（8）方程组 $\begin{cases}x_1+x_2-x_3=a_1\\-x_1+x_2-x_3+x_4=a_2\\-2x_2+2x_3-x_4=a_3\end{cases}$，有解的充分必要条件是________.

（9）若方程组 $\begin{cases}k_1x_1-x_2-x_3=0\\x_1+k_2x_2-x_3=0\\-x_1+2k_2x_2+x_3=0\end{cases}$，有非零解，则 k_1 ________ =，$k_2=$________.

2.选择题

（1）若三阶行列式 $\begin{vmatrix}a_{11}&a_{12}&a_{13}\\a_{21}&a_{22}&a_{23}\\a_{31}&a_{32}&a_{33}\end{vmatrix}=1$，则 $\begin{vmatrix}4a_{11}&5a_{11}+3a_{12}&a_{13}\\4a_{21}&5a_{21}+3a_{22}&a_{23}\\4a_{31}&5a_{31}+3a_{32}&a_{33}\end{vmatrix}=$______.

A.12　　B.15　　C.20　　D.60

（2）若矩阵 $A=(a_{ij})_{m\times l}$，$B=(b_{ij})_{l\times n}$，$C=(c_{ij})_{n\times m}$，则下列运算式中，______无意义.

A.ABC　　B.BCA　　C.$A+BC$　　D.$A^{T}+BC$

（3）若 A，B 皆为 n 阶可逆方阵，则下列关系中，______恒成立.

A.$(A+B)^2=A_2+2AB+B^2$　　B.$(A+B)^{T}=A^{T}+B^{T}$

C.$|A+B|=|A|+|B|$　　D.$(A+B)^{-1}=A^{-1}+B^{-1}$

（4）设矩阵 $A=\begin{pmatrix}1&2\\3&4\end{pmatrix}$，则 A 的伴随矩阵 $A*$ 为______.

A. $\begin{pmatrix} 1 & 3 \\ 2 & 4 \end{pmatrix}$　　B. $\begin{pmatrix} 4 & 2 \\ 3 & 1 \end{pmatrix}$

C. $\begin{pmatrix} 1 & -2 \\ -3 & 4 \end{pmatrix}$　　D. $\begin{pmatrix} 4 & -2 \\ -3 & 1 \end{pmatrix}$

(5)当______时，齐次线性方程组 $\begin{cases} 3x+2y=0 \\ 2x-3y=0 \\ 2x-y+\lambda z=0 \end{cases}$，仅有零解.

A. $\lambda \neq 0$　　B. $\lambda \neq 1$　　C. $\lambda \neq 2$　　D. $\lambda \neq 3$

(6)设 $\boldsymbol{A}=\begin{pmatrix} 3 & 1 & 0 \\ -1 & 2 & 1 \\ 3 & 4 & 2 \end{pmatrix}$，$\boldsymbol{B}=\begin{pmatrix} 1 & 0 & 2 \\ -1 & 1 & 1 \\ 2 & 1 & 1 \end{pmatrix}$，满足方程 $3\boldsymbol{A}-2\boldsymbol{X}=\boldsymbol{B}$，则矩阵 $\boldsymbol{X}$ 为______.

A. $\begin{pmatrix} 4 & 3 & -1 \\ -1 & 5 & 1 \\ 7 & 11 & 5 \end{pmatrix}$　　B. $\begin{pmatrix} 4 & 3/2 & -1 \\ -1 & 5/2 & 1 \\ 7/2 & 11/2 & 5/2 \end{pmatrix}$

C. $\begin{pmatrix} 2 & 3/2 & -1 \\ -1 & 5/2 & 1 \\ 7/2 & 11/2 & 5/2 \end{pmatrix}$　　D. $\begin{pmatrix} 2 & 3 & -1 \\ -1 & 5 & 1 \\ 7 & 1 & 2 \end{pmatrix}$

(7)设 n 阶方阵 $\boldsymbol{A},\boldsymbol{B}$ 可逆，数 $\lambda \neq 0$，下列说法中不正确的是______.

A. $(\boldsymbol{A}^{-1})^{-1}=\boldsymbol{A}$　　B. $(\boldsymbol{AB})^{-1}=\boldsymbol{B}^{-1}\boldsymbol{A}^{-1}$

C. $(\lambda\boldsymbol{A})^{-1}=\lambda\boldsymbol{A}^{-1}$　　D. $(\boldsymbol{A}^{\mathrm{T}})^{-1}=(\boldsymbol{A}^{-1})^{\mathrm{T}}$

(8)已知 $\boldsymbol{D}=\begin{vmatrix} 1 & 0 & 1 & 2 \\ -1 & 1 & 0 & 3 \\ 1 & 1 & 1 & 0 \\ -1 & 2 & 5 & 4 \end{vmatrix}$，则 $\boldsymbol{D}=$______.

A. $-A_{31}+2A_{32}+5A_{33}+4A_{34}$　　B. $A_{31}+A_{32}+A_{33}+A_{34}$

C. $A_{11}+A_{21}+A_{31}+A_{41}$　　D. $A_{13}+A_{33}+5A_{43}$

3.解答题

(1)求方程 $f(x)=\begin{pmatrix} 1 & a_1 & a_2 & a_3 \\ 1 & a_1+x & a_2 & a_3 \\ 1 & a_1 & a_2+x+1 & a_3 \\ 1 & a_1 & a_2 & a_3+x+2 \end{pmatrix}=0$ 的所有根.

(2)已知 $\boldsymbol{A}=\begin{pmatrix} 1 & 0 & 1 \\ 0 & 2 & 0 \\ 0 & 0 & 1 \end{pmatrix}$，求 $(\boldsymbol{A}+3\boldsymbol{E})^{-1}(\boldsymbol{A}^2-9\boldsymbol{E})$.

(3)计算矩阵$\mathbf{A}=\begin{pmatrix}1 & 4 & -1 & 0\\ 2 & a & 2 & 1\\ 11 & 56 & 5 & 4\\ 2 & 5 & b & -1\end{pmatrix}$的秩,讨论秩与$a,b$的关系.

(4)已知线性方程组$\begin{cases}(1+\lambda)x_1+x_2+x_3=0\\ x_1+(1+\lambda)x_2+x_3=\lambda\\ x_1+x_2+(1+\lambda)x_3=\lambda^2\end{cases}$.当$\lambda$为何值时,方程组无解,有唯一解,有无穷多组解?

4.应用题

(1)某工厂计划生产A、B、C三种产品,产量分别为5、7、12台,这可用列矩阵$\mathbf{Y}=\begin{pmatrix}5\\ 7\\ 12\end{pmatrix}$来表示.生产上述三种产品需要甲、乙、丙、丁四种主要材料,单位产品所需要的各种材料数量如下表所示.求按上述计划生产三种产品时,需要各种材料的数量.

产品 / 数量 / 材料	A	B	C
甲	3	4	6
乙	20	18	25
丙	16	11	13
丁	10	9	8

(2)某部门集资15 000万元准备建造住房210 000 m²,已知建6层楼房需投资600元/m²,建造14层小高楼需投资900元/m²,问按现有资金建210 000 m²住房,应有6层楼房和14层小高楼各为多少?

项目6
概率初步

【知识目标】

1.理解随机试验、样本空间、随机事件的概念；掌握随机事件之间的关系与运算.

2.理解事件频率的概念,了解随机现象的统计规律性以及概率的统计定义；了解概率的公理化定义.

3.掌握概率的基本性质以及简单的古典概率计算；了解几何概率的计算.

4.理解条件概率和事件的独立性的概念；掌握条件概率公式、加法公式、乘法公式、全概率公式、贝叶斯公式;理解重复独立试验的概念和二项概率公式的问题背景,进行相关概率计算.

5.理解随机变量的概念,理解随机变量分布函数的概念及性质,理解离散型和连续型随机变量的概率分布及其性质.

6.熟记两点分布、二项分布、泊松分布、正态分布、均匀分布和指数分布的分布律或密度函数及性质;掌握求简单随机变量函数的概率分布.

7.理解数学期望和方差的定义并且掌握它们的计算公式;掌握数学期望和方差的性质与计算,会求随机变量函数的数学期望,特别是利用期望或方差的性质计算某些随机变量函数的期望和方差.

8.熟记 0-1 分布、二项分布、泊松分布、正态分布、均匀分布和指数分布的数学期望和方差.

【技能目标】

1.会运用概率公式进行计算.

2.会使用事件的独立性和二项概率公式进行各种概率计算.

3.会运用概率分布计算各种随机事件的概率.

4.会将实际随机问题转化为数学模型,从而解决问题.

5.会使用数学软件 Matlab 进行相关计算.

概率论是一门既古老又年轻的学科.说它古老,是因为产生概率的重要因素——赌博游戏已经存在了几千年,概率思想早在文明早期就已经开始萌芽了;而说它年轻,则是因为它在 18 世纪以前的发展极为缓慢,现代数学家和哲学家们往往忽略了那段历史,他们更愿意把 1654 年帕斯卡(Pasac)和费马(Fomrat)之间的七封通信看作概率论的开端.这样,概率论的“年龄”就比数学大家族中的其他多数成员小很多.一般认为,概率论的历史只有短短的三百多年时间.虽然在早期概率论的发展非常缓慢,但是 18 世纪以后,由于社会学、天文学等其他学科的研究需要,使得概率本身的理论得到了迅速发展,它的思想和方法也逐渐受到了其他学科的重视和借鉴.

1955 年,美国数学年会第一次提出了“应用概率”.应用概率的诸分支有:排队论、可靠性理论、马尔科夫决策规划、对策论、信息论、随机规划等,还有与其他学科的结合分支,如生物统计、药学统计、军事统计、气象统计、水文统计等.

概率论是研究自然界和人类社会中大量随机现象规律的一门数学学科,它用数量刻画随机事件发生的可能性大小,并研究其中的数量关系.概率论是数学的一个重要的分支,在自然科学、社会科学、工程技术、经济与管理等很多领域都有着广泛的应用,本项目主要介绍概率论的一些基本概念与方法.

任务 6.1 认知随机事件与概率

6.1.1 认知随机事件

从亚里士多德时代开始,哲学家们就已经认识到随机性在生活中的作用,但直到 20 世纪初,人们才认识到随机现象亦可以通过**数量化方法**来进行研究.概率论就是以数量化方法来研究随机现象及其规律性的一门数学学科.而微积分等课程则是研究确定性现象的数学学科.

【引例 1】 说说下列事情可能发生吗?

①一个玻璃杯从 10 层高楼落到水泥地面会摔碎.

②明天南昌市的最低气温是−100 ℃.

③若 $a>0$,$b>0$,则 $a+b<0$.

④每天太阳从东边升起.

【引例 2】 你能知道每一次抽奖的结果吗?你能了解所有抽奖结果吗?

上面两个例子说明在自然界和人类社会生活中普遍存在着两类现象:必然现象和随机现象.

那些无需通过实验就能够预先确定它们在每一次实验中都一定会发生的事件为**必然事件**(Certain Event),称那些在每一次实验中都一定不会发生的事件为**不可能事件**(Impossible Event),这两种事件在实验中是否发生都是人们能够预先确定的,所以统称为**确定事件**.例如,每天早晨太阳总是从东方升起,同性电荷相互排斥等,都是必然现象.

在相同的条件下可能出现也可能不出现的现象称为**随机现象**.例如,抛掷一枚硬币出现正面还是出现反面,检查产品质量时任意抽取的产品是合格品还是次品等,都是随机现象.

1)随机现象的统计规律性

由于随机现象的结果事先不能预知,初看似乎毫无规律.然而人们发现同一随机现象大量重复出现时，其每种可能的结果出现的频率具有稳定性，从而表明随机现象也有其固有的规律性. 人们把随机现象在大量重复出现时所表现出的量的规律性称为随机现象的**统计规律性**. 概率论与数理统计是研究随机现象统计规律性的一门学科.

定义 1　为了对随机现象的统计规律性进行研究，就需要对随机现象进行重复观察，我们把对随机现象的观察称为**随机试验**，并简称为**试验**，记为 E.

随机试验具有下列特点：

①**可重复性**：试验可以在相同的条件下重复进行；

②**可观察性**：试验结果可观察，所有可能的结果是明确的；

③**不确定性**：每次试验出现的结果事先不能准确预知.

例如　E_1：掷一骰子，观察出现的点数；

E_2：上抛硬币两次，观察正反面出现的情况；

E_3：观察某射手对固定目标进行射击，击中的情况；

E_4：记录某市 120 急救电话一昼夜接到的呼叫次数；

E_5：观察某地天气是晴天还是雨天.

很明显，这 5 个都是随机试验，但 E_5 是不可重复的一次试验，而我们所研究的就是可重复的随机试验.

2）随机事件

定义 2　对于随机试验，我们关心的是随机现象，为方便起见，我们称试验中可能出现也可能不出现的事情称为**随机事件**(Chance Event)，或简称为事件，常记为 A，B，C……对于某一个试验，一个特定的事件可能发生，也可能不发生，这就是事件的随机性. 如 E_1 中，关注"出现点数不大于 4"这一事件，当结果出现 2 时，事件发生；当出现 5 时，该事件不发生.要判断一个事件是否发生，必须当该次试验有了结果以后才能知晓.

"掷出 2 点"是可以在试验中直接观察到的最简单的结果，这种事件称为**基本事件**.由基本事件构成的事件称为**复合事件**，如"出现点数不大于 4".

有些事件很特殊，如每次必发生的事情，称为**必然事件**，记为 Ω.每次试验都不可能发生的事情称为**不可能事件**，记为$\varnothing$.

例如，在 E_1 中，"掷出点数不大于 6 点"的事件便是必然事件，而"掷出点数大于 6 点"的事件便是不可能事件.

3）样本空间与样本点

定义 3　我们称试验 E 的每一个可能结果为**样本点**(或基本事件)，用 ω 表示.它是一个最为基本的元素，如 E_1 中，有 6 个样本点，它们分别是出现 1 点到 6 点这 6 个可能结果，记 ω_j ="出现点数 j"$(j=1,2,\cdots,6)$.

样本点的全体称为**样本空间**，用 Ω 表示.则在 E_1 中，$\Omega=\{\omega_1,\cdots,\omega_6\}$.

例如 E_2 中，样本空间就是集合 Ω={“正面朝上”，“负面朝上”}，基本事件为 ω_1=“正面朝上”，ω_2=“负面朝上”.

实际问题中遇到的随机事件往往是比较复杂的，分析相关问题，关键是将很多的复杂事件用较简单的事件来表示.

4) 随机事件的关系与运算

因为事件是样本空间的一个集合，故事件之间的关系与运算可按集合之间的关系和运算来处理.

事件间的关系和运算与集合的关系及运算是一致的，为了方便，给出下列对照表：

表 6.1

记　号	概率论	集合论
Ω	样本空间，必然事件	全集
$\varnothing$	不可能事件	空集
ω	基本事件	元素
A	事件	子集
$\overline{A}$	A 的对立事件	A 的余集
$A\subset B$	事件 A 发生导致 B 发生	A 是 B 的子集
$A=B$	事件 A 与事件 B 相等	A 与 B 的相等
$A\cup B$	事件 A 与事件 B 至少有一个发生	A 与 B 的和集
AB	事件 A 与事件 B 同时发生	A 与 B 的交集
$A-B$	事件 A 发生而事件 B 不发生	A 与 B 的差集
$AB=\varnothing$	事件 A 和事件 B 互不相容	A 与 B 没有相同的元素

与集合的运算类似，事件的运算有如下运算规律：

①交换律　$A\cup B=B\cup A, AB=BA$

②结合律　$(A\cup B)\cup C=A\cup(B\cup C), (AB)C=A(BC)$

③分配律　$A(B\cup C)=(AB)\cup(AC)$

$A\cup(BC)=(A\cup B)(A\cup C)$

④对偶律　$\overline{A\cup B}=\overline{A}\,\overline{B}, \overline{AB}=\overline{A}\cup\overline{B}$

上述各种事件运算的规律可以推广到多个事件的情形.

例 1　考察某一位同学在一次数学考试中的成绩，分别用 A,B,C,D,P,F 表示下列各事件（括号中表示成绩所处的范围）：A——优秀（[90,100]），B——良好（[80,90)），C——中等（[70,80)），D——及格（[60,70)），P——通过（[60,100]），F——未通过（[0,60)），则 A,B,C,D,F 是两两不相容事件，P 与 F 是互为对立事件，即有 $\overline{P}=F$；A,B,C,D 均为 P 的子

事件，且有 $P=A\cup B\cup C\cup D$.

例2 甲，乙，丙三人射击同一目标，令 A_1 表示事件“甲击中目标”，A_2 表示事件“乙击中目标”，A_3 表示事件“丙击中目标”. 用 A_1,A_2,A_3 的运算表示下列事件：

①三人都击中目标；

②只有甲击中目标；

③只有一人击中目标；

④至少有一人击中目标；

⑤最多有一人击中目标.

解 用 A,B,C,D,E 分别表示上述①—⑤中的事件.

①三人都击中目标，即事件 A_1,A_2,A_3 同时发生，所以

$$A=A_1A_2A_3$$

②只有甲击中目标，即事件 A_1 发生，而事件 A_2 和 A_3 都不发生，所以

$$B=A_1\overline{A}_2\overline{A}_3$$

③只有一人击中目标，即事件 A_1,A_2,A_3 中有一个发生，而另外两个不发生，所以

$$C=A_1\overline{A}_2\overline{A}_3\cup\overline{A}_1A_2\overline{A}_3\cup\overline{A}_1\overline{A}_2A_3$$

④至少有一人击中目标，即事件 A_1,A_2,A_3 中至少有一个发生，所以

$$D=A_1\cup A_2\cup A_3$$

“至少有一人击中目标”也就是恰有一人击中目标，或者恰有两人击中目标，或者三人都击中目标，所以事件 D 也可以表示成

$$D=(A_1\overline{A}_2\overline{A}_3\cup\overline{A}_1A_2\overline{A}_3\cup\overline{A}_1\overline{A}_2A_3)\cup(A_1A_2\overline{A}_3\cup A_1\overline{A}_2A_3\cup\overline{A}_1A_2A_3)\cup(A_1A_2A_3)$$

⑤最多有一人击中目标，即事件 A_1,A_2,A_3 或者都不发生，或者只有一个发生，所以

$$E=(\overline{A}_1\overline{A}_2\overline{A}_3)\cup(A_1\overline{A}_2\overline{A}_3\cup\overline{A}_1A_2\overline{A}_3\cup\overline{A}_1\overline{A}_2A_3)$$

“最多有一人击中目标”也可以理解成“至少有两人没击中目标”，即事件$\overline{A}_1,\overline{A}_2,\overline{A}_3$ 中至少有两个发生，所以

$$E=\overline{A}_1\overline{A}_2\cup\overline{A}_2\overline{A}_3\cup\overline{A}_1\overline{A}_3$$

注意 用其他事件的运算来表示一个事件，方法往往不唯一，读者应学会用不同方法表达同一事件. 特别在解决具体问题时，往往要根据需要选择一种恰当的表示方法.

6.1.2 随机事件的概率

对一个随机事件 A，在一次随机试验中，它是否会发生，事先不能确定，但可以估计事件 A 发生的可能性，并希望找到一个合适的数来表征事件 A 在一次试验中发生的可能性大小. 为此，本节首先引入频率，它描述了事件发生的频繁程度，进而引出表征事件在一次试验中发生的可能性大小的数——概率.

1）频率及其性质

定义 4 若在相同条件下进行 n 次试验，其中事件 A 发生的次数为 $r_n(A)$，则称 $f_n(A)=\frac{r_n(A)}{n}$为事件 A 发生的**频率**.

易见，频率具有下述基本性质：

①$0\leqslant f_n(A)\leqslant 1$；

②$f_n(S)=1$；

③设 $A_1,A_2,\cdots,A_n$ 是两两互不相容的事件，则

$$f_n(A_1\cup A_2\cup\cdots\cup A_n)=f_n(A_1)+f_n(A_2)+\cdots+f_n(A_n)$$

2）概率及其性质

定义 5 在相同条件下重复进行 n 次试验，若事件 A 发生的频率 $f_n(A)=\frac{r_n(A)}{n}$随着试验次数 n 的增大而稳定地在某个常数 $p(0\leqslant p\leqslant 1)$ 附近摆动，则称 p 为事件的**概率**，记为$p(A)$.

频率的稳定值是概率的外在表现，并非概率的本质. 据此确定某事件的概率是困难的，但当进行大量重复试验时，频率会接近稳定值.因此，在实际应用时，往往是用试验次数足够大的频率来估计概率的大小，且随着试验次数的增加，估计的精度会越来越高.

定义 6 设 E 是随机试验，Ω 是它的样本空间，对于 E 的每一个事件 A 赋予一个实数，记为 $P(A)$.若 $P(A)$满足下列三个条件：

①非负性：对每一个事件 A，有 $P(A)\geqslant 0$；

②完备性：$P(\Omega)=1$；

③ 可列可加性：设 $A_1,A_2,\cdots$ 是两两互不相容的事件，则有 $P(\bigcup\limits_{i=1}^{\infty}A_i)=\sum\limits_{i=1}^{\infty}P(A_i)$；

则称 $P(A)$为事件 A 的概率.

例 3 圆周率 $\pi=3.1415926\cdots$是一个无限不循环小数，我国数学家祖冲之第一次把它计算到小数点后 7 位，这个记录保持了 1 000 多年！以后有人不断把它算得更精确. 1873 年，英国学者沈克士公布了一个 π 的数值，在小数点后的数目一共有 707 位之多！但几十年后，曼彻斯特的费林生对它产生了怀疑. 他统计了 π 的 608 位小数，得到了表 6.2：

表 6.2

数字	0	1	2	3	4	5	6	7	8	9
出现次数	60	62	67	68	64	56	62	44	58	67

你能说出他产生怀疑的理由吗？

因为 π 是一个无限不循环小数，所以，理论上每个数字出现的次数应近似相等，或它们出现的频率应都接近于0.1，但数字7出现的频率过小.这就是费林产生怀疑的理由.

例4 检查某工厂一批产品的质量，从中分别抽取10件、20件、50件、100件、150件、200件、300件检查，检查结果及次品数列入表6.3.

表6.3

抽取产品总件数 n	10	20	50	100	150	200	300
次品数 μ	0	1	3	5	7	11	16
次品频率 μ/n	0	0.050	0.060	0.050	0.047	0.055	0.053

由表6.3看出，在抽出的 n 件产品中，次品数 μ 随着 n 的不同而取不同值，从而次品频率 $\frac{\mu}{n}$ 仅在0.05附近有微小变化. 所以0.05是次品频率的稳定值.

3）古典概型与几何概型

【引例3】[摸球问题] 一个纸桶中装有10个大小、形状完全相同的球. 将球编号为1—10.把球搅匀，蒙上眼睛从中任取一球. 因为抽取时这些球被抽到的可能性是完全相等的，所以我们没有理由认为这10个球中的某一个会比另一个更容易抽得，也就是说，这10个球中的任一个被抽取的可能性均为 $\frac{1}{10}$.

这样一类随机试验是一类最简单的概率模型，它曾经是概率论发展初期主要的研究对象. 现在介绍在概率论发展早期受到关注的两类试验模型：

（1）古典概型

若试验有下面两个特征：

①每次试验只有有限个可能的试验结果；

②每次试验中，各基本事件发生的可能性相同；

则这种试验称为古典概型试验.

不妨设试验一共有 n 个可能，也就是说，样本点数为 n，而所考察的事件 A 含有其中的 k 个（也称有利于 A 的样本点数），则 A 的概率为

$$P(A)=\frac{\text{有利于}A\text{的样本点数}}{\text{样本点总数}}=\frac{k}{n}$$

上面公式是古典概型概率的计算公式，具体操作涉及样本点数的计算.

例5 掷硬币的结果只有两种可能性，则样本点总数 n 为2.设 A 事件为“出现正面”，它的发生只有一种可能性，因而有利于 A 事件的样本数为1，则 $P(A)=1/2$.

（2）几何概型

古典概型需假设试验结果是有限个，这限制了它的适用范围.一个直接的推广是，保留

等可能性,而允许试验结果有无限多个,这种与几何形状有关的概率称为几何概率.

设某个空间区域 Ω,试验的结果可用位于 Ω 内的某个随机点 ω 的位置来表示.假定随机点 ω 落在 Ω 中任意一个位置是等可能的,用事件 A 表示随机点落在 Ω 的一个子区域 S_A 内,则有

$$P(A)=\frac{|S_A|}{|\Omega|}$$

其中,S_A 为直线上的区间时,$|S_A|$即为区间长度;当 S_A 为平面矩形时,$|S_A|$即是矩形面积;当 S_A 为空间长方体时,$|S_A|$即为长方体的体积.$|\Omega|$的意义相同.

例 6 某路公共汽车 5 分钟一班准时到达某车站,求任一人在该车站等车时间少于 3 分钟的概率(假定车到来后每人都能上).

解 可以认为人在任一时刻到站是等可能的.设上一班车离站时刻为 a,则某人到站的一切可能时刻为 $\Omega=(a,a+5)$.记 $A=\{$等车时间少于 3 分钟$\}$,则他到站的时刻只能为 $g=(a+2,a+5)$中的任一时刻,故

$$P(A_g)=\frac{|A_g|}{|\Omega|}=\frac{3}{5}$$

例 7[会面问题] 两人相约 7 点到 8 点在某地会面,先到者等候另一人 20 分钟,过时离去.求两人会面的概率.

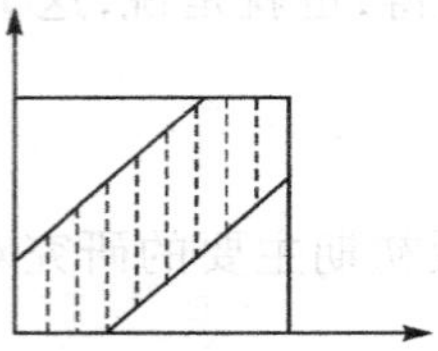

图 6.1

解 因为两人谁也没有讲好确切的时间,故样本点由两个数(甲乙两人各自到达的时刻)组成.以 7 点钟作为计算时间的起点,设甲乙各在第 x 分钟和第 y 分钟到达,则样本空间为 $\Omega:\{(x,y)\mid 0\leqslant x\leqslant 60,0\leqslant y\leqslant 60\}$,画成图为一正方形,如图 6.1 所示.会面的充要条件是 $|x-y|\leqslant 20$,即事件 $A=\{$可以会面$\}$所对应的区域是图中的阴影线部分,故

$$P(A_g)=\frac{|A_g|}{|\Omega|}=\frac{60^2-(60-20)^2}{60^2}=\frac{5}{9}$$

6.1.3 排列组合基础知识

1)计数原理

定义 7(加法原理) 做一件事,完成它有 n 类方法,在第一类方法中有 m_1 种不同的方法,第二类方法中有 m_2 种不同的方法……第 n 类方法中有 m_n 种不同的方法,那么完成这件事共有 $N=m_1+m_2+\cdots+m_n$ 种不同的方法.

本质:每一类方法均能独立完成该任务.

特点:分成几类,就有几项相加.

定义 8(乘法原理) 做一件事,完成它需要 n 个步骤,做第一个步骤有 m_1 种不同的方

法，做第二个步骤有 m_2 种不同的方法……做第 n 个步骤有 m_n 种不同的方法，那么完成这件事共有 $N=m_1m_2\cdots m_n$ 种不同的方法.

本质：缺少任何一步均无法完成任务，每一步都是不可缺少的环节.

特点：分成几步，就有几项相乘.

2）排列组合

定义 9 从 n 个不同的元素中任取 m 个（$m\leqslant n$）元素，按照一定的顺序排成一列，称为从 n 个不同的元素中选取 m 个元素的一个排列.排列数记为 P_n^m，或记为 A_n^m.

使用排列的三条件：

①n 个不同元素；

②任取 m 个；

③讲究顺序.

计算公式为

$$A_n^m=n(n-1)(n-2)\cdots(n-m+1)=\frac{n!}{(n-m)!}$$

特别地，$P_n^0=1,P_n^1=n,P_n^n=n!$.

定义 10 从 n 个不同的元素中任取 m 个（$m\leqslant n$）元素并为一组，称为从 n 个不同的元素中选取 m 个元素的一个组合.组合数记为 C_n^m.

使用三条件：

①n 个不同元素；

②任取 m 个；

③并为一组，不讲顺序.

计算公式为：

$$C_n^m=\frac{P_n^m}{P_m^m}=\frac{n!}{m!\ (n-m)!}=\frac{n(n-1)\cdots(n-m+1)}{m(m-1)\cdots 2\times 1}$$

特别地 $C_n^0=1,C_n^1=n,C_n^n=1,C_n^m=C_n^{n-m}$.

例 8 由 0,1,2,3,4,5 可以组成多少个没有重复数字的五位奇数？

解 由于首位和末位有特殊要求，应优先安排，以免不合要求的元素占了这两个位置.末位有 C_3^1 种选择；然后排首位，有 C_4^1 种选择；左后排剩下的三个位置，有 A_4^3 种选择.由分步计数原理得：$C_3^1C_4^1A_4^3=288$.

例 9 旅行社有 5 种豪华游项目和 4 种普通游项目，某单位欲从中选择 4 种，其中至少有豪华游和普通游各一种的选择有多少种？

解 选择方法有如下 3 类：

豪华游 3 种与普通游 1 种，选择的种数为 $C_5^3C_4^1=40$；

豪华游 2 种与普通游 2 种，选择的种数为 $C_5^2C_4^2=60$；

豪华游 1 种与普通游 3 种，选择的种数为 $C_5^1C_4^3=20$.

根据加法原理知，选择总共有 120 种.

例 10 从 0 到 9 这十个数字中任取三个，问大小在中间的号码恰为 5 的概率是多少？

解 设所求事件为 A，由于选取的 3 个数来自 0 到 9 这 10 个数，则样本点总数为 C_{10}^3. 当选定 5 后，在 5 之前的数有 5 个，因此有 5 种可能性，5 后的数有 4 个，选取的可能性有 4 个，则有利于 A 的样本点数为 $C_4^1C_1^1C_5^1$，故

$$P(A)=\frac{C_4^1C_1^1C_5^1}{C_{10}^3}=\frac{1}{6}$$

训练习题 6.1

1.用集合的形式写出下列随机试验的样本空间与随机事件 A：

(1)记录某电话总机一分钟内接到的呼叫的次数；事件 A 表示“一分钟内呼叫次数不超过 3 次”；

(2)含有两件次品 a_1,a_2 和 3 件正品 b_1,b_2,b_3 的产品中，任取两件；事件 A 表示“两件都为次品”.

2.袋中有 10 个球，分别编有号码 1 至 10，从中任取 1 球，设 A=“取得球的号码是偶数”，B=“取得球的号码是奇数”，C=“取得的号码小于 5”，问下面的运算表示什么事件？

(1)$A\cup B$；(2)AB；(3)AC；(4)$\overline{A}\,\overline{C}$；(5)$\overline{A}\,\overline{C}$；(6)$\overline{B\cup C}$；(7)$A-C$.

3.在区间[0,2]上任取一个数，记

$$A=\left\{x\,\middle|\,\frac{1}{2}<x\leqslant 1\right\},\quad B=\left\{x\,\middle|\,\frac{1}{4}\leqslant x\leqslant\frac{3}{2}\right\}$$

求下列表达式：(1)$A\cup B$；(2)$\overline{A}B$；(3)$\overline{AB}$；(4)$A\cup\overline{B}$.

4.设当事件 A 与 B 同时发生时 C 也发生，则(　　).

A.$A\cup B$ 是 C 的子事件　　B.$\overline{ABC}$；或 $\overline{A}\cup\overline{B}\cup\overline{C}$

C.AB 是 C 的子事件　　D.C 是 AB 的子事件

5.设事件 A={甲种产品畅销，乙种产品滞销}，则 A 的对立事件为(　　)

A.甲种产品滞销，乙种产品畅销　　B.甲种产品滞销

C.甲、乙两种产品均畅销　　D.甲种产品滞销或者乙种产品畅销

6.一批产品中有合格品和废品，从中有放回地抽取 3 个产品，设 A_i 表示事件“第 i 次抽到废品”，试用 A_i 的运算表示下面各事件：

(1)第一次、第二次至少有一次抽到废品；

(2)只有一次抽到废品；

(3)三次都抽到废品；

(4)至少有一次抽到合格品；

(5)只有两次抽到废品.

7.从100件产品中任意抽取3件检验,试问:

(1)一共有多少种不同的抽法?

(2)如果100件产品中有2件次品,抽出的3件中恰好有一件是次品的抽法有多少种?

(3)如果100件产品中有3件次品,抽出的3件中至少有一件是次品的抽法有多少种?

8.一批产品共50件,其中次品有2件,从中任取3件,问:

(1)出现无次品的概率是多少?

(2)出现一件正品、两件次品的概率是多少?

9.一批产品共50件,其中次品2件,从中一件一件地有放回地任取3件,问:

(1)出现无次品的概率是多少?

(2)出现一件正品、两件次品的概率是多少?

10.袋中有5个白球,3个黑球,从中任取2个,求取得两个黑球的概率.若是一个白球和一个黑球呢?

11.某城市电话号码升为6位数,且第一位为6或8,求:

(1)随机抽取的一个电话号码为不重复的6位数的概率;

(2)随机抽取的电话号码中含8的概率.

12. 9个人排成一排,求指定的3人排在一起的概率.

13.两封信随机地投向标号为Ⅰ、Ⅱ、Ⅲ、Ⅳ的4个邮筒.求第二个邮筒恰好被投入1封信的概率以及前两个邮筒中各有一封信的概率.

14.设有5个人,每个人以同等机会被分配在7个房间中,求恰好有5个房间中各有一个人的概率.

15.求寝室里的6个同学中至少有两个同学的生日恰好同在一个月的概率.

16.将20个足球队随机地分成两组,每组10个队,进行比赛.求上一届分别为第一、二名的两个队被分在同一小组的概率.

17.在一张打方格的纸上投一枚直径为1的硬币,问方格面积要多小时才能使硬币与线不相交的概率小于0.01?

18.某人午觉醒来,发现表停了,他打开收音机,想听电台报时,设电台每整点是报时一次,求他(她)等待时间短于10分钟的概率.

任务6.2 用概率的基本公式求概率

任务6.1中介绍了概率中的基本概念以及基本计数算法来进行随机事件的概率计算,但是实际问题当中往往研究的不仅仅是基本事件,而是复合事件.这种情况下,应该如何利用基本事件来表示复合事件,以及利用基本事件的概率来计算复合事件的概率?

6.2.1 概率的性质

【引例】 盒子里有6只灯泡，其中2只是次品.有放回地从中任取两次，每次取一只，求下列事件的概率.

①A={取到的两只都是次品}；

②B={取到的两只中有正品和次品各一只}；

③C={取到的两只中至少有一只是正品}.

分析：事件A、B、C都可以看作由基本事件e_i={任取一只第i次是正品}$(i=1,2)$复合而成，$P(e_i)=2/3$，那么$P(A)$，$P(B)$，$P(C)$与$P(e_i)$关系如何？

下面先介绍一下概率的性质.

性质1 对于不可能事件$\varnothing$，有$P(\varnothing)=0$.

性质2 对于两两互不相容的事件$A_1,A_2,\cdots,A_n$（即当$i\neq j$时，有$A_iA_j=\varnothing,i,j=1,2,\cdots,n$），有$P(\bigcup\limits_{i=1}^{n}A_i)=\sum\limits_{i=1}^{n}P(A_i)$.

性质3 对于任一事件A，有

$$P(\overline{A})=1-P(A)$$

性质4 如果事件$A\subset B$，则有$P(A)\leqslant P(B)$，且

$$P(B-A)=P(B)-P(A)$$

性质5 对任一事件A，有$P(A)\leqslant 1$.

证明 因为$A\subset\Omega$，由性质4和概率的规范性，可得

$$P(A)\leqslant 1$$

性质6 对于任意两个事件A与B，有

$$P(A\cup B)=P(A)+P(B)-P(AB)$$

上式称为概率的**加法公式**.加法公式可以推广到有限个事件的情形.例如，对任意三个事件A,B,C，有

$$P(A\cup B\cup C)=P(A)+P(B)+P(C)-P(AB)-P(BC)-P(AC)+P(ABC)$$

例1 甲、乙两城市在某季节内下雨的概率分别为0.4和0.35，而同时下雨的概率为0.15，问在此季节内甲、乙两城市中至少有一个城市下雨的概率.

解 令A={甲城下雨}，B={乙城下雨}，按题意，则

$$P(A+B)=P(A)+P(B)-P(AB)=0.4+0.35-0.15=0.6$$

例2 袋中有12个球，其中有7个白球、5个红球，任取3个，求至少有1个红球的概率.

解 设A表示"至少有1个红球"，A_i表示"恰好有i个红球"，则$A=A_1+A_2+A_3$，且A_1、A_2、A_3互不相容.由概率的加法公式，得

$$P(A)=P(A_1+A_2+A_3)=P(A_1)+P(A_2)+P(A_3)$$

而

$$P(A_1)=\frac{C_5^1\cdot C_7^2}{C_{12}^3}=0.477,P(A_2)=\frac{C_5^2\cdot C_7^1}{C_{12}^3}=0.318,P(A_3)=\frac{C_5^3}{C_{12}^3}=0.045$$

于是 $P(A)=0.84$.

当然还可以用性质3来计算,这样更快捷.

例3 设 A,B,C 是同一试验 E 的三个事件,$P(A)=P(B)=(C)=\frac{1}{3}$,

$P(AB)=P(AC)=\frac{1}{8}$,$P(BC)=0$.求:

①$P(B-A)$;②$P(B\cup C)$;③$P(A\cup B\cup C)$.

解 由概率的性质,可得

①$P(B-A)=P(B)-P(AB)=\frac{1}{3}-\frac{1}{8}=\frac{5}{24}$;

②$P(B\cup C)=P(B)+P(C)-P(BC)=\frac{1}{3}+\frac{1}{3}-0=\frac{2}{3}$;

③由于 $ABC\subset BC$,所以 $P(ABC)\leqslant P(BC)$,亦即 $P(ABC)=0$.

于是

$$\begin{aligned}P(A\cup B\cup C)&=P(A)+P(B)+P(C)-P(AB)-P(BC)-P(AC)+P(ABC)\\&=\frac{1}{3}+\frac{1}{3}+\frac{1}{3}-\frac{1}{8}-0-\frac{1}{8}+0\\&=\frac{3}{4}\end{aligned}$$

例4 已知 $P(\overline{A})=0.5$,$P(\overline{A}B)=0.2$,$P(B)=0.4$,求:

①$P(AB)$;②$P(\overline{A}\,\overline{B})$.

解 ①由题意,$P(\overline{A}B)=P(B-A)=P(B)-P(AB)=0.2$,而 $P(B)=0.4$.

所以 $P(AB)=0.4-0.2=0.2$.

②由于 $P(A)=1-0.5=0.5$,$P(AB)=0.2$.

所以 $P(A\cup B)=P(A)+P(B)-P(AB)=0.5+0.4-0.2=0.7$.

再由对偶律,有

$$P(\overline{A}\,\overline{B})=P(\overline{A\cup B})=1-P(A\cup B)=1-0.7=0.3$$

6.2.2 条件概率与事件的独立性

条件概率是概率计算的重要工具,因为随机实验通常是在一定条件下进行的,我们需要知道一个事件 A 已经发生的前提下另一个事件 B 发生的概率.由于有了附加条件,因此称这种概率为事件 A 出现的条件下 B 的条件概率,记为 $P(B|A)$.在一般情形下,它与 $P(B)$ 不会相同.

例 5 设某工厂生产的 100 件产品中有 3 件次品，今依次取出两件(每次取后不放回)，如果已经知道取出的第一件产品为正品，求在此条件下第二件产品也是正品的概率.

解 从这 100 件产品中任取一件产品，则"取的产品是正品"(设为事件 A)的概率为

$$P(A)=\frac{97}{100}$$

若已经知道取出的第一件为正品，取出的第二件产品也是正品(设为事件 B)，则由事件 A 出现的条件下事件 B 的条件概率为

$$P(B|A)=\frac{96}{99}=\frac{\frac{97\times 96}{100\times 99}}{\frac{97}{100}}=\frac{P(AB)}{P(A)}$$

$$P(B|A)=\frac{P(AB)}{P(A)}$$

$P(A)>0$

一般对于古典的条件概率，有

$$P(AB)=P(A)P(B|A)\quad (P(A)>0)$$

类似地，有：$P(AB)=P(B)P(A|B)$

这就是所谓的概率的乘法法则的一般公式.

例 6 市场上供应的电风扇中，甲厂产品占 70%，乙厂产品占 30%. 甲厂产品的合格率是 95%，乙厂的合格率是 80%. 若用事件 $A,\bar{A}$ 分别表示甲、乙两厂的产品，B 表示产品为合格品，试写出有关事件的概率.

解 由题设

$P(A)=0.7, P(\bar{A})=0.3, P(B|A)=0.95, P(B|\bar{A})=0.8$，且有 $P(\bar{B}|A)=0.05, P(\bar{B}|\bar{A})=0.2$.

例 7 在例 6 中求从市场上买一台电风扇是甲厂生产的合格品的概率以及是乙厂生产的合格品的概率.

解 甲厂生产的合格品，即

$P(AB)=P(A)P(B|A)=0.7\times 0.95=0.665$

乙厂生产的合格品，即

$P(\bar{A}B)=P(\bar{A})P(B|\bar{A})=0.3\times 0.8=0.24$

思考：为什么后者不是 $1-P(AB)$？

一般说来，条件概率 $P(B|A)\neq P(B)$，即 A 发生与否对 B 发生的概率是有影响的. 但如这样的例子：一袋中装有 4 个白球，2 个黑球，从中有放回地取两次，每次取一个，事件 $A=$ "第一次取到白球"，$B=$ "第二次取到白球"，则有 $P(A)=\frac{2}{3}, P(B)=\frac{2}{3}, P(AB)=\frac{4}{9}$，$P(B|A)=\frac{P(AB)}{P(A)}=\frac{2}{3}$，因此 $P(B|A)=P(B)$. 这表明不论 A 发生与否，都对 B 发生的概率没

有影响.此时,从直观上可以认为 B 与 A 没有关系,或它们是独立事件.

从以上讨论可知,如对事件 A,B 有 $P(B|A)=P(B)$,则称 A,B 相互独立.

但值得注意的是:尽管独立性的定义是用上面的定义刻画,但实际上是从事件的实际意义来判断它们是否相互独立.

现在给出事件独立性的一条重要的性质:在 $A,B;A,\overline{B};\overline{A},B;\overline{A},\overline{B}$ 这四对事件中,只要其中有一对独立,则其余三对也独立.

6.2.3　全概率公式与贝叶斯公式

1) 全概率公式

全概率公式是概率论中的一个基本公式.它使一个复杂事件的概率计算问题可化为在不同情况或不同原因或不同途径下发生的简单事件的概率的求和问题.

例 8　设有两个口袋,第一个口袋装有 3 个黑球和 2 个白球;第二个口袋装有 2 个黑球和 4 个白球,今从第一个口袋任取一球放到第二个口袋,再从第二个口袋任取一球,求从第二个口袋里取出白球的概率.

解　记 $A=\{$从第一个口袋里取出白球$\}$;$B=\{$从第二个口袋里取出白球$\}$.

而 B 这个事件比较复杂,我们注意到它有更为简单的分解:

$$B=AB\cup\overline{A}B$$

其中右端两个事件 AB 和 $\overline{A}B$ 互斥.由概率的加法和乘法原理有:

$$\begin{aligned}P(B)&=P(AB)+P(\overline{A}B)\\&=P(A)P(B|A)+P(\overline{A})P(B|A)\end{aligned} \quad ①$$

其中

$$P(A)=\frac{2}{5},P(\overline{A})=\frac{3}{5},P(B|A)=\frac{5}{7},P(B|\overline{A})=\frac{4}{7}.$$

因此问题得到解决,最后得到:

$$P(B)=\frac{2}{5}\times\frac{5}{7}+\frac{3}{5}\times\frac{4}{7}=\frac{22}{35}=0.629$$

在上面求解的过程中,待求概率事件 B 的分解式①是很关键的.可以这样理解它,即事件 B 看成"结果",而事件 $A,\overline{A}$ 看成是产生 B 的两个可能的"原因".分解式①正是"结果"和"原因"之间的一种联系方式,而问题是已知可能"原因"发生的概率,求"结果"发生的概率.我们称这一类问题为全概率问题,下面给出一般情形下的全概率公式:

定理 1　设 $A_1,A_2,\cdots,A_n,\cdots$ 是一个完备事件组,且 $P(A_i)>0,i=1,2,\cdots$,则对任一事件 B,有

$$P(B)=P(A_1)P(B|A_1)+\cdots+P(A_n)P(B|A_n)+\cdots$$

注意　全概率公式可用于计算较复杂事件的概率.公式指出：在复杂情况下直接计算 $P(B)$ 不易时，可根据具体情况构造一组完备事件 $\{A_i\}$，使事件 B 发生的概率是各事件 $A_i(i=1,2,\cdots)$ 发生条件下引起事件 B 发生的概率的总和.

例 9　市场供应的某种商品中，甲厂生产的产品占 50%，乙厂生产的产品占 30%，丙厂生产的产品占 20%.已知甲、乙、丙厂产品的合格率分别为 90%，85%，95%，求顾客买到的这种产品为合格品的概率.

解　设 A_1,A_2,A_3 分别表示事件"买到的产品是甲厂生产的""买到的产品是乙厂生产的"及"买到的产品是丙厂生产的"，B 表示事件"买到的产品是合格品"，则 A_1,A_2,A_3 是一个完备事件组，且

$$P(A_1)=50\%=0.5,\quad P(A_2)=30\%=0.3$$

$$P(A_3)=20\%=0.2,\quad P(B|A_1)=90\%=0.9$$

$$P(B|A_2)=85\%=0.85,\quad P(B|A_3)=95\%=0.95=0.895$$

于是由全概率公式，有

$$P(B)=P(A_1)P(B|A_1)+P(A_2)P(B|A_2)+P(A_3)P(B|A_3)$$

$$=0.5\times0.9+0.3\times0.85+0.2\times0.95=0.895$$

例 10　5 人抓阄，5 张中只有一张是有效票，问第二个人抓到阄的概率.

解　$\boldsymbol{A}=\{$第一个人抓到阄$\}$，　$\boldsymbol{B}=\{$第二个人抓到阄$\}$

则事件

$$B=AB\cup\overline{A}B$$

$$P(A)=\frac{1}{5}\quad P(\overline{A})=\frac{4}{5}\quad P(B|\overline{A})=\frac{1}{4}\quad P(B|A)=0$$

则由全概率公式可知

$$P(B)=\frac{1}{5}\times0+\frac{4}{5}\times\frac{1}{4}=\frac{1}{5}$$

可以看到第二个人和第一个人抓到阄的概率是一样的，思考一下第三、第四、第五个人抓到阄的概率.

2）贝叶斯公式

利用全概率公式，可通过综合分析一事件发生的不同原因、情况或途径及其可能性来求得该事件发生的概率.下面给出的贝叶斯公式则考虑与之完全相反的问题，即，一事件已经发生，要考察该事件发生的各种原因、情况或途径的可能性. 例如，有 3 个放有不同数量和颜色的球的箱子，现从任一箱中任意摸出一球，发现是红球，求该球是取自 1 号箱的概率.或问：该球取自哪号箱的可能性最大？

定理 2　设 $A_1,A_2,\cdots,A_n,\cdots$ 是一完备事件组，则对任一事件 B，$P(B)>0$，有

$$P(A_i \mid B)=\frac{P(A_iB)}{P(B)}=\frac{P(A_i)P(B \mid A_i)}{\sum_j P(A_j)P(B \mid A_j)},\quad i=1,2,\cdots(\text{贝叶斯公式})$$

注意 公式中,$P(A_i)$和$P(A_i|B)$分别称为原因的**验前概率**和**验后概率**.$P(A_i)$($i=1,2,\cdots$)是在没有进一步信息(不知道事件B是否发生)的情况下诸事件发生的概率.当获得新的信息(知道B发生),人们对诸事件发生的概率$P(A_i|B)$有了新的估计.贝叶斯公式从数量上刻画了这种变化.下面讨论它的计算公式.

设试验E的样本空间为Ω,事件$A_1,A_2,\cdots,A_n$为试验E的完备事件组,且$P(A_i)>0$($i=1,2,\cdots,n$).对于任一事件B,如果$P(B)>0$,则

$$P(A_i|B)=\frac{P(A_iB)}{P(B)}$$

由乘法公式和全概率公式,有

$$P(A_iB)=P(A_i)P(B|A_i)$$

$$P(B)=\sum_{i=1}^{n}P(A_i)P(B|A_i)$$

所以

$$P(A_i|B)=\frac{P(A_iB)}{P(B)}=\frac{P(A_i)P(B|A_i)}{\sum_{i=1}^{n}P(A_i)P(B|A_i)}\quad(i=1,2,\cdots,n)$$

上式称为**贝叶斯**(Bayes)**公式**,也称为逆概率公式.

例 11 一项血液化验以概率 0.95 将某种疾病患者检出阳性,以概率 0.9 将没有患此种疾病的人检出阴性.设某地区此种疾病的发病率为 0.5%.求某人检验结果呈阳性时,他(她)确实患有此种疾病的概率.

解 设A表示事件"他(她)患有此种疾病",$\overline{A}$表示事件"他(她)没有患此种疾病",B表示事件"他(她)检验结果呈阳性",由题意有

$$P(A)=0.5\%=0.005,P(B|A)=0.95,P(\overline{B}|\overline{A})=0.9$$

于是

$$P(B|\overline{A})=1-P(\overline{B}|\overline{A})=1-0.9=0.1$$

从而由贝叶斯公式,有

$$\begin{aligned}P(A|B)&=\frac{P(A)P(B|A)}{P(A)P(B|A)+P(\overline{A})P(B|\overline{A})}\\&=\frac{0.005\times0.95}{0.005\times0.95+0.995\times0.1}\\&\approx0.045\,6\end{aligned}$$

在例 11 中,如果仅从条件P(呈阳性|患病)= 0.95 和P(呈阴性|不患病)= 0.9 来看,这项血液化检比较准确.但是经计算知P(患病|呈阳性)= 0.045 6,这个概率是比较小的.可见

仅凭这项化验结果确诊是否患病是不科学的.但另一方面,这个结果较之该地区的发病率0.005几乎扩大了10倍,所以该检验不失为一项辅助检验手段.

6.2.4 伯努利试验和二项概率

有时为了了解某些随机现象的全过程,常常要观察一串试验,例如对某一目标进行连续射击;在一批灯泡中随机抽取若干个测试它们的寿命,等等,我们感兴趣的是这样的试验序列,它是由某个随机试验多次重复所组成,且各次试验的结果相互独立,称这样的试验为独立重复试验,称重复试验次数为重数.特别地,在 n 重独立重复试验中,若每次试验的只有结果 A 或 $\overline{A}$,且 A 在每次试验发生的概率为 p(p 与试验次数无关),则称为伯努利试验.

定理3(伯努利定理) 设在一次试验中,事件 A 发生的概率为 $p(0<p<1)$,则在 n 重伯努利试验中,事件 A 恰好发生 k 次的概率为

$$P\{X=k\}=C_n^k p^k (1-p)^{n-k},(k=0,1,\cdots,n)$$

推论 设在一次试验中,事件 A 发生的概率为 $p(0<p<1)$,则在 n 重伯努利试验中,事件 A 在第 k 次试验中才首次发生的概率为 $p(1-p)^{k-1},(k=0,1,\cdots,n)$.

注意到"事件 A 第 k 次试验才首次发生"等价于在前 k 次试验组成的 k 重伯努利试验中"事件 A 在前 $k-1$ 次试验中均不发生而第 k 次试验中事件 A 发生",再由伯努利定理即推得.

上面公式与二项展开式有密切关系,事实上有二项公式

$$1=[p+(1+p)]^n=\sum_{k=0}^{n} C_n^k p^k (1-p)^{n-k}$$

因此上式正好是 $[p+(1-p)]^n$ 的二项展开式的通项,故这个公式也称为二项概率.

例12 从次品率为 $P=0.2$ 的一批产品中有放回地抽取5次,每次取一件,求抽到的5件中有3件次品的概率.

解 记 $A_3=\{$恰有3件次品$\}$.

则由伯努利定理的公式有

$$P(A_3)=C_5^3 (0.2)^3 (0.8)^2=0.051\ 2$$

例13 某车间有5台同类型的机床,每台机床配备的电动机功率为10 kW.已知每台机床工作时,平均每小时实际开动12分钟,且各台机床开动与否相互独立.如果为这5台机床提供30 kW的电力,求这5台机床能正常工作的概率.

解 由于30 kW的电力可以同时供给3台机床开动,因此在5台机床中,同时开动的台数不超过3台时能正常工作,而有4台或5台同时开动时则不能正常工作.因为事件"每台机床开动"的概率为 $\frac{12}{60}=\frac{1}{5}$,所以5台机床能正常工作的概率为

$$p=\sum_{k=0}^{3} P_5(k)=1-P_5(4)-P_5(5)=1-C_5^4\left(\frac{1}{5}\right)^4\left(\frac{4}{5}\right)-C_5^5\left(\frac{1}{5}\right)^5\approx 0.993$$

训练习题 6.2

1.50 个产品中有 46 个合格品与 4 个废品,从中一次性抽取 3 个,求其中有废品的概率.

2.现有黑桃自 A 至 K 的 13 张牌.有放回地抽 3 次.

求:(1)三张号码不同的概率.

(2)三张中有相同号码的概率.

(3)三张中至多有两张同号的概率.

3.设甲、乙两射手独立地射击同一目标,他们击中目标的概率分别为 0.9 和 0.8.求一次射击中,目标被击中的概率.

4.从 1~200 中任取一数.求:

(1)能被 6 与 8 同时整除的概率.

(2)不能被 6 或 8 整除的概率.

5. 10 个考签中有 4 个难签,3 人参加抽签(不放回),甲先,乙次,丙最后.求甲抽到难签,甲、乙都抽到难签,甲没抽到难签而乙抽到难签以及甲乙丙都抽到难签的概率.

6.设 100 件产品中有 5 件不合格,任取两件,求两件均合格的概率,要求分为不放回与放回两种情况计算.

7.市场上供应的灯泡中,甲厂产品占 70%,乙厂占 30%,甲厂产品的合格率是 95%,乙厂的合格率是 80%.若用事件 A,$\overline{A}$分别表示甲、乙两厂的产品,B 表示产品为合格品.求市场上买一个灯泡的合格率.

8.设 5 支枪中有 2 支未经试射校正,3 支已校正.一射手用校正过的枪射击,中靶率为 0.9;用未校正过的枪射击,中靶率为 0.4.该射手任取一支枪射击,中靶的概率是多少?

9.有三个同样的箱子,A 箱中有 4 个黑球、1 个白球,B 箱中有 3 个黑球、3 个白球,C 箱中有 3 个黑球、5 个白球.现任取一箱,再从中任取一球,求此球是白球的概率.

10.一条自动生产线上产品的一级品率为 0.6,现在检查了10 件,求至少有两件一级品的概率.

11.某药物对某病的治愈率为 0.8,求 10 位服药的病人中至少有 6 人治愈的概率.

12.甲、乙、丙三人独立地向一架飞机射击.设甲、乙、丙的命中率分别为 0.4,0.5,0.7. 又飞机中 1 弹,2 弹,3 弹而坠毁的概率分别为 0.2,0.6,1. 若三人各向飞机射击一次,求:

(1)飞机坠毁的概率;

(2)已知飞机坠毁,求飞机被击中 2 弹的概率.

13.三人独立破译一密码,他们能独立译出的概率分别为 0.25,0.35,0.4.求此密码能被译出的概率.

14.已知某种灯泡的耐用时间在 1 000 小时以上的概率为 0.2,求 3 个该型号的灯泡在使用 1 000 小时以后最多有一个坏掉的概率.

15.设有两箱同种零件,在第一箱内装 50 件,其中有 10 件是一等品;在第二箱内装有 30

件，其中有18件是一等品.现从两箱中任取一箱，然后从该箱中不放回地取两次零件，每次1个，求：

(1)第一次取出的零件是一等品的概率；

(2)第一次取出的零件是一等品、第二次取出的零件也是一等品的概率.

16.箱子中有10个同型号的电子元件，其中有3个次品、7个合格品.每次从中随机抽取一个，检测后放回.

(1)共抽取10次，求10次中“恰有3次取到次品”和“能取到次品”的概率；

(2)如果没取到次品就一直取下去，直到取到次品为止，求“恰好要取3次”和“至少要取3次”的概率.

*17.[**赛制的选择**] 在体育比赛中，若甲选手对乙选手的胜率是0.6，那么甲在五局三胜与三局两胜这两种赛制中，选择哪个对自己更有利.

*18.[**分赌注问题**] 甲、乙各下注 a 元，以猜硬币方式赌博，五局三胜，胜者获得全部赌注.若甲赢得第一局后，赌博被迫中止，赌注该如何分？

任务6.3 计算随机变量的分布

6.3.1 随机变量的概念

【引例1】 在一袋中装有编号分别为1,2,3的3只球. 在袋中任取一只球，放回. 再取一只球，记录它们的编号. 计算两只球的号码之和.

试验的样本空间 $\Omega=\{\omega_{ij}\}=\{i,j\},i,j=1,2,3$. 这里 i,j 分别表示第一、二球的号码. 以 X 记两球号码之和，对于每一个样本点 e，X 都有一个值与之对应，如图6.2所示.

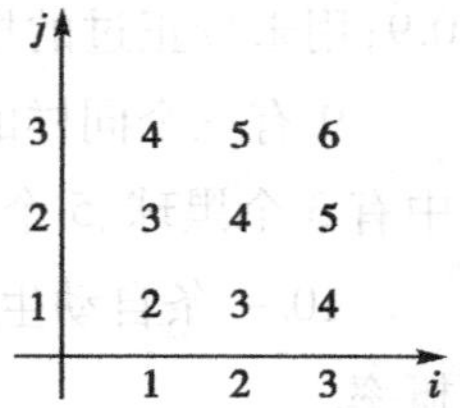

图6.2

【引例2】 将一枚硬币抛掷3次.关心3次抛掷中出现H的总次数，而对H,T出现的顺序不关心.比如说，我们仅关心出现H的总次数为2，而不在乎出现的是“HHT”“HTH”还是“THH”.以 X 记三次抛掷中出现H的总数，则对样本空间 $S=\{e\}$ 中的每一个样本点 e，X 都有一个值与之对应，即见表6.4.

表6.4

样本点	HHH	HHT	HTH	THH	HTT	THT	TTH	TTT
X的值	3	2	2	2	1	1	1	0

定义1 对没有数量标志的事件，对于任何一个试验的各种结果，都可以用一个实数 $X(\omega)$ 来表示(这里 ω 表示某基本事件).试验结果不同，$X(\omega)$ 取值可能不同，因而是一个变量，我们称这种变量 $X(\omega)$ 为**随机变量**，简记为 X.

有了随机变量,就可以通过它来描述随机试验中的各种事件,能全面反映试验的情况.这就使得对随机现象的研究,从前一节事件与事件的概率的研究,扩大到对随机变量的研究,这样数学分析的方法也可用来研究随机现象了.

例 1 设一个袋子里有 10 个球,其中 8 个是白球,2 个是红球.从中任意抽取 3 个球,则"抽得的红球数" X 是一个随机变量,而 X 只可能取 0,1,2 这 3 个数值.

例 2 设公共汽车每 5 分钟一班,一位乘客对于汽车通过该站的时间完全不知道,他在任意时刻到达车站都是有等可能的,那么,该乘客候车的时间 X 是一个连续型随机变量,$\{X\leqslant 2\}$,$\{X>1\}$,$\{0\leqslant X<5\}$ 都是随机事件.

6.3.2 离散型随机变量的概率分布

定义 2 有一类随机变量,它所有可能取的值是有限个或可列多个数值 $x_1,x_2,\cdots,x_n,\cdots$,这样的随机变量称为**离散型随机变量**.为了完全描述 X,不仅要知道它取的值,还要知道它取各个值的概率,即要知道 $P\{X=x_1\},P\{X=x_2\},\cdots,P\{X=x_n\},\cdots$,记 $P_k=\{X=x_k\}(k=1,2,\cdots)$,将 X 可能取的值与相应的概率列成表:

$$\begin{array}{c|c} X & x_1,x_2,\cdots,x_k,\cdots \\ \hline P(X=x_k) & p_1,p_2,\cdots,p_k,\cdots \end{array}$$

其中,$0\leqslant p_i\leqslant(i=1,2,\cdots)$ 且 $\sum p_i=1$,称这个表为 X 的**概率分布或概率分布列**.为简单起见,概率分布也可以直接用 $p_k=P\{X=x_k\}(k=1,2,\cdots)$ 来表示.

例 3 列出例 1 的随机变量 X 的概率分布.

解 由例 1 可知,X 只可能取 0,1,2 这 3 个数值,所以其概率分布见表 6.5.

表 6.5

X	0	1	2
P	$\frac{7}{15}$	$\frac{7}{15}$	$\frac{1}{15}$

1) 两点(0-1)分布

如果 X 的分布律:

表 6.6

X	0	1
P	$1-p$	p

其中 $0<p<1$,则称 X 的分布为两点(0-1)分布.

一般在随机试验中虽然结果可以很多,但如只关注具有某种性质的结果,则可以把样本

空间重新化为 A 与非 A. A 出现时，定义 $X=1$，$\overline{A}$ 出现时，定义 $X=0$，此时 X 的分布即为 0-1 分布.

例如树叶落在地面的试验，结果只能出现正面或反面.再如，在检查一批产品时，随机抽取一件，我们只关心抽到的是次品还是合格品，则可设：当抽到的是次品时，$X=1$；其他情况，$X=0$.此时 X 的分布即为 0-1 分布.

2）二项分布

在 n 重伯努利试验中，设事件 A 发生的概率为 p.事件 A 发生的次数是随机变量，设为 X，则 X 可能取值为 $0,1,2,\cdots,n$.

$$P(X=k)=Pn(k)=C_n^k p^k q^{n-k}(q=1-p,0<p<1,k=0,1,2,\cdots,n);$$

则称随机变量 X 服从参数为 n,p 的二项分布，记为 $X\sim B(n,p)$.

X	$1,2,3,\cdots,k,\cdots,n$
$P(X=k)$	$q^n,npq^{n-1},C_n^2p^2q^{n-2},\cdots,C_n^kp^kq^{n-k},\cdots,p^n$

容易验证，满足离散型分布率的条件.

当 $n=1$ 时，$P(X=k)=p^kq^{1-k}$，$k=0.1$，这就是(0-1)分布，所以(0-1)分布是二项分布的特例.

二项分布是概率论中最重要的分布之一，应用很广，举例如下：

①检查一人是否患某种非流行性疾病是一次伯努利试验.各人是否生这病可认为相互独立，并可近似认为患病的概率 p 相等.因此考察某地 n 个人是否患此病可作为 n 重伯努利试验，其中患病的人数 ξ 服从二项分布.

②保险公司对某种灾害（自行车被盗，火灾，……）保险，各人发生此种灾害与否可认为相互独立，并假定概率相等.设一年间一人发生此种灾害的概率为 p，则在参加此种保险的 n 人中发生此种灾害的人数服从二项分布.

③n 台同类机器，在一段时间内每台损坏的概率为 p，则在这段时间内损坏的机器数服从二项分布.

例 4 设有 80 台同类型设备，各台设备工作是相互独立的，发生故障的概率都是 0.01，且一台设备的故障能由一个人处理.考虑两种配备维修工人的方法，其一是由 4 人维护，每人负责 20 台；其二是由 4 人共同维护 80 台.试比较这两种方法在设备发生故障时不能及时维修的概率的大小.

解 （法一）以 X 记"第 i 人维护的 20 台中同一时刻发生故障的台数"$(i=1,2,3,4)$，以 $A_i(i=1,2,3,4)$ 表示事件"第 i 人维护的 20 台中发生故障不能及时维修".则知 80 台中发生故障而不能及时维修的概率为

$$P(A_1\cup A_2\cup A_3\cup A_4)\geqslant P(A_1)=P(X\geqslant 2)$$

而 $X\sim b(20,0.01)$，故有

$$P\{X\geqslant 2\}=1-P\{X=0\}-P\{x=1\}$$

$$=1-(0.99)^{20}-20\times0.01\times(0.99)^{20-1}$$
$$=0.016\ 9$$

即有

$$P(A_1\cup A_2\cup A_3\cup A_4)\geqslant 0.016\ 9.$$

（法二） 以 Y 记“80 台中同一时刻发生故障的台数”. 此时，$Y\sim b(80,0.01)$，故 80 台中发生故障而不能及时维修的概率为

$$P\{Y\geqslant 4\}=1-\sum_{k=0}^{3}C_{80}^{k}(0.01)^{k}(0.99)^{80-k}=0.008\ 7$$

例 5 一批产品的废品率为 0.03，进行 20 次独立重复抽样，求出现废品的频率为 0.1 的概率.

解 令 X 表示 20 次独立重复抽样中出现的废品数，$X\sim B(20,0.03)$（注意：不能用 X 表示频率，若 X 表示频率，则它就不服从二项分布）所求的概率为

$$P\{X/20=0.1\}=P\{X=2\}=C_{20}^{2}(0.03)^{2}\ (0.97)^{18}=0.098\ 8$$

例 6 设某保险公司的某人寿保险险种有 1 000 人投保，每个人在一年内死亡的概率为 0.005，且每个人在一年内是否死亡是相互独立的，试求在未来一年内这 1 000 个投保人中死亡人数不超过 10 人的概率.

解 记 X 为未来一年中死亡的人数，对每个人来说，在未来一年内是否死亡相当于做一次伯努利试验，则 $X\sim B(1\ 000,0.005)$，而这 1 000 个投保人中死亡人数不超过 10 人的概率为：

$$P(X\leqslant 10)=\sum_{k=0}^{10}\binom{1\ 000}{k}(0.005)^{k}\ (0.995)^{1\ 000-k}$$

上面的式子要直接计算出来是相当麻烦的，下面介绍一种简便的近似计算，即二项分布的逼近：

设 $X\sim B(n,p)$，当 n 很大，p 很小，且 $\lambda=np$ 适中时，有

$$P(X=k)=\frac{\lambda^{k}}{k!}e^{-\lambda}$$

因此，有 $\lambda=1\ 000\times0.005=5$，

$$P(X\leqslant 10)\approx\sum_{k=0}^{10}\frac{\lambda^{k}}{k!}e^{-\lambda}\approx 0.986$$

例 7 某人进行射击，每次命中率为 0.02，独立射击 400 次，求命中次数 $X\geqslant 2$ 的概率.

解 显然，$X\sim b(400,0.02)$，则

$$P\{X\geqslant 2\}=1-P\{X=0\}-P\{X=1\}$$
$$=1-C_{400}^{0}(0.02)^{0}\ (0.98)^{400}-C_{400}^{1}(0.02)^{1}\ (0.98)^{399}\approx 1-9e^{-8}\approx 0.997\ 0.$$

这个概率接近于 1，它说明，一个事件尽管它在一次试验中发生的概率很小，但只要试验次数很多，而且试验是独立进行的，那么这一事件的发生几乎是肯定的，所以不能轻视小概率事件. 另外，如果在 400 次射击中，击中目标的次数竟不到 2 次，根据实际推断原理，我们

将怀疑"每次命中率为 0.02"这一假设.

例 8 按规定,某种型号电子元件的使用寿命超过 1 500 小时的为一级品. 已知一大批产品的一级品率为 0.2,现在从中随机地抽查 20 只. 问 20 只元件中恰有 k 只($k=0,1,\cdots,20$)为一级品的概率是多少?

解 这是不放回抽样. 但由于这批元件的总数很大,且抽查的元件数量相对于元件的总数来说又很小,因而可以当做放回抽样来处理,这样做会有一些误差,但误差不大. 检查一只元件看它是否为一级品,检查 20 只元件相当于 20 重伯努力试验,以 X 记其中一级品总数,则

$X\sim b(20,0.2)$.所求概率为

$$P\{X=k\}=C_{20}^{k}0.2^{k}(1-0.2)^{20-k},(k=0,1,\cdots,20)$$

3)泊松分布

设随机变量 X 的分布律为

$$P(X=k)=\frac{\lambda^{k}}{k!}\mathrm{e}^{-\lambda},\lambda>0,(k=0,1,2\cdots)$$

则称随机变量 X 服从参数为 λ 的泊松分布,记为 $X\sim P(\lambda)$.

在上述可知,当 n 很大,p 很小,且 np 适中时,二项分布 $B(n,p)$ 可以近似计算;再由泊松分布的定义即可知道:二项分布的逼近分布就是泊松分布 $P(\lambda)$,其中 $\lambda\approx np$.

人们发现很多随机现象都可利用泊松分布去描述.例如在社会生活中,各种服务需求量,如一定时间内,某电话交换台接到的呼叫数,某公共汽车站来到的乘客数,某商场来到的顾客数或出售的某种货物数……,它们都服从泊松分布,因此泊松分布在管理科学和运筹学中占很重要的地位.在生物学中,某区域内某种微生物的个数,某生物繁殖后代的数量等也服从泊松分布.放射性物质在一定时间内放射到指定地区的粒子数也是服从泊松分布的.

例 9 考察通过某交叉路口的汽车流.若在一分钟内没有汽车通过的概率为 0.2,求在 2 分钟内有多于一辆汽车通过的概率.

解 记 X 为一分钟内通过的车辆数,假设 $X\sim P(\lambda)$.记 η 为两分钟内通过的车辆数,则 $\eta\sim P(2\lambda)$.又 $P(X=0)=\mathrm{e}^{-\lambda}=0.2$,故 $\lambda=\ln 5$,所求为

$$\begin{aligned}P(\eta>1)&=\sum_{k=2}^{\infty}P(\eta=k)=1-P(\eta=0)-P(\eta=1)=1-\mathrm{e}^{-2\lambda}-2\lambda\mathrm{e}^{-2\lambda}\\&=24/25-(2/25)\ln 5\approx 0.831\end{aligned}$$

6.3.3 连续型随机变量的概率分布

离散型随机变量是用分布律来表示其概率分布的.但对其他随机变量来说,分布律不存在,例如随机变量可取的值为一连续区间的一切值时,就无法一一罗列这些值及其概率.例如火车到达的时间和电子元件的寿命就是这样随机变量的例子.为此要引入概率分布的新

的表示法,我们希望它对一切随机变量都适用.

下面通过一个例子给出连续型随机变量及其分布形式.

定义 3 对于随机变量 X,如果存在非负可积函数 $f(x)$,$(-\infty<x<\infty)$,使得对任意 $a,b(a<b)$ 都有 $P(a<x<b)=\int_a^b f(x)\,dx$,则称 X 为连续型随机变量,$f(x)$ 称为随机变量 X 的概率密度函数或简称概率密度.

不难看出,连续型随机变量 X 应满足下列两个性质:

①$f(x)\geqslant 0(-\infty<x<\infty)$;

② $\int_{-\infty}^{\infty} f(x)\,dx=1$

1)几何解释

①$f(x)\geqslant$,表明密度曲线 $y=f(x)$ 在 x 轴上方;

②$\int_{-\infty}^{+\infty} f(x)\,dx\geqslant 0$,表明密度曲线 $y=f(x)$ 与 x 轴所夹图形的面积为 1;

(3)$P\{a<x<b\}=\int_a^b f(x)\,dx$ 表明 X 落在区间(a,b)内的概率等于以区间(a,b)为底,以密度曲线 $y=f(x)$ 为顶的曲边梯形的面积,如图 6.3 所示.

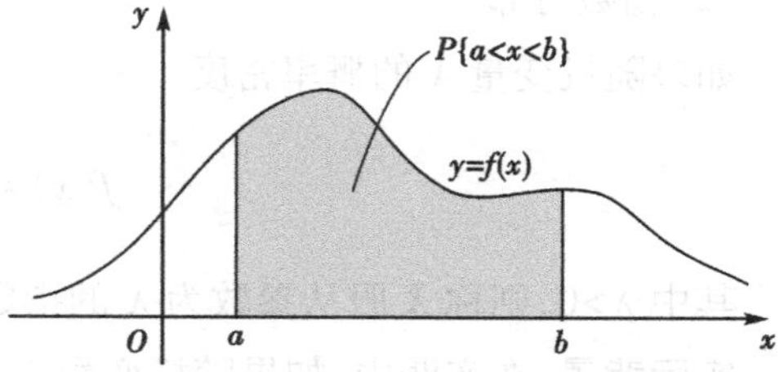

图 6.3

例 10 设有一随机变量 X,其概率密度函数为 $f(x)=Ae^{-|x|}$,求:①常数 A;②X 在区间$(0,2]$上的概率.

解 ① 由于 $1=\int_{-\infty}^{+\infty} f(x)\,dx=A\int_{-\infty}^{+\infty} e^{-|x|}dx=2A\int_0^{+\infty} e^{-x}=-2Ae^{-x}\Big|_0^{+\infty}=2A$,所以 $A=1/2$.

②$P\{0<X\leqslant 2\}=P\{0<X<2\}=\int_0^2 \frac{1}{2}e^{-|x|}dx=\frac{1}{2}(1-e^{-2})$.

2)常见的连续型随机变量

(1)均匀分布

如果随机变量 X 的概率密度为

$$f(x)=\begin{cases}\dfrac{1}{b-a}, & a\leqslant x\leqslant b\\ 0, & \text{其他}\end{cases}$$

则称 X 在区间$[a,b]$上服从均匀分布,记为 $X\sim U[a,b]$.

实际背景:如果实验中所定义的随机变量 X 仅在一个有限区间$[a,b]$上取值,且在其内取值具有"等可能"性,则 $X\sim U[a,b]$.

例 11 某公共汽车从上午 7:00 起每隔 15 分钟有一趟班车经过某车站，即 7:00，7:15，7:30，…时刻有班车到达此车站. 如果某乘客是在 7:00 至 7:30 等可能地到达此车站候车，求他等候不超过 5 分钟便能乘上汽车的概率.

解 设乘客于上午 7:00 过 X 分钟到达车站，则 $X \sim U[0,30]$，其概率密度

$$f(x)=\begin{cases}\frac{1}{30}, & 0\leqslant x\leqslant 30\\ 0, & \text{其他}\end{cases}$$

于是该乘客等候不超过 5 分钟便能乘上汽车的概率

$$P\{10 \leqslant x \leqslant 15 \text{ 或 } 25 \leqslant x \leqslant 30\} = P\{10 \leqslant x \leqslant 15\} + P\{25 \leqslant x \leqslant 30\}$$

$$= \int_{10}^{15} \frac{1}{30}\mathrm{d}x + \int_{25}^{30} \frac{1}{30}\mathrm{d}x = \frac{5}{30} + \frac{5}{30} = \frac{1}{3}$$

(2)指数分布

如果随机变量 X 的概率密度

$$f(x)=\begin{cases}\lambda e^{-\lambda x}, & x\geqslant 0\\ 0, & x<0\end{cases}$$

其中 $\lambda>0$，则称 X 服从参数为 λ 的指数分布，记为 $X\sim E(\lambda)$.

实际背景：在实践中，如果随机变量 X 表示某一随机事件发生所需等待的时间，则一般 $X\sim E(\lambda)$. 例如，某电子元件直到损坏所需的时间(即寿命)；随机服务系统中的服务时间；在某邮局等候服务的等候时间等，均可认为是服从指数分布. 常用它来作为各种"寿命"分布的近似. 例如无线电元件的寿命、动物的寿命、电话问题中的通话时间、随机服务系统中的服务时间等都常假定服从指数分布.

服从指数分布的随机变量 X 具有以下有趣的性质：

对于任意的 s、$t>0$，有 $P\{X>s+t \mid X>s\} = P\{X>t\}$. 事实上

$$P\{X>s+t \mid X>s\} = \frac{P\{(X>s+t)\cap(X>s)\}}{P\{X>s\}} = \frac{P\{X>s+t\}}{P\{X>s\}}$$

$$= \frac{1-F(s+t)}{1-F(s)} = \frac{e^{-\frac{s+t}{\theta}}}{e^{-\frac{s}{\theta}}} = e^{-\frac{t}{\theta}} = P\{X>t\}.$$

此性质称为无记忆性. 如果 X 是某一元件的寿命，那么上式表明：已知元件已使用了 s 小时，它总共能使用至少 $s+t$ 小时的条件概率，与从开始使用时算起它至少能使用 t 小时的概率相等. 这就是说，元件对它已使用过 s 小时没有记忆. 具有这一性质是指数分布有广泛应用的原因.

例 12 某电子元件，其寿命服从参数为 $\lambda=\frac{1}{2\,000}$ 的指数分布(单位为小时).

①求此电子元件能够使用 1 000 小时以上的概率；

②如果已知一只元件已经正常使用了 1 000 小时，求能继续正常使用 1 000 小时的概率.

解 设 X 表示电子元件的寿命，则依据题意，X 服从 $\lambda=\frac{1}{2\ 000}$ 的指数分布，即 X 的概率密度为

$$f(x)=\begin{cases}\frac{1}{2\ 000}e^{-\frac{x}{2\ 000}}, & x\geqslant 0\\ 0, & x<0\end{cases}$$

①所求概率为

$$P\{X>1\ 000\}=\int_{1\ 000}^{+\infty}\frac{1}{2\ 000}e^{-\frac{x}{2\ 000}}dx=-e^{-\frac{x}{2\ 000}}\Big|_{1\ 000}^{+\infty}=e^{-\frac{1}{2}}\approx 0.607$$

②$P\{X>2\ 000|X>1\ 000\}=\dfrac{P\{X>2\ 000\}}{P\{X>1\ 000\}}=e^{-\frac{1}{2}}\approx 0.607$

由此可以看出即使用 N 年后继续使用的时间的概率与先前已使用的时间无关.

3）正态分布（高斯分布）

如果随机变量 X 的概率密度为

$$f(x)=\frac{1}{\sqrt{2\pi}\sigma}e^{\frac{(x-\mu)^2}{2\sigma^2}},-\infty\leqslant x\leqslant +\infty$$

其中 $\mu,\sigma^2(\sigma>0)$ 为常数，则称 X 服从参数 (μ,σ^2) 的正态分布，记为 $X\sim N(\mu,\sigma^2)$.

正态分布是概率论中最重要的一种分布，与二项分布、泊松分布并称为三大分布，它在实际应用与理论上都有很大作用.一方面，正态分布应用很广，一般说来，若影响某一数量指标的随机因素很多，而每一因素所起的作用又不很大，则这个数量指标服从正态分布.例如，进行测量时，由于仪器精度、人的视力、心理因素、外界干扰等多种因素影响，测量结果大致服从正态分布，其中 a 为真值；测量误差也服从正态分布.事实上，正态分布是19世纪初高斯（Gauss）在研究测量误差时首次引进的，故正态分布又称误差分布或高斯分布.另外，生物的生理尺寸（如成人的身高、体重），某地区一类树木的胸径，炮弹落地点，某类产品的某个尺寸等都近似服从正态分布.另一方面，正态分布具有良好的性质，一定条件下，很多分布可用正态分布来近似表达，另一些分布又可以通过正态分布来导出，因此，正态分布在理论研究中也相当重要.

4）正态分布的密度函数的图像和性质

先观察它的密度函数的图形，如图6.4所示.

正态密度曲线：参数 μ,σ^2 对密度曲线的影响.

①当 σ^2 不变、μ 改变时，密度曲线

$y=f(x)=\dfrac{1}{\sqrt{2\pi}\sigma}e^{\frac{(x-\mu)^2}{2\sigma^2}}$ 形状不变，但位置要沿 x 轴方向左右平移.

（μ 实际上就是落在曲边梯形内部的平均概率）

②当 μ 不变、σ^2 改变时，σ^2 变大，曲线变平坦；σ^2 变小，曲线变尖窄.

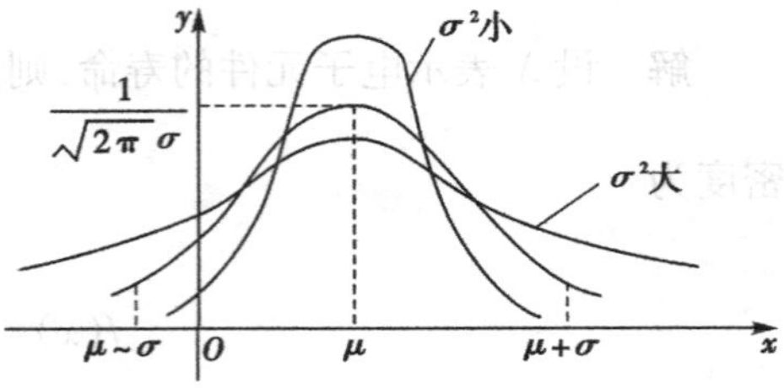

图 6.4

标准正态分布：称 $\mu=0,\sigma^2=1$ 的正态分布 $N(0,1)$ 为标准正态分布，其概率密度为

$$\varphi(x)=\frac{1}{\sqrt{2\pi}\sigma}e^{-\frac{(x-\mu)^2}{2\sigma^2}},-\infty<x<+\infty$$

由此可见：

①正态分布是由它的平均数 μ 和标准差 σ 唯一决定的，常把它记为 $N(\mu,\sigma^2)$.

②从形态上看，正态分布是一条单峰、对称呈钟形的曲线，其对称轴为 $x=\mu$，并在 $x=\mu$ 时取最大值. 从 $x=\mu$ 点开始，曲线向正负两个方向递减延伸，不断逼近 x 轴，但永不与 x 轴相交，因此说曲线在正负两个方向都是以 x 轴为渐近线的.

③通过正态分布的曲线，可知正态曲线具有两头低、中间高、左右对称的基本特征.

④标准正态分布的密度函数的图像，如图 6.5 所示.

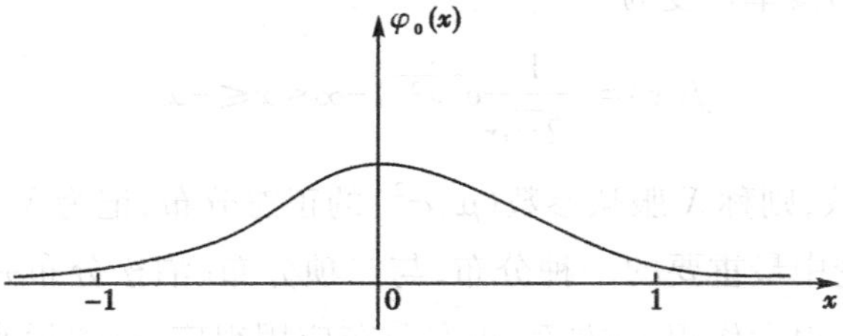

图 6.5

5）标准正态分布与一般正态分布

例 13 设 $X\sim N(0,1)$，求 $P\{-1<x<2\}$.

解 $P\{-1<x<2\}=\Phi(2)-\Phi(-1)=\Phi(2)-[1-\Phi(1)]=\Phi(2)+\Phi(1)-1$

$=0.977\ 2+0.841\ 3-1=0.818\ 5$

例 14 设 $X\sim N(2.3,4)$，试求 $P\{2<x<4\}$.

解 $P\{2<x<4\}=\Phi(\frac{4-2.3}{2})-\Phi(\frac{2-2.3}{2})=\Phi(0.85)-\Phi(-0.15)$

$=\Phi(0.85)-[1-\Phi(0.15)]=0.802\ 3+0.559\ 6-1=0.361\ 9$

例 15 从南郊某地乘车到北区火车站有两条路可走，第一条路较短，但交通拥挤，所需时间 τ 服从 $N(50,100)$ 分布；第二条路线略长，但意外阻塞较少，所需时间 ξ 服从 $N(60,16)$.

①若有 70 分钟可用，问应走哪一条路？

②若只有 65 分钟可用，又应走哪一条路？

解 应该走在允许时间内有较大概率赶到火车站的路线.

①走第一条路线能及时赶到的概率为

$$P(\tau\leqslant 70)=\Phi\left(\frac{70-50}{10}\right)=\Phi(2)=0.977\ 2$$

而走第二条路线能及时赶到的概率为

$$P(\xi\leqslant 70)=\Phi\ \frac{70-60}{4}=\Phi(2.5)=0.993\ 8$$

因此在这种场合,应走第二条路线.

②走第一条路线能及时赶到的概率为

$$P(\tau\leqslant 65)=\Phi(1.5)=0.933\ 2$$

而走第二条路线能及时赶到的概率为

$$P(\xi\leqslant 65)=\Phi(1.25)=0.894\ 4$$

此时以走第一条路线更为保险.

例 16 由抽样分析表明本校新生的外语成绩近似服从正态分布 $N(72,12^2)$,试求新生外语成绩为 60~84 分的概率.

解 用 X 表示学生的外语成绩这个随机变量,则 $X\sim N(72,12^2)$.

所求的概率为

$$P\{60\leqslant X\leqslant 80\}=P\left\{\frac{60-72}{12}\leqslant\frac{X-72}{12}\leqslant\frac{60-84}{12}\right\}=P\left\{-1\leqslant\frac{X-72}{12}\leqslant 1\right\}$$

$$=\Phi(1)-\Phi(-1)=2\Phi(1)-1=2\times 0.841\ 3-1=0.682\ 6$$

即成绩为 60~84 分的学生人数占总人数的 68.26%.

训练习题 6.3

1.一盒中放有大小相同的红色、绿色、黄色三种小球共 7 个,已知红球个数是绿球个数的两倍,黄球个数是绿球个数的一半.现从该盒中随机取出一个球,若取出红球得 1 分,取出黄球得 0 分,取出绿球得-1 分,试写出从该盒中取出一球所得分数 X 的分布列.

2.某一射手射击所得的环数 ξ 的分布列如下:

ξ	4	5	6	7	8	9	10
P	0.02	0.04	0.06	0.09	0.28	0.29	0.22

求此射手"射击一次命中环数≥7"的概率.

3.某厂生产电子元件,其产品的次品率为 5%.现从一批产品中任意地连续取出 2 件,写出其中次品数 ξ 的概率分布.

4.某人进行射击,设每次射击的命中率为 0.001,若独立地射击 5 000 次,试求射中的次数不少于两次的概率.

5.已知连续型随机变量 X 的概率密度为

$$f(x)=\begin{cases}kx+1, & 0\leqslant x\leqslant 2\\0, & 其他\end{cases}$$

求系数 k 并计算概率 $P\{1.5<X<2.5\}$.

6.一种电子管的使用寿命为 X 小时,其概率密度为

$$f(x)=\begin{cases}\dfrac{100}{x^2}, & x\geqslant 100\\0, & x<100\end{cases}$$

某仪器内装有 3 个这样电子管,试求使用 150 小时内只有一个电子管需要更换的概率.

7.设随机变量 X 服从参数为 $\lambda=0.015$ 的指数分布.

(1)求 $p\{X>100\}$;

(2)若要使 $p\{X>x\}<0.1$,问 x 应当在哪个范围内?

8.利用标准正态分布表,求标准正态总体在下面区间取值的概率.

(1)$(0,1)$;(2)$(1,3)$.

9.求标准正态总体在$(-1,2)$内取值的概率.

10.若 $x\sim N(0,1)$,求:(1)$P(-2.32<x<1.2)$;(2)$P(x>2)$.

11.某县农民年平均收入服从 $\mu=500$ 元,$\sigma=200$ 元的正态分布.

(1)求此县农民年平均收入为 500~520 元人数的百分比;

(2)如果要使此县农民年平均收入在$(\mu-a,\mu+a)$内的概率不少于 0.95,则 a 至少有多大?

任务 6.4　计算随机变量的数字特征

前面讨论了随机变量的概率分布,这是关于随机变量统计规律的一种完整描述,然而在实际问题中,确定一个随机变量的分布往往不是一件容易的事,况且许多问题并不需要考虑随机变量的全面情况,只需知道它的某些特征数值.例如,在测量某种零件的长度时,测得的长度是一个随机变量,它有自己的分布,但是人们关心的往往是这些零件的平均长度以及测量结果的精确程度;再如,检查一批棉花的质量,既要考虑棉花纤维的平均长度,又要考虑纤维长度与平均长度的偏离程度,平均长度越大,偏离程度越小,质量越好.这些与随机变量有关的数值称为随机变量的数字特征,在概率论与数理统计中起着重要的作用.本任务主要介绍随机变量的数学期望、方差与它们的概念、性质和计算.

6.4.1　期望

【引例 1】　1654 年,有一个法国赌徒梅勒遇到了一个难解的问题:梅勒和他的一个朋友

每人出 30 个金币，两人谁先赢满 3 局谁就得到全部赌注. 在游戏进行了一会儿后，梅勒赢了 2 局，他的朋友赢了 1 局. 这时候，梅勒由于一个紧急事情必须离开，游戏不得不停止. 他们该如何分配赌桌上的 60 个金币的赌注呢？梅勒的朋友认为，既然他接下来赢的机会是梅勒的一半，那么他该拿到梅勒所得的一半，即他拿 20 个金币，梅勒拿 40 个金币. 然而梅勒争执道：再掷一次骰子，即使他输了，游戏是平局，他最少也能得到全部赌注的一半——30 个金币；但如果他赢了，并可拿走全部的 60 个金币. 在下一次掷骰子之前，他实际上已经拥有了 30 个金币，他还有 50%的机会赢得另外 30 个金币，所以，他应分得 45 个金币. 赌本究竟如何分配才合理呢？

后来梅勒把这个问题告诉了当时法国著名的数学家帕斯卡，这居然也难住了帕斯卡，因为当时并没有相关知识来解决此类问题，而且两人说的似乎都有道理. 帕斯卡又写信告诉了另一个著名的数学家费马，于是在这两位伟大的法国数学家之间开始了具有划时代意义的通信，在通信中，他们最终正确地解决了这个问题. 他们设想：如果继续赌下去，梅勒（设为甲）和他朋友（设为乙）最终获胜的机会如何呢？他们俩至多再赌两局即可分出胜负，这两局有 4 种可能结果：甲甲、甲乙、乙甲、乙乙. 前 3 种情况都是甲最后取胜，只有最后一种情况才是乙取胜，所以赌注应按 3∶1的比例分配，即甲得 45 个金币，乙 15 个. 虽然梅勒的计算方式不一样，但他的分配方法是对的.

在 1654 年 7 月 29 日给费马的回信中，帕斯卡给出了点数问题的解法. 帕斯卡所用的是“期望值方法”. 他先考虑 3 点的情形. 设甲、乙各下注 32 pistols，并且甲已经赢了 2 点，乙已经赢了 1 点. 下一局中，如果甲赢，则他将获得所有的赌注（64 pistols）；如果乙赢，则两者都得 2 点，此时两者赢得下一局的机会均等，每人各应取 32 pistols. 因此，如果甲赢，则甲将获得 64 pistols；如果甲输，则甲将获得 32 pistols. 这样，如果赌博中止，甲可以对乙说：“即使我输了下一局，我也总能得到 32 pistols；至于另外 32 pistols，或许我得，或许你得，我们的机会是均等的. 因此我们应该平分这 32 pistols.”因此甲应得 48 pistols，乙应得 16 pistols.

再假设甲已经赢了 2 点，乙一点未赢. 下一局中，如果甲赢，甲将得到全部 64 pistols；如果乙赢，则出现了上面讨论过的情形：甲应得 48 pistolss. 因此，如果赌博中止，甲可以对乙说：“如果我赢了下一局，我就应得 64 pistols；如果我输了下一局，我就应得 48 pistols. 给我必得的 48 pistols，平分另外的 16 pistols，因为赢得下一点的机会是均等的.”因此甲应得 56 pistols，乙应得 8 pistols.

【引例 2】 全班 40 名同学，其年龄与人数统计如下：

表 6.7

年龄	18	19	20	21	$\sum$
人数	5	15	15	5	40

该班同学的平均年龄为

$$\bar{a}=\frac{18\times5+19\times15+20\times15+21\times5}{40}=18\times\frac{5}{40}+19\times\frac{15}{40}+20\times\frac{15}{40}+21\times\frac{5}{40}=19.5$$

若令 X 表示从该班同学中任选一同学的年龄，则 X 的分布律为

表 6.8

X	18	19	20	21
P	5/40	15/40	15/40	5/40

于是 X 的平均值，即该班同学年龄的平均值为

$$E(X)=\bar{a}=18\times\frac{5}{40}+19\times\frac{15}{40}+20\times\frac{15}{40}+21\times\frac{5}{40}=\sum_{i=1}^{4}x_ip_i=19.5$$

实际上，这里所求的“平均”是加权平均或概率平均，对于随机变量，定义其数学期望如下：

定义 1 设 X 为离散型随机变量，其分布律为 $P\{X=x_i\}=P_i,i=1,2,\cdots$ 如果级数 $\sum_i x_ip_i$ 绝对收敛，则此级数为 x 的数学期望（或均值），记为 $E(X)$，即

$$E(X)=\sum_i x_ip_i$$

意义：$E(X)$ 表示取值的（加权）平均值.

例 1 甲、乙射手进行射击比赛，设甲中的环数位 X_1，乙中的环数为 X_2，已知 X_1 和 X_2 的分布律分别为

表 6.9

X_1	8	9	10
P	0.3	0.1	0.6
X_2	8	9	10
P	0.2	0.5	0.3

问谁的射术好？（即平均中环数高）

解 甲的平均中环数为 $E(X_1)=8\times0.3+9\times0.1+10\times0.6=9.3$

乙的平均中环数为 $E(X_2)=8\times0.2+9\times0.5+10\times0.3=9.1$

可见 $E(X_1)>E(X_2)$，即甲的平均中环数高于乙的平均中环数.

定义 2 设 X 是连续型随机变量，其概率密度为 $f(x)$，如果积分 $\int_{-\infty}^{+\infty}f(x)\,\mathrm{d}x$ 收敛，则称该积分为连续型随机变量的数学期望，记为 $E(X)$，即

$$E(X)=\int_{-\infty}^{+\infty}xf(x)\,\mathrm{d}x$$

例 2 均匀分布的密度函数：$a\leqslant x\leqslant b$ 时 $p(x)=1/(b-a)$，其他情形 $p(x)$ 为 0.它的数学

期望为

$$E\xi = \int_a^b \frac{x}{b-a}\mathrm{d}x = \frac{a+b}{2}$$

例3 指数分布密度函数:$x>0$ 时 $p(X)=\lambda \mathrm{e}^{-\lambda x}$,$x\leqslant 0$ 时 $p(x)=0$,$\lambda>0$.它的数学期望

$$E\xi = \int_0^{+\infty} x\lambda \mathrm{e}^{-\lambda x}\mathrm{d}x = 1/\lambda$$

如果注意到指数分布与泊松分布的关系,上述结果是容易理解的.

例4 求正态分布 $\xi \sim N(a,\sigma^2)$ 的数学期望.

解 因为 $\int_{-\infty}^{+\infty} |x| \frac{1}{\sigma\sqrt{2\pi}}\mathrm{e}^{-(x-a)^2/2\sigma^2}\mathrm{d}x < \infty$,故 $E\xi$ 存在.

$$E\xi = \int_{-\infty}^{+\infty} x\frac{1}{\sigma\sqrt{2\pi}}\mathrm{e}^{-(x-a)^2/2\sigma^2}\mathrm{d}x = \frac{a}{\sqrt{2\pi}}\int_{-\infty}^{+\infty}\mathrm{e}^{-z^2/2}\mathrm{d}z + \frac{a}{\sqrt{2\pi}}\int_{-\infty}^{+\infty} z\mathrm{e}^{-z^2/2}\mathrm{d}z$$

$$= a + 0 = a$$

上述第二个等式系通过变量代换 $z=(x-a)/\sigma$ 得出. 因此正态分布 $N(a,\sigma^2)$ 中参数 a 表示它的均值,这在密度函数的图形中已显示出来了.

数学期望的性质:

①$E(c)=c$; ②$E(aX)=aE(X)$

③$E(aX+b)=aE(X)+b$,(a,b,c 为常数).

例5 一次英语单元测验由20个选择题构成,每个选择题有4个选项,其中有且仅有一个选项是正确答案,每题选择正确答案得5分,不作出选择或选错不得分,满分100分.学生甲选对任一题的概率为0.9,学生乙则在测验中对每题都从4个选择中随机地选择一个,求学生甲和乙在这次英语单元测验中的成绩的期望.

解 设学生甲和乙在这次英语测验中正确答案的选择题个数分别是 ξ,η,则

$\xi \sim B(20,0.9)$,$\eta \sim B(20,0.25)$

故 $$E\xi = 20\times 0.9 = 18,\quad E\eta = 20\times 0.25 = 5$$

由于答对每题得5分,学生甲和乙在这次英语测验中的成绩分别是 5ξ 和 5η.所以,他们在测验中的成绩的期望分别是

$E(5\xi)=5E(\xi)=5\times 18=90$, $E(5\eta)=5E(\eta)=5\times 5=25$

例6 随机地抛掷一个骰子,求所得骰子的点数 ξ 的数学期望.

解 抛掷骰子所得点数 ξ 的概率分布为

表6.10

ξ	1	2	3	4	5	6
P	$\frac{1}{6}$	$\frac{1}{6}$	$\frac{1}{6}$	$\frac{1}{6}$	$\frac{1}{6}$	$\frac{1}{6}$

所以

$$E\xi=1\times\frac{1}{6}+2\times\frac{1}{6}+3\times\frac{1}{6}+4\times\frac{1}{6}+5\times\frac{1}{6}+6\times\frac{1}{6}$$

$$=(1+2+3+4+5+6)\times\frac{1}{6}=3.5$$

抛掷骰子所得点数 ξ 的数学期望,就是 ξ 的所有可能取值的平均值.

6.4.2 方差

例 7 比较甲乙两人的射击技术,已知两人每次击中环数分布为

$$\xi:\begin{pmatrix}7 & 8 & 9\\ 0.1 & 0.6 & 0.1\end{pmatrix}\quad \eta:\begin{pmatrix}6 & 7 & 8 & 9 & 10\\ 0.1 & 0.2 & 0.4 & 0.2 & 0.1\end{pmatrix}$$

问哪一个技术较好?

解 首先看两人平均击中环数,此时 $E\xi=E\eta=8$,从均值来看无法分辨孰优孰劣. 但从直观上看,甲基本上稳定在 8 环左右,而乙却一会儿击中 10 环,一会儿击中 6 环,较不稳定. 因此从直观上可以讲甲的射击技术较好.

上例说明:对一随机变量,除考虑它的平均取值外,还要考虑它取值的离散程度.

定义 3 设 X 是随机变量,其数学期望 $E(X)$ 存在,则称 $X-E(X)$ 为随机变量 X 的离差. 显然 $E(X-E(X))=0$,即任何一个随机变量的离差的数学期望为 0,所有通常用 $(X-E(X))^2$ 来计算 X 与 $E(X)$ 的偏差,取平方的目的在于避免正负偏差抵消.

定义 4 设 X 是随机变量,其数学期望 $E(X)$ 存在,且 $(X-E(X))^2$ 也存在,则称 $(X-E(X))^2$ 为随机变量 X 的方差,记作 $D(X)=E[X-E(X)]^2$(或 $\mathrm{Var}X$). $\sqrt{D(X)}$ 称为 X 的标准差,显然,方差反映的是随机变量与其均值的偏离程度.

对于离散型随机变量 X,如果它所有可能取的值是 $x_1,x_2,\cdots,x_n,\cdots$,且取这些值的概率分别是 $p_1,p_2,\cdots,p_n,\cdots$,那么有

$$D(X)=(x_1-EX)^2\cdot p_1+(x_2-EX)^2\cdot p_2+\cdots+(x_n-EX)^2\cdot p_n+\cdots$$

对于连续型随机变量 X,若 X 的概率密度函数为 $f(x)$,则

$$D(X)=\int_{-\infty}^{+\infty}[x-E(X)]^2f(x)\,\mathrm{d}x$$

方差体现了随机变量取值的离散或集中程度. 方差较小,说明 X 的取值相对于 $E(x)$ 较为集中,X 的取值大多数分布在 $E(X)$ 的附近;方差较大,说明 X 的取值相对于 $E(x)$ 较为分散.

1) 方差的性质

①$D(C)=0$; ②$D(aX)=a^2D(X)$;

③$D(aX+b)=a^2D(X)$; ④$D(X)=E(X^2)-E^2(X)$,(其中 a,b,c 为常数)

例 8 计算例 7 中的方差 $D\xi$ 与 $D\eta$.

解 根据性质③有

$$E\xi^2 = \sum_i x_i^2 P(\xi = x_i) = 7^2 \times 0.1 + 8^2 \times 0.8 + 9^2 \times 0.1 = 64.2$$

$$D\xi = E\xi^2 - (E\xi)^2 = 64.2 - 8^2 = 0.2$$

同理,$D\eta = E\eta^2 - (E\eta)^2 = 65.2 - 64 = 1.2 > D\xi$,所以 η 取值较 ξ 分散. 这说明甲的射击技术较好.

2)常见分布的方差

例 9 试计算泊松分布 $P(\lambda)$ 的方差.

解 $$E\xi^2 = \sum_{k=0}^{\infty} k^2 \frac{\lambda^k}{k!} e^{-\lambda} = \sum_{k=0}^{\infty} k \frac{\lambda^k}{(k-1)!} e^{-\lambda}$$

$$= \sum_{k=1}^{\infty} (k-1) \frac{\lambda^k}{(k-1)!} e^{-\lambda} + \sum_{k=1}^{\infty} \frac{\lambda^k}{(k-1)!} e^{-\lambda}$$

$$= \lambda^2 \sum_{j=0}^{\infty} j \frac{\lambda^j}{j!} e^{-\lambda} + \lambda \sum_{j=0}^{\infty} \frac{\lambda^j}{j!} e^{-\lambda}$$

$$= \lambda^2 + \lambda$$

所以 $\mathrm{Var}\xi = \lambda^2 + \lambda - \lambda = \lambda^2$.

例 10 设 ξ 服从 $[a,b]$ 上的均匀分布 $U[a,b]$,求 $\mathrm{Var}\xi$.

解 $$E\xi^2 = \int_a^b x^2 \frac{1}{b-a} dx = \frac{1}{3}(a^2 + ab + b^2)$$

$$\mathrm{Var}\xi = \frac{1}{3}(a^2 + ab + b^2) - \left[\frac{1}{2}(a+b)\right]^2 = \frac{1}{12}(b-a)^2$$

例 11 设 ξ 服从正态分布 $N(a,\sigma^2)$,求 $\mathrm{Var}\xi$.

解 此时用性质②,由于 $E\xi = a$,

$$\mathrm{Var}\xi = E(\xi - a)^2 = \int_{-\infty}^{+\infty} (x-a)^2 \frac{1}{\sigma\sqrt{2\pi}} e^{-(x-a)^2/2\sigma^2} dx$$

$$= \frac{\sigma^2}{\sqrt{2\pi}} \int_{-\infty}^{\infty} z^2 e^{-z^2/2} dz$$

$$= \frac{\sigma^2}{\sqrt{2\pi}} \left(-z e^{-z^2/2} \Big|_{-\infty}^{+\infty} + \int_{-\infty}^{+\infty} e^{-z^2/2} dz \right)$$

$$= \frac{\sigma^2}{\sqrt{2\pi}} \cdot \sqrt{2\pi} = \sigma^2$$

可见正态分布中参数 σ^2 就是它的方差,σ 就是标准差.

例 12 设 $X \sim B(n,p)$,求 $E(X)$,$D(X)$.

解 因为 $P_k = P\{X = k\} = C_n^k p^k (1-p)^{n-k} (k = 0,1,\cdots,n)$,

$$E(X) = \sum_{k=0}^{n} k p_k = \sum_{k=1}^{n} k C_n^k p^k (1-p)^{n-k} = \sum_{k=1}^{n} \frac{n!}{(k-1)!(n-k)!} p^k (1-p)^{n-k}$$

$$= np\sum_{k=1}^{n}\frac{(n-1)!}{(k-1)!\,[n-1-(k-1)]!}p^{k-1}(1-p)^{n-1-(k-1)}$$

$$= np[p+(1-p)]^{n-1} = np$$

$$D(X) = D\Big(\sum_{i=1}^{n}X_i\Big) = \sum_{i=1}^{n}D(X_i) = \sum_{i=1}^{n}pq = npq$$

例 13 A、B 两台机床同时加工零件，每生产一批数量较大的产品时，出次品的概率如下表所示：

表 6.11

A 机床					B 机床				
次品数 ξ_1	0	1	2	3	次品数 ξ_1	0	1	2	3
概率 P	0.7	0.2	0.06	0.04	概率 P	0.8	0.06	0.04	0.10

问哪一台机床加工质量较好？

解 $E\xi_1=0\times0.7+1\times0.2+2\times0.06+3\times0.04=0.44$

$E\xi_2=0\times0.8+1\times0.06+2\times0.04+3\times0.10=0.44$

它们的期望相同，再比较它们的方差：

$D\xi_1=(0-0.44)^2\times0.7+(1-0.44)^2\times0.2+(2-0.44)^2\times0.06+(3-0.44)^2\times0.04=0.606\ 4$

$D\xi_2=(0-0.44)^2\times0.8+(1-0.44)^2\times0.06+(2-0.44)^2\times0.04+(3-0.44)^2\times0.10=0.926\ 4$

所以 $D\xi_1< D\xi_2$，故 A 机床加工较稳定、质量较好.

训练习题 6.4

1.一批产品中有一、二、三等品及废品 4 种，相应比例分别为 60%、20%、10%及 10%，若各等级产品的产值分别为 6 元、4.8 元、4 元及 0 元，求产品的平均产值.

2.设随机变量 X 的概率分布律如下表，求 EX,DX.

X	0	1	2	3
p	1/16	3/16	1/2	1/4

3.一批零件中有 9 件合格品与 3 件次品，任取一件，若取到次品就弃置一边.求在取到合格品之前已取到的次品数的期望、方差.

4.设随机变量 X 的概率密度为 $f(x)=0.5e^{-|x|}$，$-\infty<x<+\infty$，求 EX,DX.

5.设随机变量 X 的概率密度为 $f(x)=\begin{cases}2(1-x), & 0\leqslant x\leqslant 1\\ 0, & \text{其他}\end{cases}$，求 EX 与 DX.

6.某路公共汽车起点站每 5 分钟发出一辆车，每个乘客到达起点站的时刻在发车间隔的 5 分钟内均匀分布.求每个乘客候车时间的期望（假定汽车到站时，所有候车的乘客都能上车).

7.某工厂生产的设备的寿命 X(以年计)的概率密度为

$$f(x)=\begin{cases}0.25e^{-x/4}, & x>0\\ 0, & x<0\end{cases}$$

工厂规定,出售的设备若在一年之内损坏可以调换.若出售一台设备可赢利100元,调换一台设备厂方需花费300元,试求厂方出售一台设备净赢利的数学期望.

8.讨论题:设某经销商正与某出版社联系订购下一年的挂历,根据多年的经验,经销商得出需求量分别为150本,160本,170本,180本的概率分别为0.1,0.4,0.3,0.2,各种订购方案的获利 $X_i(i=1,2,3,4)$(百元)是随机变量,经计算,各种订购方案在不同需求情况下的获利见下表:

需求数量 / 订购方案	需求150本(概率0.1)	需求160本(概率0.4)	需求170本(概率0.3)	需求10本(概率0.2)
订购150本获利 X_1	45	45	45	45
订购160本获利 X_2	42	48	48	48
订购170本获利 X_3	39	45	51	51
订购180本获利 X_4	36	42	48	54

(1)经销商应订购多少本挂历可使期望利润最大?

(2)在期望利润相等的情况下,为使风险最小,经销商应订购多少本挂历?

任务6.5 数学实验:用MATLAB求解概率问题

本任务介绍MATLAB在概率中的若干命令和使用格式.

6.5.1 计算组合数、验证概率的频率定义,计算古典概率

实验1 计算 5^{11}.

解 程序编写如下:

```
N=5^11
```

Ans: N=

48828125

实验2 计算 C_{15}^{8}.

解 程序编写如下:

```
N=nchoosek(15,8)
Ans:N =
        6435
```

实验 3 计算 12!.

解 程序编写如下:

```
N=factorial(12)
Ans:N=
        47900160
```

实验 4 计算$\frac{6!\ C_8^2}{C_{18}^9}$.

解 程序编写如下:

```
p=factorial(6) * nchoosek(8,2)/nchoosek(18,9)
Ans:  p=
        0.4146
```

6.5.2 随机变量的概率计算

实验 5 二项分布:设一次试验,事件 A 发生的概率为 p,那么,在 n 次独立重复试验中,事件 A 恰好发生 K 次的概率 P_K 为:

```
P_K=P{X=K}=pdf('bino',K,n,p)
```

实验 6 设 $X\sim N(3,2^2)$,求 $P\{2<X<5\}$,$P\{-4<X<10\}$,$P\{|X|>2\}$,$P\{X>3\}$.

解 程序编写如下:

```
>>p1=normcdf(5,3,2)-normcdf(2,3,2)
  p1=
        0.5328
>>p2=normcdf(10,3,2)-normcdf(-4,3,2)
  p2=
        0.9995
>>p3=1-normcdf(2,3,2)-normcdf(-2,3,2)
  p3=
        0.6853
>>p4=1-normcdf(3,3,2)
  p4 =
```

```
    0.5000
```

实验 7　在标准正态分布表中,若已知 $\Phi(x)=0.975$,求 x.

解　程序编写如下:

```
>>x=icdf('norm',0.975,0,1)
  x=
    1.9600
```

实验 8　设 $X\sim N(3,2^2)$,确定 c 使得 $P\{X>c\}=P\{X<c\}$.

解　程序编写如下:

```
>>X=norminv(0.5,3,2)
  X=
    3
```

实验 9　公共汽车门的高度是按成年男子与车门顶碰头的机会不超过 1%设计的.设男子身高 X(单位:cm)服从正态分布 $N(175,36)$,求车门的最低高度.

解　设 h 为车门高度,X 为身高,求满足条件 $P\{X>h\}\leqslant 0.01$ 的 h,即 $P\{X<h\}\geqslant 0.99$.

程序编写如下:

```
>>h=norminv(0.99,175,6)
h=
  188.9581
```

6.5.3　随机变量的数字特征

1)期望

(1)计算样本均值

函数　mean

实验 10　随机抽取 6 个滚珠测得直径如下:(直径:mm)

14.70　15.21　14.90　14.91　15.32　15.32

试求样本平均值.

解　程序编写如下:

```
>>X=[14.70  15.21  14.90  14.91  15.32  15.32];
>>mean(X)  %计算样本均值
```

则结果如下:

```
ans =

     15.0600
```

(2)由分布律计算均值

函数 sum

实验 11 设随机变量 X 的分布律为:

表 6.12

X	−2	−1	0	1	2
P	0.3	0.1	0.2	0.1	0.3

求 $E(X)$、$E(X^2-1)$.

解 程序编写如下:

```
X=[-2 -1 0 1 2];
p=[0.3 0.1 0.2 0.1 0.3];
EX=sum(X.*p)
Y=X.^2-1
EY=sum(Y.*p)
```

运行后结果如下:

```
EX =

      0
Y =

      3     0     -1     0     3
EY = 1.6000
```

2)方差

(1)求样本方差

函数 var

格式 D=var(X) %var(X)=$s^2=\frac{1}{n-1}\sum_{i=1}^{n}(x_i-\overline{X})^2$,若 X 为向量,则返回向量的样本方差

D=var(A) %A 为矩阵,则 D 为 A 的列向量的样本方差构成的行向量

D=var(X,1) %返回向量(矩阵)X 的简单方差$\left(\text{即置前因子为}\frac{1}{n}\text{的方差}\right)$

D=var(X,w) %返回向量(矩阵)X 的以 w 为权重的方差

(2)求标准差

函数 std

格式　std(X)　　　　　　%返回向量(矩阵)X的样本标准差$\left(\text{置前因子为}\frac{1}{n-1}\right)$

即:$std=\sqrt{\frac{1}{n-1}\sum_{i=1}^{n}x_i-\overline{X}}$

std(X,1)　　　　　　%返回向量(矩阵)X的标准差$\left(\text{置前因子为}\frac{1}{n}\right)$

std(X,0)　　　　　　%与std(X)相同

std(X,flag,dim)　　　　%返回向量(矩阵)中维数为dim的标准差值,

其中flag=0时,置前因子为$\frac{1}{n-1}$;否则,置前因子为$\frac{1}{n}$

实验12　求下列样本的样本方差和样本标准差,方差和标准差.

14.70　15.21　14.90　15.32　15.32

解　程序编写如下:

```
>>X=[14.7  15.21  14.9  14.91  15.32  15.32];
>>DX=var(X,1)              %方差
DX=
            0.0559
>>sigma=std(X,1)           %标准差
  sigma=
            0.2364
>>DX1=var(X)               %样本方差
  DX1=
            0.0671
>>sigma1=std(X)            %样本标准差
  sigma1=
            0.2590
```

6.5.4 常见分布的期望和方差

(1)均匀分布(连续)的期望和方差

函数 unifstat

格式　[M,V] = unifstat(A,B)　　%A、B为标量时,就是区间上均匀分布的期望和方差,A、B也可为向量或矩阵,则M、V也是向量或矩阵.

实验 13

```
>>a = 1:6;b = 2.*a;
>>[M,V] = unifstat(a,b)
M=
   1.5000    3.0000    4.5000    6.0000    7.5000    9.0000
V=
   0.0833    0.3333    0.7500    1.3333    2.0833    3.0000
```

(2)正态分布的期望和方差

函数　normstat

格式　[M,V] = normstat(MU,SIGMA)　　%MU、SIGMA 可为标量,也可为向量或矩阵,则 M=MU,V=SIGMA^2.

实验 14

```
>>n=1:4;
>>[M,V]=normstat(n'*n,n'*n)
M=1     2     3     4
  2     4     6     8
  3     6     9    12
  4     8    12    16
V=
  1     4     9    16
  4    16    36    64
  9    36    81   144
 16    64   144   256
```

(3)二项分布的均值和方差

函数　binostat

格式　[M,V] = binostat(N,P)　　%N,P 为二项分布的两个参数,可为标量也可为向量或矩阵.

实验 15

```
>>n=logspace(1,5,5)
  n=
    10    100    1000    10000    100000
>>[M,V] = binostat(n,1./n)
  M=
          1     1     1     1     1
  V=
```

```
    0.9000    0.9900    0.9990    0.9999    1.0000
>>[m,v]=binostat(n,1/2)
  m=
    5         50        500       5000      50000
  v=
    1.0e+04 *
    0.0003    0.0025    0.0250    0.2500    2.5000
```

常见分布的期望和方差见表6.13.

表6.13 常见分布的均值和方差

函数名	调用形式	注 释
unifstat	[M,V]=unifstat (a,b)	均匀分布(连续)的期望和方差,M为期望,V为方差
unidstat	[M,V]=unidstat (n)	均匀分布(离散)的期望和方差
expstat	[M,V]=expstat (p,Lambda)	指数分布的期望和方差
normstat	[M,V]=normstat(mu,sigma)	正态分布的期望和方差
Binostat	[M,V]=binostat (n,p)	二项分布的期望和方差
Geostat	[M,V]=geostat (p)	几何分布的期望和方差
hygestat	[M,V]=hygestat (M,K,N)	超几何分布的期望和方差
Poisstat	[M,V]=poisstat (Lambda)	泊松分布的期望和方差

训练习题6.5

1.一批产品共50件,其中次品2件,从中任取3件,问:

(1)无次品的概率是多少?

(2)出现1件正品、2件次品的概率是多少?

2. 一批产品共50件,其中次品2件,从中一件一件地有放回地任取3件,问:

(1)无次品的概率是多少?

(2)出现1件正品、2件次品的概率是多少?

3.某城市电话号码升为6位数,且第一位为6或8,求:

(1)随机抽取的一个电话号码为不重复的6位数的概率;

(2)随机抽取的电话号码中含8的概率.

4. 设有5个人,每个人以同等机会被分配在7个房间中,求恰好有5个房间中各有一个人的概率.

5.箱子中有10个同型号的电子元件,其中有3个次品、7个合格品.每次从中随机抽取一个,检测后放回.共抽取10次,求10次中“恰有3次取到次品”的概率.

6.设 $X\sim N(2.3,4)$,试求 $P\{2<X<4\}$.

7.若 $x\sim N(0,1)$,求:(1)$P(-2.32<x<1.2)$;(2)$P(x>2)$.

8.现有 50 件产品中 2 件次品,从中有放回地抽取产品 10 次.

(1)试求取到正品次数 X 的分布列.

(2)求 $E(X)$,$E(3X-2)$.

(3)求 $D(X)$,$D(3X+5)$.

项目检测 6

1.选择题

(1)如果事件 A、B 对立,$\overline{A}$与 $\overline{B}$ 分别是 A、B 的对立事件,那么下面结论错误的是(　　).

A.$A+B$ 是必然事件　　B.$\overline{A}+\overline{B}$是必然事件

C.$\overline{A}$ 与$\overline{B}$互斥　　D.$\overline{A}$与$\overline{B}$一定不互斥

(2)1 人在打靶中连续射击 2 次,事件“至少有 1 次中靶”的对立事件是(　　).

A.至多有 1 次中靶　　B.2 次都中靶

C.2 次都不中靶　　D.只有 1 次中靶

(3)给出以下结论:

①互斥事件一定对立.

②对立事件一定互斥.

③互斥事件不一定对立.

④事件 A 与 B 的和事件的概率一定大于事件 A 的概率.

⑤事件 A 与 B 互斥,则有 $P(A)=1-P(B)$.

其中正确命题的个数为(　　).

A.0 个　　B.1 个　　C.2 个　　D.3 个

(4)某国际科研合作项目由两个美国人、一个法国人和一个中国人共同开发完成,现从中随机选出两个人作为成果发布人,现选出的两人中有中国人的概率为(　　).

A.$\frac{1}{4}$　　B.$\frac{1}{3}$　　C.$\frac{1}{2}$　　D.1

(5)一个员工需在一周内值班两天,其中恰有一天是星期六的概率为(　　).

A.$\frac{1}{7}$　　B.$\frac{2}{7}$　　C.$\frac{1}{49}$　　D.$\frac{2}{49}$

(6)在 5 张卡片上分别写有数字 1、2、3、4、5,然后将它们混合再任意排成一行,则得到的数能被 2 或 5 整除的概率是(　　).

A.0.2　　B.0.4　　C.0.6　　D.0.8

(7) 从数字 1、2、3、4、5 中任取 2 个数字构成一个两位数，则这个两位数大于 40 的概率是(　).

A.$\frac{1}{5}$　　B.$\frac{2}{5}$　　C.$\frac{3}{5}$　　D.$\frac{4}{5}$

(8) 设事件 A、B 互不相容，$P(A)=0.3$，$P(B)=0.6$，则 $P(\overline{A}\,\overline{B})=$(　　).

A.0.1　　B.0.9　　C.0.3　　D.0.6

(9) 设 X 服从于 $N(2.3,4)$，则 $P\{2<X<4\}=$(　　).

(其中，$\phi(0.85)=0.802\ 3$，$\phi(0.15)=0.559\ 6$)

A.0.559 6　　B.0.802 3　　C.1　　D.0.361 9

(10) 设 X 服从于 $N(2.3,4)$，则 $P\{X>4\}=$(　　).

(其中，$\phi(0.85)=0.802\ 3$)

A.2.3　　B.0.802 3　　C.1　　D.0.197 7

2.填空题

(1) 在 10 件产品中有 8 件一级品，2 件二级品，从中任取 3 件，事件 A =“3 件都是一级品”，则 A 的对立事件是________.

(2) 将一个各个面上均涂有红漆的正方体锯成 27 个大小相同的小正方体，从这些正方体中任取一个，其中恰有 2 面涂有红漆的概率是________.

(3) 同时抛掷两个骰子，向上的点数之积为偶数的概率为________.

(4) 在很多游戏中，都要掷骰子比掷出点子的大小，点子大的优先.某次下棋由掷点子大小决定先行，谁的点子大谁先行棋，若甲先掷然后乙掷，那么甲先行的概率为________.

(5) 设 $P(A)=0.3$，$P(A+B)=0.8$，若 $P(AB)=0$，则 $P(B)=$ ________；

若 A 与 B 相互独立，则 $P(B)=$ ________.

(6) 已知 $A\subset B$；$P(A)=0.4$，$P(B)=0.7$，则

$P(\overline{B})=$ ________；$P(AB)=$ ________；$P(\overline{A}B)=$ ________；$P(A|B)=$ ________.

(7) 已知随机变量的分布率见下表，则 C 的值为________.

X	−1	0	1	2
P	$5/8C$	$2/16C$	$1/2C$	$3/4C$

(8) 某一射手射击所得的环数 X 的分布列见下表，则此射手“射击一次命中环数超过 7 环”的概率为________.

X	4	5	6	7	8	9	10
P	0.02	0.04	0.06	0.09	0.28	0.29	0.22

3.解答题

(1)袋中有 12 个小球,分别为红球、黑球、黄球、绿球.从中任取一球,得到红球的概率是 $\frac{1}{3}$,得到黑球或黄球的概率是 $\frac{5}{12}$,得到黄球或绿球的概率也是 $\frac{5}{12}$,试求得到黑球、黄球、绿球的概率.

(2)盒中有 6 只灯泡,其中有 2 只次品,4 只正品,有放回地从中任取两次,每次取一只,试求下列事件的概率:

①取到的 2 只都是次品;

②取到的 2 只中正品、次品各一只;

③取到的 2 只中至少有一只正品.

(3)袋中有 5 个白球,3 个黑球,从中任意摸出 4 个,求下列事件发生的概率:

①摸出 2 个或 3 个白球;②至少摸出 1 个白球;③至少摸出 1 个黑球.

(4)甲、乙两人各进行 1 次射击,如果两人击中目标的概率都是 0.6,求:

①两人都击中目标的概率;

②其中恰有 1 人击中目标的概率;

③至少有 1 人击中目标的概率.

(5)现有 5 件产品中 2 件次品,从中有放回地抽取产品 2 次.

①试求取到正品次数 X 的分布列.

②求 $E(X)$,$E(3X-2)$.

③求 $D(X)$,$D(3X+5)$.

项目7
图　论

【知识目标】

1.理解无向图、有向图、多重图和简单图及完全图的概念，掌握握手定理及其运用.

2.掌握无向图和有向图的相邻矩阵、邻接矩阵及关联矩阵的表示法，了解无向图和有向图的简单通路、初级通路(路径)、简单回路及初级回路圈的概念.

3.理解树及其性质，掌握根树及二叉树的遍历法；掌握权图中最短路径的求法.

【技能目标】

1.会通过图形直观判断图的类型，会利用握手定理判断某一个由自然数组成的序列是否为图的度数序列.

2.会判断两图是否同构，会作简单的非同构的图.

3.会通过图形直观了解树的性质，会画支撑树，会求最小支撑树，会求简单的最短路径问题.

任务 7.1　认知图

什么是图？客观世界里若干事物或社会上若干现象，事物与事物之间，现象与现象之间，或事物与现象之间有某种联系.要研究这些联系，从中找出规律，这就是图论的研究内容.那么，什么是图呢？用点表示事物或现象，用一条线把它们联系起来，这样就形成了一个图.

图论起源于 18 世纪.1736 年，瑞士数学家 L.Euler 出版第一本图论著作，提出和解决了著名的哥尼斯堡七桥问题.1736 年，欧拉用图论方法解决了此问题，写了第一篇图论的论文，从而成为图论的创始人.

【引例】[七桥问题]　哥尼斯堡(Konigsberg，现加里宁格勒)位于普雷格尔(Pregel)河畔，河中有两岛.城市的各部分由 7 座桥接通，如图 7.1 所示.古时城中居民热衷于一个问题：游人从任一地点出发，怎样才能做到穿过每座桥一次且仅一次后又返回原出发地.

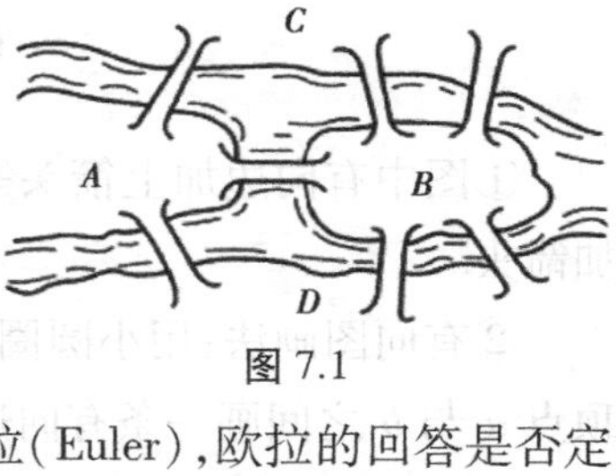

图 7.1

很多人不断探索，但都未能成功，便去请教当时的大数家欧拉(Euler)，欧拉的回答是否定的，认为那样的要求是办不到的.为什么？这个问题可转化为一个图论问题.首先将 4 块陆地表示成 4 个点，各块地之间有桥，便将那两点之间连一条线.这样画了一个有 4 点 7 线的图形，如图 7.2 所示.于是问题变成：从图中任一点出发，通过每条边一次而返回原点的回路是否存在？在此基础上，欧拉找到了存在这样一条回路的充要条件，由此推得哥尼斯堡七桥问题无解.

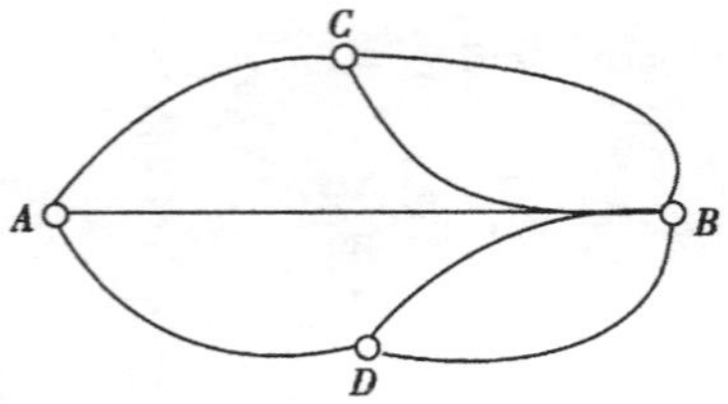

图 7.2

从这个例子可以看出，用图形来描述，问题就显得简单多了，只需关心图形中有哪些点以及点与点之间是否有线，而与连线的长度及终点的位置是无关紧要的.

从欧拉时代开始，图论不仅在许多领域，如计算机科学、运筹学、心理学等方面得到了广泛的应用，而且学科本身也获得了发展，形成了超图理论、代数图论、拓扑图论等新分支.

7.1.1 基本图类与相关概念

1）无向图及有向图概念

定义 1 图 G 是由非空结点集合 $V=\{v_1,v_2,v_3,\cdots,v_n\}$ 以及边集合 $E=\{e_1,e_2,e_3,\cdots,e_n\}$ 两部分所组成，其中每条边可用一个结点对表示，记作 $G=\langle V,E\rangle$.

①定义中的结点对可以是有序的，也可以是无序的；若边 e 所对应的结点对 $e_{i=}\langle v_{i1},v_{i2}\rangle$ 是有序的，则称 e_i 是有向边.若边 e 所对应的结点 $e_{i=}(v_{i1},v_{i2})$，$i=1,2,\cdots,n$ 是无序的，则称 e_i 是无向边.

②有向边简称弧，v_{i1} 称为弧 e_i 的始点，v_{i2} 称为弧 e_i 的终点，统称为 e_i 的端点.无向边简称棱.

定义 2 每一条边都是无向边的图称为无向图.无向图用 G 表示，但有时用 G 泛指图，如图 7.3 所示.每一条边都是有向边的图称为有向图.有向图只能用 D 表示，如图 7.4 所示.

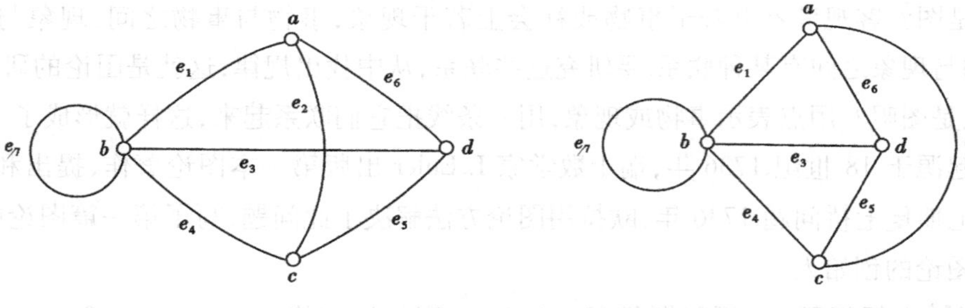

图 7.3

①图中有向边加上箭头来表示边的方向，而无向边则不需加箭头.

②有向图画法：用小圆圈表示 V 中顶点，若 $\langle a,b\rangle\in E$，则在顶点 a 与 b 之间画一条有向边，其箭头从 a 指向 b.

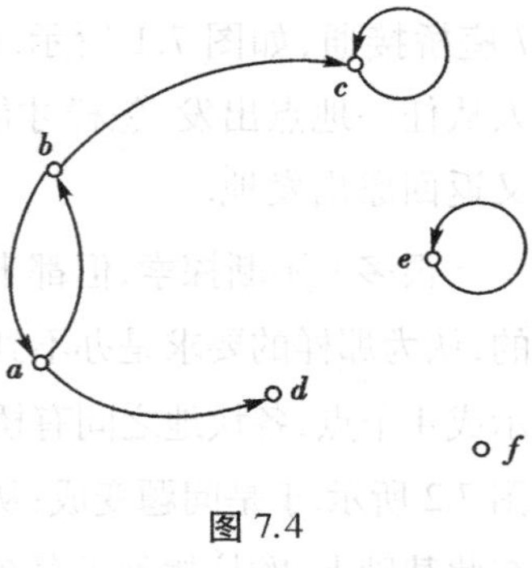

图 7.4

例 1 设 $G=\langle V,E\rangle$，其中 $V(G)=\{a,b,c,d\}$，$E(G)=\{e_1,e_2,e_3,e_4,e_5,e_6,e_7\}$，$e_{1=}(a,b)$，$e_2=(a,c)$，$e_3=(b,d)$，$e_4=(b,c)$，$e_5=(d,c)$，$e_6=(a,d)$，$e_7=(b,b)$.

则图 G 可用图 7.3(a)或(b)表示一个无向图.

注意 图的顶点可用平面上的一个圆点来表示,边可用平面上的线段来表示(直的或曲的).这样画出的平面图形称为图的图示.有时为了叙述方便,可不区分图与其图形两个概念.具有 n 个结点,m 个边所组成的图称为(n,m) 图.

例 2 $D=<V,E>$, $V=\{v_1,v_2,v_3,v_4\}$, $E=\{<v_1,v_2>,<v_1,v_3>,<v_2,v_2>,<v_3,v_4>,<v_4,v_2>,<v_4,v_2>\}$是一个有向图,如图 7.5 所示.

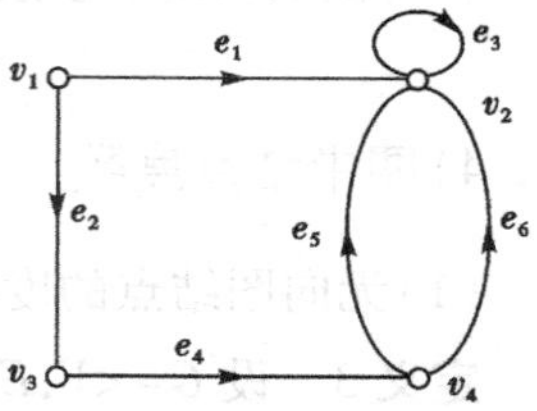

图 7.5

2)图的常用术语

①孤立点:与任何边都不关联的顶点.

②顶点与边的关联:

若 $e_k=(v_i,v_j)\in E$(或 $e_k=<v_i,v_j>\in E$),称 e_k 与 v_i 及 v_j 关联.

③环:如果 $e_k=(v_i,v_j)$(或 $e_k=<v_i,v_j>$),且 $v_i=v_j$,则称 e_k 为环.

④顶点与顶点的相邻或邻接:若 e_k 为无向边,即 $e_k=(v_i,v_j)\in E$,称 v_i 与 v_j 相邻;若 e_k 为有向边,即 $e_k=<v_i,v_j>\in E$,称 v_i 邻接到 v_j,v_j 邻接于 v_i.还称 v_i 是 e_k 的始点,v_j 是 e_k 的终点.

⑤边与边的相邻:若 e_k 和 e_l 至少有一个公共端点,则称 e_k 与 e_l 相邻.

⑥平行边:若在无向图中,关联一对顶点的无向边多于 1 条,称这些边为平行边.平行边的条数称为重数.

若有向图中关联一对顶点的有向边多于 1 条,并且有向边的始点和终点相同,称这些边为平行边.如图 7.5 中,e_5 与 e_6 为平行边.

3)特殊图类

①有限图:V,E 均为有限集.

②n 阶图:$|V|=n$.其中,$|V|$指的是结点集合 V 的结点的个数.

③零图:$E=\varnothing$.即图中没有边,只有孤立点.

④平凡图:$E=\varnothing$且 $|V|=1$.即只有一个孤立点构成的图.

⑤多重图:含平行边的图.

⑥简单图:既不含平行边也不含环的图.

⑦完全图.

a.无向完全图:在含 n 个点无向图中,各点之间都有边相连的无向图叫做有 n 个点的完全图,用 K_n 表示,如图 7.6 表示的图为 K_5.

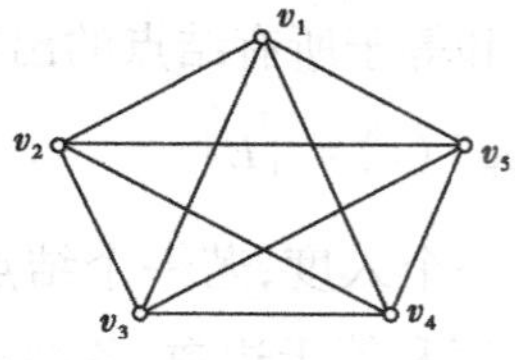

图 7.6

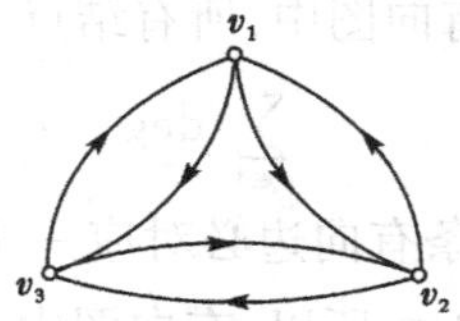

图 7.7

b.有向完全图：有向图中，各点之间都有两条相向的边连接的图，称为有向完全图.如图7.7所示的图为3个结点的有向完全图.

容易证明，无向完全图 K_n 具有 $\frac{n(n-1)}{2}$ 条边.

4）图中结点度数

（1）无向图结点的度数

定义3 设 $G=<V,E>$ 为无向图，与顶点 v 关联的边的条数称为 v 的度，记作 $\deg(v)$.

约定：每个环算两条边，则环的度数为2.

最大度：$\Delta(G)\max\{d(v)\mid v\in V\}$.最小度：$\delta(G)\min\{d(v)\mid v\in V\}$.

如图7.2中 $\Delta(G)=5$；$\delta(G)=3$.

由定义3可知：零图中各点度数为0，完全图 K_n 各点的度数为 $n-1$.

定理1（握手定理） 设图 G 是具有 n 个结点、m 条边的无向图，其中结点集合为 $V=\{v_1,v_2,\cdots,v_n\}$，则

$$\sum_{i=1}^{n}\deg(v_i)=2m$$

即顶点度数之和等于边数之和的两倍.

定理1是显然的，因为在计算各点的度数时，每条边都计算两次，于是图 G 中全部顶点的度数之和就是边数的2倍.

定理2 在任何无向图中，度数为奇数的结点必定是偶数个.

证明 设 V_1 和 V_2 分别是 G 中奇数度数和偶数度数的结点集，则由握手定理可知：

$$\sum_{i=1}^{n}\deg(v_i)=\sum_{v\in V_1}\deg(v)+\sum_{v\in V_2}\deg(v)=2|E|$$

$\sum\limits_{i\in V_2}(v)$ 因为次数为偶数的各结点次数之和为偶数，则 $\sum\limits_{i\in V_2}(v)$ 是偶数，所以前一项度数为偶数；若 V_2 为奇数，两项之和将为奇数，这与上式矛盾.故 V_2 必为偶数，证毕.

（2）有向图结点的度数

设 $D=<V,E>$ 为有向图，以顶点 v 为起始结点的弧的条数称为结点 v 的出度，记作 $\deg^+(v)$.以顶点 v 为终止结点的弧的条数称为 v 的入度，记作 $\deg^-(v)$.入度和出度之和称为顶点 v 的度，记作 $\deg(v)$.显然有

$$\deg(v)=\deg^+(v)+\deg^-(v)$$

定理3 在任何有向图中，所有结点的入度之和等于所有结点的出度之和，即

$$\sum_{v\in V}\deg^+(v)=\sum_{v\in V}\deg^-(v)=|E|$$

证明 因为每一条有向边必对应一个出度和一个入度，若一个结点具有一个入度和出度，则必关联一条有向边.所以，有向图中各结点入度和等于边数，各结点出度之和也等于边数，因此，任何有向图中，入度之和等于出度之和.

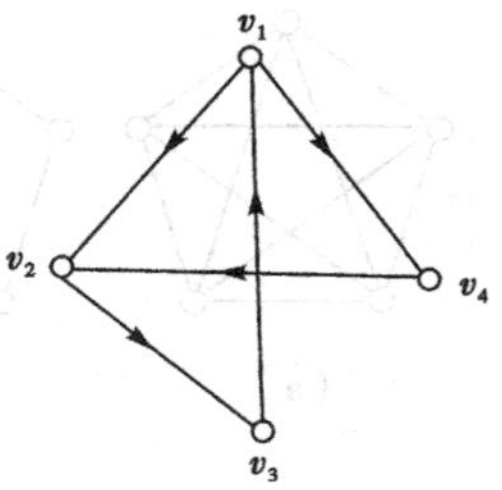

图 7.8

例 3 如图 7.8 所示,结点 v_1 的出度 $\deg^+(v_1)=2$,$\deg^-(v_1)=1$,因此 v_1 的度为 $\deg(v_1)=3$.

(3)度数序列

设 $V\{v_1,v_2,\cdots,v_n\}$ 为图 G 的顶点集,称 $\{d(v_1),d(v_2),\cdots,d(v_n)\}$ 为 G 的度数序列.

例 4 下列哪些能成为图的度数序列?

①$\{2,2,2,2,3,3\}$;② $\{0,1,2,3,3\}$;③$\{1,3,4,4,5\}$.

解 ①,②,③中度为奇数的顶点个数分别是 2,3,3,由握手定理,①能构成图的度数序列,而②和③不能.

7.1.2 认知子图

1)子图定义

定义 4 如果 $V(H)\subseteq V(G)$ 且 $E(H)\subseteq E(G)$,则称 H 是 G 的子图,记作 $H\subseteq G$.

2)支撑子图

定义 5 若 H 是 G 的子图且 $V(H)=V(G)$,则称 H 是 G 的支撑子图(或生成子图).

3)诱导子图

设图 $H=\langle V',E'\rangle$ 是图 $G=\langle V,E\rangle$ 的子图.若对任意结点 $u\in V'$,$v\in V'$,如果$(u,v)\in E$,有$(u,v)\in E'$,则 H 由 V'唯一地确定,并称 H 是结点集合 V'的点诱导子图,记作 $G(V')$;如果 H 无孤立结点,且由 E'所唯一确定,则称 H 是边集 E'的边诱导子图,记为 $G(E')$.

例 5 图 7.9 中,图(b)与(c)均为(a)的子图,(c)为(a)的支撑子图,(b)为(a)的点诱导子图也是(a)的边诱导子图.

例 6 图 7.10 中,(a)—(f)都是(a)的子图,其中(a)—(d)为(a)的支撑子图,(e)为(a)的点诱导子图,(f)为(a)的边诱导子图.

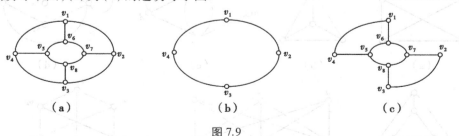

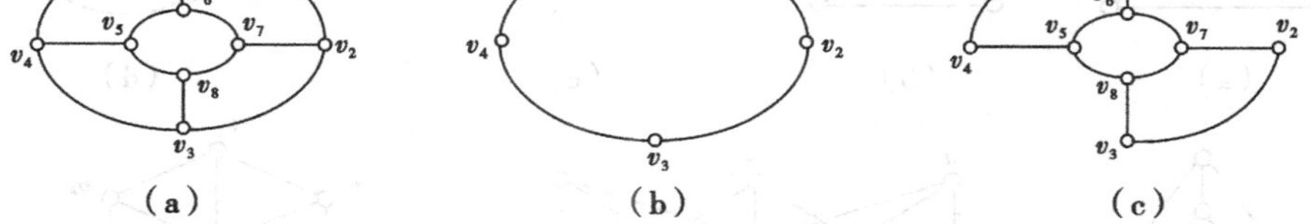

图 7.9

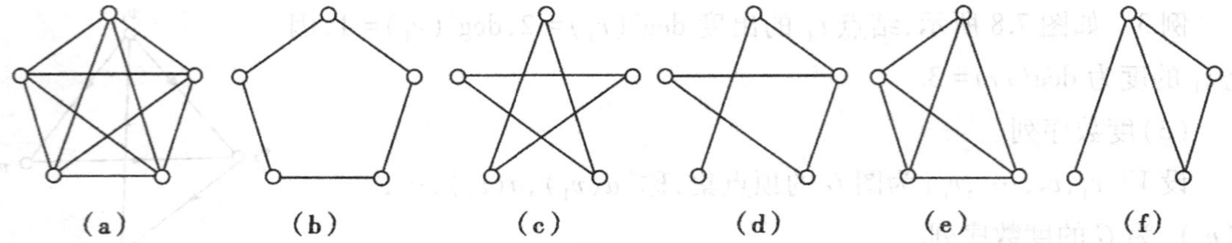

图 7.10

7.1.3 图的同构

用图形表示图的时候，可能会有这样的情形：两个看似很不一样的图形实际上表示的是同一个图. 或者说，两个图形仅仅是点的名字和位置不同，而作图来讲，它们的结构是一样的. 我们把这样的两个图形表示的两个图称为同构.

1）图的同构概念

定义 6 设 $G=<V,E>$，$G'=<V',E'>$是两个图，若存在双射函数 $f:V\to V'$，使得对于任意的$(u,v)\in E$（或$<u,v>\in E'$），当且仅当$(f(u),f(v))$（或$<f(u),f(v)>\in E'$），则称 G 与 G'同构，记作 $G\cong G'$.

2）两个图同构的必要条件

必要条件：结点数目相同，边数相同，度数相同的结点数目相等.

上述定义说明，两个图的各结点之间，如果存在一一对应关系，而且这种对应关系保持了结点间的邻接关系（在有向图时还保持边的方向）和边的重数，则这两个图是同构的. 以上三个条件只是两个图同构必要条件而不是充分条件，利用它们不能判定图的同构性，它们仅是判定两个图不同构的有效方法.

例 7 判断图 7.11 中哪些图是同构的.

解 图 7.11 中(a)≅(b)，(c)≅(d)，(f)≅(g).

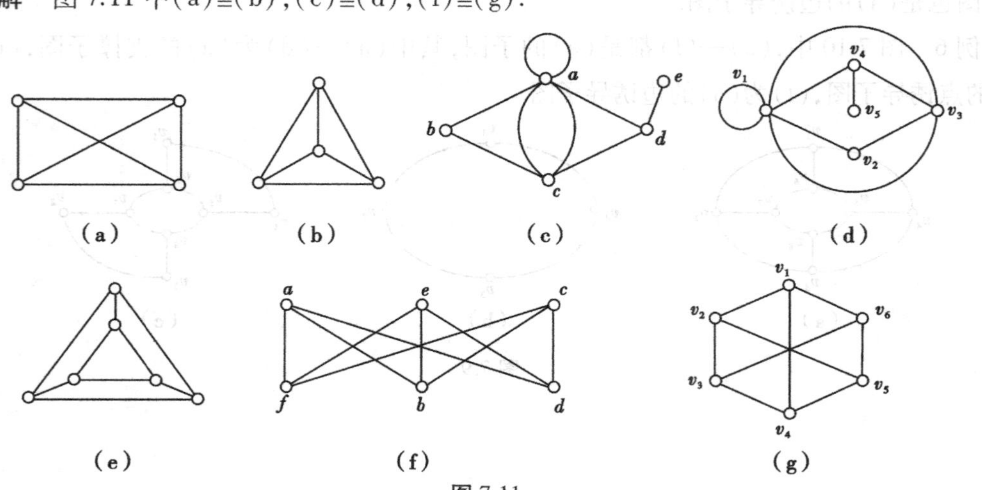

图 7.11

其中,(c)≅(d),顶点 $a\leftrightarrow v_1,b\leftrightarrow v_2,c\leftrightarrow v_3,d\leftrightarrow v_4,e\leftrightarrow v_5$

(f)≅(g),顶点 $a\leftrightarrow v_1,b\leftrightarrow v_2,c\leftrightarrow v_3,d\leftrightarrow v_4,e\leftrightarrow v_5,f\leftrightarrow v_6$.

但(e)与(f)不同构,因为在(f)中存在 3 个彼此不相邻的顶点,而(e)中找不到.

注意 两个同构的图,除图中各点的名字或符号彼此不同外,本质上是一样的,可以把它们用完全相同的图形表示出来,因此,本书主要研究不同构的图.

训练习题 7.1

1.下列无向图的示意图可以表示成 $G=<V,E>$,把 V,E 用集合表示出来.

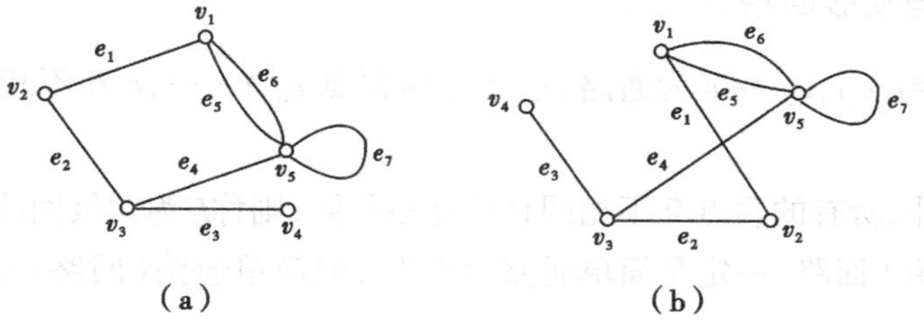

图 7.12

2.已知无向图 $G=<V,E>$,其中 $V=\{v_1,v_2,v_3,v_4,v_5\}$,$E=\{(v_1,v_1),(v_1,v_2),(v_2,v_3),(v_2,v_3),(v_2,v_5),(v_1,v_5),(v_1,v_5),(v_4,v_5)\}$.作出图 G 的图示.

3.已知 $D=<V,E>$,$V=\{a,b,c,d,e\}$,$E=\{<a,a>,<a,b>,<a,b>,<a,d>,<d,c>,<c,d>,<c,b>\}$.作出图 D 的图示.

4.已知图 G 有 10 条边,4 个 3 度的顶点,其余顶点的度数均小于等于 2,问 G 至少有多少个顶点?

5.写出图 7.12 的结点的度数序列.

6.(1)画出 4 个顶点 3 条边的所有非同构的无向简单图;

(2)画出 3 个顶点 2 条边的所有非同构的有向简单图.

7.任作出一个图 7.12(a)的点诱导子图.

任务 7.2　通路与回路

7.2.1　通路与回路概念

1)通路与回路

定义 1 给定图 $G=<V,E>$,设 e_i 是关联结点 v_{i-l} 和 v_i 的边(G 为有向图时,要求 v_{i-l} 和 v_i 分别是 e_i 的始点和终点),$i=1,2,\cdots,l$,G 中顶点与边的交替序列 $\Gamma=v_0e_1v_1e_2\cdots e_lv_l$ 称为连接顶点 v_0 和 v_l 的一条通路.Γ 中边的数目 l 称为 Γ 的长度.

当 $v_0=v_l$ 时，称 Γ 为回路.

直观地说，通路就是通过相连的若干边从一点到另一点的路线，通路上的点、边均可以重复出现.

2）简单通路与简单回路

定义 2 若 $\Gamma=v_0e_1v_1e_2\cdots e_lv_l$ 为通路，且所有的边 $e_1,e_2,\cdots,e_l$ 互不相同，则称 Γ 为简单通路（或迹）. 特别地，若 Γ 是所有边互不相同的回路，则称为简单回路（或闭迹）.

3）初级通路与初级回路

定义 3 若 $\Gamma=v_0e_1v_1e_2\cdots e_lv_l$ 为通路，且所有的顶点 $v_0,v_1,\cdots,v_l$ 互不相同，则称 Γ 为初级通路（或路径）.

若 Γ 除 $v_0=v_l$ 外，所有的顶点互不相同且边互不相同，则称 Γ 为初级回路（或圈）.

显然，初级通路（回路）一定是简单通路（回路），但简单通路（回路）不一定是初级通路（回路）.

例 1 指出图 7.13 中各通路、回路的类型.

解 由定义可知，图 7.13 中，图（a）（b）（c）（d）是无向图，其中（a）是 v_0 到 v_4 的长为 4 的初级通路（路径）；（b）是 v_0 到 v_8 的长为 8 的简单通路；（c）是 v_0 到 $v_5(=v_0)$ 的长为 5 的初级回路；（d）是 v_0 到 $v_8(=v_0)$ 的长为 8 的简单回路.（e）（f）（g）（h）是有向图，分别是初级通路（路径）、简单通路、初级回路、简单回路.

规定 在无向图中，环和两条平行边构成的回路分别是长度为 1 和 2 的初级回路（圈）；在有向图中，环和两条相反边构成的回路分别是长度为 1 和 2 的初级回路（圈）.

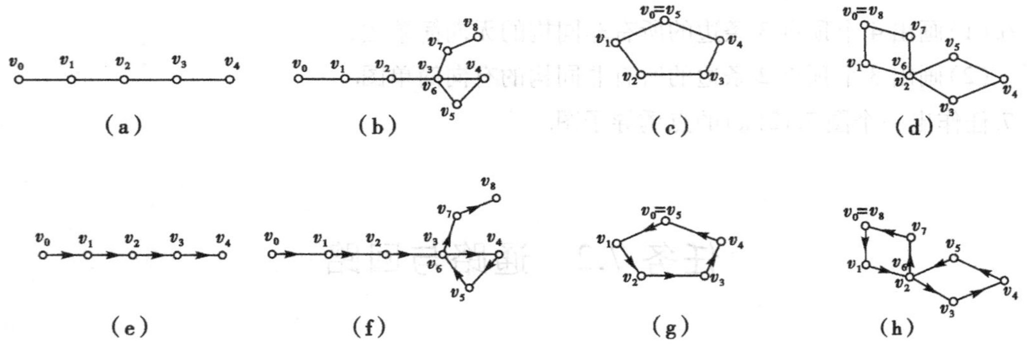

图 7.13

7.2.2 连通图

1）无向图中两顶点的连通

定义 4 在一个无向图 G 中，若从顶点 u 到 v 存在通路，则称 u 与 v 连通.

规定：u 到自身总是连通的.

2）有向图中两顶点的可达

定义 5　在一个有向图 D 中，若存在从顶点 u 到 v 有向通路，则称 u 可达 v.

规定　u 到自身总是可达的.

有向通路是有方向性的，所以在有向图中，若 u 可达 v，但反之不成立.

3）无向图的连通性

定义 6　在无向图中，若从顶点 v_1 到顶点 v_2 有路径，则称顶点 v_1 与 v_2 是连通的. 如果图中任意一对顶点都是连通的，则称此图是连通图，否则称 G 是非连通图.

4）有向图的连通性

定义 7　一个有向图 $D=\langle V,E\rangle$，将有向图的所有的有向边替换为无向边，所得到的图称为原图的基图. 如果一个有向图的基图是连通图，则有向图 D 是弱连通的，否则称 D 为非连通的. 若 D 中任意两点 u,v 都有从 u 可达 v，或从 v 可达 u，则称 D 是单向连通的；若 D 中每一点 u 均可达其他任一点 v，则称 D 是强连通的.

例 2　图 7.14 有 3 个结点数为 4 的有向图，请指出每组图中图的连通性.

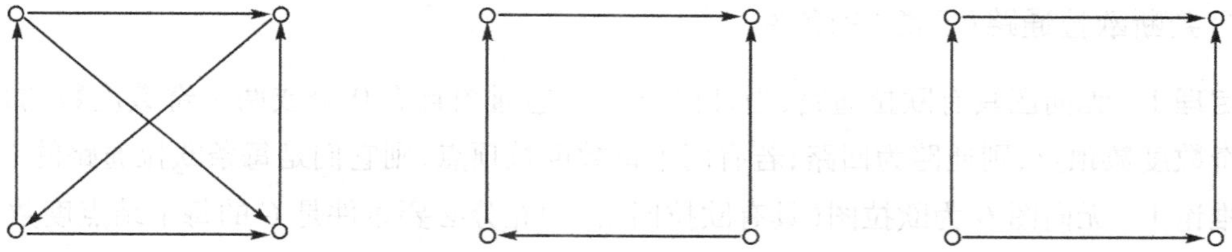

（a）　（b）　（c）

图 7.14

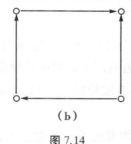

解　由有向图连通定义 7 可知，（a）是强连通的，（b）是单向连通的，（c）是弱连通的.

例 3　用连通图说明连通性在计算机中的应用.

在多道程序的计算机系统中，在同一时间内，几个程序要穿插执行，各程序对资源（指 CPU、内存、外存、输入输出设备、编译程序等）的请求可能出现冲突. 例如程序 P_1 控制着资源 r_1 而又请求资源 r_2；程序 P_2 控制着资源 r_2 而又请求 r_1. 在这种情况下，P_1 和 P_2 将长期得不到执行，这被称为计算机系统处于“死锁”状态. 可用有向图来模拟对资源的请求，从而便于检出和纠正“死锁”状态.

设 $A_t=\{P_1,P_2,P_3,P_4\}$ 是 t 时刻运行的程序集合，$R_t=\{r_1,r_2,r_3,r_4\}$ 是 t 时刻所需的资源集合.

P_1 据有资源 r_4 且请求 r_1；

P_2 据有资源 r_1 且请求 r_2 和 r_3；

P_3 据有资源 r_2 且请求资源 r_3；

P_4 据有资源 r_3 且请求资源 r_1 和 r_4.

于是可画出如图 7.15 所示的资源分配图.

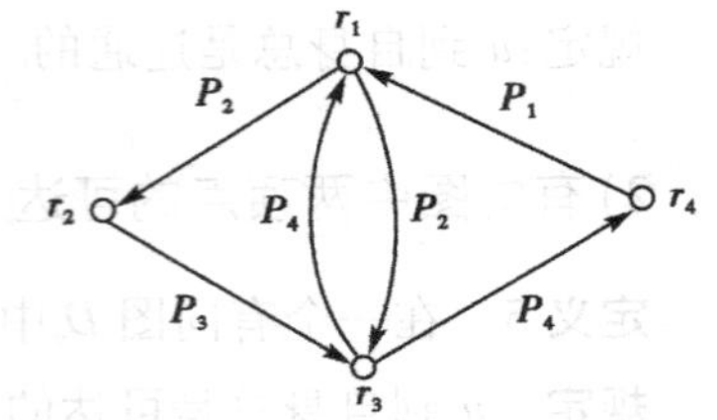

图 7.15

7.2.3 认知欧拉图

【引例 1】 在任务 7.1 中提到哥尼斯堡七桥问题：如何不重复地走完七桥后回到起点的一笔画问题？如何将此图一笔画出？欧拉这种处理问题的方法标志着图论的诞生，所以下面首先介绍欧拉图及一笔画基本定理和方法.

1）欧拉通路与欧拉回路、欧拉图概念

定义 8 经过图 G 的每条边一次且仅一次，而且走遍每个结点的通路，称为欧拉通路.经过图 G 的每条边一次且仅一次的回路，称为欧拉回路，具有欧拉回路的图称为欧拉图.

注：①欧拉回路要求边不能重复，结点可以重复.笔不离开纸，不重复地走完所有的边且走过所有结点，就是所谓的一笔画.

②凡是一笔画中出现的交点处，线一出一进总应该通过偶数条（偶度点），只有作为起点和终点的两点才有可能通过奇数条（奇度点）.

2）判断欧拉通路（回路）的条件

定理 1 无向图具有欧拉通路，当且仅当 G 是连通图且有 0 个或两个奇数度数的顶点.若无奇数度数顶点，则通路为回路；若有两个奇数度数顶点，则它们是每条欧拉通路的端点.

推论 1 无向图 G 为欧拉图（具有欧拉回路）的充分必要条件是 G 的每个结点度数均为偶数.

定理 1 给出了判定欧拉的一个非常简单有效的方法，利用这个方法可以看出哥尼斯堡七桥问题是无解的.因为哥尼斯堡七桥所对应的图，其每个结的度数均为奇数，所以无解.

定理 2 一个有向图 D 具有欧拉通路，当且仅当 D 是连通的，且除了两个顶点外，其余顶点的入度均等于出度.这两个特殊的顶点中，一个顶点的入度比出度大 1，另一个顶点的入度比出度小 1.

例 4 判定图 7.16 中两个无向图形是否可以一笔画出.

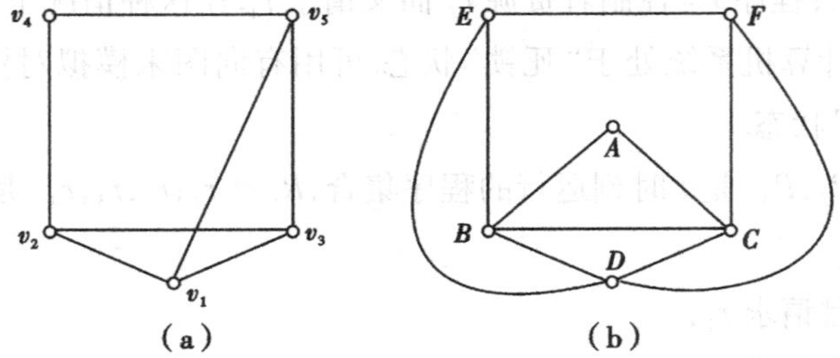

图 7.16

解 在图 7.16(a)中,$\deg(v_1)=\deg(v_2)=\deg(v_3)=3$,有两个以上的结点的度为 3,故图(a)中不存欧拉通路,不能一笔画出.

在图 7.16(b)中,$\deg(A)=2$,$\deg(B)=\deg(C)=\deg(D)=4$,$\deg(E)=\deg(F)=3$.只有两个奇数度数的结点,由定理 1 知所以存在欧拉通路:

$$E\to D\to B\to E\to F\to C\to A\to B\to C\to D\to F$$

例 5 判定图 7.17 的两个图是否有欧拉回路,若有,请把欧拉回路写出来.

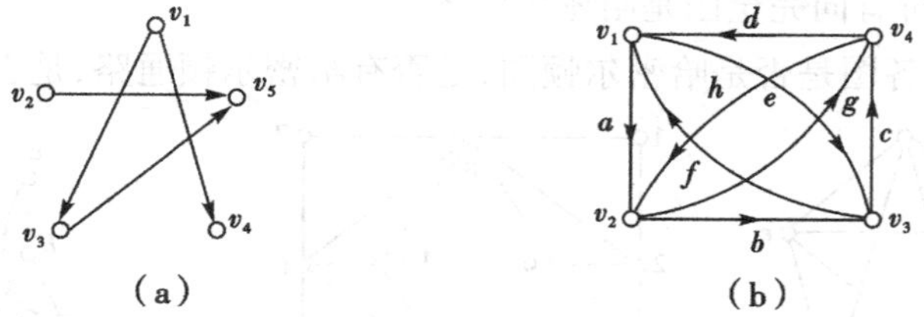

图 7.17

解 在图 7.17(a)中,v_1 点的出度为 2,入度为 0;v_5 的出度为 0,入度为 2,且这两点出度与入度之差不等于±1,所以,图(a)不存在欧拉通路,图(a)不是欧拉图.

在图 7.17(b)中,各个结点的出度、入度都等于 2,所以存在欧拉回路,图(b)是欧拉图.一个欧拉回路为

$$v_1\to a\to v_2\to b\to v_3\to f\to v_1\to e\to v_3\to c\to v_4\to h\to v_2\to g\to v_4\to d\to v_1$$

7.2.4 认知哈密尔顿图

【引例 2】[绕行世界] 1859 年,英国数学家哈密尔顿发明了一种游戏:用一个规则的实心十二面体,在它的 20 个顶点上标出世界著名的 20 个城市,要求游戏者找一条沿着各边通过每个顶点刚好一次的闭回路,即“绕行世界”.用图论的语言来说,游戏的目的是在十二面体的图中找出一个生成圈.这个问题后来就称为哈密尔顿问题.

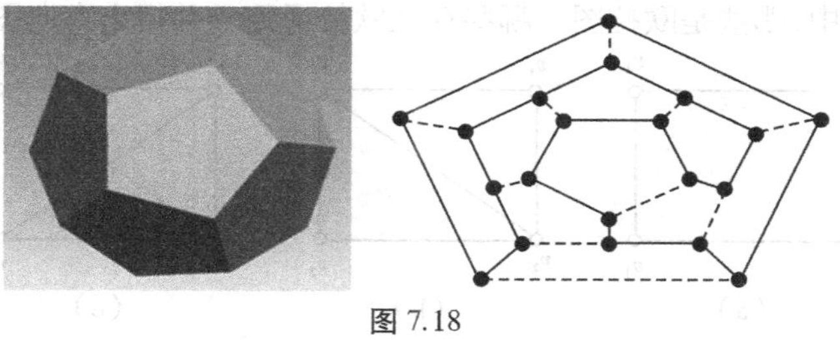

图 7.18

定义 9 经过图中每个顶点一次且仅一次的通路(回路),称为哈密尔顿通路(哈密尔顿回路).存在哈密尔顿回路的图叫哈密尔顿图.

注意 欧拉图与哈密尔顿图研究目的不同,前者要遍历图的所有边,后者要遍历图的所有点.

虽然都是遍历问题,两者的困难程度却大不相同.欧拉图问题,欧拉已经解决了,而哈密尔顿问题却是一个至今仍未解决的难题,在大多数情况下,人们还是采用尝试求解方法来解决.

定理 3(哈密尔顿图的判定定理 1) 设 G 是 $n(n\geqslant 3)$ 阶无向简单图.

①若 G 中任何一对不相邻的顶点的度数之和都大于等于 $n-1$,则 G 中存在**哈密尔顿通路**;

②若 G 中任何一对不相邻的顶点的度数之和都大于等于 n,则 G 是**哈密尔顿图**.

定理 4(哈密尔顿图的判定定理 2) 在 $n(n\geqslant 2)$ 阶有向图 $D=\langle V,E\rangle$ 中,如果所有有向边均用无向边代替,所得无向图中含生成子图 K_n,则有向图 D 中存在哈密尔顿通路.

推论 $n(n\geqslant 3)$ 阶有向完全图是哈密尔顿图.

例 6 图 7.19 中各图是否是哈密尔顿图,是否有哈密尔顿通路,是否有哈密尔顿回路?

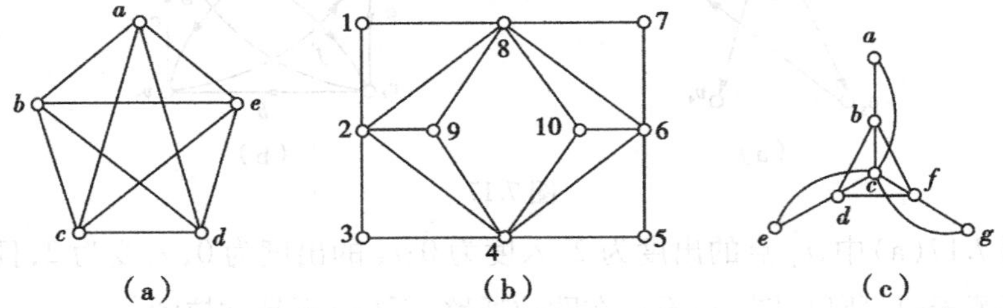

图 7.19

解 (a)图有哈密尔顿通路;也有哈密尔顿回路;如 $a\to b\to c\to d\to e$ 为哈密尔顿通路;$a\to c\to e\to b\to d\to a$ 为哈密尔顿回路,此图为哈密尔顿图.

(b)图若有哈密尔顿回路,则此回路必通过 1,3,5,7 点关联的边,而这些边已构成回路,9,10 点不在回路中,所以此图没有哈密尔顿回路.故此图不是哈密尔顿图.

(c)有哈密尔顿通路,没哈密尔顿回路,这是因为若此图有哈密尔顿回路,则此回路必须通过边$(a,c)(a,b)$;(f,g),(c,g);(d,e),(c,e),于是回路中通 c 点有 3 条边,这是不可能的,所以图(c)无哈密尔顿回路.

训练习题 7.2

1.判断图 7.20 中,哪些是欧拉图?哪些存在欧拉通路?并指出有向图中的连通性.

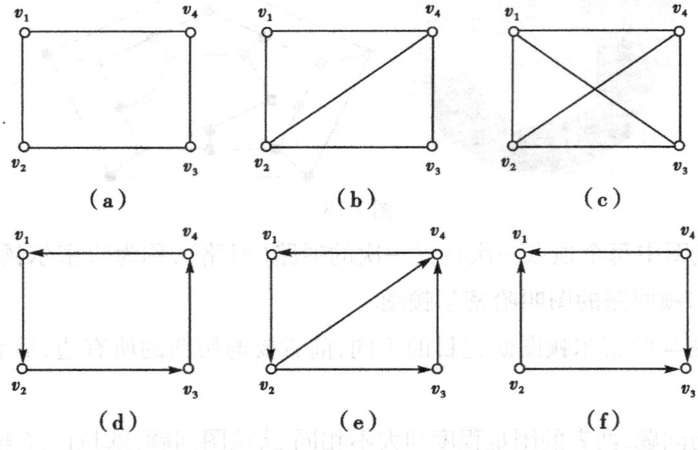

图 7.20

2.判断图 7.21 中各图形能否一笔画成.

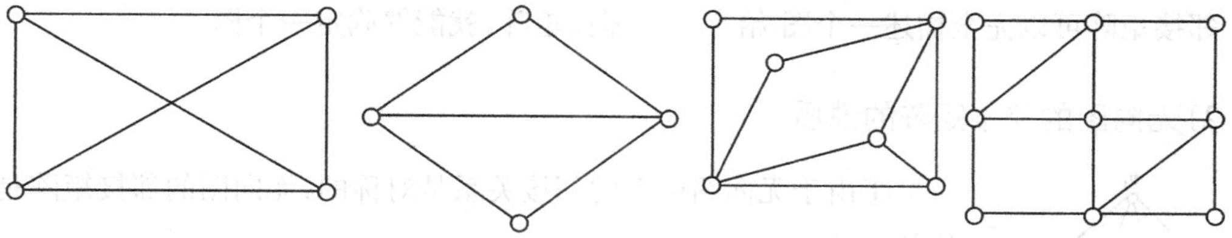

(a)　(b)　(c)　(d)

图 7.21

3.判断图 7.22 中各图形是否具有欧拉通路与回路、哈密尔顿通路与回路.

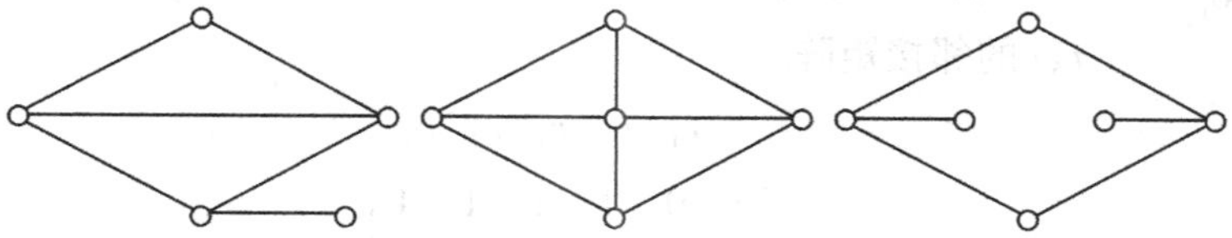

(a)　(b)　(c)

图 7.22

4.画出具有下列条件的有 5 个结点的无向图.

(1)不是哈密尔顿图,也不是欧拉图;

(2)有哈密尔顿回路,没有欧拉回路;

(3)没有哈密尔顿回路,有欧拉回路;

(4)是哈密尔顿图,也是欧拉图.

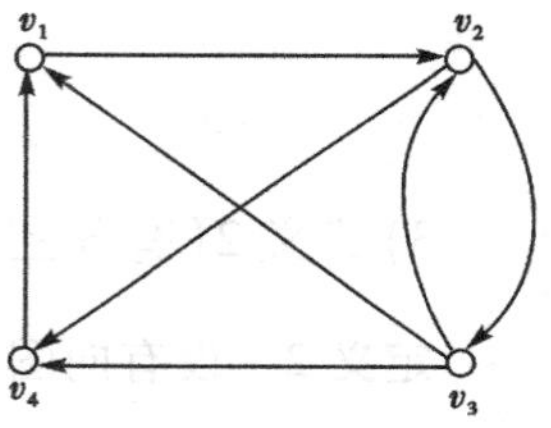

图 7.23

任务 7.3　用矩阵表示图

一个图可以用数学定义来描述,也可以用图形来表示.现在介绍一种代数表示图的方法,图的矩阵表示法.矩阵是研究图的最有效工具之一,特别适合计算机存储和处理图,并可以利用矩阵代数的运算求出图的路径、回路和其他性质.

7.3.1　求图的邻接矩阵

1)定义 1(无向图的邻接矩阵)

定义 1　设无向图 $G=<V,E>$的结点集 $V=\{v_1,v_2,\cdots,v_n\}$.n 阶方阵

$$A(G)=\begin{array}{c} \\ v_1 \\ v_2 \\ \vdots \\ v_n \end{array}\begin{array}{c} \begin{array}{cccc} v_1 & v_2 & \cdots & v_n \end{array} \\ \begin{pmatrix} a_{11} & a_{12} & \cdots & a_{1n} \\ a_{21} & a_{22} & \cdots & a_{2n} \\ \vdots & \vdots & & \vdots \\ a_{n1} & a_{n2} & \cdots & a_{nn} \end{pmatrix} \end{array}$$

称为无向图 G 的邻接矩阵，其中 a_{ij} 表示顶点 v_i 与 v_j 相邻的次数.

邻接矩阵可以完全描述一个图.给定一个邻接矩阵，就能够确定一个图.

2）无向图的邻接矩阵的性质

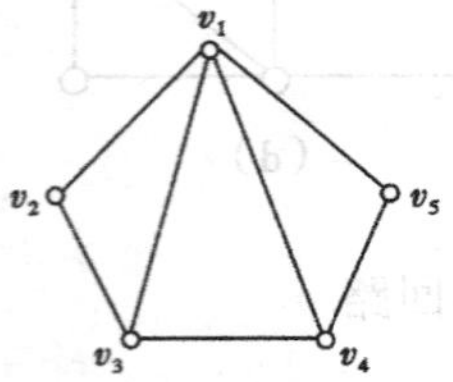

图 7.24

①由于无向图中点的邻接关系是对称的，无向图的邻接矩阵是对称的.

②无向图的邻接矩阵中，行元素之和等于相应点的度.

例 1　写出 5 阶无向图 $G=\langle V,E\rangle$，其中结点集 $V=\{v_1,v_2,v_3,v_4,v_5\}$ 的邻接矩阵.

$$A(G)=\begin{array}{c} \\ v_1 \\ v_2 \\ v_3 \\ v_4 \\ v_5 \end{array}\begin{array}{c} \begin{array}{ccccc} v_1 & v_2 & v_3 & v_4 & v_5 \end{array} \\ \begin{pmatrix} 0 & 1 & 1 & 1 & 1 \\ 1 & 0 & 1 & 0 & 0 \\ 1 & 1 & 0 & 1 & 0 \\ 1 & 0 & 1 & 0 & 1 \\ 1 & 0 & 0 & 1 & 0 \end{pmatrix} \end{array}$$

3）定义 2（有向图的邻接矩阵）

定义 2　设有向图 $D=\langle V,E\rangle$ 的结点集 $V=\{v_1,v_2,\cdots,v_n\}$. n 阶方阵

$$A(D)=\begin{array}{c} \\ v_1 \\ v_2 \\ \vdots \\ v_n \end{array}\begin{array}{c} \begin{array}{cccc} v_1 & v_2 & \cdots & v_n \end{array} \\ \begin{pmatrix} a_{11} & a_{12} & \cdots & a_{1n} \\ a_{21} & a_{22} & \cdots & a_{2n} \\ \vdots & \vdots & & \vdots \\ a_{n1} & a_{n2} & \cdots & a_{nn} \end{pmatrix} \end{array}$$

称为有向图 D 的邻接矩阵，其中 a_{ij} 表示有向边 $\langle v_i,v_j\rangle$ 的条数.

如图 7.25，有向图的邻接矩阵为

$$A(D)=\begin{array}{c} \\ v_1 \\ v_2 \\ v_3 \\ v_4 \end{array}\begin{array}{c} \begin{array}{cccc} v_1 & v_2 & v_3 & v_4 \end{array} \\ \begin{pmatrix} 0 & 0 & 0 & 1 \\ 1 & 0 & 0 & 0 \\ 1 & 1 & 0 & 1 \\ 0 & 1 & 1 & 0 \end{pmatrix} \end{array}$$

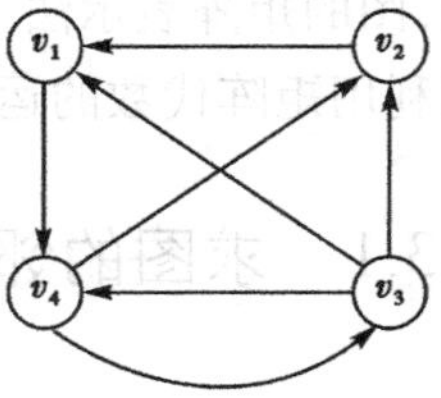

图 7.25

4）有向图邻接矩阵的性质

①有向图的邻接矩阵不一定是对称矩阵，只有两点间的边均成对出现，矩阵才是对称的.

②有向图 D 的邻接矩阵 $A(D)$ 中每一行元素之和,表示相应点的出度,每一列元素的和表示相应点的入度.只有当第 i 行、第 i 列元素全为 0 时,所对应点 v_i 才不与任何边关联,即为孤立点.

7.3.2 求图的关联矩阵

1)定义 3(无向图的关联矩阵)

定义 3 设无向图 $G=<V,E>$,$V=\{v_1,v_2,\cdots,v_n\}$,边集为 $E=\{e_1,e_2,\cdots,e_m\}$.$n\times m$ 矩阵

$$M(G)=\begin{array}{c} \\ v_1 \\ v_2 \\ \vdots \\ v_n \end{array}\begin{array}{c} \begin{array}{cccc} e_1 & e_2 & \cdots & e_m \end{array} \\ \begin{pmatrix} b_{11} & b_{12} & \cdots & b_{1m} \\ b_{21} & b_{22} & \cdots & b_{2m} \\ \vdots & \vdots & & \vdots \\ b_{n1} & b_{n2} & \cdots & b_{nm} \end{pmatrix} \end{array}$$

称为无向图 G 的关联矩阵,其中 b_{ij} 表示顶点 v_i 与边 e_j 的关联次数.

例 2 求出无向图 7.26 的关联矩阵及邻接矩阵.

解 关联矩阵为

$$M(G)=\begin{array}{c} \\ v_1 \\ v_2 \\ v_3 \\ v_4 \end{array}\begin{array}{c} \begin{array}{ccccccc} e_1 & e_2 & e_3 & e_4 & e_5 & e_6 & e_7 \end{array} \\ \begin{pmatrix} 1 & 1 & 0 & 0 & 1 & 0 & 1 \\ 1 & 1 & 1 & 0 & 0 & 0 & 0 \\ 0 & 0 & 1 & 1 & 0 & 0 & 1 \\ 0 & 0 & 0 & 1 & 1 & 2 & 0 \end{pmatrix} \end{array}$$

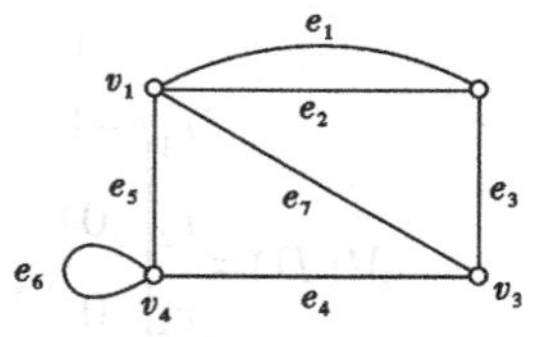

图 7.26

邻接矩阵为

$$A(G)=\begin{array}{c} \\ v_1 \\ v_2 \\ v_3 \\ v_4 \end{array}\begin{array}{c} \begin{array}{cccc} v_1 & v_2 & v_3 & v_4 \end{array} \\ \begin{pmatrix} 0 & 2 & 1 & 1 \\ 2 & 0 & 1 & 0 \\ 1 & 1 & 0 & 1 \\ 1 & 1 & 1 & 2 \end{pmatrix} \end{array}$$

关联矩阵也可以完全描述一个图.关联矩阵中的每一行对应图中的一个点,每一列对应图中的一条边.

2)无向图关联矩阵的性质

①$M(G)$ 中每一列只有两个非零元;环只有一个非零元.

②每一行中所有元素的和是对应结点的度数.

③若一行中元素全为 0,则其对应结点为孤立结点.

④同一个图当结点或边的编序不同时,其对应的 $M(G)$ 仅有行序、列序的差别.

3)定义 4(有向图的关联矩阵)(仅限有向图无环)

定义 4 设简单有向图 $D=<V,E>,V=\{v_1,v_2,\cdots,v_n\},E=\{e_1,e_2,\cdots,e_m\}$,则矩阵

$$M(D)=\begin{array}{c} \\ v_1 \\ v_2 \\ \vdots \\ v_n \end{array}\begin{array}{c} \begin{matrix} e_1 & e_2 & \cdots & e_m \end{matrix} \\ \begin{pmatrix} b_{11} & b_{12} & \cdots & b_{1m} \\ b_{21} & b_{22} & \cdots & b_{2m} \\ \vdots & \vdots & & \vdots \\ b_{n1} & b_{n2} & \cdots & b_{nm} \end{pmatrix} \end{array}$$

称为有向图 D 的关联矩阵,其中

$$b_{ij}=\begin{cases} 1, & v_i \text{ 为 } e_j \text{ 的起点} \\ -1, & v_i \text{ 为 } e_j \text{ 的终点} \\ 0, & v_i \text{ 与 } e_j \text{ 不关联} \end{cases}$$

例 3 求出有向图 7.27 的关联矩阵.

解 图 7.22 的关联矩阵为:

$$M(D)=\begin{array}{c} \\ v_1 \\ v_2 \\ v_3 \\ v_4 \end{array}\begin{array}{c} \begin{matrix} e_1 & e_2 & e_3 & e_4 & e_5 \end{matrix} \\ \begin{pmatrix} -1 & -1 & 0 & 0 & 0 \\ 0 & 0 & 1 & -1 & 1 \\ 0 & 1 & 0 & 1 & -1 \\ 1 & 0 & -1 & 0 & 0 \end{pmatrix} \end{array}$$

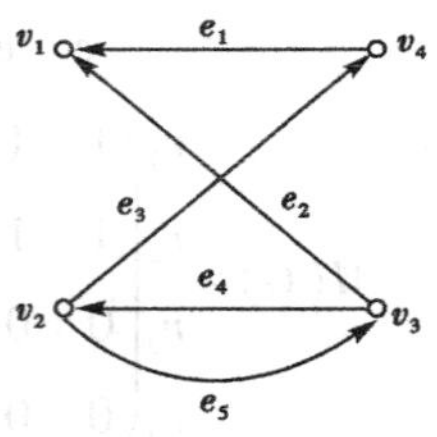

图 7.27

由例 3 可以看出,在有向图的关联矩阵中,非零元的值可以是 1 或−1.因为每列对应一条有向边,所以每列恰有两个非零元 1 和−1.每行对应一个点,所以每行元素的绝对值之和为对应点的度数,1 的个数为出度,−1 的个数为入度.矩阵的所有元素的代数和为 0,1 的个数等于−1 的个数,也等于有向图的边数.

7.3.3 求图的可达矩阵

定义 5 (可达矩阵)设有向图 $D=<V,E>$,结点集 $V=\{v_1,v_2,\cdots,v_n\}$,令

$$p_{ij}=\begin{cases} 1,\cdots,v_i \text{ 可达 } v_j \\ 0,\cdots,v_i \text{ 不可达 } v_j \end{cases},i\neq j$$

$$p_{ii}=1,\qquad i=1,2,\cdots,n.$$

称 $P(D)=(p_{ij})_n$ 为有向图 D 的可达矩阵.

例 4 求有向图 7.28 的可达矩阵.

解 注意到图 7.28 中 $v_3 \to v_4 \to v_3, v_4 \to v_3 \to v_4$，得有向图 7.28 的可达矩阵为

$$P(D)=\begin{array}{c} \\ v_1 \\ v_2 \\ v_3 \\ v_4 \end{array}\begin{array}{c} \begin{array}{cccc} v_1 & v_2 & v_3 & v_4 \end{array} \\ \begin{pmatrix} 1 & 0 & 0 & 0 \\ 1 & 1 & 1 & 1 \\ 1 & 0 & 1 & 1 \\ 1 & 0 & 1 & 1 \end{pmatrix} \end{array}$$

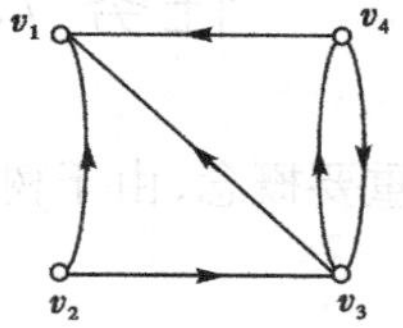

图 7.28

训练习题 7.3

1.求下面无向图的邻接矩阵和关联矩阵，求有向图的邻接矩阵.

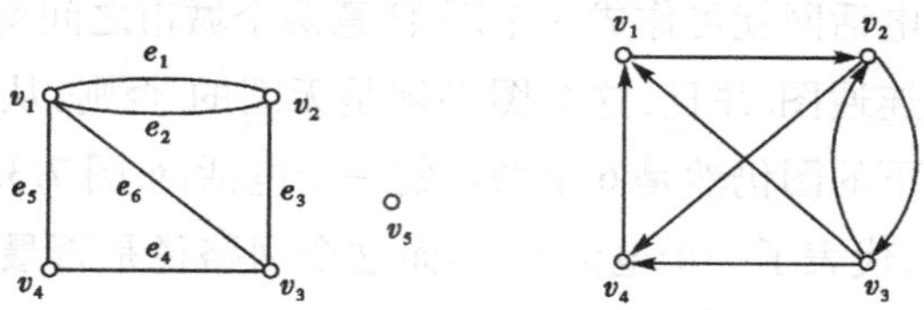

图 7.29

2.求下列有向图的关联矩阵和可达矩阵.

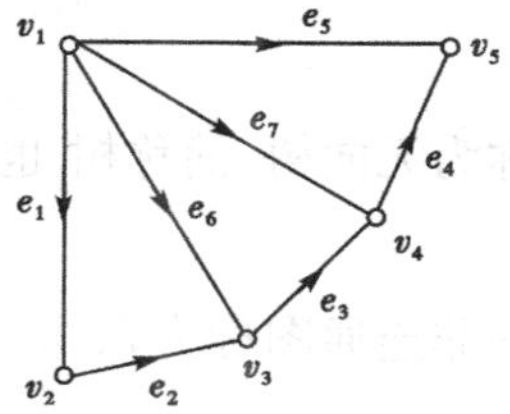

图 7.30

3.已知无向图的邻接矩阵为

$$A(G)=\begin{pmatrix} 0 & 1 & 0 & 1 & 1 & 0 \\ 1 & 0 & 1 & 0 & 1 & 1 \\ 0 & 1 & 0 & 0 & 0 & 1 \\ 1 & 0 & 0 & 0 & 1 & 0 \\ 1 & 1 & 0 & 1 & 0 & 1 \\ 0 & 1 & 1 & 0 & 1 & 0 \end{pmatrix}$$

(1)试画出相应的无向图.(2)写出结点的度数序列.

4.求下图的可达矩阵.

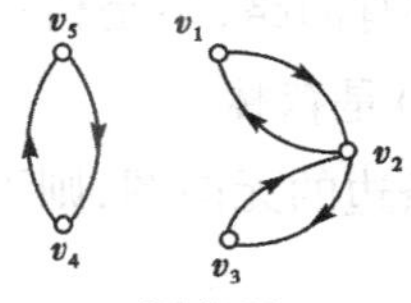

图 7.31

任务 7.4 求最优树

树是图论中的一个重要概念，由于树的模型实用，它在企业管理、线路设计等方面都有很重要的应用.

【引例 1】[电话线总长最短] 已知有 6 个城市，它们之间要架设电话线，要求任意两个城市均可以互相通话，并且电话线的总长度最短.

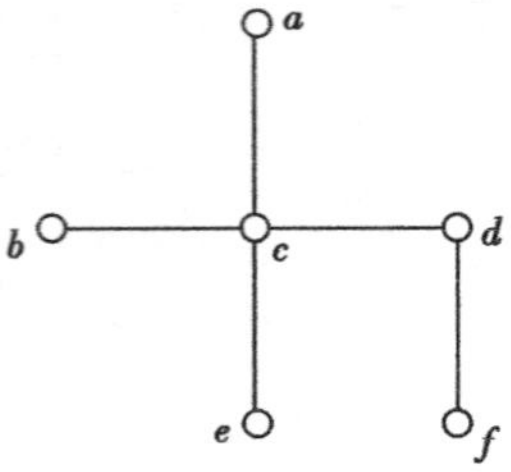

图 7.32

如果用 6 个点 a,b,c,d,e,f 代表这 6 个城市，在任意两个城市之间架设电话线，即在相应的两个点之间连一条边. 这样，6 个城市的一个电话网就可作成一个图. 任意两个城市之间均可以通话，这个图必须是连通图. 并且，这个图必须是无圈的. 否则，从圈上任意去掉一条边，剩下的图仍然是 6 个城市的一个电话网. 图 7.32 是一个不含圈的连通图，代表了一个电话网. 然而这个网路径是否最短，耗材是否最省？这就需要对连通路径进行研究.

7.4.1 认知树

定义 1 无回路的无向连通图称为无向树，简称树. 也可以说，无基本回路的无向连通图称为无向树. 树一般用 T 表示.

定义 2 每个连通分图都是树的非连通图称为森林.

平凡树：平凡图为平凡树.

树叶：树中度数为 1 的顶点.

分支点：树中度数 ≥ 2 的顶点.

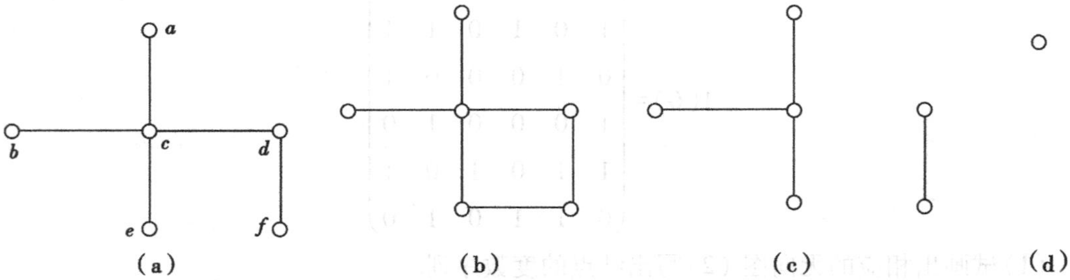

图 7.33

图 7.33 中，(a)(d) 都是树；(b) 中有回路，不是树；(c) 不连通，也不是树，但 (c) 有两个连通分支，每个连通分支都是树，故 (c) 是森林.

定理 1 设 $T=<V,E>$ 是 n 阶 m 条边的无向图，则下面各命题是等价的：

①T 是树（连通无回路）；

②T 中任意两个顶点之间存在唯一的路径；

③T 连通，且去掉一条边则不连通；

④T 中无回路且 $m=n-1$；

⑤T 是连通的且 $m=n-1$；

⑥T 中无回路，且若在任意两不相邻结点间增加一条边，则恰有一条回路；

⑦T 中没有回路，但在任何两个不同的顶点之间加一条新边后所得图中有唯一的一个含新边的圈.

证明　这里仅证明①与②等价.

①⇒②. 因为 T 为树，所以每两点间均有路. 若 T 某两点间有两条路，则此两条路构成一闭通道，其中必包含回路，这与树的定义矛盾.

②⇒①. 若图 T 中任两点间有路，则 T 是连通. 又由于任两点间的路是唯一的，所以图中不包含回路，故 T 为树.

推论　非平凡树至少含 2 片树叶.

证明　由定理 1 可知，任何 n 阶 m 条边的树所有结点度之和为 $2m$. 对于非平凡树而言，所有结点度之和必为 $2n-2$. 若存在某树，其树叶少于 2 片，则此时其分支点至少为 $n-1$，故此时树的度数的和必大于 $2n-2$，矛盾. 证毕.

例 1　画出含 6 个顶点的树(非同构的).

解　由树的定义知，可以画如图 7.34 所示的非同构的树图.

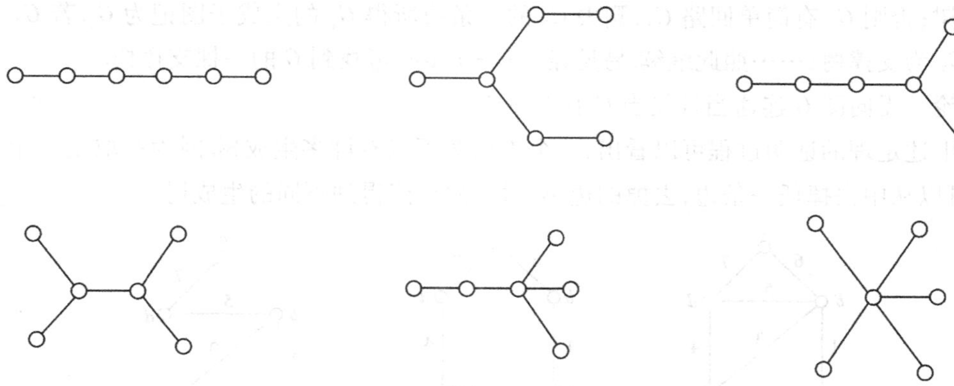

图 7.34

例 2　已知无向树 T 中，有 1 个 3 度顶点，2 个 2 度顶点，其余顶点全是树叶. 试求树叶数，并画出满足要求的非同构的无向树.

解　设有 x 片树叶，于是顶点数为：$n=1+2+x=3+x$. 由树的性质知，边数为：$m=n-1=2+x$.

度数和为：$1\times3+2\times2+x=7+x$，由握手定理知：$2(2+x)=7+x$. 解出 $x=3$，故 T 有 3 片树叶.

T 的度数列为 1，1，1，2，2，3. 有 2 棵非同构的无向树，如图 7.35 所示.

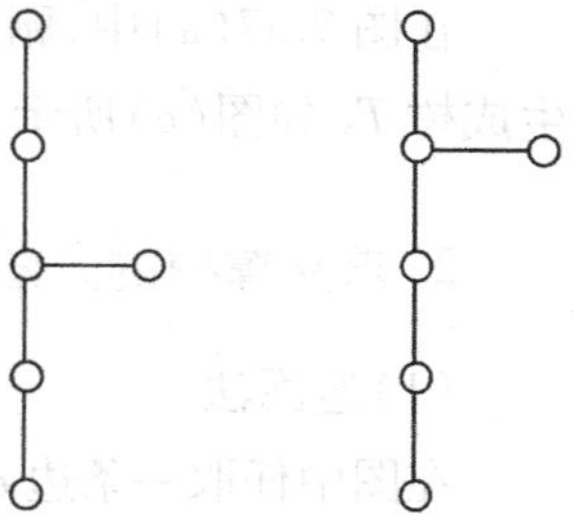

图 7.35

7.4.2 求图的支撑树

1)支撑树的概念

定义3 设图 $T=<V,E'>$是图 $G=<V,E>$的支撑子图,如果 T 是一个树,则称 T 是 G 的一个支撑树或生成树.

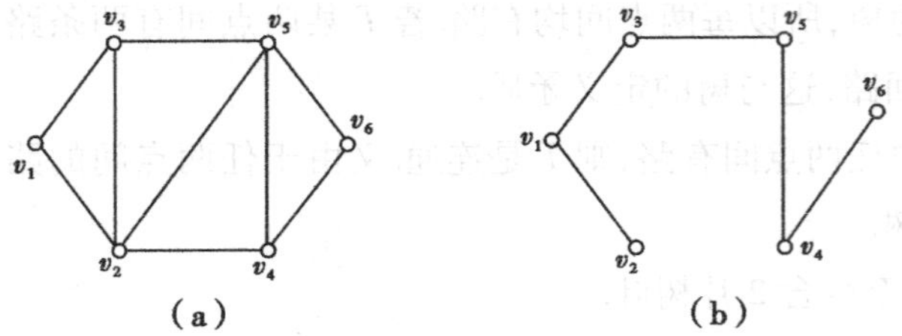

图 7.36

如图 7.36 所示,(b)是(a)的支撑树.

定理2 任何无向连通图 G 至少有一棵生成树.

证(破圈法)设 G 是 n 阶 m 条边的连通无向图.若 G 无简单回路,则 G 自己是一棵支撑树.否则,G 有简单回路 C_1,删去 C_1 的一条边所得 G 的生成子图记为 G_1.若 G_1 无回路,则 G_1 为支撑树;否则 G_1 有简单回路 C_2,删去 C_2 的一条边所得 G_1 的生成子图记为 G_2.若 G_2 无回路,则 G_2 为支撑树;……照此继续.易见经 $m+1-n$ 步必可找到 G 的一棵支撑树.

推论 无向图 G 连通当且仅当 G 有支撑树.

由上述定理的证明过程可以看出,一个连通图可以有许多生成树.因为在取定一个回路后,就可以从中去掉任一条边,去掉的边不一样,故可能得到不同的生成树.

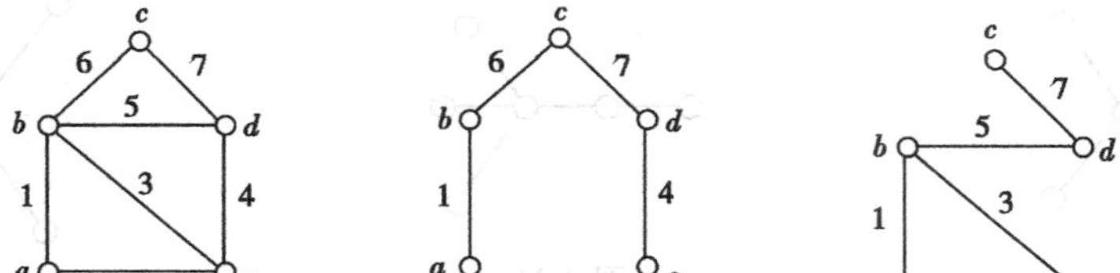

图 7.37

在图 7.37(a)中,删去边 2,3,5,就得到生成树 T_1 如图(b)所示,若删去边 2,4,6,可得到生成树 T_2 如图(c)所示.

2)求支撑树的方法

(1)避圈法

在图中任取一条边 e_1,找一条与 e_1 不构成圈的边 e_2,再找一条与$\{e_1,e_2\}$不构成圈的边 e_3.一般设已有$\{e_1,e_2,\cdots,e_k\}$,找一条与$\{e_1,e_2,\cdots,e_k\}$中任何一些边都不构成圈的边 e_{k+1},重复这个过程,直到不能进行为止.(其中,"圈"指的是回路)图 7.38 就是用避圈法来求一支撑树的.

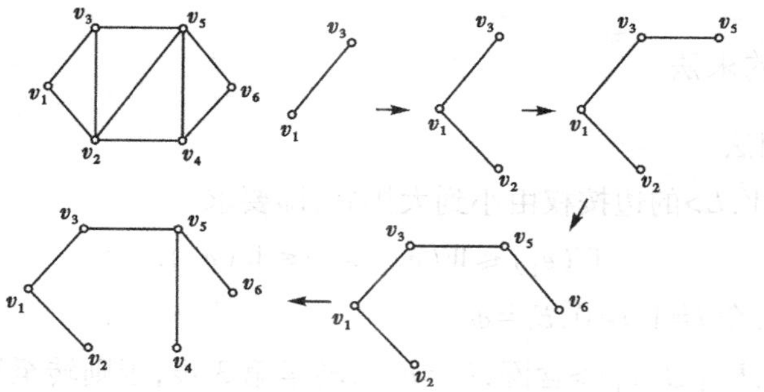

图 7.38

(2)破圈法

破圈法是"见圈破圈",即如果看到图中有一个圈,就将这个圈的边去掉一条,直到图中再无一圈为止.图 7.39 就是用破圈法来求支撑树的.

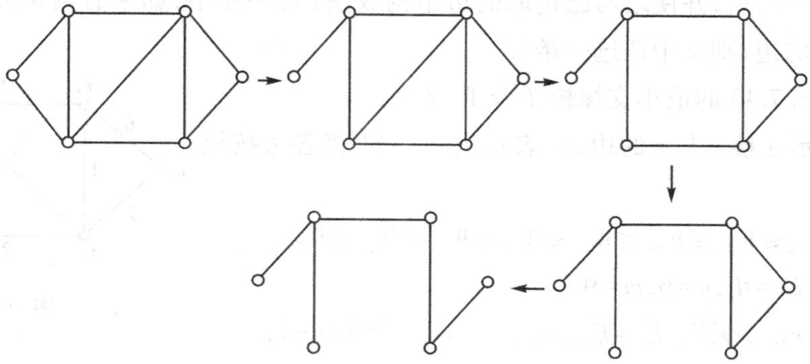

图 7.39

7.4.3 求图的最小支撑树

1) 最小支撑树概念

【引例 2】 在已知的几个城市之间连接电话线网,要求总长度最短和总建设费用最少,这类问题的解决都可以归结为最小支撑树问题.设图 T 中结点表示一些城市,各边表示城市间道路的连接情况,边的权表示道路的长度.如果现在需要铺设光缆把各城市联系起来,要求铺设光缆最短,这就要求一棵支撑树,使该支撑树是图 T 的所有支撑树中边权和最小的.

假定 G 是具有 n 个结点的连通图.对应于 T 的每一条边 e 指定一个正数 $W(e)$,把 $W(e)$ 称为边 e 的权(可以是长度、运输费用等).G 的生成树 T 也有一个树权 $W(T)$,它是 T 的所有边权的和.

定义 4 在图 T 的所有支撑树中,树权最小的那棵支撑树,称为图 T 的最小支撑树(对普通简单连通图不考虑最小支撑树).

2）最小支撑树的求法

（1）Kruskal 避圈法

第 1 步：把 $G=\langle V,E\rangle$ 的边按权由小到大排好，即要求

$$W(e_1)\leqslant W(e_2)\leqslant\cdots\leqslant W(e_m).$$

图 $G,p=n,q=m$，令 $i=1,j=0,E_0=\phi$

第 2 步：如果 $\langle V,E_{i-1}\cup\{e_1\}\rangle$ 含圈，$E_i=E_{i-1}$，转至第 3 步，否则转至第 4 步.

第 3 步：i 换成 $i+1$，如果 $i\leqslant m$，转至第 2 步，否则结束，则 G 没有最小支撑树.

第 4 步：令 $E_i=E_{i-1}\cup\{e_i\}$，j 换成 $j+1$，如果 $j=n-1$，结束，$\langle V,E_i\rangle$ 是所求最小支撑树，否则转至第 3 步.

Kruskal 避圈法的思想是在图中取一条最小权的边，以后每一步中，从总未被取的边中选取一条权最小的边，并使之与已选取的边不构成圈（每一步中，如果有两条或两条以上的边都是最小权的边，则从中任选一条）.

例 3　求图 7.40 的最小支撑树 T 及 $W(T)$.

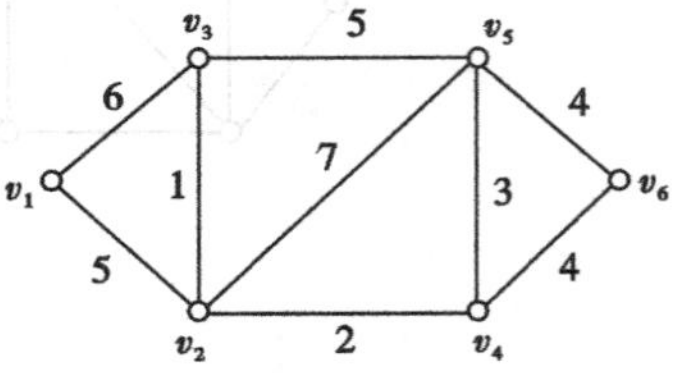

图 7.40

解　e_{ij} 表示连接 v_i 与 v_j 的边，w_{ij} 表示边 e_{ij} 的权.将各边按权从小到大排为

$$W_{23}\leqslant W_{24}\leqslant W_{45}\leqslant W_{56}\leqslant W_{46}\leqslant W_{12}\leqslant W_{35}\leqslant W_{13}\leqslant W_{25}$$

$i=1,j=0,E_0=\Phi,n=6,m=9$

$\langle V,E_0\cup\{e_{23}\}\rangle$ 无圈，$E_1=E_0\cup\{e_{23}\}=\{e_{23}\}$，$j=1<n-1$；

$i=2$，$\langle V,E_1\cup\{e_{24}\}\rangle$ 无圈，$E_2=E_1\cup\{e_{24}\}=\{e_{23},e_{24}\}$，$j=2<n-1$；

$i=3$，$\langle V,E_2\cup\{e_{45}\}\rangle$ 无圈，$E_3=E_2\cup e_{45}=\{e_{23},e_{24},e_{45}\}$，$j=3<n-1$；$i=4$，$\langle V,E_3\cup\{e_{56}\}\rangle$ 无圈，$E4=E_3\cup e_{56}=\{e_{23},e_{24},e_{45},e_{56}\}$，$j=4<n-1$；

$i=5$，$\langle V,E_4\cup\{e_{46}\}\rangle$ 含圈，$E_5=E_4$；$i=6$，$\langle V,E_5\cup\{e_{12}\}\rangle$ 无圈，$E_6=E_5\cup e_{12}=\{e_{23},e_{24},e_{45},e_{56},e_{12}\}$，$j=5=n-1$，结束.

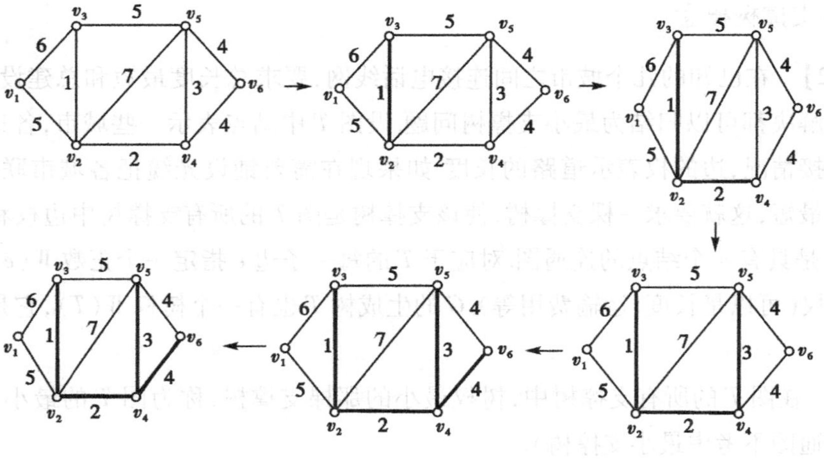

图 7.41

(2)破圈法

任取一个圈,从圈中去掉一条权最大的边(如果有两条或两条以上的边都是权最大的边,则任去掉其中一条).在余下的图中重复这个步骤,直到得不含有圈的图为止,这时的图便是最小树.

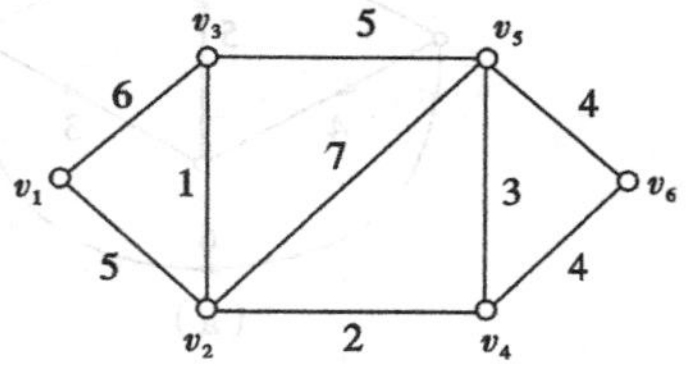

图 7.42

例 4　用破圈法求解(例 3)求图 7.42 的最小支撑树 T 及 $W(T)$.

按破圈法方法首先去掉权为 7 的最大边,再重复这个步骤.(见图 7.43)

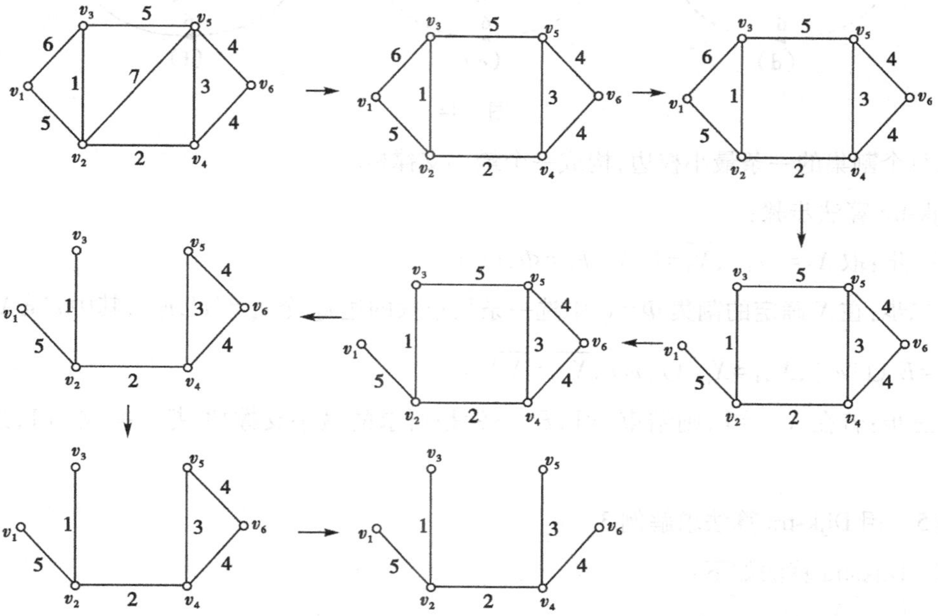

图 7.43

(3)Dijkstra 算法(避圈法)

定义 5　图 G 的一个支路集合称为割集,如果把这些支路移去将使 G 分离为两个部分,但是如果少移去一条支路,图仍将是连通的.

注意　在移去支路时,与其相连的结点并不移去.

图 G 是一个连通图,如图 7.44(a)所示,支路集合$\{1,5,2\}$,$\{1,5,3,6\}$,$\{2,5,4,6\}$,均为图 G 的割集.将这些割集的支路用虚线表示,分别如图 7.44(b),(c),(d)所示.不难看出,去掉虚线支路后,各图均被分成两部分,但只要少去掉其中一条虚线支路,图仍然是连通的,故满足割集所要求的条件.

而$\{1,5,4,6\}$,$\{1,2,3,4,5\}$不是 G 的割集.将集合中的支路用虚线表示后,如图 7.44(e),(f)所示,不满足割集的条件,故以上两种支路集合不是割集.

Dijkstra 算法思想:在 $n-1$ 个独立割集中(这 $n-1$ 个独立割集由图中不同的点集所确

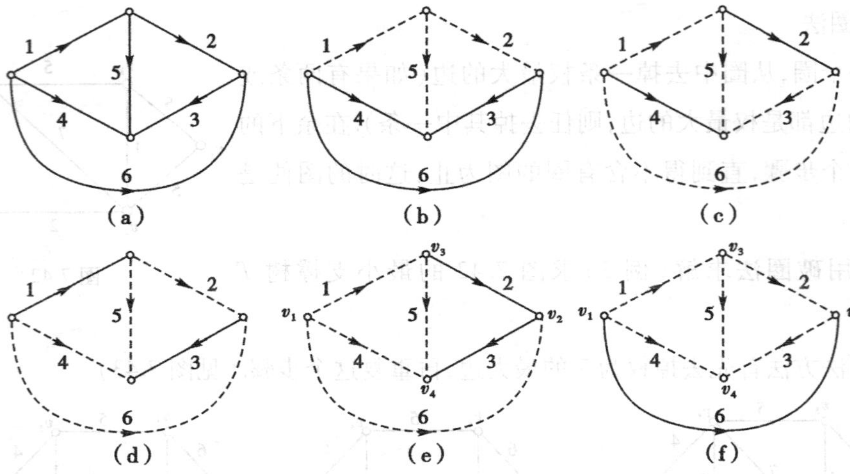

图 7.44

定),取每个割集的一条最小权边,构成一个最小支撑树.

Dijkstra 算法步骤:

第一步:取 $X_0=\{v_1\}$,$\overline{X_0}=V/X_0$,$E_0=\Phi$,$i=0$.

第二步:在 X_i 确定的割集 $\Phi=x_i$ 中选一条最小权的边 e_k.令 $e_k=\langle v',v_k\rangle$,其中 $v'\in X_i$,$v_k\in\overline{X_i}$,$E_{i+1}=E_i\cup\{e_k\}$,$X_{i+1}=X_{i+1}\cup\{v_k\}$,$\overline{X_{i+1}}=\overline{X_i}\setminus\{v_k\}$.

第三步:若在 $X_{i+1}=V$,则结束,$<V,E_{i+1}>$就是所求的最小支撑树,把 i 换成 $i+1$,返回第二步.

例 5 用 Dijkstra 算法求解例 3.

解 Dijkstra 算法如下:

$X_0=\{v_1\}$,$\overline{X}_0=\{v_2,v_3,v_4,v_5,v_6\}$

$i=0$,在 $\Phi=\{X_0\}$ 中选边 e_{12},$E_1=E_0\cup\{e_{12}\}=\{e_{12}\}$,

$$X_1=X_0\cup\{v_2\}=\{v_1,v_2\},\overline{X}_1=\{v_3,v_4,v_5,v_6\};$$

$i=1$,在 $\Phi=\{X_1\}$ 中选边 e_{23},$E_2=E_1\cup\{e_{23}\}=\{e_{12},e_{23}\}$,

$$X_2=X_1\cup\{v_3\}=\{v_1,v_2,v_3\},\overline{X}_2=\{v_4,v_5,v_6\};$$

$i=2$,在 $\Phi=\{X_2\}$ 中选边 e_{24},

$$E_3=E_2\cup\{e_{24}\}=\{e_{12},e_{23},e_{24}\},$$

$$X_3=X_2\cup\{v_4\}=\{v_1,v_2,v_3,v_4\},\overline{X}_3=\{v_5,v_6\};$$

$i=3$,在 $\Phi=\{X_3\}$ 中选边 e_{45},

$$E_4=E_3\cup\{e_{45}\}=\{e_{12},e_{23},e_{24},e_{45}\},$$

$$X_4=X_3\cup\{v_5\}=\{v_1,v_2,v_3,v_4,v_5\},\overline{X}_4=\{v_6\};$$

$i=4$,在 $\Phi=\{X_4\}$ 中选边 e_{56},

$$E_5=E_4\cup\{e_{56}\}=\{e_{12},e_{23},e_{24},e_{45},e_{56}\},$$

$$X_5=X_4\cup\{v_6\}=\{v_1,v_2,v_3,v_4,v_5,v_6\}=V.$$

具体作图步骤如图 7.45 所示.

前面讨论的树都是无向图中的树,下面简单讨论有向图的树.

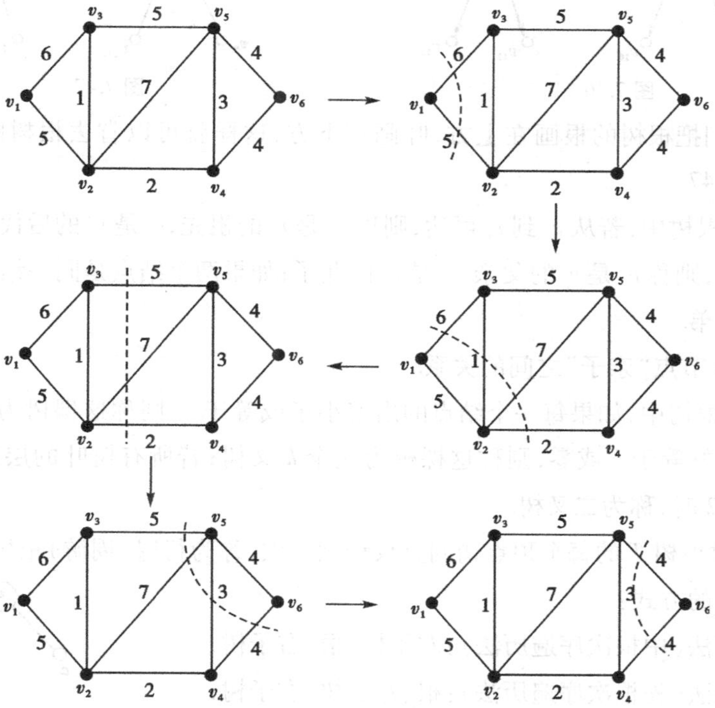

图 7.45

7.4.4 根树及应用

定义 6 在有向图中,如果不考虑边的方向而构成树,则称此有向图为有向树.

定义 7 在有向树 T 中,如果有且仅有一个入度为 0 的点,其他点的入度均为 1,则称有向树 T 为有根树,简称根树.入度为 0 的点称为根,出度为 0 的点称为树叶或叶片,出度不为 0 的点称为分枝点或内结点.

顶点 v 的层数:从树根到 v 的通路长度,记作 $l(v)$.

树高:有向树中顶点的最大层数,记作 $h(T)$.

例如图 7.46 为一棵根树,其中 v_1 为根,v_1,v_2,v_4,v_6,v_8 为分枝点,其余结点为树叶.

例如图 7.46 中,结点 v_1 层为 0,结点 v_2,v_3,v_4 层高为 1,结点 v_5,v_6,v_7,v_8 层高为 2,结点 v_9,v_{10},v_{11},v_{12}层高为 3.

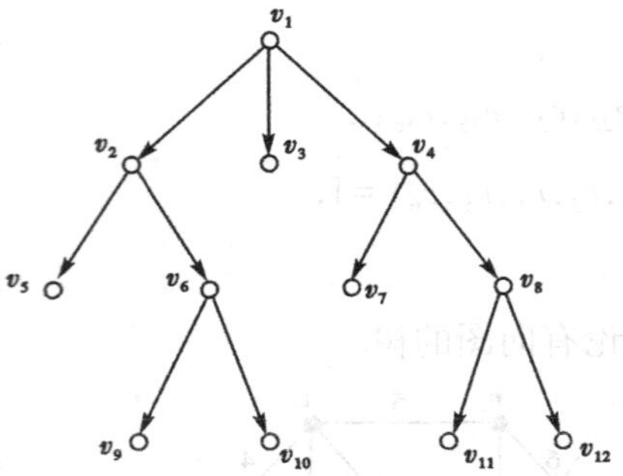

图 7.46

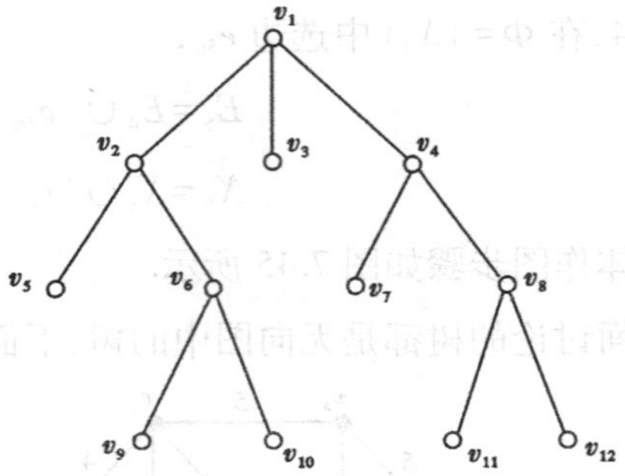

图 7.47

习惯上,我们把根树的根画在上方,叶画在下方,这样就可以省去根树的箭头,如 7.46 可以表示为图 7.47.

定义 8 在根树中,若从 v_i 到 v_j 可达,则称 v_i 是 v_j 的祖先,v_j 是 v_i 的后代;又若 $<v_i,v_j>$ 是根树中的有向边,则称 v_i 是 v_j 的父亲,v_j 是 v_i 的儿子;如果两个结点是同一结点的儿子,则称这两个结点是兄弟.

指出图 7.46 节点"亲子"之间的关系.

定义 9 在根树中,如果每一个结点的出度小于或等于 k,则称这棵树为 k 叉树.若每一个结点的出度恰好等于 k 或零,则称这棵树为完全 k 叉树;若所有树叶的层次相同,称为正则 k 叉树.当 $k=2$ 时,称为二叉树.

定义 10 对根树 T 的每个顶点访问且仅访问一次,称为行遍(周游)根树 T.

行遍二叉树的方式:

①中序行遍法(中根次序遍历法):左子树、根、右子树;

②前序行遍法(先根次序遍历法):根、左子树、右子树;

③后序行遍法(后根次序遍历法):左子树、右子树、根.

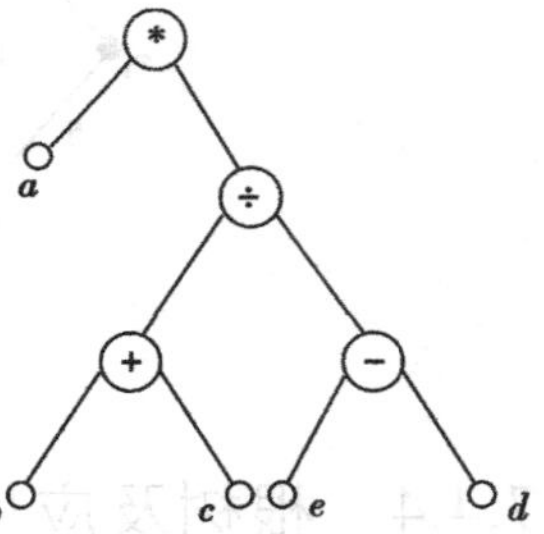

图 7.48

例 6 分别用中序、前序、后序行遍法访问图根树,如图 7.48 所示.

解 中序:$a\ \underline{*}((b\underline{+}c)\underline{\div}(e\underline{-}d))$;

前序:$\underline{*}a(\underline{\div}(\underline{+}bc)(\underline{-}ed))$;

后序:$a((bc\underline{+})(ed\underline{-})\underline{\div})\underline{*}$.

其中,带下划线的是(子)树根,一对括号内是一棵子树.

定义 11 在带权二叉树中,若带权为 w_i 的树叶,其通路长度为 $L(w_i)$,称 $W(T)=\sum_{i=1}^{t} w_i l(w_i)$ 为该带权二叉树的权.在所有带权 $w_1,w_2,\cdots,w_t$ 的二叉树中,权 $W(T)$ 最小的那棵树称为最优二叉树.

最优二叉树 Huffman 算法:

给定实数 $w_1,w_2,\cdots,w_t$.

①作 t 片树叶,分别以 $w_1, w_2, \cdots, w_t$ 为权.

②在所有入度为 0 的顶点(不一定是树叶)中选出两个权最小的顶点,添加一个新分支点,以这 2 个顶点为子结点,其权等于这 2 个子结点的权之和.

③重复步骤②,直到只有 1 个入度为 0 的顶点为止.

$W(T)$ 等于所有分支点的权之和.

例 7 求带权为 1,3,4,5,6 的最优二叉树 T 及 $W(T)$.

解 解题过程由图 7.49 给出,$W(T)=42$.

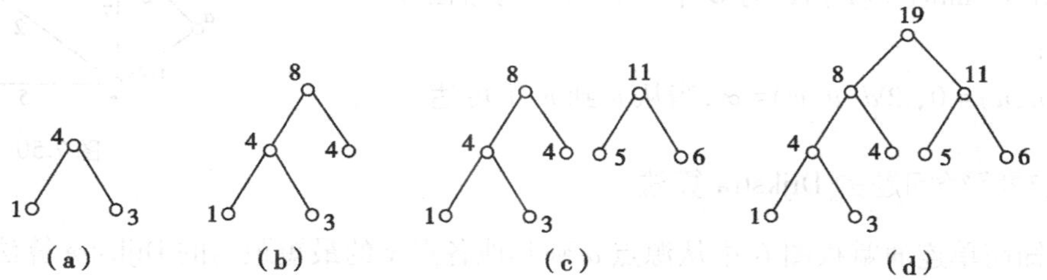

图 7.49

7.4.5 求最短路径问题

最短路径问题是图论应用的基本问题,很多实际问题,如线路的布设、运输安排、运输网络最小费用等问题,都可通过建立最短路径问题模型来求解.

1) 最短路径的概念

最短路是一条路,且最短路径的任一节路径也是最短路径.通常要求解满足以下两种情况的最短路径:

①求赋权图中从给定点到其余顶点的最短路径.

②求赋权图中任意两点间的最短路径.

(1)任一节路径

定义 12 图 $G=\langle V,E\rangle$ 中,从结点 u 到 w 的最短路径(必为链)的长度称为 G 的从 u 到 w 的距离,记为 $d(u,w)$.如果从 u 到 w 没有路径,则令 $d(u,w)=+\infty$.

注:在无向图中恒有 $d(u,w)=d(w,u)$,而在有向图中可能出现 $d(u,w)\neq d(w,u)$.

对任意 $u,v,w\in V$,$d(u,w)$ 是非负整数或 $+\infty$.

(2)路径的性质

①$d(u,w)\geqslant 0$;

②$d(u,w)=0$,当且仅当 $u=w$;

③$d(u,v)+d(v,w)\geqslant d(u,w)$(三角不等式).

2)赋权图

定义 13 若图 $G=<V,E>$的每一条边 e 都赋以一个实数 $W(e)$,称 $W(e)$ 为边 e 权,G 连同边的权称为赋权图.

赋权图 G 的一条路径 $P=(e_1,\cdots,e_k)$的长度:$W(P)=W(e_1)+\cdots+W(e_k)$.

例如,对图 7.50 有 $d(a,c)=5$;$d(a,d)=9$;$d(a,e)=7$ 就是一个赋权图.

从结点 u 到 w 的距离:

$D(u,w)=\min\{W(P)\mid P$ 为 G 中从 u 到 w 的路径$\}$.

约定:

①$d(u,u)=0$;②$d(u,w)=\infty$,当从 u 到 w 不可达.

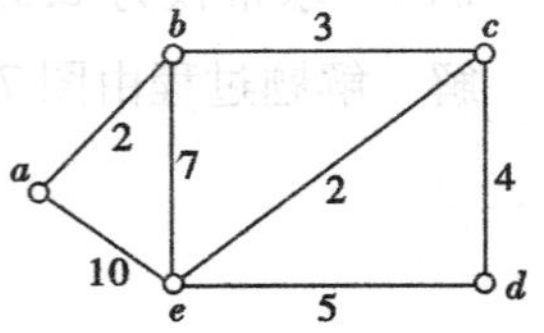

图 7.50

3)最短路径问题的 Dijkstra 算法

求已知简单连通赋权图 G 中从源点 a 到其他各点 x 的最短距离的 Dijkstra 算法:

①把结点集 V 分割为二子集 S,T.开始时 $S=\{a\}$,$T=V-S$;

②对每结点 $t\in T$,求出 $D(t)$之后再定出 $x\in T$,使得 $D(x)=\min\{D(x)\mid t\in T\}$;

③置 S 为 $S\cup\{x\}$,置 T 为 $T-\{x\}$.若 $T=\varnothing$则停止,否则转步骤②作下一次循环.

例 8 设有一批货物要从 v_1 运到 v_7(如图 7.51 所示),求最短运输路线.

解 由 Dijkstra 算法,有

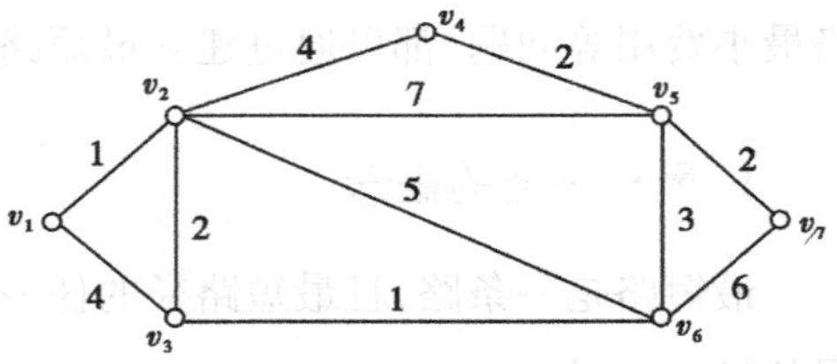

图 7.51

$K=1:S=\{v_1(0)\},\bar{S}=\{v_2,v_3,v_4,v_5,v_6,v_7\}$.

$k_{12}=d(v_1)+L(v_1,v_2)=0+1=1$;

$k_{13}=d(v_1)+L(v_1,v_3)=0+4=4$;

$k_{14}=d(v_1)+L(v_1,v_4)=0+\infty=\infty$;

$\vdots$

$k_{17}=d(v_1)+L(v_1,v_7)=0+\infty=\infty$;

$\mathrm{Min}(k_{12},k_{13})=\mathrm{Min}(1,4)=1$,$v_2$ 进入 S.

$K=2:S=\{v_1(0),v_2(1)\},\bar{S}=\{v_3,v_4,v_5,v_6,v_7\}$.

$k_{13}=d(v_1)+L(v_1,v_3)=0+4=4$;$k_{23}=d(v_2)+L(v_2,v_3)=1+2=3$;

$k_{14}=d(v_1)+L(v_1,v_4)=0+\infty=\infty$;$k_{24}=d(v_2)+L(v_2,v_4)=1+4=5$;

$k_{15}=d(v_1)+L(v_1,v_5)=0+\infty=\infty$;$k_{25}=d(v_2)+L(v_2,v_5)=1+7=8$;

$k_{16}=d(v_1)+L(v_1,v_6)=0+\infty=\infty$;$k_{26}=d(v_2)+L(v_2,v_6)=1+5=6$;

$k_{17}=d(v_1)+L(v_1,v_7)=0+\infty=\infty$;$k_{27}=d(v_2)+L(v_2,v_7)=1+\infty=\infty$;

$\mathrm{Min}(k_{12},k_{23},k_{24},k_{25},k_{26})=\mathrm{Min}(4,3,5,8,6)=3$,$v_3$ 进入 S.

$K=3:S=\{v_1(0),v_2(1),v_3(3)\},\bar{S}=\{v_4,v_5,v_6,v_7\}$.

$k_{24}=d(v_2)+L(v_2,v_4)=1+4=5$;$k_{34}=d(v_3)+L(v_3,v_4)=3+\infty=\infty$;

$k_{25}=d(v_2)+L(v_2,v_5)=1+7=8$;$k_{35}=d(v_3)+L(v_3,v_5)=3+\infty=\infty$;

$k_{26}=d(v_2)+L(v_2,v_6)=1+5=6$;$k_{36}=d(v_3)+L(v_3,v_6)=3+1=4$;

$k_{27}=d(v_2)+L(v_2,v_7)=1+\infty=\infty$；$k_{37}=d(v_3)+L(v_3,v_7)=3+\infty=\infty$；

$\text{Min}(k_{12},k_{23},k_{24},k_{25},k_{26})=\text{Min}(5,8,6,4)=4$，$v_6$ 进入 S.

$K=4$：$S=\{v_1(0),v_2(1),v_3(3),v_6(3)\}$，$\overline{S}=\{v_4,v_5,v_7\}$.

$k_{24}=d(v_2)+L(v_2,v_4)=1+4=5$；

$k_{25}=d(v_2)+L(v_2,v_5)=1+7=8$；

$k_{64}=d(v_6)+L(v_6,v_4)=4+\infty=\infty$；

$k_{65}=d(v_6)+L(v_6,v_5)=4+3=7$；

$k_{67}=d(v_6)+L(v_6,v_7)=4+6=10$；

$\text{Min}(k_{24},k_{25},k_{64},k_{65},k_{67})=\text{Min}(5,8,7,10)=5$，$v_4$ 进入 S.

$K=5$：$S=\{v_1(0),v_2(1),v_3(3),v_6(4),v_4(5)\}$，$\overline{S}=\{v_5,v_7\}$.

$k_{25}=d(v_2)+L(v_2,v_5)=1+7=8$；

$k_{45}=d(v_4)+L(v_4,v_5)=5+2=7$；

$k_{65}=d(v_6)+L(v_6,v_5)=4+3=7$；

$k_{67}=d(v_6)+L(v_6,v_7)=4+6=10$；

$\text{Min}(k_{25},k_{45},k_{65},k_{67})=\text{Min}(8,7,7,10)=8$，$v_5$ 进入 S.

$K=6$：$S=\{v_1(0),v_2(1),v_3(3),v_6(4),v_4(5),v_5(7)\}$，$\overline{S}=\{v_7\}$.

$k_{57}=d(v_5)+L(v_5,v_7)=7+2=9$；

$k_{67}=d(v_6)+L(v_6,v_7)=4+6=10$；

$\text{Min}(k_{57},k_{67})=\text{Min}(9,10)=9$，$v_7$ 进入 S.

得最短路径为 $v_1\to v_2\to v_4\to v_5\to v_7$ 或 $v_1\to v_2\to v_3\to v_6\to v_5\to v_7$.

训练习题 7.4

1.已知某棵树有 2 个 2 度结点，3 个 3 度结点，4 个 4 度的结点，问有几片树叶（无其他度数的点）？

2.已知无向树 T 有 5 片树叶，2 度与 3 度顶点各 1 个，其余顶点的度数均为 4.求 T 的阶数，并画出满足要求的所有非同构的无向树.

3.求 7.52 所示赋权图中顶点 u_0 到其余各顶点的最短路.

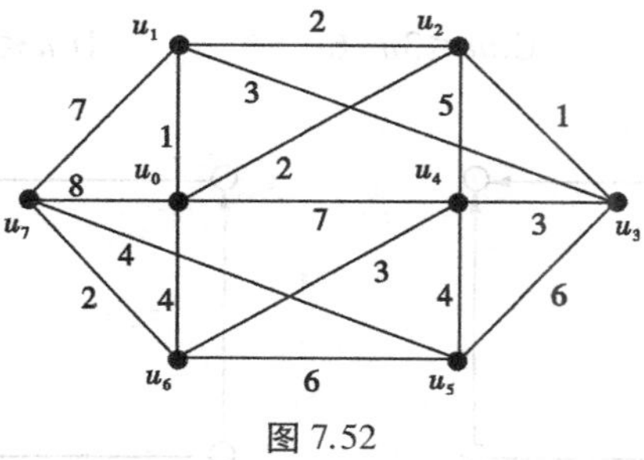

图 7.52

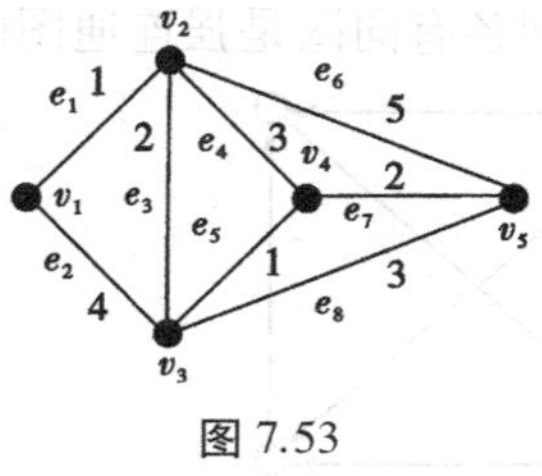

图 7.53

4.用破圈法求出图 7.53 的一棵最小支撑树.

5.求带权为 1，1，2，3，4，5 的最优二叉树.

项目检测 7

1.选择题

(1)在图 $G=\langle G,E\rangle$ 中,结点总度数与边的关系是(　　).

A.$\deg(v_i)=2|E|$　　　　B.$\deg(v_i)=|E|$

C.$\sum\limits_{v\in V}\deg(v_i)=2|E|$　　　　D.$\sum\limits_{v\in V}\deg(v_i)=|E|$

(2)若供选择答案中的数值表示一个简单图中各个顶点的度,能画出图的是(　　).

A.$\{1,2,2,3,4,5\}$　　　　B.$\{1,2,3,4,4,5\}$

C.$\{1,1,2,3,4,5\}$　　　　D.$\{2,3,3,4,5\}$

(3)设 G 是 5 个顶点的完全图,则从 G 中删去(　　)条边可以得到树.

A.6　　B.5　　C.10　　D.4

(4)设图 G 的邻接矩阵为 $\begin{bmatrix}0&1&1&1&1\\1&0&1&0&0\\1&1&0&1&1\\1&0&1&0&1\\1&0&1&1&0\end{bmatrix}$,则 G 的顶点数与边数分别为(　　).

A.4,5　　B.5,6　　C.4,10　　D.5,8

(5)无向图 G 是欧拉图,当且仅当(　　).

A.G 的所有结点的度数都是偶数

B.G 的所有结点的度数都是奇数

C.G 连通且 G 的所有结点的度数都是偶数

D.G 连通且 G 的所有结点的度数都是奇数

(6)连通非平凡的无向图 G 有一条欧拉回路,当且仅当图 G(　　).

A.只有一个度数为奇数的结点　　　　B.只有两个度数为奇数的结点

C.只有 3 个度数为奇数的结点　　　　D.没有度数为奇数的结点

(7)设无向图 $G=\langle G,E\rangle$ 是连通的,且 $|V|=n$,$|E|=m$.若(　　),则是树.

A.$m=n+1$　　B.$n=m+1$　　C.$m\leqslant 3n-6$　　D.$n\leqslant 3m-6$

(8)下列各有向图是强连通图的是(　　).

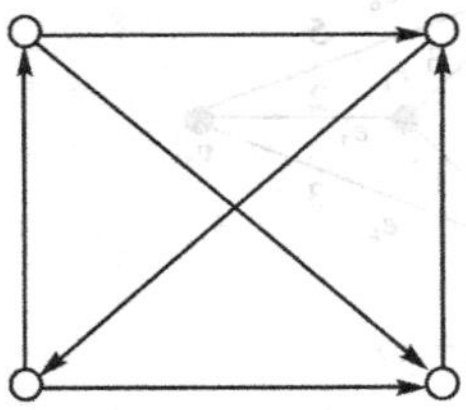
A.

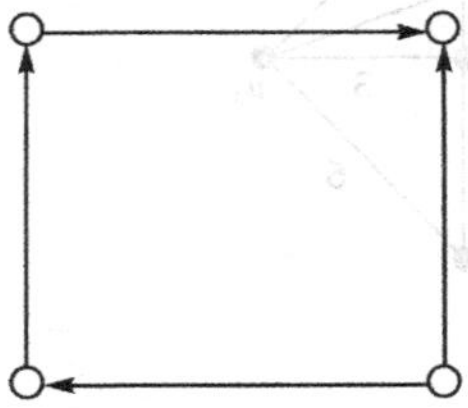
B.

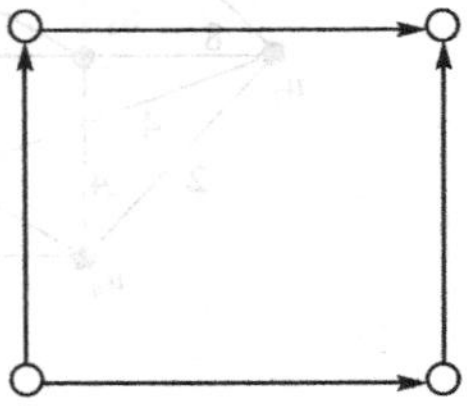
C.

(9) 下列无向图是欧拉图的是(　　).

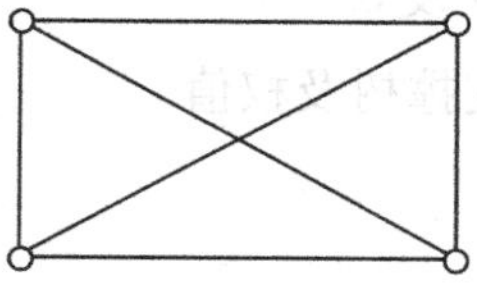
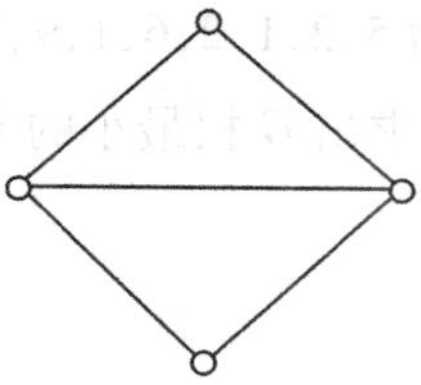
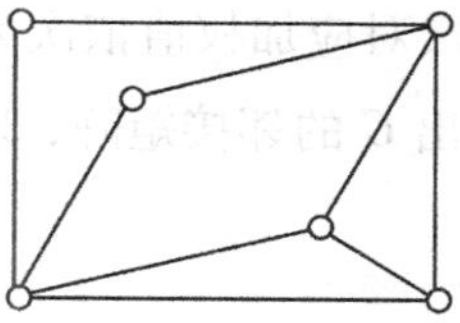
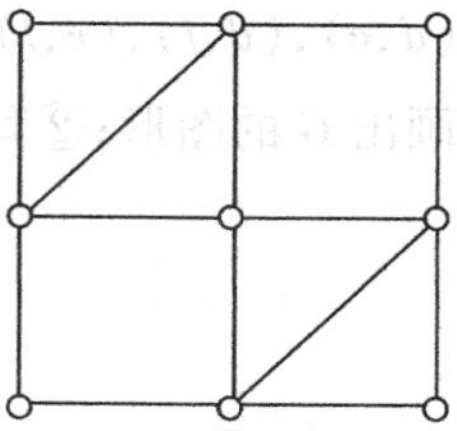

A.　　　　B.　　　　C.　　　　D.

(10) 一棵树有 7 片树叶,3 个 3 度的结点,其余都是 4 度的结点,则该树有(　　)个 4 度的结点.

A.1　　　　B.2　　　　C.3　　　　D.4

2.填空题

(1) 设 G 是完全二叉树,G 中有 15 个点,其中 8 片树叶,则 G 的总度数为________.

(2) 设完全图 K_n 有 n 个顶点($n \geqslant 2$),当________时,K_n 中存在欧拉回路.

(3) 已知图 G 中有 1 个 1 度结点,2 个 2 度结点,3 个 3 度结点,4 个 4 度结点,则 G 中的边数是________.

(4) 设有向图 D 为欧拉图,则图 D 中每个结点的入度为________.

(5) 树是不包含________的________图.

(6) 无向完全图 K_6 有________条边.

(7) 有 3 个顶点的所有互不同构的简单无向图有________个.

(8) 设树 T 中有 2 个 3 度的顶点和 3 个 4 度顶点,其余的顶点都是叶子,则 T 中有________片树叶.

(9) 一棵无向树的顶点为 n,则其边数为________;其结点度数和是________.

(10) 设连通无向图 G 有 k 个奇顶点,要使 G 变成欧拉图,则 G 中至少要加________条边.

3.解答题

(1) 一棵树有两个节点度数为 2,1 个节点度数为 3,3 个节点度数为 4,问有几个度数为 1 的节点?

(2) 画出有 1 个 4 度顶点,2 个 2 度顶点,4 个 1 度顶点的所有非同构的树.

(3) 求叶子的权分别为 2、4、6、8、10、12、14 的最优二叉树及其权.

(4) 求下面带权图的最小支撑树,并计算它的权.

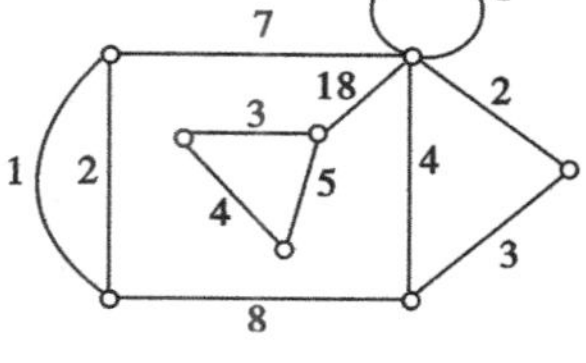

(5)图 $G=\langle V,E\rangle$，其中 $V=\{a,b,c,d,e,f\}$，$E=\{(a,b),(a,c),(a,e),(b,d),(b,e),(c,e),(d,e),(d,f),(e,f)\}$，对应加权值依次为 5，2，1，2，6，1，9，3 及 8.

①画出 G 的图形；②写出 G 的邻接矩阵；③求出 G 权最小的支撑树及权值.

项目8 二元关系与数理逻辑

【知识目标】

1.理解关系的概念,掌握关系的运算及性质;了解复合映射及逆映射.

2.理解命题和联结词的基本概念;掌握命题公式的类型、真值表表示方法、命题公式的等值演算、命题逻辑基本推理.

3.理解谓词的基本概念;掌握谓词公式的解释、等价与蕴含.

【技能目标】

1.会求笛卡尔积;会用关矩阵、关系图表示二元关系;会5种类型的二元关系及其判断方法;会判断等价关系;会求关系的闭包.

2.会判断命题的真假,会将命题符号化;会构造命题公式的真值表,会根据真值表判定公式的类型.

3.会利用等值演算验证等值式、化简复杂命题公式和判别公式的类型.

任务 8.1 认知二元关系

8.1.1 二元关系

1)笛卡尔积的概念

(1)有序对

定义1 由两个元素 x 和 y 按一定顺序排成的二元数组,称为有序对(或称序偶),记作:$<x,y>$.其中,x 是它的第一元素,y 是它的第二元素.例如,平面直角坐标系点的坐标.

特点:①当 $x \neq y$ 时,$<x,y> \neq <y,x>$;

②$<x,y>=<u,v>$当且仅当 $x=u$,$y=v$.

①②说明有序对区别于集合.

(2)笛卡尔积

定义2 设 A、B 为两集合,$x \in A$,$y \in B$,则所有有序对$<x,y>$的集合称为 A 和 B 的笛卡尔积,记作:$A \times B$.即 $A \times B=\{<x,y> | x \in A \text{ 且 } y \in B\}$.用$|A|$表示集合 A 中的元素个数.一般地,若$|A|=m$,$|B|=n$,则

$$|A \times B|=|B \times A|=mn$$

设 A 是一个集合,由 A 的所有子集构成的集合,称为 A 的幂集,记作 $P(A)$ 或 2^A,则

$|P(A)|=2^{|A|}$.

例 1 设 $A=\{a,b\}$, $B=\{0,1,2\}$，求 $A\times B$, $B\times A$.

解 由笛卡尔积的定义知

$$A\times B=\{<a,0>,<a,1>,<a,2>,<b,0>,<b,1>,<b,2>\}$$

$$B\times A=\{<0,a>,<0,b>,<1,a>,<1,b>,<2,a>,<2,b>\}$$

例 2 若 $A=\{\varnothing\}$，求 $P(A)\times A$.

解 $P(A)=\{\varnothing,\{\varnothing\}\}$，则 $P(A)\times A=\{<\varnothing,\varnothing>,<\{\varnothing\},\varnothing>\}$.

(3)笛卡尔积运算的性质

①如果 A,B 中有一个空集，则笛卡尔积是空集，即：$\varnothing\times B=A\times\varnothing=\varnothing$；

②当 $A\neq B$，且 A,B 都不是空集时，有 $A\times B\neq B\times A$，即笛卡尔积不满足交换律；

③当 A,B,C 都不是空集时，有 $(A\times B)\times C\neq A\times(B\times C)$，即笛卡尔积不满足结合律.

④笛卡尔积运算对∪或∩运算满足分配律，即

$$A\times(B\cup C)=(A\times B)\cup(A\times C)$$

$$(B\cup C)\times A(=B\times A)\cup(C\times A)$$

$$A\times(B\cap C)=(A\times B)\cap(A\times C)$$

$$(B\cap C)\times A=(B\times A)\cap(C\times A)$$

例 3 设 $A=\{1,2\}$，求 $P(A)\times A$.

解 $P(A)\times A=\{\varnothing,\{1\},\{2\},\{1,2\}\}\times\{1,2\}$

$=\{<\varnothing,1>,<\varnothing,2>,<\{1\},1>,<\{1\},2>,<\{2\},1>,<\{2\},2>,<\{1,2\},1>,<\{1,2\},2>\}$

推广：n 阶笛卡尔积

$A_1\times A_2\times\cdots\times A_n=\{<x_1,x_2,\cdots,x_n>|x_i\in A_i,i=1,2,\cdots,n.\}$

2)二元关系概念

(1)二元关系定义

定义 3 如果一个集合为空集或者它的元素都是二元有序对，则这个集合称为一个二元关系，记作：R.如果 $<x,y>\in R$，记作 xRy；如果 $<x,y>\notin R$，记作 $x\overline{R}y$.

定义 4 设 A,B 为集合，$A\times B$ 的任何子集所定义的二元关系称为从 A 到 B 的二元关系.特别地，当 $A=B$，称为 A 上的二元关系.

若 $|A|=n$，则 $|A\times A|=n^2$，$A\times A$ 的所有子集有 2^{n^2} 个，每个子集都是 A 上的一个关系.所以，n 元素 A 上不同的关系共有 2^{n^2} 个；如三元素集 A 上共有 $2^{3^2}=512$ 个不同关系.

(2)空关系，全域关系，恒等关系

①空关系：对于任何集合 A，空集 $\varnothing$ 是 $A\times A$ 的子集，叫 A 上的空关系；

②全域关系 $E_A=\{<x,y>|x\in A$ 且 $y\in A\}=A\times A$；

③恒等关系：设 I_A 为集合 A 上的二元关系，且满足 $I_A=\{<x,x>|x\in A\}$，则称 I_A 为集合上

的恒等关系；

小于等于关系 $L_A=\{<x,y>|x,y\in A 且 x\leqslant y\}$，$A\subseteq \mathbf{R}$，$\mathbf{R}$ 为实数集合；

包含关系 $R_{\subseteq}=\{<x,y>|x,y\in A 且 x\subseteq y\}$，$A$ 是集合族.

$D_B=\{<x,y>|x,y\in A 且 x 整除 y\}$，$B\subseteq Z^*$

例 4　设 $A=\{a,b\}$，写出 $P(A)$ 上的包含关系 R.

解　$P(A)=\{\varnothing,\{a\},\{b\},\{a,b\}\}$

$R=\{<\varnothing,\varnothing>,<\varnothing,\{a\}>,<\varnothing,\{b\}>,<\varnothing,\{a,b\}>,<\{a\},\{a\}><\{a\},\{a,b\}>,<\{b\},\{b\}>,<\{b\},\{a,b\}>,<\{a,b\},\{a,b\}>\}$

8.1.2　表示二元关系

给出一个关系除用上述集合表示外，还有以下两种表示法.

1）用关系矩阵表示

设 $A=\{a_1,a_2,\cdots,a_n\}$，集合 $B=\{b_1,b_2,\cdots,b_m\}$，R 是 A 到 B 的二元关系：

令
$$r_{ij}=\begin{cases}1,若\ a_iRb_j\\0,若\ a_i\overline{R}b_j\end{cases}\quad(i=1,2,3,\cdots,n;j=1,2,3,\cdots,m)$$

称
$$r_{ij}=\begin{matrix} & b_1 & b_2 & \cdots & b_m\\ a_1 & r_{11} & r_{12} & \cdots & r_{1m}\\ a_2 & r_{21} & r_{22} & \cdots & r_{2m}\\ \vdots & \vdots & \vdots & & \vdots\\ a_n & r_{n1} & r_{n2} & \cdots & r_{nm}\end{matrix}$$

为 R 的关系矩阵.

说明：

①空关系 $\varnothing$ 的关系矩阵 $M_{\varnothing}$ 的所有元素为 0.

②全域关系 U_A 的关系矩阵 M_U 的所有元素为 1.

③恒等关系 I_A 的关系矩阵 M_I 的所有对角元为 1，非对角均为 0，此矩阵在线性代数中称为单位矩阵，记作 I（或 E）.

2）用关系图表示

设给定集合 $A=\{a_1,a_2,\cdots,a_n\}$，集合 $B=\{b_1,b_2,\cdots,b_m\}$.R 是 A 到 B 的二元关系.

首先在平面上作出 n 个结点，分别记作 $a_1,a_2,\cdots,a_n$.然后另外作出 m 个结点分别记作 $b_1,b_2,\cdots,b_m$.如果 $a\in A$、$b\in B$ 且 $<a,b>\in R$，则自结点 a 到结点 b 作出一条有向弧，其箭头指向 b.如果 $<a,b>\notin R$，则结点 a 和结点 b 之间没有线段连接.用这种方法得到的图称为 R 的关系图.

例 5 设 $A=\{1,2,3,4\}$，A 上的关系 $R=\{<1,2>,<1,3>,<2,2>,<2,4>,<3,4>,<4,2>\}$. 试写出 R 的关系矩阵并画出关系图.

解 关系矩阵 M_R 为

$$\begin{pmatrix} 0 & 1 & 1 & 0 \\ 0 & 1 & 0 & 1 \\ 0 & 0 & 0 & 1 \\ 0 & 1 & 0 & 0 \end{pmatrix}$$

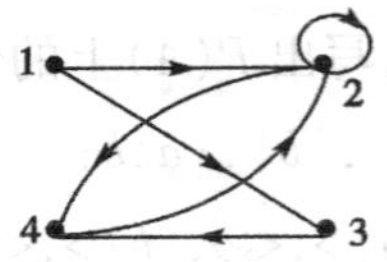

图 8.1

关系图如图 8.1 所示.

8.1.3 关系的运算

1）关系的定义域与值域

（1）关系 R 的定义域

$domR=\{x \mid 存在\ y，使得<x,y>\in R\}$，即 R 中所有有序对的第一元素构成的集合.

（2）关系 R 的值域

$ranR=\{y \mid 存在\ x，使得<x,y>\in R\}$，即 R 中所有有序对的第二元素构成的集合.

（3）关系 R 的域

$fldR=domR\cup ranR$.

例 6 分别求出下列关系的定义域和值域.

（1）$R_1\{<x,y> \mid x,y\in \mathbf{Z}\ 且\ x\leq y\}$；

（2）$R_2\{<x,y> \mid x,y\in \mathbf{Z}\ 且\ x^2+y^2=1\}$.

解 （1）$domR_1=ranR_1=\mathbf{Z}$；

（2）$R_2=\{<0,1>,<0,-1>,<1,0>,<-1,0>\}$；$domR_2=ranR_2=\{0,1,-1\}$.

2）关系的常用运算

（1）复合关系

设 F 是从集合 A 到集合 B 上的二元关系，G 是从集合 B 到集合 C 上的二元关系，则 $F\circ G$ 称为 F 和 G 的复合关系，表示为

$$F\circ G=\{<x,y> \mid 存在\ z，使得<x,z>\in F\ 且<z,y>\in G\}$$

例 7 已知 $R=\{<1,2>,<2,3>,<1,4>,<2,2>\}$，

$S=\{<1,1>,<1,3>,<2,3>,<3,2>,<3,3>\}$，

求 $R\circ S$，$S\circ R$.

解 $R\circ S=\{<1,3>,<2,2>,<2,3>\}$；$S\circ R=\{<1,2>,<1,4>,<3,2>,<3,3>\}$.

利用图示(不是关系图)方法求合成,如图 8.2 所示

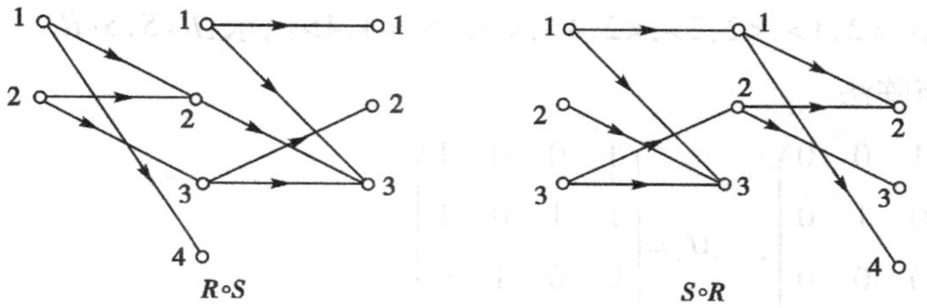

图 8.2

定理 1　设 R 是从 A 到 B 的关系,S 是从 B 到 C 的关系,其中 $A=\{a_1,a_2,\cdots,a_m\}$,$B=\{b_1,b_2,\cdots,b_n\}$,$C=\{c_1,c_2,\cdots,c_t\}$.而 M_R,M_S 和 $M_{R\circ S}$ 分别为关系 R,S 和 $R\circ S$ 的关系矩阵,则有 $M_{R\circ S}=M_R\cdot M_S$,其中 $1+1=1+0=0+1=1$,$0+0=0$.

定理 2　设 R 是从集合 A 到集合 B 上的二元关系,S 是从集合 B 到集合 C 上的二元关系,T 是从集合 C 到集合 D 上的二元关系,则有:

①$R\circ(S\cup T) R\circ S\cup R\circ T$;

②$R\circ(S\cap T)\subseteq R\circ S\cap R\circ T$;

③$(R\cup S)\circ T=R\circ T\cup S\circ T$;

④$(R\cap S)\circ T\subseteq R\circ T\cap S\circ T$;

⑤$R\circ(S\circ T)=(R\circ S)\circ T$.

定义 5　设 R 是 A 上的关系,n 为自然数,则:

①$R^0=\{<x,x>|x\in A\}=I_A$;

②$R^{n+1}=R^n\circ R,n\geqslant 1$.

从关系 R 的 n 次幂定义,可得出下面的结论:

①$R^m\circ R^n=R^{m+n}$;②$(R^n)^m=R^{mn}$,其中 m,n 为自然数.

例 8　设 $A=\{a,b,c,d\}$,A 上的一个关系 $R=\{<a,b>,<b,a>,<b,c>,<c,d>\}$,求 R^0,R^2,R^3.

解 1　$$R^0=\{<a,a>,<b,b>,<c,c>,<d,d>\}$$

由 R 的关系图(图 8.3)知,

$$R^2=R\circ R=\{<a,a>,<a,c>,<b,b>,<b,d>\}$$

$$R^3=\{<a,b>,<a,d>,<b,a>,<b,c>\}$$

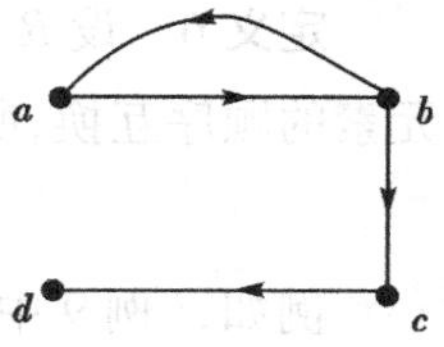

图 8.3

解 2　由 R 的关系矩阵

$$M=\begin{pmatrix}0&1&0&0\\1&0&1&0\\0&0&0&1\\0&0&0&0\end{pmatrix},\quad M^2=\begin{pmatrix}1&0&1&0\\0&1&0&1\\0&0&0&0\\0&0&0&0\end{pmatrix},\quad M^3=\begin{pmatrix}0&1&0&1\\1&0&1&0\\0&0&0&0\\0&0&0&0\end{pmatrix}$$

得　$$R^2=R\circ R\{<a,a>,<a,c>,<b,b>,<b,d>\}$$

$$R^3=\{<a,b>,<a,d>,<b,a>,<b,c>\}$$

例 9　设集合 $A=\{1,2,3,4\}$，A 上的关系 $R=\{<1,1>,<1,2>,<2,3>,<4,3>,<4,4>\}$，$S=\{<1,1>,<1,4>,<2,1>,<2,2>,<2,4>,<3,3>,<4,4>\}$，求：$R\circ S$，$S\circ R$.

解 1　关系矩阵法。

由 $M_R=\begin{pmatrix}1&1&0&0\\0&0&1&0\\0&0&0&0\\0&0&1&1\end{pmatrix}$，　$M_S=\begin{pmatrix}1&0&0&1\\1&1&0&1\\0&0&1&0\\0&0&0&1\end{pmatrix}$，

$$M_{R\circ S}=M_R\cdot M_S=\begin{pmatrix}1&1&0&1\\0&0&1&0\\0&0&0&0\\0&0&1&1\end{pmatrix},\quad M_{S\circ R}=M_S\cdot M_R=\begin{pmatrix}1&1&1&1\\1&1&1&1\\0&0&0&0\\0&0&1&1\end{pmatrix}$$

$$R\circ S=\{<1,1>,<1,2>,<1,4>,<2,3>,<4,3>,<4,4>\}$$

$$S\circ R=\{<1,1>,<1,2>,<1,3>,<1,4>,<2,1>,<2,2>,<2,3>,<2,4>,<4,3>,<4,4>\}$$

解 2　关系图法

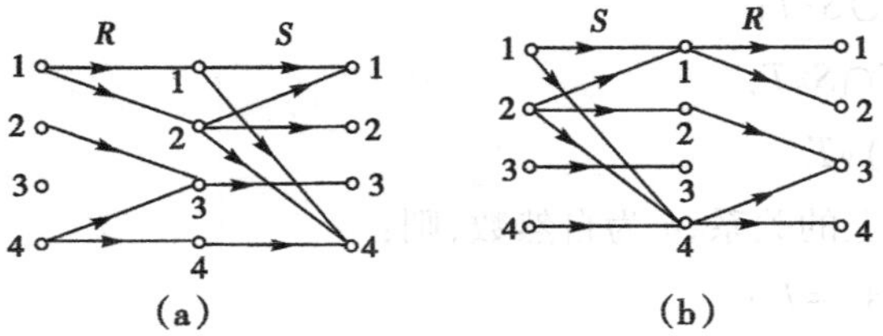

图 8.4

由图 8.4(a)，得

$$R\circ S=\{<1,1>,<1,2>,<1,4>,<2,3>,<4,3>,<4,4>\};$$

由图 8.4(b)，得

$$S\circ R=\{<1,1>,<1,2>,<1,3>,<1,4>,<2,1>,<2,2>,<2,3>,<2,4>,<4,3>,<4,4>\}$$

(2)逆关系

定义 6　设 R 是从集合 A 到集合 B 的二元关系，如果将 R 中每序偶的第一元素和第二元素的顺序互换，所得到的集合称为 R 的逆关系，记为

$$R^{-1}=\{<y,x>|\{<x,y>\in A\}$$

例如，(例 9 中的)设集合 $A\{1,2,3,4\}$，A 上的关系 $R\{<1,1>,<1,2>,<2,3>,<4,3>,<4,4>\}$，$S=\{<1,1>,<1,4>,<2,1>,<2,2>,<2,4>,<3,3>,<4,4>\}$.

则　$$R^{-1}=\{<1,1>,<2,1>,<3,2>,<3,4>,<4,4>\}$$

$$S^{-1}=\{<1,1>,<4,1>,<1,2>,<2,2>,<4,2>,<3,3>,<4,4>\}$$

定理 3　设 R，S 和 T 都是从 A 到 B 的二元关系，则下列各式成立：

①$((R)^{-1})^{-1}=R$；

②$(R\cup S)^{-1}=R^{-1}\cup S^{-1}$；

③$(R\cap S)^{-1}=R^{-1}\cap S^{-1}$；

④$(A\times B)^{-1}=B^{-1}\times A^{-1}$；

⑤$(R\circ S)^{-1}=S^{-1}\circ R^{-1}$.

8.1.4　关系的性质

定义 7　设 R 是 A 上的关系.

①自反性：$\forall x\in A$，有 $<x,x>\in R$.

R 的关系矩阵：主对角线元素全为 1，

R 的关系图：每个顶点都有环.

②反自反性：$\forall x\in A$，有 $<x,x>\notin R$.

R 的关系矩阵：主对角线元素全为 0，

R 的关系图：每个顶点都没有环.

③对称性：若 $<x,y>\in R$，则 $<y,x>\in R$.

R 的关系矩阵：对称阵.

R 的关系图：若两个顶点间有边，则一定有一对方向相反的边.

④反对称性：若 $<x,y>\in R$ 且 $x\neq y$，则 $<y,x>\notin R$.

R 的关系矩阵：若 $r_{ij}=1$，且 $i\neq j$，则 $r_{ji}=0$；

R 的关系图：若两个顶点间有边，则一定是只有一条有向边.

⑤传递性：若 $<x,y>\in R$ 且 $<y,z>\in R$，则 $<x,z>\in R$.

R 的关系图：若顶点 x_i 到 x_j 有边，x_j 到 x_k 有边，则 x_i 到 x_k 有边.

例 10　设 $A=\{1,2,\cdots,10\}$，对于 A 上的关系 $R=\{<x,y>|(x-y)/3\in Z\}$，R 具有哪些性质？

解　对任意 $x\in A$，有 $(x-x)/3=0\in Z$，则 $<x,x>\in R$，R 是自反的；

若 xRy，即 $(x-y)/3\in Z$，则有 $(y-x)/3\in Z$，于是 yRx，R 是对称的；

若 A 中有 3 个元素 x,y,z，满足 xRy 且 yRz，即 $(x-y)/3\in Z$ 且 $(y-z)/3\in Z$，则有 $(x-z)/3\in Z$. 于是 xRz，R 是传递的.

为了便于比较，将关系的表达式、关系矩阵、关系图特征列于表 8.1（R 为 A 上的关系）.

表 8.1　关系性质判别

	自　反	反自反	对　称	反对称	传　递
表达式	$I_A\subseteq R$	$R\cap I_A=\varnothing$	$R=R^{-1}$	$R\cap R^{-1}\subseteq I_A$	$R\circ R\subseteq R$
关系矩阵	主对角线元素全是 1	主对角线元素全是 0	矩阵是对称矩阵	若 $r_{ij}=1$，且 $i\neq j$，则 $r_{ji}=0$	对 M^2 中 1 所在位置，M 中相应位置都是 1

续表

	自 反	反自反	对 称	反对称	传 递
关系图	每个顶点都有环	每个顶点都没有环	如果两个顶点之间有边，是一对方向相反的边（无单边）	如果两点之间有边，是一条有向边（无双向边）	若顶点 x_i 到 x_j 有边，x_j 到 x_k 有边，则 x_i 到 x_k 有边

8.1.5 关系的闭包

定义 8 设 R 是 A 上的关系，则包含 R 而使之具有自反性质（对称性质或传递性质）的最小关系，称为 R 的自反闭包（对称闭包或传递闭包）.

自反闭包记作 $r(R)$；对称闭包记作 $s(R)$；传递闭包记作 $t(R)$.

定理 4 设 R 是 A 上的关系，则

①$r(R)=R\cup R^0$；

②$s(R)=R\cup R^{-1}$；

③$t(R)=R\cup R^2\cup R^3\cup\cdots$

特别地，设 $A=\{a_1,a_2,\cdots,a_n\}$，则存在一个正整数 $k\leqslant n$，使得

$t(R)=R\cup R^2\cup R^3\cup\cdots\cup R^k$

1）关系的闭包的矩阵表示

矩阵形式：设 M 是 R 的关系矩阵，则

①$M_r=M+E$；

②$M_s=M+M^{\mathrm{T}}$；

③$M_t=M+M^2+M^3+\cdots$，

其中，“+”均表示矩阵中对应元素的逻辑加，即 $0+0=0,1+1=1+0=0+1=1$.

2）关系图表示

①使 R 的关系图中所有顶点都有一个环，便得到 $r(R)$ 的关系图；

②将 R 的关系图中所有的单向边改成双向边，便得到 $s(R)$ 的关系图；

③使 R 的关系图中所有顶点到从它出发长度不超过 n（n 是图中顶点个数）的所有终点都有边，便得到 $t(R)$ 的关系图.

3）关系图的具体做法

设关系 $R,r(R),s(R),t(R)$ 的关系图分别记为 G,G_r,G_s,G_t，则 G_r,G_s,G_t 的顶点集与 G 的顶点集相等.除了 G 的边以外，以下述方法添加新边：

考察 G 的每个顶点，如果没有环就加上一个环，最终得到 G_r. 考察 G 的每条边，如果有一条 x_i 到 x_j 的单向边，$i \neq j$，则在 G 中加一条 x_j 到 x_i 的反方向边，最终得到 G_s. 考察 G 的每个顶点 x_i，找从 x_i 出发的每一条路径，如果从 x_i 到路径中任何结点 x_j 没有边，就加上这条边. 当检查完所有的顶点后就得到图 G_t.

例 11 设 $A=\{a,b,c,d\}$，A 上的关系 $R=\{<a,b>,<b,a>,<b,c>,<c,d>\}$，求 $r(R)$，$s(R)$，$t(R)$.

解 1 利用定理 4.

$r(R)=R\cup R^0$

$=R\cup\{<a,a>,<b,b>,<c,c>,<d,d>\}$

$=\{<a,a>,<a,b>,<b,a>,<b,b>,<b,c>,<c,c>,<c,d>,<d,d>\}$.

$s(R)=R\cup R^{-1}$

$=R\cup\{<b,a>,<a,b>,<c,b>,<d,c>\}$

$=\{<a,b>,<b,a>,<b,c>,<c,b>,<c,d>,<d,c>\}$

$t(R)=R\cup R^2\cup R^3\cup\cdots$

$=\{<a,b>,<b,a>,<b,c>,<c,d>\}\cup\{<a,a>,<a,c>,<b,b>,<b,d>\}\cup$

$\{<a,b>,<a,d>,<b,a>,<b,c>\}\cdots$

$=\{<a,a>,<a,b>,<a,c>,<b,a>,<b,b>,<b,c>,<a,d>,<b,d>,<c,d>\}$

解 2 利用关系图.

先画出 R 的关系图，再画出 $r(R)$，$s(R)$，$t(R)$ 的关系图，如图 8.5 所示.

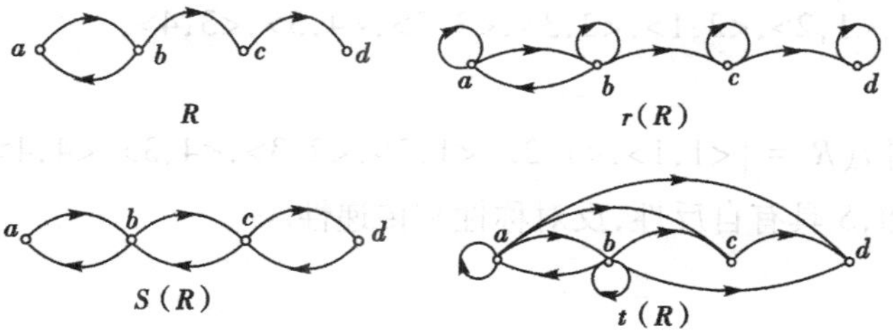

图 8.5

例 12 设集合 $A=\{1,2,3,4\}$，A 上的关系 $R=\{<1,1>,<1,2>,<2,3>,<4,3>,<4,4>\}$，$S=\{<1,1>,<1,4>,<2,1>,<2,2>,<2,4>,<3,3>,<4,4>\}$.

①求 $r(R)$，$s(R)$，$t(R)$；

②说明 S 的性质.

解 1 ①$r(R)=R\cup R^0$

$=R\cup\{<1,1>,<2,2>,<3,3>,<4,4>\}$

$=\{<1,1>,<1,2>,<2,2>,<2,3>,<3,3>,<4,3>,<4,4>\}$.

$s(R)=R\cup R^{-1}=\{<1,1>,<1,2>,<2,1>,<2,3>,<3,2>,<4,3>,<3,4>,<4,4>\}$.

$t(R)=R\cup R^2\cup R^3\cup\cdots$

由 $M_R^2=\begin{pmatrix}1&1&1&0\\0&0&0&0\\0&0&0&0\\0&0&1&1\end{pmatrix}, M_R^3=M_R^2, M_t=M_R+M_R^2=\begin{pmatrix}1&1&1&0\\0&0&1&0\\0&0&0&0\\0&0&1&1\end{pmatrix}$,

得 $t(R)=\{<1,1>,<1,2>,<1,3>,<2,3>,<4,3>,<4,4>\}$.

②由 $M_S=\begin{pmatrix}1&0&0&1\\1&1&0&1\\0&0&1&0\\0&0&0&1\end{pmatrix}, M_S^2=\begin{pmatrix}1&0&0&1\\1&1&0&1\\0&0&1&0\\0&0&0&1\end{pmatrix}=M_S, M_{t(s)}=M_S$,

得 S 具有自反性、反对称性和传递性.

解 2 由关系图求解.

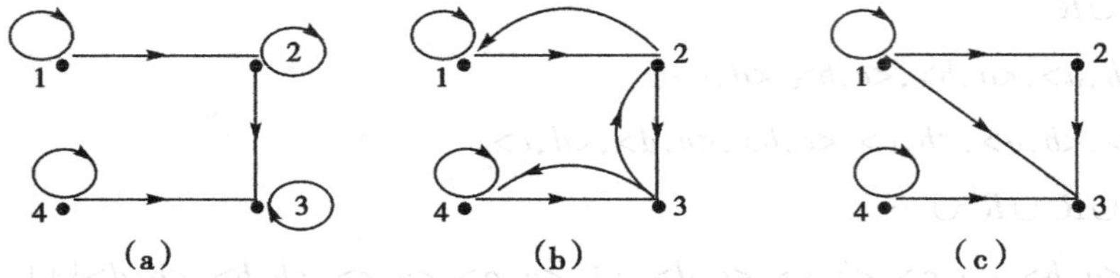

图 8.6

①由图 8.6(a),得

$r(R)=\{<1,1>,<1,2>,<2,2>,<2,3>,<3,3>,<4,3>,<4,4>\}$

由图 8.6(b),得

$s(R)=\{<1,1>,<1,2>,<2,1>,<2,3>,<3,2>,<4,3>,<3,4>,<4,4>\}$.

由图 8.6(c),得 $t(R)=\{<1,1>,<1,2>,<1,3>,<2,3>,<4,3>,<4,4>\}$

②由图 8.7 可知,S 具有自反性,反对称性和传递性.

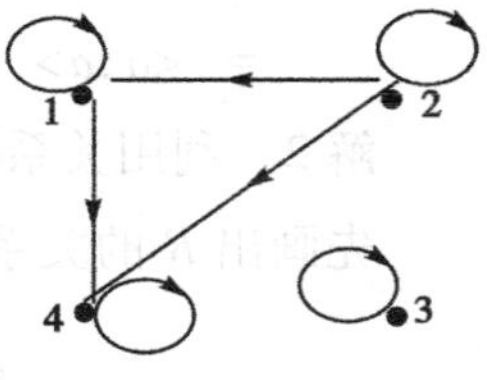

图 8.7

训练习题 8.1

1.计算下列幂集:

(1)$P(\varnothing)$;(2)$P(\{\varnothing\})$;(3)$P(\{a,\{b,c\}\})$.

2.$A=\{1,2,3\}$,$B=\{a,b,c\}$,求 $A\times B$,$B\times A$.

3.若 $A=\{\varnothing\}$,求 $P(A)\times A$.

4.设 $A=\{1,2,3,4\}$,试列出下列关系 R 的元素:

(1)$R=\{<x,y> \mid x$ 是 y 的倍数$\}$;

(2)$R=\{<x,y> \mid (x-y)^2\in A\}$;

(3)$R=\{<x,y> \mid x\neq y\}$;

(4)$R=\{<x,y> \mid \frac{y}{x}$是素数$\}$.

5.设 $A=\{a,b,c,d\}$，$R=\{<a,b>,<b,a>,<b,c>,<c,d>\}$，求 R^0，R^2，R^3，并分别用关系矩阵和关系图表示.

6.求下列关系 R 的关系矩阵并画出关系图：

(1) $A=\{1,2,3,4\}$，$R=\{<1,1>,<1,2>,<2,3>,<2,4>,<4,2>\}$；

(2) $A=\{1,2,3,4\}$，$R=\{<1,2>,<2,2>,<3,3>,<4,1>\}$；

(3) $A=\{1,2,3,4\}$，$R=\{<1,2>,<1,3>,<2,2>,<2,4>,<3,4>,<4,2>\}$；

(4) $A=\{1,2,3,4\}$，$R=\{<1,1>,<1,2>,<2,3>,<2,4>,<4,2>\}$.

7.设集合 $A=\{a,b,c,d\}$，判断下列关系中，哪些是自反的，对称的，反对称的和传递的：

(1) $R_1=\{<a,a>,<b,a>\}$；　　(2) $R_2=\{<a,a>,<b,c>,<d,a>\}$；

(3) $R_3=\{<c,d>\}$；　　(4) $R_4=\{<a,a>,<b,b>,<c,c>,<d,d>\}$.

8.设 $A=\{a,b,c\}$，A 上的关系 $R=\{<a,b>,<a,c>,<b,a>,<b,c>\}$，求 $r(R)$，$s(R)$，$t(R)$.

任务 8.2　认知命题逻辑

命题逻辑是数理逻辑的基础，它以命题为研究对象，研究基于命题的符号逻辑体系及推理规律，它也可称命题演算.

8.2.1　命题符号化及联结词

1) 命题的概念

定义 1　能够判断真假的陈述句称为命题.

命题的真值：判断的结果.

真值的取值：真与假.

真命题：真值为真的命题.

假命题：真值为假的命题.

注意　①判断一个语句是否为命题，首先看其是否为陈述句，再看其真值是否唯一.命题是具有唯一真值的陈述句.

②感叹句、祈使句、疑问句都不是命题.陈述句中的悖论，如“我正在说谎”，以及判断结果不唯一确定的，如 $3+x>1$，都不是命题.

③“能判断真假”并不同于“已知真假”.例如，“地球之外的星球上有生物.”虽然目前无法确定真假，但随着科技的发展总有一天能确定真假.这句话是命题.

例 1　判断下列句子中哪些是命题.

①北京是中国的首都.②雪是白色的.③$2+3=5$.④请把门关上！⑤$\sqrt{3}$ 是无理数.⑥明年

十月一日是晴天.⑦明天有课吗？⑧这朵花真美呀！⑨$5x-1>3$.⑩我正在说谎话.

解 ①、②、③、⑤、⑥是命题.④是祈使句；⑦是疑问句；⑧是感叹句；⑨真值不确定；⑩是悖论，都不是命题.

2)命题联结词

不能分解成更简单命题的命题，称为简单命题(原子命题).

命题和原子命题常用大小写英文字母$P,Q,R,p,q,r\cdots$来表示.通常将表示命题的符号放在该命题的前面，称为命题符号化.

由简单命题与联结词按一定规则复合而成的命题，称为复合命题.

在命题逻辑中，复合命题可以由原子命题通过“联结词”构成.常用的联结词有$\neg$，$\wedge$，$\vee$，$\rightarrow$，$\leftrightarrow$五种.

(1)否定式与否定联结词“$\neg$”

定义2 设P为命题，复合命题“非P”称作P的否定式，记作“$\neg P$”，读作“非P”.符号“$\neg$”称作否定联结词，并规定$\neg P$为真当且仅当P为假.

注意 联结词“非”“不”“没有”“无”“并非”“并不”都可符号化为$\neg$.

“$\neg$”代表的运算是一元运算(即只有一个运算对象)，常称为“非”运算，所有可能的运算结果进行汇总，见表8.2.

表8.2

P	$\neg P$
0	1
1	0

例如 ①P:5是偶数，则$\neg P$:5不是偶数.

②Q:今天下雨且下雪，则$\neg Q$:今天不下雨或者不下雪.

(2)合取联结词“$\wedge$”

定义3 设P,Q为命题，复合命题“P并且Q”(“P与Q”)称作P与Q的合取式，记作“$P\wedge Q$”，读作“P合取Q”.

$P\wedge Q$为真，当且仅当P与Q同时为真.P与Q有一假则假.

注意 联结词“同时”“和”“与”“同”“以及”“而且”“又”“尽管……仍然……”“虽然……依旧……”“既……又……”“不但……而且……”“虽然……但是……”等，都可符号化为$\wedge$.

“$\wedge$”代表的运算是二元运算(即有两个运算对象)，常称为“与”运算，所有可能的运算结果的真值表见表8.3.

表8.3

P	Q	$P\wedge Q$
0	0	0
0	1	0

续表

P	Q	$P\wedge Q$
1	0	0
1	1	1

注意　在自然语言中，无关联的两命题的“与”是无意义的，但在数理逻辑中是一个新的命题，有逻辑值.

例如，用 P 表示命题“今天是星期五”，Q 表示命题“今天下雨”，则命题是“今天是星期五，而且今天下雨.”如果是星期五，又下雨，则该命题为真；如果是除星期五外的任意一天，或者虽是星期五但没下雨，则该命题为假.

例 2　将下列命题符号化：

①小明既用功又聪明.②小明不仅聪明，而且用功.③小明虽然聪明，但不用功.④小明不是不聪明，而是不用功.⑤小明与小丽都是三好生.⑥小明与小丽是同学.

解　①$P\wedge Q$；②$P\wedge Q$；③$P\wedge\neg Q$；④$\neg(\neg P)\wedge\neg$).

令 R：小明是三好学生，S：王丽是三好学生.⑤$R\wedge S$.

⑥令 T：小明与王丽是同学，T 是简单命题.⑥中“与”联结的是句子的主语成分，因而句子是简单命题.

(3)析取联结词“$\vee$”

定义 4　设 P,Q 为命题，复合命题“P 或 Q”称作 P 与 Q 的析取式，记作“$P\vee Q$”，读作“P 析取 Q”.

$P\vee Q$ 为真当且仅当 P 与 Q 中至少一个为真，或 $P\vee Q$ 为假当且仅当 P 与 Q 同时为假.

“$\vee$”代表的运算是二元运算(即有两个运算对象)，常称为“或”运算，所有可能的运算结果见表 8.4.

表 8.4

P	Q	$P\vee Q$
0	0	0
0	1	1
1	0	1
1	1	1

注意　自然语言中的“或”的含义有两种：一种是“可兼或”(或称“相容或”)；另一种是“排斥或”.析取式 $P\vee Q$ 表示的是一种可兼或，即允许 P 与 Q 同时为真.

例 3　将下列命题符号化：

①2 或 4 是素数；②今晚我写字或看书；③派小明或小丽中的一人去开会；④小明生于 2005 年或 2006 年.

解 ①令 P:2 是素数，Q:3 是素数，则符号化为 $P\vee Q$.

②这里的“或”是可兼或.令 P:今晚我写字，Q:今晚我看书，则符号化为 $P\vee Q$.

③这里的“或”是排斥或.令 P:派小明去开会，Q:派小丽去开会，则符号化为 $(P\wedge\neg Q)\vee(\neg P\wedge Q)$.

④这里的“或”本来是排斥或，排斥或一般不能直接用“$\vee$”联结，但两个命题不能同时为真时例外.

令 P:小明生于 2005 年，Q:小明生于 2006 年，则符号化为 $(P\neg\wedge Q)\vee(\neg P\wedge Q)$ 或$P\vee Q$.

(4)条件联结词“→”

定义 5 如果 P 和 Q 是命题，那么“如果 P，则 Q”称作 P 与 Q 的蕴含式，记作“$P\to Q$”，读作“P 蕴含 Q”.其中，P 称为蕴含式的前件，Q 称为蕴含式的后件.

$P\to Q$ 为假，当且仅当 P 为真且 Q 为假.

真值表见表 8.5.

表 8.5

P	Q	$P\to Q$
0	0	1
0	1	1
1	0	0
1	1	1

联结词“当 P 则 Q”“若 P 那么 Q”“只要 P 就 Q”“P 仅当 Q”“只有 Q 才 P”“除非 Q，才 P”“除非 Q，否则非 P”等，都可符号化为 $P\to Q$.

注意 ①在自然语言中，“如果 P，则 Q”中的 P 与 Q 往往有某种内在的联系，这样的蕴含式称为形式蕴含.但在数理逻辑中，“$P\to Q$”中的 P 与 Q 不一定有什么内在联系，这样的蕴含式称为实质蕴含.$P\to Q$ 的逻辑关系：Q 为 P 的必要条件.

②在数学中，“如果 P，则 Q”往往表示前件 P 为真，后件 Q 为真的推理关系，但在数理逻辑中，当 P 为假时，$P\to Q$ 恒为真，称为空证明，此时规定为“善意的推定”.

常出现的错误：不分充分与必要条件.

例 4 用 P 表示命题“天下雨”，用 Q 表示命题“我骑自行车上班”，将下列命题符号化：

①只要不下雨，我就骑自行车上班；②只有不下雨，我才骑自行车上班.

解 在①中，$\neg P$ 是 Q 的充分条件，因而符号化为$\neg P\to Q$；

在②中，$\neg P$ 是 Q 的必要条件，因而符号化为 $Q\to\neg P$.

(5) 双条件联结词"↔"(也称为:等价联结词)

定义 6　如果 P 和 Q 是命题,那么复合命题"P 当且仅当 Q"称作 P 与 Q 的等价式,记作"$P \leftrightarrow Q$".

$P \leftrightarrow Q$ 为真,当且仅当 P 与 Q 真值相同.

真值表见表 8.6.

表 8.6

P	Q	$P \leftrightarrow Q$
0	0	1
0	1	0
1	0	0
1	1	1

注意　①双条件命题也可以不顾其因果关系,而只根据联结词定义确定真值,双条件联结词也可记为"*iff*",它也是二元运算.

②联结词"充分必要""只有……才能……""相同""相等""一样""等同"等,都可符号化为 $P \leftrightarrow Q$.

例 5　将下列命题符号化,并讨论它们的真值:

①雪是白色的,当且仅当北京是中国的首都;②$2+2 \neq 4$,当且仅当 3 不是奇数;③金子是会发光的,当且仅当太阳从东方升起;④函数 $f(x)$ 在点 x_0 处可导的充要条件是它在点 x_0 处连续.

解　①令 P:雪是白色的,Q:北京是中国的首都,则符号化为 $P \leftrightarrow Q$.

②令 P:$2+2=4$,Q:3 是奇数,则符号化为 $\neg P \leftrightarrow \neg Q$.

③令 P:金子会发光的,Q:太阳从东方升起,则符号化为 $P \leftrightarrow Q$.

④令 P:函数 $f(x)$ 在点 x_0 处可导,Q:函数 $f(x)$ 在点 x_0 处连续,则符号化为 $P \leftrightarrow Q$.它们的真值分别为 1,1,0,0.

在命题联结词中有些地方与一般习惯用语是不同的:

①两个逻辑上完全没有联系的命题可加以命题联结词而形成新的复合命题.

②有的联结词在日常用语中可有多种逻辑含义,但在命题逻辑中有确定含义,如命题逻辑中的"或"是"可兼或"的"或".

③对于"蕴含",在自然语言中,条件式中前提和结论间必含有某种因果关系,但在数理逻辑中可以允许两者无必然因果关系,也就是说,并不要求前件和后件有什么联系;在命题逻辑中,当其前件为假时,则不论其后件是真还是假其整个蕴含式一定为真.

④命题联结词是命题间的联结词而不是名词或形容词间的联结词.

⑤5 个联结词的优先顺序为:$\neg$,$\wedge$,$\vee$,$\rightarrow$,$\leftrightarrow$;如果出现的联结词同级,又无括号时,则

按从左到右的顺序运算;若遇有括号时,应该先进行括号中的运算,最外层括号可省去.

注意 本书中使用的括号全为圆括号.

在命题逻辑中,可用上述联结词将各种各样的复合命题符号化.基本步骤如下:

①先分析找出所包含的原子命题,将它们符号化;

②再根据含义使用合适的联结词,把原子命题逐个联结起来.

例6 将下列命题符号化:

①说离散数学是枯燥无味的或毫无价值的,那是不对的.

②如果我上街,我就去书店看看,除非我很累.

③小明是计算机系的学生,他生于1990年或1991年,他是三好学生.

④计算机机房规则:"凡进入机房者,必须换拖鞋,穿工作服;否则罚款人民币10元".

解 ①令 P:离散数学是有味道的,Q:离散数学是有价值的,则符号化为$\neg(\neg P \vee \neg Q)$.

②令 P:我上街,Q:我去书店看看,R:我很累,则符号化为$\neg R \rightarrow (P \rightarrow Q)$.

③令 P:小明是计算机系的学生,Q:他生于1990年,R:他生于1991年,S:他是三好学生,则符号化为 $P \wedge (Q \vee R) \wedge S$.

④令 P:某人进入机房,Q:某人换拖鞋,R:某人穿工作服,S:某人需罚款人民币10元,则符号化为$\neg(P \rightarrow Q \wedge R) \leftrightarrow S$.

8.2.2 命题公式及分类

1)命题公式

定义7 命题公式,简称公式,定义为:

①单个命题变元是公式.

②若 P 是公式,则$\neg P$ 也是公式.

③若 P,Q 是合式公式,则$(P \wedge Q)$,$(P \vee Q)$,$(P \rightarrow Q)$,$(P \leftrightarrow Q)$都是公式.

④当且仅当能够有限次地应用①、②、③所得到的包括命题变元、联结词和括号的符号串是公式.

2)命题公式的解释

定义8 设 G 为一命题公式,$P_1,P_2,\cdots,P_n$ 为出现在 G 中的所有的命题变项.给 P_1,$P_2,\cdots,P_n$指定一组真值,称为对 G 的一个赋值或解释,记作 I,公式 G 在 I 下的真值记作 $T_I(G)$.一组真值称为对公式 G 的一个赋值或解释.

由 G 的真值将每次赋值分为成真赋值和成假赋值.

成真赋值:使公式为真的赋值;

成假赋值:使公式为假的赋值.

定义9 将命题公式 G 在所有赋值之下取值的情况列成表,称为真值表.

构造真值表的步骤：

①找出命题公式中所有命题变项：$P_1, P_2, \cdots, P_n$，列出所有可能的赋值（$2n$ 个），从 00…0 开始，按二进制加法，每次加 1，直至 11…1 为止；

②按从低到高的顺序写出公式的各个层次；

③对每个赋值依次计算各层次的真值，直到最后计算出公式的真值为止.

命题运算的优先级顺序：①先括号；②¬；③∧，∨；④→；⑤↔；⑥从左至右.

例7 写出下列公式的真值表，并求它们的成真赋值和成假赋值.

①$\neg(\neg P) \wedge \neg Q$；

②$(P \vee Q) \rightarrow \neg R$.

解1 真值表见表8.7.

表8.7

P	Q	$\neg(\neg P)$	$\neg Q$	$\neg(\neg P) \wedge \neg Q$
0	0	0	1	0
0	1	0	0	0
1	0	1	1	1
1	1	1	0	0

成真赋值：10；成假赋值：00，01，11.

解2 真值表见表8.8.

表8.8

P	Q	R	$P \vee Q$	$\neg R$	$(P \vee Q) \rightarrow \neg R$
0	0	0	0	1	1
0	0	1	0	0	1
0	1	0	1	1	1
0	1	1	1	0	0
1	0	0	1	1	1
1	0	1	1	0	0
1	1	0	1	1	1
1	1	1	1	0	0

成真赋值：000，001，010，100，110；成假赋值：011，101，111.

3）命题公式的类型

定义10 设 G 为公式：①如果 G 在所有解释下取值均为真，则称 G 是永真式或重言式；

②如果 G 在所有解释下取值均为假，则称 G 是永假式或矛盾式；

③如果至少存在一种解释使公式 G 取值为真，则称 G 是可满足式.

注意 重言式一定是可满足式，但反之不真.

8.2.3 等值演算

定义 11 设 A 和 B 为两个命题公式，如果 A 和 B 在任意赋值情况下都具有相同的真值，则称 A 和 B 等值.记作：$A \Leftrightarrow B$.

定理 1 设 A、B、C 是公式，则

①自反性：$A \Leftrightarrow A$；

②对称性：若 $A \Leftrightarrow B$ 则 $B \Leftrightarrow A$；

③传递性：若 $A \Leftrightarrow B$ 且 $B \Leftrightarrow C$ 则 $A \Leftrightarrow C$.

满足自反性、对称性和传递性，称为等价关系.

定理 2 设 A、B、C 是公式，则下述等价公式成立：

①双重否定律：$A \Leftrightarrow \neg(\neg A)$.

②等幂律：$A \Leftrightarrow A \vee A$；$A \Leftrightarrow A \wedge A$.

③交换律：$A \vee B \Leftrightarrow B \vee A$；$A \wedge B \Leftrightarrow B \wedge A$

④结合律：$(A \wedge B) \wedge C \Leftrightarrow A \wedge (B \wedge C)$；$(A \vee B) \vee C \Leftrightarrow A \vee (B \vee C)$.

⑤分配律：$A \vee (B \wedge C) \Leftrightarrow (A \vee B) \wedge (A \vee C)$；$A \wedge (B \vee C) \Leftrightarrow (A \wedge B) \vee (A \wedge C)$.

⑥德·摩根律：$\neg(A \vee B) \Leftrightarrow \neg A \wedge \neg B$；$\neg(A \wedge B) \Leftrightarrow \neg A \vee \neg B$.

⑦吸收律：$A \vee (A \wedge B) \Leftrightarrow A$；$A \wedge (A \vee B) \Leftrightarrow A$.

⑧零一律：$A \vee 1 \Leftrightarrow 1$；$A \wedge 0 \Leftrightarrow 0$.

⑨同一律：$A \vee 0 \Leftrightarrow A$；$A \wedge 1 \Leftrightarrow A$.

⑩排中律：$A \vee \neg A \Leftrightarrow 1$.

⑪矛盾律：$A \wedge \neg A \Leftrightarrow 0$.

⑫蕴含等值式：$A \to B \Leftrightarrow \neg A \vee B$.

⑬假言易位：$A \to B \Leftrightarrow \neg B \to \neg A$.

⑭等价等值式：$A \leftrightarrow B \Leftrightarrow (A \to B) \wedge (B \to A)$.

⑮等价否定等值式：$A \leftrightarrow B \Leftrightarrow \neg A \leftrightarrow \neg B$.

⑯归谬式：$(A \to B) \wedge (A \to \neg B) \Leftrightarrow \neg A$.

定义 12 由已知的等值式推演出新的等值式的过程称为等值演算.

定理 3(置换规则) 设 $\varphi(A)$ 是一个含有子公式 A 的命题公式，$\varphi(B)$ 是用公式 B 置换了 $\varphi(A)$ 中的子公式 A 后得到的公式，如果 $A \Leftrightarrow B$，那么 $\varphi(A) \Leftrightarrow \varphi(B)$.

等值演算的基础：

①等值关系的性质：自反、对称、传递；

②基本的等值式；

③置换规则.

例 8　证明 $P\to(Q\to R)\Leftrightarrow(P\wedge Q)\to R$.

证 1　$P\to(Q\to R)\Leftrightarrow\neg P\vee(\neg Q\vee R)$（蕴含等值式，置换规则）

$\Leftrightarrow(\neg P\vee\neg\vee Q)\vee R$（结合律，置换规则）

$\Leftrightarrow\neg(P\wedge Q)\vee R$（德·摩根律，置换规则）

$\Leftrightarrow(P\wedge Q)\to R$（蕴含等值式，置换规则）

证 2　真值表法：见表 8.9.

表 8.9

P	Q	R	$Q\to R$	$P\wedge Q$	$P\to(Q\to R)$	$(P\wedge Q)\to R$
0	0	0	1	0	1	1
0	0	1	1	0	1	1
0	1	0	0	0	1	1
0	1	1	1	0	1	1
1	0	0	1	0	1	1
1	0	1	1	0	1	1
1	1	0	0	1	0	0
1	1	1	1	1	1	1

例 9　用等值演算法判断公式的类型：

$$(P\to Q)\wedge\neg P$$

证 1　真值表见表 8.10.

表 8.10

P	Q	$P\to Q$	$\neg P$	$(P\to Q)\wedge\neg P$
0	0	1	1	1
0	1	1	1	1
1	0	0	0	0
1	1	1	0	0

证 2　$(P\to Q)\wedge\neg P$

$\Leftrightarrow(\neg P\vee Q)\wedge\neg P$　（蕴含等值式，置换规则）

$\Leftrightarrow\neg P$　（吸收律，置换规则）

由最后一步可知，该式为可满足式.

8.2.4 推理理论

数理逻辑的主要任务是借助于数学的方法来研究推理的逻辑.

推理是从前提推出结论的思维过程,前提是已知的命题公式,结论是从前提出发应用推理规则推出的命题公式.

定义 13 若$(A_1 \wedge A_2 \wedge \cdots \wedge A_n) \to B$为重言式,则称$A_1, A_2, \cdots, A_n$推导结论$B$的推理正确,记之为$(A_1 \wedge A_2 \wedge \cdots \wedge A_n) \Rightarrow B$.

B是$A_1, A_2, \cdots, A_n$的逻辑结论或有效结论.称$(A_1 \wedge A_2 \wedge \cdots \wedge A_n) \to B$为推理的形式结构.

常见的推理的形式结构:

①$(A_1 \wedge A_2 \wedge \cdots \wedge A_k) \to B$

若推理正确,记为$(A_1 \wedge A_2 \wedge \cdots \wedge A_k) \Rightarrow B$.

②前提:$A_1, A_2, \cdots, A_k$

结论:B.

常用的推理定律,如下:

①附加律:$A \Rightarrow (A \vee B)$.

②化简律:$(A \wedge B) \Rightarrow A$.

③假言推理:$(A \to B) \wedge A \Rightarrow B$.

④拒取式:$(A \to B) \wedge \neg B \Rightarrow \neg A$.

⑤析取三段论:$(A \vee B) \wedge \neg B \Rightarrow A$.

⑥假言三段论:$(A \to B) \wedge (B \to C) \Rightarrow (A \to C)$.

⑦等价三段论:$(A \leftrightarrow B) \wedge (B \leftrightarrow C) \Rightarrow (A \leftrightarrow C)$.

⑧构造性二难:$(A \to B) \wedge (C \to D) \wedge (A \vee C) \Rightarrow (B \vee D)$.

构造性二难(特殊形式):$(A \to B) \wedge (\neg A \to B) \Rightarrow B$.

⑨破坏性二难:$(A \to B) \wedge (C \to D) \wedge (\neg B \vee \neg D) \Rightarrow (\neg A \vee \neg C)$.

例 10 判断下面各推理是否正确:如果天气凉快,小王就不去游泳.天气凉快,所以小王没去游泳.

解题步骤:

①将命题符号化;

②写出前提、结论和推理的形式结构;

③用真值表法、等值演算或主析取范式法进行判断.

解 设P:天气凉快,Q:小王去游泳.

前提:$P \to \neg Q, P$;

结论:$\neg Q$.

推理的形式结构为

$((P\to\neg Q)\wedge P)\to\neg Q$

证1 真值表见表8.11.

表8.11

P	Q	$\neg Q$	$P\to\neg Q$	$(P\to\neg Q)\wedge P$	(*)
0	0	1	1	0	1
0	1	0	1	0	1
1	0	1	1	1	1
1	1	0	0	0	1

真值表的最后一列全为1,因而(*)是重言式,所以推理正确.

证2 等值演算法

$((P\to\neg Q)\wedge P)\to\neg Q$

$\Leftrightarrow((\neg P\vee\neg Q)\wedge P\to\neg Q$

$\Leftrightarrow\neg((\neg P\vee\neg Q)\wedge P)\vee\neg Q$

$\Leftrightarrow\neg(\neg P\vee\neg Q)\vee\neg P\vee\neg Q$

$\Leftrightarrow\neg(\neg P\vee\neg Q)\vee(\neg P\vee\neg Q)$

$\Leftrightarrow1$

该蕴含式是重言式,所以推理正确.

为了更好地判断推理的正确性,引入构造证明的方法.

构造证明法:描述推理过程的命题公式序列.

推理规则:在推理过程中,构造证明必须在给定的规则下进行.常用的推理如下:

①前提引入规则:证明的任何步骤上,都可引入前提;

②结论引入规则:证明的任何步骤上,所证明的结论都可作为后续证明的前提;

③置换规则:证明的任何步骤上,命题公式中的任何子命题公式都可以用与之等值的命题公式置换.

例11 公安局受理某单位发生的一桩案件,已获取如下事实:

①疑犯甲或疑犯乙,至少有一人参与作案;

②如果甲作案,则作案不在上班时间;

③如果乙的证词正确,则大门还未上锁;

④如果乙的证词不正确,则作案发生在上班时间;

⑤已证实大门上了锁.

试判断谁是作案人?写出推理过程.

分析解题思路:

①将命题符号化;

②写出前提和可能结论;

③使用构造证明法推演出正确结论.

解 设P:甲作案;Q:乙作案;R:作案发生在上班时间;S:乙证词正确;T:大门已上锁.

各命题符号化:

①疑犯甲或疑犯乙,至少有一人参与作案:$P \vee Q$.

②如果甲作案,则作案不在上班时间:$P \rightarrow \neg R$.

③如果乙的证词正确,则大门还未上锁:$S \rightarrow \neg T$.

④如果乙的证词不正确,则作案发生在上班时间:$\neg S \rightarrow R$.

⑤已证实大门上了锁:T.

前提:$P \vee Q, P \rightarrow \neg R, S \rightarrow \neg T, \neg S \rightarrow R, T$.

结论:待定,但只有两种可能(P 或 Q).

证明:(根据推理乙作案)

①$S \rightarrow \neg T$	前提引入
②T	前提引入
③$\neg S$	①②拒取式
④$\neg S \rightarrow R$	前提引入
⑤R	③④假言推理
⑥$P \rightarrow \neg R$	前提引入
⑦$\neg P$	⑤⑥拒取式
⑧$P \vee Q$	前提引入
⑨Q	⑦⑧析取三段论

构造证明法常用技巧:

①附加前提证明法(适用于结论为蕴含式).

前提:$A_1, A_2, \cdots, A_k$.

结论:$C \rightarrow B$.

等价地证明

前提:$A_1, A_2, \cdots, A_k, C$.

结论:B.

理由是$(A_1 \wedge A_2 \wedge \cdots \wedge A_k) \rightarrow (A \rightarrow B) \Leftrightarrow (A_1 \wedge A_2 \wedge \cdots \wedge A_k \wedge A) \rightarrow B$

②归谬法.

前提:$A_1, A_2, \cdots, A_k$,结论:B.

做法:在前提中加入$\neg B$,推出矛盾.

理由是:$(A_1 \wedge A_2 \wedge \cdots \wedge A_k) \rightarrow B \Leftrightarrow \neg(A_1 \wedge A_2 \wedge \cdots \wedge A_k \wedge \neg B)$

例 12 (用附加前提证明法证明下面推理)如果小张去看电影,则当小王去看电影时,小李也去.小赵不去看电影或小张去看电影时,小王去看电影.所以当小赵去看电影时,小李也去.

解 (附加前提证明法)将简单命题符号化.

P:小张去看电影;Q:小王去看电影;

R:小李去看电影;S:小赵去看电影.

前提:$P\to(Q\to R)$,$\neg S\vee P$,Q.

结论:$S\to R$.

证明:①$\neg S\vee P$	前提引入
②S	附加前提引入
③P	①②析取三段论
④$P\to(Q\to R)$	前提引入
⑤$Q\to R$	③④假言推理
⑥Q	前提引入
⑦R	⑤⑥假言推理

例 13 用归谬法构造下面推理的证明:

前提:$P\to(\neg(R\wedge S)\to\neg Q)$,$P$,$\neg S$.

结论:$\neg Q$.

证明:①$P\to(\neg(R\wedge S)\to\neg Q)$	前提引入
②P	前提引入
③$\neg(R\wedge S)\to\neg Q$	①②假言推理
④$\neg(\neg Q)$	否定结论引入
⑤Q	④置换
⑥$R\wedge S$	③⑤拒取式
⑦S	⑥化简
⑧$\neg S$	前提引入
⑨$S\wedge\neg S$	⑦⑧合取

⑩为矛盾式,根据归谬法说明推理正确.

训练习题 8.2

1.将下列命题符号化:

(1)肉包是由面粉和鲜肉做成的;

(2)苹果和梨都是水果;

(3)小明或小军都是信息系的学生;

(4)由于交通阻塞,所以小明迟到了;

(5)小明是软件专业的学生,他生于1990年或1991年,他不仅聪明,而且用功.

(6)小明迟到当且仅当交通阻塞;

(7)2或4是素数;

(8)我和他都去开会.

2.设P:2是素数,Q:北京比上海人多,R:美国的首都是旧金山.

求下面命题的真值:

(1)$(P \vee Q) \rightarrow R$;

(2)$(Q \vee R) \rightarrow (P \rightarrow \neg R)$;

(3)$(Q \rightarrow R) \leftrightarrow (P \wedge \neg R)$;

(4)$(Q \rightarrow P) \rightarrow (P \rightarrow \neg R) \rightarrow (\neg R \rightarrow \neg Q)$.

3.用真值表判断下面公式的类型:

(1)$P \wedge R \wedge \neg(Q \rightarrow P)$;

(2)$(P \rightarrow Q) \rightarrow (\neg Q \rightarrow \neg P) \vee R$;

(3)$(P \rightarrow Q) \leftrightarrow (P \rightarrow R)$.

4.证明:$\neg(P \vee (\neg P \wedge Q))$与$\neg P \wedge \neg Q$是等值的.

5.证明:$(P \wedge Q) \rightarrow (P \vee Q)$是重言式.

6.判断下面各推理是否正确:如果我上街,就一定去新华书店.我没上街,所以我没去新华书店.

任务8.3 认知谓词逻辑

任务8.2研究的基本单位是原子命题,由此建立的关于命题的理论称为命题逻辑.在进一步的研究中,发现很多思维过程在命题逻辑中不能恰当地表现出来.

例如,逻辑学中著名的三段论:

所有的人都将死去

苏格拉底是人

所以:苏格拉底将死去

从人们的实践经验可知,这是一个有效的推论,但在命题逻辑中却无法判断它的正确性.因为在命题逻辑中只能将推理中的三个简单命题符号化为P、Q、R,那么由P、Q这两个命题无论如何不可能得出R为有效结论.

因此,下面将引入谓词的概念,研究由此产生的一些逻辑关系的理论,称为谓词逻辑.

8.3.1 谓词逻辑的基本概念及命题符号化

一般地,原子命题作为具有真假意义的句子,至少由主语和谓语两个部分组成.

(1)个体

例如:“苏格拉底是人”中,“苏格拉底”是主语,是个体.所谓“个体”,是所研究对象中可以独立存在具体的或抽象事物的客体.

个体词:可以独立存在的客体或抽象的客体.

个体常项:表示具体的或特定的个体的词,用 $a,b,c,\cdots$ 表示.

个体变项:表示抽象的或泛指的个体的词,用 $x,y,z,\cdots$ 表示.

个体域:个体变项的取值范围,称为个体域.

总个体域:宇宙间一切事物组成的称为全总体个体域.

(2)谓词

谓词:个体词性质或相互之间关系的词.如“苏格拉底是人”中“是人”是个体谓词.

元数:谓词中所包含的个体词数.

一元谓词:表示一个事物的性质的谓词.例如,$F(x)$:x 具有性质 F.

多元谓词(n 元谓词,$n\geqslant 2$):表示事物之间的关系的谓词.例如,$L(x,y)$:x 与 y 有关系 L.

一元谓词表示性质,二元或多元谓词表示关系.

0 元谓词:不含个体变项的谓词,即命题常项或命题变项.如:a 为 2,b 为 3,$L(a,b)$是 0 元谓词.简单命题都可以用 0 元谓词表示,使用联结词便可将复合命题用 0 元谓词符号化.

谓词常项:表示具体性质或关系的谓词,用大写字母 $F,G,H,\cdots$ 表示.

谓词变项:表示抽象的或泛指的性质或关系的谓词,也用字母 $F,G,H,\cdots$ 表示.

一般根据上下文区分谓词常项和谓词变项.

(3)量词

定义 1　表示数量的词,称为量词.

全称量词:表示“任意的”“所有的”“一切的”等的量词,用符号“$\forall$”表示.

$\forall x$ 表示对个体域中的所有个体.

$\forall xF(x)$表示个体域中的所有个体都有性质 F.

存在量词:表示“存在”“有的”“至少有一个”等的量词,用符号“$\exists$”表示.

$\exists x$ 表示存在个体域中的个体.

$\exists xF(x)$表示存在个体域中的个体具有性质 F.

例 1　分别用命题逻辑、谓词逻辑的 0 元谓词将下列命题符号化:

①墨西哥位于南美洲.

②$\sqrt{2}$是无理数仅当 2 是有理数.

解　①在命题逻辑中,设 P:墨西哥位于南美洲,则符号化为 P,这是真命题.

在谓词逻辑中,设 a:墨西哥,$F(x)$:x 位于南美洲,则符号化为 $F(a)$.

②在命题逻辑中,设 P:是无理数,Q:2 是有理数,则符号化为 $P\rightarrow Q$,这是真命题.

在谓词逻辑中,设 $F(x)$:x 是无理数,$G(x)$:x 是有理数,则符号化为 $F(\sqrt{2})\rightarrow G(2)$

定义 2　特征谓词:在全总个体域的情况下,为了指定某个个体变项的范围,引入的谓词称特征谓词.

在谓词逻辑中将命题符号化解题步骤:

①找到所有的个体词;

②确定是否要引入特征谓词;

③描述个体词的性质(一元谓词),描述个词的关系(二元谓词);

④按命题的实际意义进行刻画.

例 2 符号化下列命题:

①对所有的 x,均有 $x^2-1=(x+1)(x-1)$;

②存在着偶素数;

③没有不犯错误的人.

解 ①$\forall xF(x)$,其中 $F(x):x^2-1=(x+1)(x-1)$.

②$\exists x(M(x)\land F(x))$,其中 $M(x):x$ 是偶数,$F(x):x$ 是素数.

③$\neg\exists x(M(x)\land\neg F(x))$,其中 $M(x):x$ 是人,$F(x):x$ 犯错误.或$\forall x(M(x)\to F(x))$“所有的人都会犯错误”.

例 3 将下列命题在谓词逻辑中符号化,并讨论它们的真值:

①如果 4 是素数,则 8 也是素数.

②如果 2 小于 3,则 8 小于 7.

解 ①设谓词 $G(x):x$ 是素数,符号化为谓词的蕴含式:$G(4)\to G(8)$.由于此蕴含式的前件为假,所以①中的命题为真.

②设谓词 $H(x,y):x$ 小于 y,符号化为谓词的蕴含式:$H(2,3)\to H(8,7)$.由于此蕴含式的前件为真,后件为假,所以②中的命题为假.

8.3.2 谓词逻辑公式与解释

1) 谓词逻辑的合式公式

定义 3 不出现命题联结词和量词的命题函数 $P(x_1,x_2,\cdots,x_n)$ 是 n 元谓词公式,其中,$x_1,x_2,\cdots,x_n$ 是个体变项,则称 $P(x_1,x_2,\cdots,x_n)$ 为谓词演算的原子公式.

定义 4 谓词演算的合式公式定义如下:

①原子公式是合式公式;

②若 A,B 是合式公式,则$(\neg A)$,$(A\land B)$,$(A\lor B)$,$(A\to B)$,$(A\leftrightarrow B)$也是合式公式;

③若 A 是合式公式,则$\forall xA$,$\exists xA$ 也是合式公式;

④只有有限次地应用①~③构成的符号串才是合式公式.合式公式也称谓词公式,简称为公式.公式中,量词运算优先级高于所有的联结词.

2）约束变元与自由变元

定义 5　在谓词公式$\forall xA$，$\exists xA$ 中，称 x 为指导变项，称 A 为相应量词的辖域．在$\forall xA$ 和$\exists xA$的辖域中，x 的所有出现称为约束出现，A 中不是约束出现的其他变项的出现称为自由出现．

例如，在公式$\forall x(F(x,y)\to G(x,z))$中，$A=(F(x,y)\to G(x,z))$为$\forall x$ 的辖域，x 为指导变元，A 中 x 的两次出现均为约束出现，y 与 z 均为自由出现．

例 4　指出下列各式量词的辖域及变元的约束情况：

①$\forall x(F(x,y)\to G(x,z))$；

②$\forall x(F(x)\to\exists yH(x,y))$；

③$\forall x\,\forall y(R(x,y)\vee L(y,z))\wedge\exists xH(x,y)$．

解　①对于 x 的辖域是 $A=(F(x,y)\to G(x,z))$，在 A 中，x 是约束出现的，而且约束出现两次，y，z 均为自由出现，而且各自由出现一次．

②$\exists yH(x,y)$中，y 为指导变项，$\exists$的辖域为 $H(x,y)$，其中 y 是约束出现的，x 是自由出现的．

在整个公式中，x 为指导变项，$\forall$的辖域为 $F(x)\to\exists yH(x,y)$，x、y 都是约束出现．x 约束出现 2 次，y 约束出现 1 次．

③$\forall x\,\forall y(R(x,y)\vee L(y,z))$中，$x$、$y$ 为指导变项，两个$\forall$的辖域为 $R(x,y)\vee L(y,z)$，其中 x 约束出现 1 次，y 约束出现 2 次，z 自由出现 1 次．在$\exists xH(x,y)$中，x 为指导变项，$\exists$的辖域为 $H(x,y)$，其中 x 约束出现 1 次，y 自由出现 1 次．

在整个公式中，x 约束出现 2 次，y 约束出现 2 次，自由出现 1 次，z 自由出现 1 次．

在例 4③中，y 充当约束变项，又是自由变项，或者其他，容易混淆，所以提出约束变项的换名与自由变项的代入规则．

（1）约束变元的换名规则

将量词辖域中出现的某个约束出现的个体变项及对应的指导变项改成另一个辖域中未曾出现过的个体变项符号，公式的其余部分不变，则所得公式与原来的公式等值．

（2）自由变元的代入规则

①对于谓词公式中的自由变元，可以代入，此时需要对公式中出现该自由变元的每一处进行代入；

②用以代入的变元与原公式中所有变元的名称都不能相同．

例如，例 4③中，先换名：$\forall x\,\forall y(R(x,y)\vee L(y,z))\wedge\exists uH(u,y)$；

后代入：$\forall x\,\forall y(R(x,y)\vee L(y,z))\wedge\exists uH(u,v)$．

3）谓词公式的解释

定义 6　谓词逻辑公式的一个解释 I，是由非空区域 D 和对 G 中常项符号、函数符号、谓词符号以下列规则进行的一组指定组成：

①对每一个常项符号指定 D 中一个元素；

②对每一个 n 元函数符号指定一个函数；

③对每一个 n 元谓词符号指定一个谓词.

对任意公式 G，如果给定 G 的一个解释 I，则 G 在 I 的解释下有一个真值，记作 $T_I(G)$.

若个体域为有限集，如 $D=\{a_1,a_2,\cdots,a_n\}$，则

$$\forall xA(x)\Leftrightarrow A(a_1)\wedge A(a_2)\wedge\cdots\wedge A(a_n)$$

$$\exists xA(x)\Leftrightarrow A(a_1)\vee A(a_2)\vee\cdots\vee A(a_n)$$

从而谓词公式的真值等价于命题公式的真值.

例 5 给定解释 I：

①$D_I=\{2,3\}$；

②D_I中特定元素 $a=2$；

③函数 $f(x)$ 为 $f(2)=3, f(3)=2$；

④谓词 $F(x)$ 为 $F(2)=0, F(3)=1$；

$G(x,y)$ 为 $G(i,j)=1, i,j=2,3$.

在解释 I 下，求下列各式的真值：

①$\forall x(F(x)\wedge G(x,a))$；

②$\exists x(F(f(x))\wedge G(x,f(x)))$.

解 ①$\forall x(F(x)\wedge G(x,a))$

$\Leftrightarrow(F(2)\wedge G(2,2))\wedge(F(3)\wedge G(3,2))$

$\Leftrightarrow(0\wedge 1)\wedge(1\wedge 1)\Leftrightarrow 0\wedge 1\Leftrightarrow 0$

②$\exists x(F(f(x))\wedge G(x,f(x)))\Leftrightarrow(F(f(2))\wedge G(2,f(2)))\vee(F(f(3))\wedge G(3,f(3)))$

$\Leftrightarrow(F(3)\wedge G(2,3))\vee(F(2)\wedge G(3,2))$

$\Leftrightarrow(1\wedge 1)\vee(0\wedge 1)\Leftrightarrow 1\vee 0\Leftrightarrow 1$

4) 谓词公式的类型

定义 7 若存在解释 I，使得 G 在解释 I 下取值为真，则称公式 G 为可满足式，简称 I 满足 G.若不存在解释 I，使得 I 满足 G，则称公式 G 为永假式（或矛盾式）.若 G 的所有解释 I 都满足 G，则称公式 G 为永真式（或重言式）.

定义 8 设 A_0 是含命题变项 $P_1,P_2,\cdots,P_n$ 的命题公式，$A_1,A_2,\cdots,A_n$ 是 n 个谓词公式，用 A_i 处代替 A_0 中的 P_i，$1\leqslant i\leqslant n$，所得谓词公式 A 称为 A_0 的代换实例.

例如：$F(x)\to G(x)$，$\forall xF(x)\to\exists yG(y)$ 等都是 $P\to Q$ 的代换实例，$\forall x(F(x)\to G(x))$ 等不是 $P\to Q$ 的代换实例.

定理 重言式的代换实例都是永真式，矛盾式的代换实例都是矛盾式.

例 6　判断下列公式的类型：

①$\forall xF(x)\rightarrow(\exists x\times\exists yG(x,y)\rightarrow\forall xF(x))$；

②$\neg(\forall xF(x)\rightarrow\exists yG(y))\wedge\exists yG(y)$；

③$\forall x(F(x)\rightarrow G(x))$.

解　①重言式 $P\rightarrow(Q\rightarrow P)$ 的代换实例，故为永真式.

②矛盾式$\neg(P\rightarrow Q)\wedge Q$ 的代换实例，故为永假式.

③解释 I_1：个体域 N，$F(x)$：$x>5$，$G(x)$：$x>4$，公式为真.

解释 I_2：个体域 N，$F(x)$：$x<5$，$G(x)$：$x<4$，公式为假.

故③为可满足式.

训练习题 8.3

1.在个体域分别限制为(a)和(b)条件时，将下面两个命题符号化：

(1)凡人都吃饭；(2)有的人会弹钢琴.

其中，(a)个体域 D_1 为人类集合；(b)个体域 D_2 为全总个体域.

2.在个体限制(a)和(b)条件时，将以下命题符号化：

对于任意的 x，均有 $x^2-3x+2=(x-1)(x-2)$；存在 x，使得 $x+5=3$.

其中，(a)个体域 $D_1=\mathbf{N}$($\mathbf{N}$ 为自然数集合)，(b)个体域 $D_2=\mathbf{R}$($\mathbf{R}$ 为实数集合).

3.将下列命题符号化，并讨论真值.

(1)所有的人都长着黑头发；(2)有的人登上过月球；(3)没有人登上过木星；(4)在美国留学的学生未必都是亚洲人.

4.在一阶逻辑中将下列命题符号化：

(1)大熊猫都可爱；(2)有人爱打球；(3)说所有人都爱吃面包是不对的；(4)没有不爱吃糖的人.

5.给定解释 I：

(a)$D_I=\{2,3\}$；(b)D_I中特定元素 $a=2$；(c)函数 $f(x)$ 为 $f(2)=3$，$f(3)=2$；

(d)谓词 $L(x,y)$ 为 $L(2,2)=L(3,3)=1$；$L(2,3)=L(3,2)=0$.

在解释 I 下，求公式$\forall x\,\exists yL(x,y)$的真值.

6.给定解释 N 如下：

(a)D_N为自然数集合；

(b)D_N中特定元素 $a=0$；

(c)D_N上特定函数 $f(x,y)=x+y$，$g(x,y)=x\cdot y$；

(d)D_N上特定谓词 $F(x,y)$ 为 $x=y$.

在解释 N 下，下列公式哪些为真？哪些为假？

(1)$\forall xF(g(x,a),x)$；

(2)$\forall x\forall y(F(f(x,a),y)\rightarrow F(f(y,a),x))$.

7.判断下列公式的类型:

(1) $\forall x(F(x))\to G(x)$;

(2) $\exists x(F(x)\wedge G(x))$.

项目检测 8

1.选择题

(1)设集合 $A=\{2,\{a\},3,4\}$, $B=\{\{a\},3,4,1\}$, E 为全集,则下列命题正确的是(　　).

A. $\{2\}\in A$　　B. $\{a\}\subseteq A$

C. $\varnothing\subseteq\{\{a\}\}\subseteq B\subseteq E$　　D. $\{\{a\}1,3,4\}\subset B$

(2)设集合 $A=\{1,2,3\}$, A 上的关系 $R=\{(1,1),(2,2),(2,3),(3,2),(3,3)\}$,则 R 不具有(　　).

A.自反性　　B.传递性　　C.对称性　　D.反对称性

(3)下列语句,(　　)是命题.

A.请把门关上　　B.地球外的星球上也是人

C. $x+5>6$　　D.下午有会吗?

(4)设 I 是如下一个解释: $D=\{a,b\}$,

$P(a,a)$	$P(a,b)$	$P(b,a)$	$P(b,b)$
1	0	1	0

则在解释 I 下取真值为 1 的公式是(　　).

A. $\exists x\forall yP(x,y)$　　B. $\forall x\forall yP(x,y)$　　C. $\forall xP(x,x)$　　D. $\forall x\exists yP(x,y)$

(5)设集合 $A=\{a,b,c\}$, A 上的关系 $R=\{(a,a),(a,b),(b,c)\}$,则 $R^2=$(　　).

A. $\{(a,a),(a,b),(a,c)\}$　　B. $\{(a,b),(a,c),(b,c)\}$

C. $\{(a,b),(a,c),(b,b)\}$　　D. $\{(a,a),(a,b),(c,c)\}$

(6)下列式子不是谓词合式公式的是(　　).

A. $(\forall x)P(x)\to R(x)$

B. $(\forall x)\neg P(x)\Rightarrow(\forall x)(P(x)\to Q(x))$

C. $(\forall x)(\exists y)(P(x)\wedge Q(y))\to(\exists x)R(x)$

D. $(\forall x)(P(x,y)\to Q(x,z))\vee(\exists z)R(x,z)$

(7)下列式子为重言式的是(　　).

A. $(\neg P\wedge R)\to Q$　　B. $P\vee Q\wedge R\to\neg R$　　C. $P\vee(P\wedge Q)$　　D. $(\neg P\vee Q)\Leftrightarrow(P\to Q)$

(8)对于公式 $(\forall x)(\exists y)(P(x)\wedge Q(x))\to((\exists x)R(x,y))$,下列说法正确的

是( ).

A.y 是自由元

B.y 是 z 约束元

C.$(\exists x)$的辖域是 $R(x,y)$

D.$\forall(x)$的辖域是$(\exists y)(P(x)\land Q(y))\to((\exists x)R(x,y)$

2.填空题

(1)设 $A=\{a\}$,$B=\{2,4\}$,则 $A\times B=$________.

(2)设 $A=\{1,2,3\}$,则 A 上的二元关系有________.

(3)设 $A=\{\{\varnothing,2\},\{2\}\}$的幂集 $2^A=$________.

(4)若对命题 P 赋值 I,Q 的赋值是 0,则命题 $P\leftrightarrow Q$ 的真值为________.

(5)命题“如果你不看电影,那么我也不看电影”(P:你看电影,Q:我看电影)的符号化为________.

(6)命题“对于任意给定的正实数,都存在比它大的实数”令 $F(x)$:x 为实数,$L(x,y)$:$x>y$则命题的逻辑谓词公式为________.

3.解答题

(1)已知 $A=\{1,2,3\}$,$B=\{a,b,c\}$,求 $A\times B$,$B\times A$.

(2)已知 $A=\{1,2,3,4,5\}$和 $R=\{<1,2>,<2,1>,<2,3>,<3,4>,<5,4>\}$,求 $r(R)$、$S(R)$和 $t(R)$.

(3)设集合 $A=\{a,b,c,d\}$,$R=\{<a,b>,<a,c>,<b,a>,<b,c>,<c,a>,<d,c>\}$,$R$ 为 A 上的二元关系,讨论 R 的性质,写出 R 的关系矩阵,画出 R 的关系图.

(4)判别下列公式的类型:(1)$Q\lor\neg((\neg P\lor Q)\land P)$;(2)$Q\land\neg(P\to Q)$.

(5)在谓词逻辑中将下列命题符号化:

①对所有的 x,均有 $x^2-1=(x+1)(x-1)$;

②存在着偶素数;

③没有不犯错误的人.

(6)给定解释 I:

①$D_I\{2,3\}$;

②D_I中特定元素 $a=2$;

③函数 $f(x)$为 $f(2)=3$,$f(3)=2$;

④谓词 $L(x,y)$为 $L(2,2)=L(3,3)=1$;$L(2,3)=L(3,2)=0$.

在解释 I 下,求公式$\forall x\,\exists y L(x,y)$的真值.

附录　标准正态分布表

$$\Phi(x)=\int_{-\infty}^{x}\frac{1}{\sqrt{2\pi}}e^{-\frac{t^2}{2}}dt=P(X\leqslant x)$$

x	0.00	0.01	0.02	0.03	0.04	0.05	0.06	0.07	0.08	0.09
0.0	0.500 0	0.504 0	0.508 0	0.512 0	0.516 0	0.519 9	0.523 9	0.527 9	0.531 9	0.535 9
0.1	0.539 8	0.543 8	0.547 8	0.551 7	0.555 7	0.559 6	0.563 6	0.567 5	0.571 4	0.575 3
0.2	0.579 3	0.583 2	0.587 1	0.591 0	0.594 8	0.598 7	0.602 6	0.606 4	0.610 3	0.614 1
0.3	0.617 9	0.621 7	0.625 5	0.629 3	0.633 1	0.636 8	0.640 4	0.644 3	0.648 0	0.651 7
0.4	0.655 4	0.659 1	0.662 8	0.666 4	0.670 0	0.673 6	0.677 2	0.680 8	0.684 4	0.687 9
0.5	0.691 5	0.695 0	0.698 5	0.701 9	0.705 4	0.708 8	0.712 3	0.715 7	0.719 0	0.722 4
0.6	0.725 7	0.729 1	0.732 4	0.735 7	0.738 9	0.742 2	0.745 4	0.748 6	0.751 7	0.754 9
0.7	0.758 0	0.761 1	0.764 2	0.767 3	0.770 3	0.773 4	0.776 4	0.779 4	0.782 3	0.785 2
0.8	0.788 1	0.791 0	0.793 9	0.796 7	0.799 5	0.802 3	0.805 1	0.807 8	0.810 6	0.813 3
0.9	0.815 9	0.818 6	0.821 2	0.823 8	0.826 4	0.828 9	0.835 5	0.834 0	0.836 5	0.838 9
1.0	0.841 3	0.843 8	0.846 1	0.848 5	0.850 8	0.853 1	0.855 4	0.857 7	0.859 9	0.862 1
1.1	0.864 3	0.866 5	0.868 6	0.870 8	0.872 9	0.874 9	0.877 0	0.879 0	0.881 0	0.883 0
1.2	0.884 9	0.886 9	0.888 8	0.890 7	0.892 5	0.894 4	0.896 2	0.898 0	0.899 7	0.901 5
1.3	0.903 2	0.904 9	0.906 6	0.908 2	0.909 9	0.911 5	0.913 1	0.914 7	0.916 2	0.917 7
1.4	0.919 2	0.920 7	0.922 2	0.923 6	0.925 1	0.926 5	0.927 9	0.929 2	0.930 6	0.931 9
1.5	0.933 2	0.934 5	0.935 7	0.937 0	0.938 2	0.939 4	0.940 6	0.941 8	0.943 0	0.944 1
1.6	0.945 2	0.946 3	0.947 4	0.948 4	0.949 5	0.950 5	0.951 5	0.952 5	0.953 5	0.953 5
1.7	0.955 4	0.956 4	0.957 3	0.958 2	0.959 1	0.959 9	0.960 8	0.961 6	0.962 5	0.963 3
1.8	0.964 1	0.964 8	0.965 6	0.966 4	0.967 2	0.967 8	0.968 6	0.969 3	0.970 0	0.970 6
1.9	0.971 3	0.971 9	0.972 6	0.973 2	0.973 8	0.974 4	0.975 0	0.975 6	0.976 2	0.976 7
2.0	0.977 2	0.977 8	0.978 3	0.978 8	0.979 3	0.979 8	0.980 3	0.980 8	0.981 2	0.981 7
2.1	0.982 1	0.982 6	0.983 0	0.983 4	0.983 8	0.984 2	0.984 6	0.985 0	0.985 4	0.985 7
2.2	0.986 1	0.986 4	0.986 8	0.987 1	0.987 4	0.987 8	0.988 1	0.988 4	0.988 7	0.989 0
2.3	0.989 3	0.989 6	0.989 8	0.990 1	0.990 4	0.990 6	0.990 9	0.991 1	0.991 3	0.991 6
2.4	0.991 8	0.992 0	0.992 2	0.992 5	0.992 7	0.992 9	0.993 1	0.993 2	0.993 4	0.993 6
2.5	0.993 8	0.994 0	0.994 1	0.994 3	0.994 5	0.994 6	0.994 8	0.994 9	0.995 1	0.995 2
2.6	0.995 3	0.995 5	0.995 6	0.995 7	0.995 9	0.996 0	0.996 1	0.996 2	0.996 3	0.996 4

续表

x	0.00	0.01	0.02	0.03	0.04	0.05	0.06	0.07	0.08	0.09
2.7	0.996 5	0.996 6	0.996 7	0.996 8	0.996 9	0.997 0	0.997 1	0.997 2	0.997 3	0.997 4
2.8	0.997 4	0.997 5	0.997 6	0.997 7	0.997 7	0.997 8	0.997 9	0.997 9	0.998 0	0.998 1
2.9	0.998 1	0.998 2	0.998 2	0.998 3	0.998 4	0.998 4	0.998 5	0.998 5	0.998 6	0.998 6
x	0.0	0.1	0.2	0.3	0.4	0.5	0.6	0.7	0.8	0.9
3	0.998 7	0.999 0	0.999 3	0.999 5	0.999 7	0.999 8	0.999 8	0.999 9	0.999 9	1.000 0